Daniel / Schreiber-Kaspers

**1000 Fragen
für die
junge Landfrau**

Charlotte Daniel
Irmgard Schreiber-Kaspers

1000 Fragen für die junge Landfrau

Unternehmen
Haushalt

Fünfte,
neubearbeitete und
erweiterte Auflage

DLG-Verlag, Frankfurt am Main

Die Deutsche Bibliothek – CIP-Einheitsaufnahme
Daniel, Charlotte:
1000 Fragen für die junge Landfrau / Charlotte Daniel; Irmgard Schreiber-Kaspers.
- 5., neubearb. und erw. Aufl. - Frankfurt/Main; DLG-Verlag, 2005

Titelbilder: Lasse/Zeienspiegel, VISUM; bw photoagentur/Maximilian Stock;
Getty Images; bw photoagentur/Delta

Eschborner Landstraße 122
60489 Frankfurt am Main
Telefon (0 69) 2 47 88-451
Telefax (0 69) 2 47 88-484
E-mail: dlg-verlag@dlg.org
www.dlg-verlag.de

Gesamtgestaltung: MedienStudio Strith, Eltville
Korrektorat: Cornelia Neuner-Zieren, Dietzenbach
Herstellung: Sonja Burk, Frankfurt am Main
Druck und Bindung: GREISERDRUCK, Rastatt
Printed in Germany: ISBN 3-7690-0639-9

Inhalt

Vorwort

Mit dem Thema „Nachhaltige Entwicklung durch Hauswirtschaft“ hat der Internationale Verband für Hauswirtschaft am Welttag der Hauswirtschaft 2005 zu Aktionen aufgerufen. Damit soll auf die Herausforderungen an die Haushalts- und Lebensführung bei sich ändernden Lebensbedingungen hingewiesen werden.

Der globale Wandel führt dazu, dass die Menschen ihr berufliches und privates Umfeld neu ausrichten müssen. Jeder ist in diese Auseinandersetzungen einbezogen, und Haushalte stellen hier wichtige Weichen für die Zukunft. Eines ist sicher, die Aufgaben und Entscheidungen, die Haushalte erfüllen und treffen müssen, werden künftig noch vielfältiger und komplexer sein.

Alltagsbewältigung im Haushalt heißt z. B. nicht nur das Haushaltsbudget managen und Ausgabendisziplin üben, sondern auch mit den Ressourcen ökonomisch umgehen und die Daseinsvorsorge bedenken. Haushaltsplanung bedeutet auch Zeit für das soziale Miteinander vorsehen und gleichzeitig den Ansprüchen im Bildungs- und Erwerbsbereich Rechnung tragen. Haushalte übernehmen zunehmend mehr die Funktion einer Vernetzungsstelle und stellen sich darauf ein, Informationen zu beschaffen, Korrespondenz und Behördengänge zu erledigen, Marketingaktivitäten zu organisieren und auch die Kontakte zu Schulen und Ausbildungsbetrieben zu pflegen.

Das Konzept, den neuen Anforderungen zu begegnen, heißt in der praktischen Umsetzung „Qualifizierung und Mobilität“. Es bedeutet: Aus- und Fortbildung für alle Handlungsfelder der Haushalte, Spezialwissen für die vielfältigen Bereiche hauswirtschaftlicher Erwerbstätigkeit, ständige Neuorientierung am Markt- und Konsumgeschehen sowie an der Umweltentwicklung, Nutzung der Chancen durch Informations- und Kommunikationstechniken.

Dieses Buch ist ein hauswirtschaftliches Fachbuch, es vermittelt Fachwissen für die Haushaltsführung und für die Qualifikation in der Hauswirtschaft, es stellt Hintergrundwissen für Sachentscheidungen zur Verfügung und geht auf Methoden der Information und Kommunikation ein. Es kann im einzelnen keine Lösungsstrategien anbieten, es möchte jedoch auf die Bedeutung und Vielfalt haushälterischer Kompetenzen verweisen und einige Grundlagen für die Auseinandersetzung mit den Aufgaben liefern.

Die Autorinnen

1 Unternehmen Haushalt

Private Haushalte im Sinne der Statistik sind:
„Zusammenwohnende und gemeinsam wirtschaftende Personengruppen, die sowohl verwandte als auch fremde Personen umfassen können. Auch Personen, die für sich alleine wohnen und wirtschaften, zählen als Haushalt."

Der Haushalt wird damit als ein wirtschaftliches Unternehmen deklariert, das den gleichen wirtschaftlichen Gesetzen unterworfen ist wie jedes andere Unternehmen. Dass ein Unternehmen nach wirtschaftlichen Grundsätzen zu leiten ist, gilt im erhöhten Maße für die bäuerlichen und die Mehrgenerationenhaushalte sowie die Großhaushalte.
In jedem Fall ist der Haushalt Arbeitsplatz und Produktionsstätte von regenerativen, sozialen, kommunikativen und ökonomischen Dienstleistungen für seine „Kunden" (Haushaltsmitglieder, Urlaubsgäste, Saisonarbeitskräfte, Heimbewohner u. a.)
Er erbringt diese Dienstleistungen wie jedes Unternehmen unter dem Gesichtspunkt der Kundenzufriedenheit und Wirtschaftlichkeit.
„Mit dem geringsten Mitteleinsatz den angestrebten Erfolg erzielen."

Welche Bedeutung hat der Privathaushalt als Wirtschaftsfaktor?

Privathaushalte in Deutschland
Anzahl in Mio.

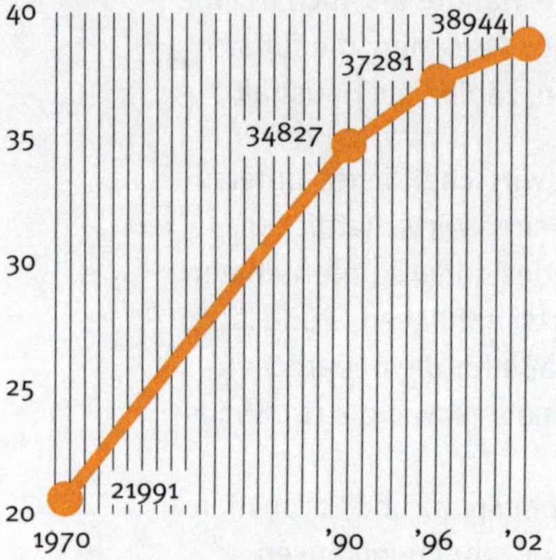

Quelle: Statistisches Bundesamt, 2003

Die Privathaushalte als Wirtschaftsfaktor

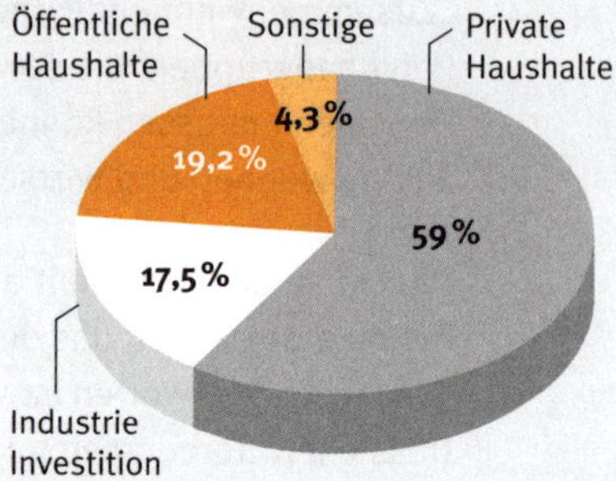

Bruttosozialprodukt

Bundesrepublik Deutschland:	2128,20 Milliarden €
Davon privater Verbrauch:	1255,30 Milliarden €

Quelle: Statistisches Bundesamt, 2003

Die Zahl der Haushalte nimmt ständig zu. Die Verwendung des Bruttosozialproduktes (Volkseinkommen) ist für eine Volkswirtschaft von allergrößter Bedeutung.

Die privaten Haushalte bestimmen durch die Konsumausgaben bzw. das Konsumverhalten, wie, wofür und in welcher Qualität das verfügbare Einkommen ausgegeben wird.

Welche Bedeutung hat der Haushalt für jeden Menschen?

Der Haushalt ist die Grundlage für die Sicherung und Gestaltung menschlichen Daseins. Jeder Mensch wird in einen Haushalt hineingeboren, wächst in einem Haushalt auf, lebt und wird alt in einem Haushalt. Seine zentrale Bedeutung liegt:

- In der Versorgung der Haushaltsmitglieder nach deren persönlichen Vorstellungen und den vorhandenen Möglichkeiten
- In der Einflussnahme auf den Markt und die Gestaltung der Gesellschaft
- In der Chance zur bewussten individuellen Lebensgestaltung sowie der Realisierung von Lebensqualität

Die Aufgaben in den Haushalten haben sich im Laufe der Jahrhunderte ständig verändert. Sie passten sich den Wertvorstellungen und Gegebenheiten sowie den Bedürfnissen der Haushaltsmitglieder an. Die Leistungen müssen ebenso den jeweiligen Lebensphasen gerecht werden.

Welche Leistungen erbringen die Haushalte für die Gesellschaft?

Neben der personellen Bedeutung haben die Haushalte auch eine soziale und gesellschaftliche Funktion.

Die Haushalte sichern

- die Generationenfolge, und damit beeinflussen sie die Bevölkerungsentwicklung (generative Funktion)
- die Gesunderhaltung der Bevölkerung (Regenerationsfunktion)
- die Eingliederung des einzelnen in die Gesellschaft und in den Staat (Sozialisationsfunktion)
- die Daseinsvorsorge des Einzelnen durch ihre Versorgungsleistungen. Keine andere Institution kann diese Leistung ersetzen (ökonomische Funktion)

Die Leistungen der Haushalte werden unentgeltlich erbracht und finden auch keine Berücksichtigung im Bruttoinlandsprodukt.

Unbezahlte Arbeit nach Arbeitsbereichen

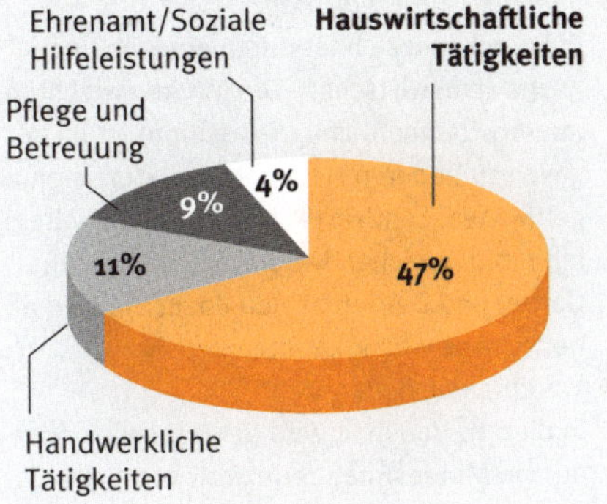

1

Jahresvolumen bezahlter und unbezahlter Arbeit 2002

in Mrd. Stunden

Quelle: Statistisches Bundesamt, 2003

Wodurch unterscheiden sich Haushalte?

Je nach Umfang der Haushaltstätigkeit werden drei Haushaltstypen bestimmt:

- *Selbstversorgerhaushalt*
  Er ist gekennzeichnet durch eine umfangreiche Hauswirtschaft. Die Marktverflechtung (marktwirtschaftliche Disposition) ist im Vergleich zu anderen Haushaltsstrukturtypen am geringsten. Landwirtschaftliche Haushalte mit umfangreichen Naturalentnahmen aus Garten und Betrieb zählen dazu. Sie sind arbeitsintensiv bzw. kapitalextensiv
- *Vergabehaushalt*
  In diesem Haushalt wird die Hauswirtschaft auf ein Mindestmaß reduziert. Versorgungsleistungen werden überwiegend vom Markt bezogen. Vergabehaushalte sind wie kein anderer Haushaltstyp von marktwirtschaftlichen Situationen abhängig. Er ist kapitalintensiv bzw. arbeitsextensiv, ein Zeichen für einen gesellschaftlichen Wohlstand
- *Dienstleistungshaushalte*
  Im Vergleich zu Selbstversorgungshaushalten wird die Produktion von Gütern in der Hauswirtschaft eingeschränkt; notwendige Dienstleistungen zur Versorgung der Haushaltsmitglieder werden vom Markt bezogen. Die Bedeutung der Geld- und Marktwirtschaft nimmt zu

Als Grundlage für die Entscheidung, ob eine Leistung im Haushalt selbst erbracht oder über den Markt bezogen wird, sollten u. a. Wirtschaftlichkeitsberechnungen erstellt werden. Zum Teil wird die Entscheidung auch von Kriterien wie persönliche Vorlieben, Verfügbarkeit, Unabhängigkeit, Marktangebote u. a. beeinflusst.

Wie viele Personen leben in einem Haushalt?

Während die Mehrpersonenhaushalte ständig abnehmen, nimmt die Zahl der Einpersonen- und Zweipersonenhaushalte ständig zu.

Der Anteil der Einpersonenhaushalte liegt in den Ballungsräumen z. T. über 50 %. Dabei sind es nicht nur allein lebende Senioren, sondern die Zahl der Singles hat sich innerhalb von 35 Jahren von 25 % auf 37 % erhöht.

In den Zweipersonenhaushalten nehmen die Ehepaare ohne Kinder und die Alleinstehenden mit Kindern zu (rd. 6 % mehr als 1990).

Struktur der Haushalte in Deutschland

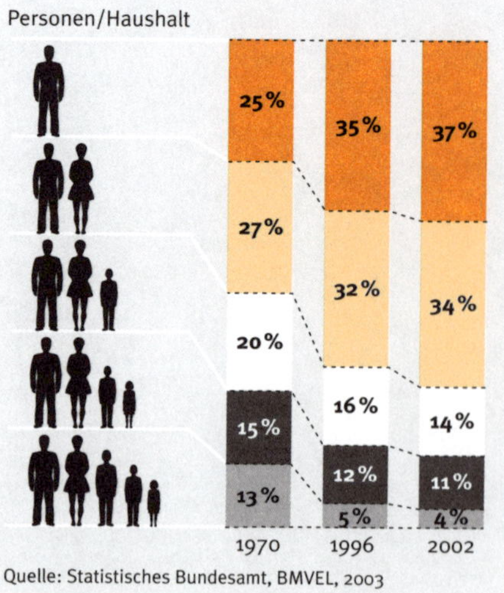

Quelle: Statistisches Bundesamt, BMVEL, 2003

Wie verläuft der Lebenszyklus einer Familie?

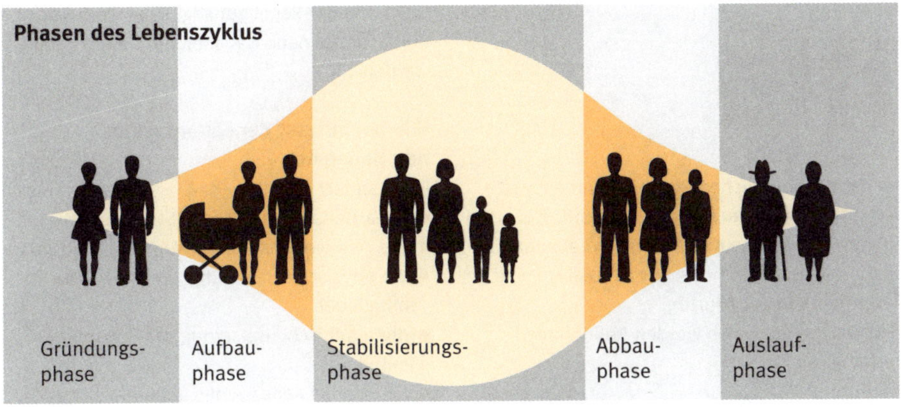

Wie verläuft der Lebenszyklus einer bäuerlichen Familie?
Ziel ist die Erhaltung des landwirtschaftlichen Betriebes als Existenzgrundlage für die nächste Generation.

Die Gründungsphase
In dieser Phase wird der Hof von dem Betriebsleiterehepaar sowie dem Hofnachfolgerehepaar bewirtschaftet. Die günstige Arbeitssituation lässt eine außerlandwirtschaftliche Erwerbstätigkeit oder arbeitsintensive Betriebszweige zu.
In dieser Phase der Haushaltsgründung steht manchmal ein Hausum- oder Neubau an.

Die Aufbauphase
In dieser Phase übernimmt das junge Ehepaar die Betriebsleitung, und das frühere Betriebsleiterehepaar geht ins Altenteil. Die Geburt der Kinder fällt in diese Zeit. Dadurch ist die junge Frau einer hohen Arbeitsbelastung ausgesetzt. Eine Entlastung kann durch die Großmutter sowie Freistellung von betrieblicher Mitarbeit erfolgen.
In dieser Phase sind hohe finanzielle Aufwendungen für Kinder, eventuelle Erbabfindungen sowie Zuwendungen für die ausscheidende Generation zu erwarten.

Die Stabilisierungsphase
In der Stabilisierungsphase entspannt sich die Arbeitssituation, da die heranwachsenden Kinder im Haushalt und Betrieb mithelfen. Allerdings kann bei den Altenteilern eine Pflege notwendig werden.

Finanzielle Belastungen sind durch die Ausbildung der Kinder sowie Ersatzbeschaffungen für den Haushalt zu erwarten.

Die Abbauphase
In der nachelterlichen Phase tritt arbeitswirtschaftlich wie finanziell eine Entlastung ein. Die heranwachsenden Kinder werden selbständig und verlassen das Haus. Die Großeltern sind eventuell pflegebedürftig.
Für weichende Erben werden Abfindungen erforderlich.

Die Auslaufphase
In der Auslaufphase sind die Altenteiler verstorben. Der Hof wird vom Betriebsleiterehepaar und dem/der Hofnachfolger/in bewirtschaftet.

Die Leistungsfähigkeit des Elternpaares nimmt ab, dem/der Hofnachfolger/in wird mehr Verantwortung übertragen. Die finanzielle Situation ist in der Regel günstig. Es können Rücklagen für die neue Haushaltsgründung gebildet werden.

Wie beeinflusst der Lebenszyklus den Haushalt?
Er verändert
- die arbeitswirtschaftliche Situation
- die geldwirtschaftlichen Möglichkeiten
- die physische Belastung der Haushaltsmitglieder
- die psychische Belastung der Haushaltsmitglieder
- die Möglichkeiten eines außerhäuslichen Engagements
- eine berufliche Betätigung

! Möglichst frühzeitig sind durch vernünftige Planungen die Weichen zu stellen, um sich auf die einzelnen Lebensabschnitte vorzubereiten.

Welche Besonderheiten weisen landwirtschaftliche Haushalte auf?

Ein maßgeblicher Unterschied ergibt sich durch die enge räumliche und personelle Verflechtung mit dem landwirtschaftlichen Betrieb.

Im Einzelnen sind dies:
- der Mehrgenerationenhaushalt
- ein in der Regel unregelmäßiges Einkommen
- die Abstimmung der Geldwirtschaft zwischen Haushalt und Betrieb
- die arbeitswirtschaftliche Verflechtung mit dem Betrieb
- die Abhängigkeit von betrieblichen Entscheidungsprozessen
- die Erfordernisse des Betriebes, die oftmals den Bedürfnissen des Haushalts vorangestellt werden
- die realtiv hohe Selbstversorgung
- die relativ umfangreiche Vorratshaltung
- ein eigenes Wohnhaus; Mitnutzung durch den Betrieb
- die Standortgebundenheit

2 Haushaltsmanagement

Der Haushalt ist wie ein Unternehmen unter Einsatz seiner Mittel in Richtung seiner Ziele zu führen.
Dabei geht es nicht nur um Geldmittel, sondern um mehrere Faktoren und auch um die Humankapazität.
Management ist hier als möglichst optimale Unternehmensführung zu verstehen.
Es ist das Planen, Lenken, Koordinieren und Delegieren aller Handlungen und Entscheidungen der privaten Versorgung im Haushalt:

- Planung der Hausarbeit
- Einteilung von Einkommen und Verbrauch
- Planung und Entscheidung über Einkäufe
- Terminmanagement
- Information über Markt- und Verbraucherfragen

Kenntnisse und Fähigkeiten, die zur Leitung eines Haushalts befähigen, sind dem Menschen nicht angeboren, sie müssen erlernt und praktiziert werden. Die Ausübung beruflicher Tätigkeiten in der Hauswirtschaft ist nur mit fundiertem Wissen, großer Erfahrung und Verantwortung zu lösen.
Ein optimal geführtes Unternehmen „Haushalt“ beweist dies jeden Tag.

Arbeitsleistung

Wie verteilt sich die Arbeitszeit im Haushalt?

Die Abbildung zeigt, dass der größte Anteil der Arbeitszeit im Haushalt auf den Bereich „Ernährung“ entfällt, d. h. die Nahrungszubereitung und Vorratshaltung. An diesen Arbeitsbereich schließen sich die Reinigung und Wäschepflege mit einem Anteil von 26 % an. Der Arbeitszeitbedarf für Betreuungsleistungen ist als Durchschnittswert zu sehen; in Haushalten mit kleinen Kindern und/oder pflegebedürftigen Haushaltsmitgliedern muss mit einem erheblich höheren Aufwand gerechnet werden.

Wer leistet die Arbeit im Haushalt?

Die Abbildung rechts veranschaulicht die Verteilung der Haushaltsarbeit unter den Familienmitgliedern.

Wie verläuft die physiologische Leistungskurve?

Durch die Drehung der Erde ist der Mensch einem 24-Stunden-Rhythmus ausgesetzt (Tagesrhythmik). Somit ist er während eines Arbeitstages zu keiner gleichmäßigen Arbeitsleistung fähig. Wenn auch der Ablauf beim Einzelnen etwas verändert sein kann, so ist er doch im Verlauf, wie die Abbildung zeigt: Die Kurve zeigt ein Funktionsmaximum in den Vormittagsstunden gegen 9 Uhr, ein zweites, niedrigeres nachmittags und das absolute Minimum, den sogenannten „toten Punkt“ zwischen 3 und 4 Uhr nachts.

Neben der Tagesleistungskurve gibt es auch wochen- und jahreszeitliche Schwankungen. Leistungshochs sind am Mittwoch und Donnerstag sowie im Frühjahr und Herbst.

Arbeitsleistung privater Haushalte

Die Verteilung der Arbeitszeit in einem Haushalt mit Kindern

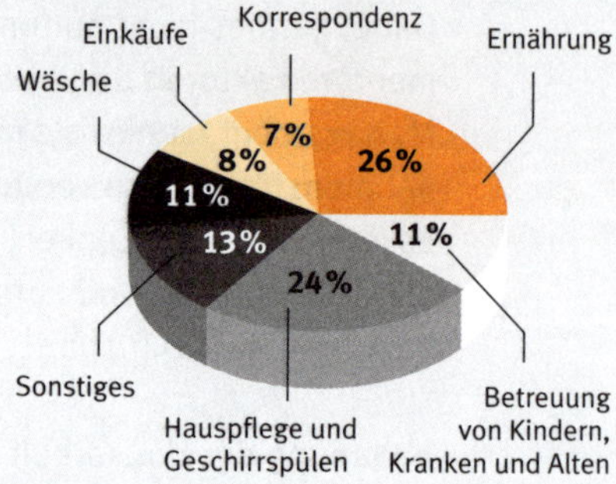

Quelle: Zeitbudgeterhebung 1991/92, Statistisches Bundesamt Wiesbaden 1995

Unbezahlte Arbeit in der Familie

Angaben in Stunden: Minuten je Tag

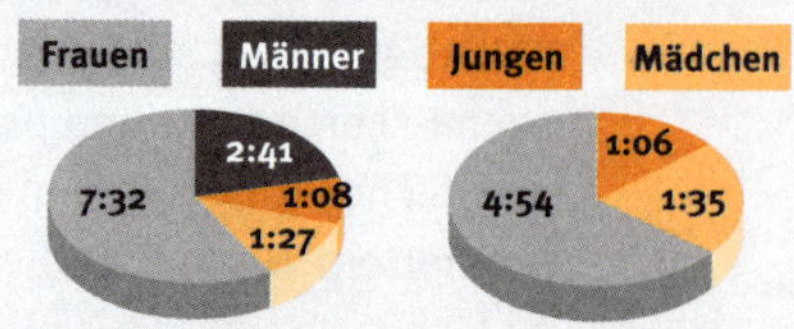

Ehepaar mit Kindern unter 18 Jahren, ein Ehepartner erwerbstätig

Erwerbstätige Alleinerziehende mit Kindern

Physiologische Leistungskurve

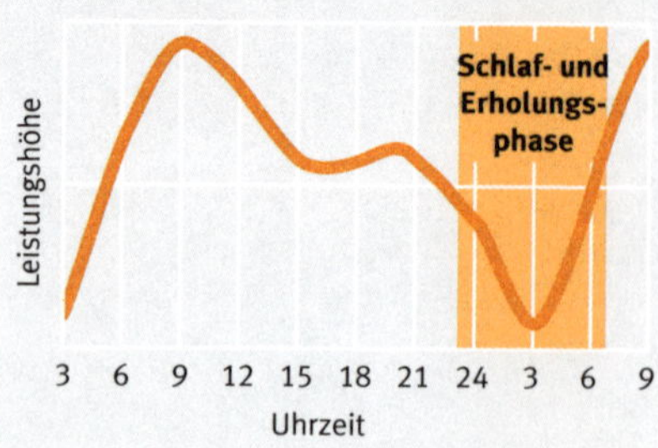

Was versteht man unter Ergonomie?
Ergonomie ist die Lehre von der Beziehung zwischen Mensch und Arbeit. Sie beschäftigt sich mit den Fragen, wie Arbeitsabläufe an die menschliche Leistungsfähigkeit angepasst werden können. Dabei werden Muskelkraft (Arbeitsphysiologie) und geistige Arbeit (Arbeitspsychologie) berücksichtigt.

! Arbeiten, die hohe Leistung erfordern, zwischen 9 und 11 Uhr erledigen, z. B. Betten machen, Wäsche aufhängen, Fenster putzen, Kinder- und Krankenbetreuung. Nachmittags leichtere Arbeiten einplanen, z. B. Hausreinigung, Nähen, Wäschepflege.

Wieviel Energie wird bei Hausarbeiten verbraucht?

Tätigkeiten	*Energieverbrauch*
Badewanne scheuern	29,4 kJ/min
Garten umgraben	29,4 kJ/min
Teppich klopfen	25,1 kJ/min
Betten machen	18,0 kJ/min
Wäsche aufhängen	17,2 kJ/min
Waschmaschine füllen	14,3 kJ/min
Fenster putzen	13,8 kJ/min
Staubsaugen	13,4 kJ/min
Staubwischen	13,0 kJ/min
Geschirr spülen	10,0 kJ/min
Schuhe putzen	9,8 kJ/min
Wäsche bügeln	9,5 kJ/min
Aufräumarbeiten	7,9 kJ/min
Maschinennähen	4,0 kJ/min

Arbeitsformen

Welche Formen der Muskelarbeit überwiegen bei Hausarbeiten?
Bewegungsarbeit – dynamische Arbeit/einseitig dynamische Arbeit
Bei ihr wechseln Anspannung und Entspannung der Muskeln rhythmisch ab. In der Entspannungsphase werden neue Energien zugeführt und Stoffwechselprodukte abgeführt. Der Muskel ermüdet nicht so schnell, weil er sich immer wieder erholen kann (z. B. beim Gehen).

Statische Haltungsarbeit – Haltearbeit
Sie sollte möglichst vermieden werden, da die Anspannung der Muskeln länger dauert als die Entspannung (im Extremfall entsteht Muskelkater). Der Muskel wird wenig durchblutet, bekommt keine neue Energie zugeführt.

Welche Tätigkeiten werden der dynamischen bzw. statischen Arbeit zugeordnet?
Dynamische Arbeit, z. B.
- Fenster putzen
- Staub wischen
- Kuchen rühren von Hand

Statische Arbeit, z. B.
- Wäsche bzw. Vorhänge aufhängen
- Handrührgerät halten
- Korb tragen

Welche Arbeiten sind im Stehen bzw. Sitzen sinnvoll?
Arbeiten im Stehen
- beim Einsatz der Körperkraft (Staubsaugen)
- bei Arbeiten von kurzer Dauer (Dosierung von Waschmittel)
- bei großem Greifbereich (Kochen)
- bei großer Übersicht (Handspülen)

Arbeiten im Sitzen
- bei Feinarbeiten (Wäsche ausbessern)
- bei Arbeiten mit ruhiger Hand (Knöpfe annähen)
- bei Arbeiten mit wenig Kraftaufwand (Kartoffelschälen)
- bei Arbeiten mit längerer Dauer (Bügeln)

Wie wirkt sich die Körperhaltung auf die Arbeit aus?

Körperhaltungen sind im unterschiedlichen Maße anstrengend. Sie werden bestimmt durch:

- die Art der Arbeit
- den Arbeitsplatz
- die Arbeitsmittel
- den Arbeitsaufwand

Längeres Stehen
belastet die Wirbelsäule und die gesamte Skelettmuskulatur, insbesondere die Beine.

Bück- und Hockstellung
statische Muskelarbeit, stark ermüdend; sie führt zu Rückenschmerzen und evtl. zu Bandscheibenerkrankungen.

Sitzen
Muskulatur des Rückens, des Beckens und der Oberschenkel kaum, aber anhaltend beansprucht. Eine gute Durchblutung des Körpers ermöglicht ein entsprechender Arbeitsstuhl. (Siehe Abbildung)

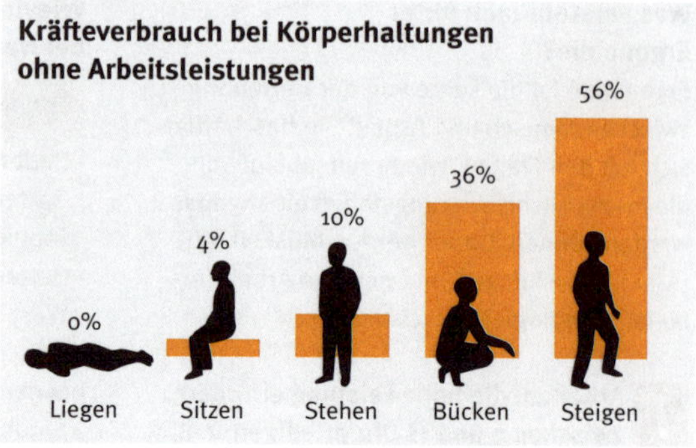

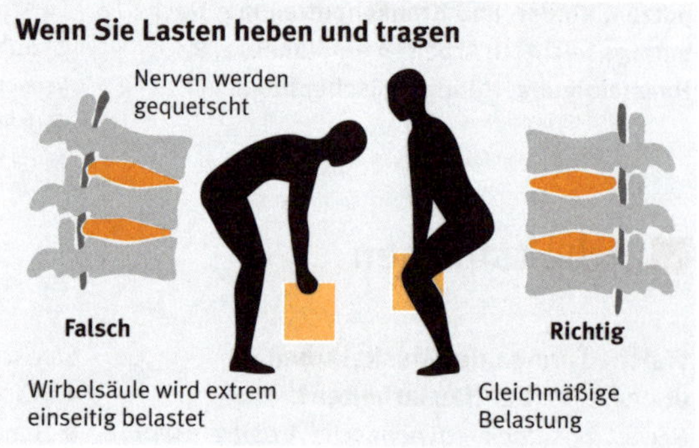

Ziel sollte sein: möglichst entspannte Körperhaltung, den Bewegungs- und Muskelapparat möglichst entlasten, v. a. die Wirbelsäule und die Gelenke. Die Muskeln sind regenerierbar und trainierbar, weniger die Knochen und Gelenke.

> **! Richtige Körperhaltung spart Arbeitskraft und -zeit.**

Welche Bedeutung haben die Begriffe Belastung und Beanspruchung?

Für die Beurteilung menschlicher Arbeit sind die Begriffe Belastung und Beanspruchung sehr wichtig.
Die DIN 33400 definiert die Arbeitsbelastung als die Gesamtheit der Einflüsse, die im Arbeitssystem auf den Menschen einwirken. Die *Arbeitsbelastung* als sachbezogener Begriff stellt die Zusammenfassung von aufgaben- und situationsspezifischen Teilbelastungen dar. Jede Teilbelastung lässt sich in Anteile zur Belastungshöhe (Intensität) und Belastungsdauer aufspalten. Zeitintervalle mit konstanter Belastungshöhe werden als Belastungsabschnitte bezeichnet.
Die gesamte Belastung lässt sich damit durch Höhe, Dauer, Reihenfolge, Überlagerung sowie die zeitliche Lage von Teilbelastungen innerhalb einer Zeitspanne beschreiben.

Im Gegensatz zur Arbeitsbelastung stellt die *Arbeitsbeanspruchung* den personenbezogenen Begriff dar. Sie kennzeichnet die Auswirkungen einer Arbeitsbelastung auf einen bestimmten Menschen. Da die Auswirkungen von der Leistungsfähigkeit des Einzelnen abhängen, wird die Arbeitsbeanspruchung von Mensch zu Mensch verschieden sein. Bei Arbeitspersonen mit geringerer Leistungsfähigkeit führt eine objektiv gleiche Belastung zu einer höheren Beanspruchung als bei einer Arbeitsperson mit einer entsprechend höheren Leistungsfähigkeit.

Wie sind Erholungspausen zu gestalten?

- Mehrere kurze Pausen (5–10 Minuten) sind bei leichten körperlichen Arbeiten und bei Arbeiten mit hoher nervlicher und geistiger Belastung günstiger
- Am Anfang einer Pause ist die Erholung größer als im weiteren Verlauf
- Je größer die Ermüdung, desto günstiger sind lange Pausen

Wovon hängt die Leistung des Menschen ab?

Die Leistung des Menschen ist zum einen von der *Leistungsfähigkeit,* zum anderen von den periodischen Schwankungen der *Leistungsbereitschaft* abhängig.
Die Leistungsfähigkeit in der Zeit wird u. a. durch Übung und Ermüdung bestimmt.
Daneben gibt es einen autonomen, d. h. dem Willen nicht zugänglichen Regulationsmechanismus, der die menschlichen Körperfunktionen regelmäßig im Tagesverlauf von einer „Arbeitsphase“ auf eine „Ruhepause“ umschaltet, auch dann, wenn keine Arbeit geleistet wird.
Durch diese verschiedenen Erscheinungen wird es dem Menschen bewusst oder unbewusst möglich, sich bestimmten Situationen anzupassen, Leistungen möglichst ökonomisch zu erbringen und sich vor Überlastungen zu schützen.
Die Leistungsfähigkeit der Menschen ist unterschiedlich. Sie hängt von folgenden Faktoren ab:

- *Geschlecht*
  Frauen können nicht so viel Kraft wie Männer für körperliche Arbeiten aufbringen. Dies fällt jedoch nur bei schweren Arbeiten ins Gewicht
- *Alter*
  Mit zunehmenden Alter sinkt die Leistungsfähigkeit. Ab 40 Jahren nimmt sie stetig ab
- *Ausbildung, Übung und erbliche Anlage*
  Arbeiten, die fachgerecht erlernt wurden und oft ausgeführt werden, gehen schneller und leichter von der Hand. Daher der Vorteil der Hausfrauen mit hauswirtschaftlicher Ausbildung
- *Körperliche Verfassung*
  Sie hängt vom Gesundheitszustand und von der biologischen Leistungskurve ab
- *Antriebe*
  Freude, Fleiß, Anerkennung, Zielstrebigkeit, Wille, Pflichtbewusstsein, Entlohnung

2

Arbeitsplanung

Welche Vorteile bringt eine gute Arbeitsplanung?

Es entsteht ein Überblick über das, was zu tun ansteht. Ein Mehr an Arbeitsvorbereitung bringt ein Weniger an Arbeitsdurchführung.

- sie entschärft Arbeitsspitzen
- sie vermindert Stress und Hektik während der Arbeit
- sie ermöglicht die Arbeitserledigung
  - termingerecht
  - vollständig
  - in richtiger Reihenfolge
- sie macht flexibel
  - Spielraum für Unvorhergesehenes
  - Austausch von anfallenden Arbeiten
- sie bringt Ruhe in den Arbeitsablauf
  - wirtschaftlicher Einsatz von Betriebsmitteln
- Erholungspausen werden eingeplant
  - Erhöhung der Arbeitsleistung
- einheitliches Arbeiten aller Mitarbeiter
  - Qualitätsstandards erhöhen
- die Arbeitssicherheit wird erhöht

Wie wird ein Arbeitsplan erstellt?

Die 5-W-Fragen machen eine Arbeitsaufgabe transparent. Sie ermöglichen eine Arbeitsbeschreibung, die der erste Schritt zur Arbeitsplanung darstellt.

- Welche Arbeiten müssen erledigt werden (Art und Umfang)?
- Wer erledigt die Arbeit (Planung, Ausführung, Kontrolle)?
- Wann ist die Arbeit zu erledigen, welche hat Vorrang, und wann muss sie fertiggestellt sein (Zeitablauf)?
- Wie wird die Arbeit durchgeführt (Arbeitsorganisation/Arbeitsergebnis)?
- Wo soll die Arbeit erledigt werden (Arbeitsplatz/Arbeitsraum)?

Was muss ein Arbeitsplan enthalten?

- Datum, Wochentag, Uhrzeit
- Arbeitsaufgabe umfassend oder in Arbeitsschritten beschrieben
- Name dessen, der die Arbeit ausführt

Welche Pläne können Hilfestellung geben?

- Tagesplan
- Wochenplan
- Jahresplan
- Fristenplan

Wie wird ein Fristenplan erstellt?

Der Fristenplan ist ein Hilfsmittel zur Organisation der Arbeit und zum Abbau von Arbeitsspitzen (Familienfeste, Weihnachten u. a.).

Vorgehen

- Zusammenstellung aller notwendigen Arbeiten und Maßnahmen
- Ordnen und Nummerieren der Arbeiten in zeitlicher Reihenfolge
- Eintragen der geschätzten Arbeitszeit für die einzelnen Arbeiten
- Verteilung der Arbeiten nach ihrer zeitlichen Bindung und ihrem zeitlichen Umfang auf die verfügbare Vorbereitungszeit
- Zweckmäßigerweise geschieht dies durch eine grafische Darstellung in einem Koordinatensystem auf kariertem Papier

Mit Hilfe des Planes kann man jederzeit feststellen, ob die Termine einzuhalten sind oder ob Arbeiten vergeben werden müssen oder zusätzliche Arbeitskräfte benötigt werden.

Was kann zur Arbeitsentlastung beitragen?

- Senkung des Anspruchsniveaus
- Arbeitsplanung
- zweckmäßige Arbeitsplätze
- arbeitserleichternde Maschinen und Geräte
- Einsatz rationeller Arbeitsmethoden und -verfahren
- Einsatz von Haushalts- und Betriebshilfen
- Vergabe von Arbeiten
- Mithilfe der Familie
- Verwendung von Fertigprodukten
- pflegeleichte Materialien

Was wird mit der 6-Stufen-Methode erreicht?

Durch ein gezieltes Vorgehen in Form der 6-Stufen-Methode können Tätigkeitsbereiche im Haushalt, die neu strukturiert werden sollen, durchleuchtet und verbessert werden.

Die 6 Stufen sind

- Ziele setzen
- Ist-Situation beschreiben
- Aufgaben abgrenzen
- Daten sammeln
- Optimale Lösungen auswählen
- Lösungen einführen und Zielerfüllung kontrollieren

Arbeitsgestaltung

Was bedeutet Arbeitsgestaltung?
Arbeitsgestaltung ist das optimale Zusammenwirken von arbeitenden Menschen, Betriebsmitteln und Arbeitsgegenständen durch zweckmäßige Organisation von Arbeitssystemen unter Beachtung der menschlichen Leistungsfähigkeit oder Verbesserung von Arbeitsverfahren, Arbeitsmethoden und Arbeitsbedingungen, von Arbeitsplätzen, Maschinen, Werkzeugen, Hilfsmitteln sowie in der ablaufgerechten Gestaltung von Arbeitsgegenständen.

Wie wird eine gute Arbeitsgestaltung erreicht?
- durch einen personengerechten Arbeitsplatz
- durch Verbesserung des Arbeitsablaufes
- durch richtige Arbeitshaltung
- durch sachgerechte Arbeitsweise
- durch zweckentsprechende Arbeitsmittel (z. B. Mikrofasertücher, Breitenwischgerät, Fahreimer, Staubsauger)

2

Arbeitsablauf

Wie wird ein Arbeitsablauf rationalisiert?
Durch die Untergliederung des Gesamtablaufes in einzelne Arbeitsvorgänge sind Einzelaufgaben besser erkennbar, Schwachstellen und Fehler leichter festzustellen und somit Rückschlüsse über den Ablauf möglich.

Wie wird der Zeitbedarf für eine Arbeit ermittelt?
Für die Ermittlung von Planzeiten ist die Kenntnis der Zeitarten erforderlich:
- Gesamtarbeitszeit ist die Summe aller Zeiten
- Rüstzeit wird zum Vorbereiten und Nacharbeiten einer auszuführenden Arbeitsaufgabe benötigt. In dieser Zeit verändert sich jedoch noch nichts an der zu erledigenden Arbeitsaufgabe
- Ausführungszeit ist die Gesamtheit der Zeiten, die im Sinne der auszuführenden Arbeitsaufgabe benötigt wird
- Tätigkeitszeit ist die Zeit, die der arbeitende Mensch aufwenden muss, um eine ihm aufgetragene Arbeit zu erledigen
- Wartezeit ist die Zeit, in der ein Arbeitsprozess ohne menschliches Tätigsein fortschreitet, die aber für das Ergebnis notwendig ist
- Verteilzeit entsteht durch unregelmäßige Unterbrechungen, die ablaufbedingt, personen- oder störungsbedingt bei Erledigung der Arbeit auftreten können
- Erholungszeit benötigt der arbeitende Mensch, um Ermüdungen auszugleichen

(Siehe Abbildung unten)

Gliederung der Zeitarten

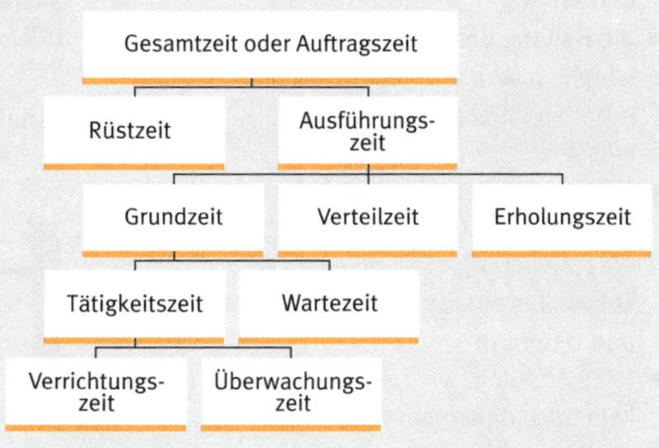

Checkliste zum Zeitmanagement

- Zeit sinnvoll einteilen
- Zeitbindungen sind Fixpunkte
- Sich auf das Wichtige konzentrieren
- Prioritäten setzen
  = Wichtigkeit x Dringlichkeit
- Untergeordnete Arbeiten zurückstellen
- Fristen setzen
- Zeitpuffer einplanen
- Störungen bewusst ausschalten
- Aufgabenanspruch und Leistungsvermögen aufeinander abstimmen
- Leistungsrhythmus beachten
- Zeit für Entspannung reservieren

Wie kann man Rüstzeiten reduzieren?

- Vollständiges Rüsten aller Geräte, Arbeitsmittel und des Arbeitsplatzes
- Gleiche Arbeiten zusammenlegen (Wäsche bügeln)
- Logische Reihenfolge der Teilarbeiten
- Geräte und Hilfsmittel für eine Arbeit zusammen aufbewahren
- Betriebsmittel dort aufbewahren, wo sie benötigt werden
- Jeweils schmutzige bzw. saubere Arbeiten zusammenlegen
- Geräte und Arbeitsmittel sollen leicht zu reinigen sein
- Das Umrüsten von Geräten sollte einfach sein

Arbeitsplatzgestaltung

Welche Richtmaße gelten für den Arbeitsplatz?

Die Arbeitshaltung soll ungezwungen und natürlich sein. Man sollte möglichst arbeiten mit:

- entspanntem Schultergürtel
- locker herabhängenden Oberarmen
- bequemer Fußstellung
- genügend Bewegungsfreiheit für Knie, Füße und Arme
- die Haltung der Unterarme ist abhängig davon, wie genau einzelne Arbeiten durchgeführt werden müssen
- Arbeiten ohne besondere Anforderungen an die Genauigkeit, wie z. B. Wäsche falten, erlauben einen Winkel von bis zu 90° zwischen Ober- und Unterarm
- feine Arbeiten, wie z. B. Nähen, wo kein Stich daneben gehen darf und der Abstand zum Auge mindestens 40 cm betragen soll, lassen sich nur mit stärker gewinkeltem Arm verrichten

Arbeitsplatz im Sitzen

Ausziehbrett	65–70 cm
Bügeln	60–65 cm
Nähen	67 cm
Fuß-Einrückraum	40 cm
Knie-Einrückraum	24 cm
Sitzhöhe	40 cm

(Siehe Abbildung)

Die Arbeitshaltung im Sitzen

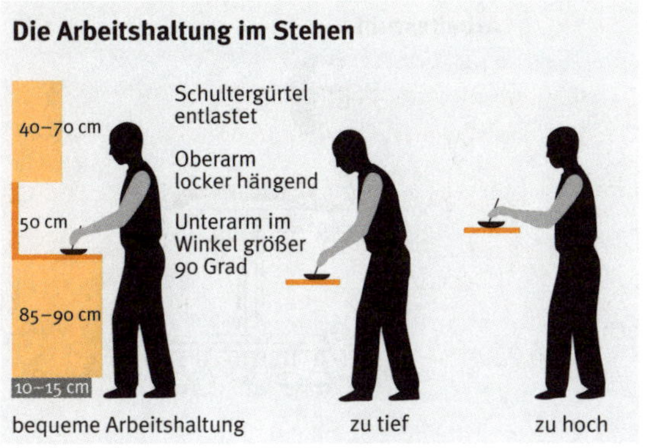

Arbeitsplatz im Stehen

Arbeitsplatte	80–90 cm
Spülen	85–95 cm
Bügeln	75–85 cm
Fuß-Einrückraum	10–15 cm

(Siehe Abbildung oben)

Welche Maße gelten für den vertikalen Greifraum?

55–60 cm Tiefe
140–160 cm Breite
90–170 cm Höhe

Bei Hochschränken ist zwischen 90–170 cm alles einzuordnen, was häufig gebraucht wird, da dieser Bereich zum Sehen und Nehmen der günstigste ist.
(Siehe Abbildung oben)

Wie muss der horizontale Greifraum gestaltet sein?

Äußerer Greifraum
55–60 cm Tiefe
140–160 cm Breite

Innerer Greifraum
35–45 cm Tiefe
80–110 cm Breite

Der äußere Greifraum ist die mit ausgestreckten Armen erreichbare Arbeitsfläche. Notwendige Arbeits- und Betriebsmittel sind so zu stellen, dass die Arbeit ohne Wechsel des Arbeitsplatzes möglich ist und zugleich der innere Greifraum für die eigentliche Arbeit frei bleibt.
Der innere Greifraum liegt im Arbeitsradius der Unterarme bei angewinkelten Armen. Er muss übersichtlich gestaltet sein, damit der Arbeitsablauf von rechts nach links gewährleistet ist, Überkreuzgriffe vermieden werden und ein zügiges Arbeiten möglich ist.
(Siehe Abbildung unten)

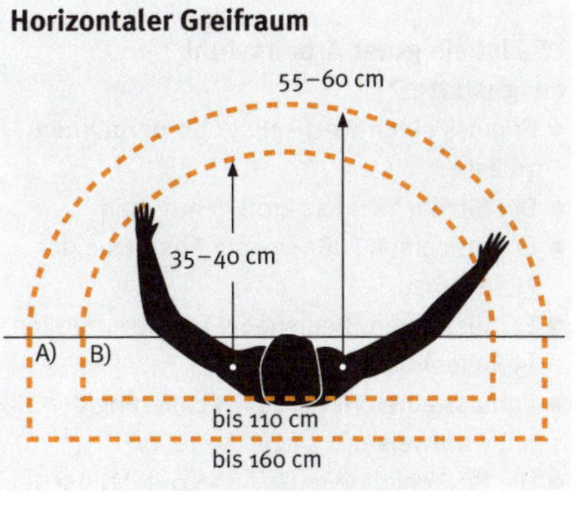

Welche Regeln gelten beim Arbeiten von Hand?

- Einhandarbeiten vermeiden
- schlangenartige Bewegungen beim Putzen größerer Flächen
- kreisartige Bewegungen anstelle von Hin- und Herbewegungen
- Übergreifen der Hände vermeiden
- unnötige Handgriffe vermeiden
- von rechts nach links oder von links nach rechts (bei Linkshändern) arbeiten

Handarbeit
Bei ausschließlicher Handarbeit werden alle Informationen vom Menschen übertragen (Steuerung des Arbeitsablaufs, Beobachtung des Arbeitsfortschrittes), und die Handlung des Menschen dient auch der Energieumsetzung.

Mechanisierung
Bei der Mechanisierung tritt der Mensch immer weniger als Produzent mechanischer Energie auf und steuert immer mehr die von außen kommende Energie.

Automatisierung
Bei der Automatisierung sind sowohl die Energie als auch alle zur Steuerung des Arbeitsablaufs nötigen Informationen in Form einer Programmsteuerung oder eines Reglers in der Maschine installiert, und der Mensch leistet nur noch Überwachungsarbeit.

Wie ist ein guter Arbeitsstuhl ausgestattet?

- Er muss einen Wechsel der Körperhaltung zulassen
- Die Sitzfläche muss groß genug sein
- Er muss einen Fußring zum Abstützen der Füße haben
- Er muss einen Bremshebel für die Fußrollen (5 Rollen) besitzen
- Er muss einen Hebel zur Regulierung der Sitzhöhe aufweisen
- Die Rückenlehne muss höhenverstellbar sein

Arbeitsstuhl

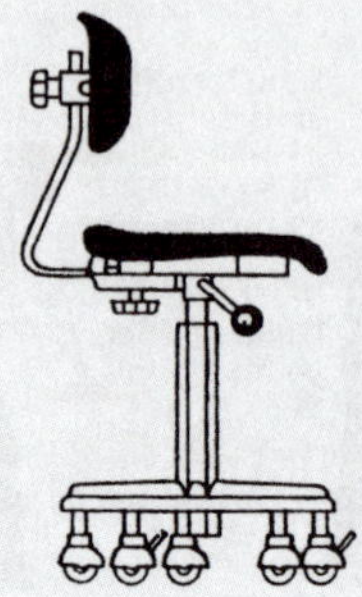

Stehhilfe

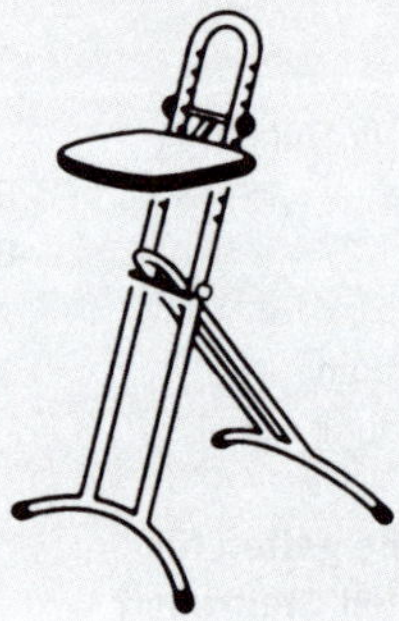

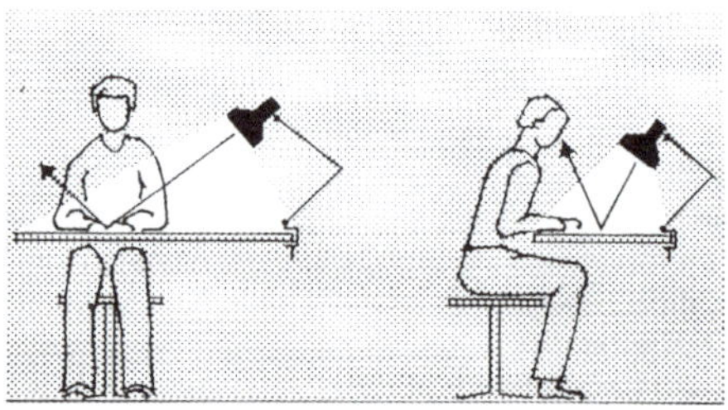

richtig falsch

- Er muss eine Möglichkeit zum Umklappen der Rückenlehne haben
- Weitere Arbeitsstühle sind der Balancestuhl bzw. die Stehhilfe

Was muss eine Arbeitsplatzbeleuchtung erbringen?

- den eigenen Schatten ausgleichen
- blendfrei angebracht sein
- den Arbeitsplatz ausleuchten

- ein schattenfreies Licht geben
- eine ausreichende Beleuchtungsstärke bieten

Welche Beleuchtung benötigen Arbeitsräume?
- Man unterscheidet zwischen der allgemeinen Raumbeleuchtung und der Arbeitsplatzbeleuchtung
- Die Raumbeleuchtung dient in erster Linie der Orientierung und der Sicherung der Verkehrswege
- Die Raumbeleuchtung soll niedriger gehalten werden als die Arbeitsplatzbeleuchtung, um beim Aufblicken vom Arbeitsplatz eine gewisse Entspannung zu gewährleisten
- Als Mindestbeleuchtungsstärke sind 50 lx anzusetzen
- Die Mindestbeleuchtungsstärken sowohl für die Raum- als auch für die Arbeitsplatzbeleuchtung sind in der DIN 5035 und in der Arbeitsstättenverordnung aufgelistet, z. B.:

Nennbeleuchtungsstärken für Arbeitsräume und Arbeitsplätze	
Toilettenräume	100 lx
Treppen	100 lx
Spinnen, Stricken, Nähen	500–750 lx
Nahrungszubereitung	300–500 lx
Büroarbeitsplätze	750 lx

Arbeitsräume

Welche Faktoren bestimmen den Raumbedarf einer Familie?
- berufliche Tätigkeit
- Familiengröße und Alter der Familienmitglieder
- finanzielle Möglichkeiten
- Wohnansprüche
- Einsatz technischer Hilfsmittel

Welche Raumgruppen befinden sich in einem Wohnhaus?

Wohnbereich:
Esszimmer, Wohnzimmer, Wohndiele
Schlafbereich:
Schlaf-, Kinder-, Gästezimmer
Sanitärbereich:
Bad, Dusche, WC, evtl. Sauna
Altenteil:
Küche, Wohnraum, Schlafzimmer, Bad, WC
Wirtschaftsbereich:
Küche, Vorratsräume, Büro, Trocken- und Nassarbeitsraum, Schutzschleuse, Heizungskeller

Warum werden Raumgruppen gebildet?
- arbeitswirtschaftliche Gründe:
  Küche–Vorratsräume, Küche–Essplatz
- organisatorische Gründe:
  Küche–Hofblick, Schmutzeingang–Wirtschaftsräume
- Kostengründe:
  Installationen, individuelle Bedürfnisse, Bad, WC–Schlaf- und Kinderzimmer

In welcher Himmelsrichtung sollten die Räume liegen?
- im Süden: Kinderzimmer, Wohnzimmer, Freisitz, Balkon
- im Osten: Schlafzimmer, Gästezimmer, Büro, Bad
- im Westen: Trockenarbeitsraum, Nassarbeitsraum, Schmutzschleuse
- im Norden: Küche, Vorratsräume

(Siehe Abbildung S. 26)

Lage der Räume zur Himmelsrichtung

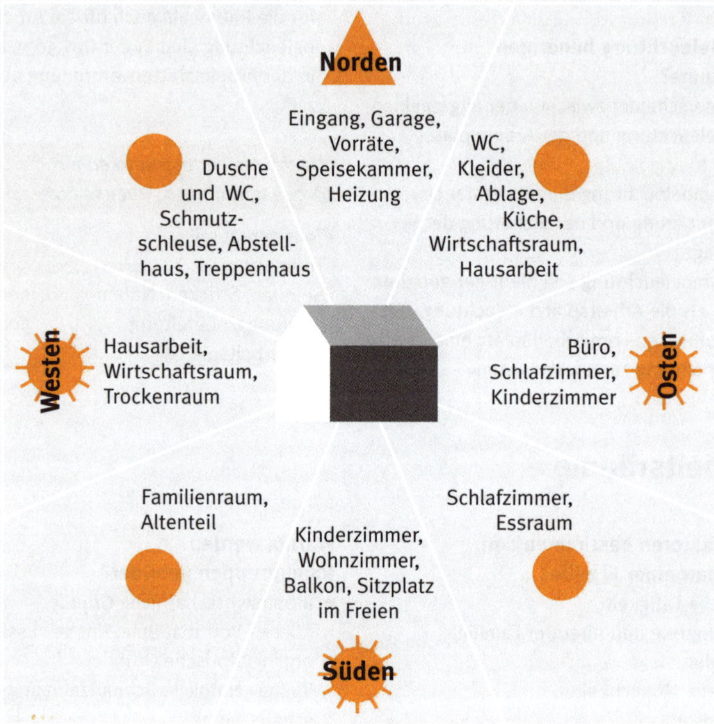

Welche Raumgrößen werden empfohlen?

Stellflächen, Abstände und Bewegungsflächen im Wohnungsbau nach DIN 18011

Raum	ca. m²	Raum	ca. m²
Wohnzimmer	20–24	Arbeitsküche	8,5–12
mit Essplatz	–30	mit Essplatz	12–18
Essplatz	10–12	Hausarbeitsraum	8–10
Familienraum	20–24	Schmutzschleuse	5–8
Arbeitszimmer	6–8	Bad	4–6
Schlafzimmer		Dusche	1,6–2
2 Betten	14–18	WC	1,6–2
1 Bett	8–10	Speise	2–3
Sitzplatz im Freien	10–12	Vorratsräume	20

Küche

Welche Maße sind für eine Küchenplanung entscheidend?
Küchenmöbel sind in der Tiefe genormt: 60 cm bei Unterschränken, 35 cm bei Oberschränken. Herde, Kühlschränke, Spülmaschinen haben ein einheitliches Maß von 60 cm Breite.
Die Höhe der Küchenunterschränke beträgt 85 – 90 cm. Es werden inzwischen auch Schränke mit 95 cm Höhe angeboten; das ermöglicht ermüdungsfreies Arbeiten auch für größere Personen. Damit die Stellfläche unter dem Fenster gut genutzt werden kann, muss die Brüstung des Fensters höher sein als die Küchenunterschränke.

Welche Arbeitszentren gehören in eine Küche?
Kochen und Backen
- Herd mit Abstellfläche rechts, links vom Herd der Vorbereitungsplatz mit allem, was zum Kochen benötigt wird
- Dunstabzugshaube mit Abzug möglichst nach außen oder in einen Abluftschacht

Vorbereiten
- Arbeitsplatz zwischen Herd und Spüle mindestens 0,60 m breit, besser 0,90 m – 1,20 m
- Kochzutaten, Schüsseln, Geschirr, Töpfe, Besteck griffbereit zugeordnet, Topfschrank mit Schublade
- zweiter Arbeitsplatz 1,20 m breit für Vorratshaltung, Backen, Anrichten
- Ausziehbrett zum Arbeiten im Sitzen
- kurze Wege zum Kühlschrank

Spülen und Reinigen
- Handspülen: Zweibeckenspüle mit Abstellfläche rechts und Abtropffläche links (bei Rechtshändigkeit der Hausfrau)
- Maschinenspülen: Einbeckenspüle mit Resteausguss, Maschine und Abstell- oder Abtropffläche

Maße für die Küchenplanung

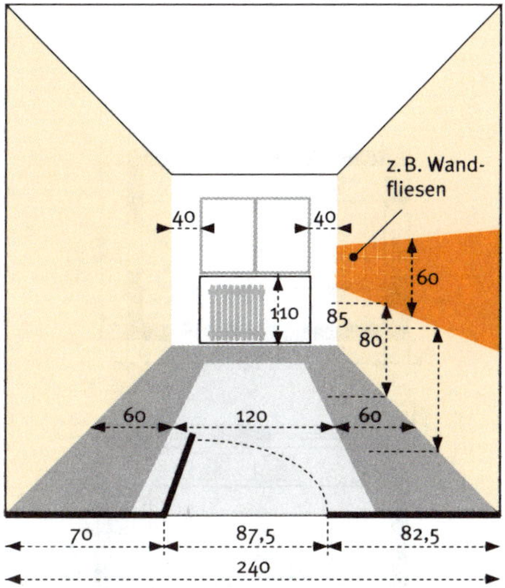

Günstige Anordnung der verschiedenen Arbeitszentren zueinander (lt. DIN-Norm 18022)

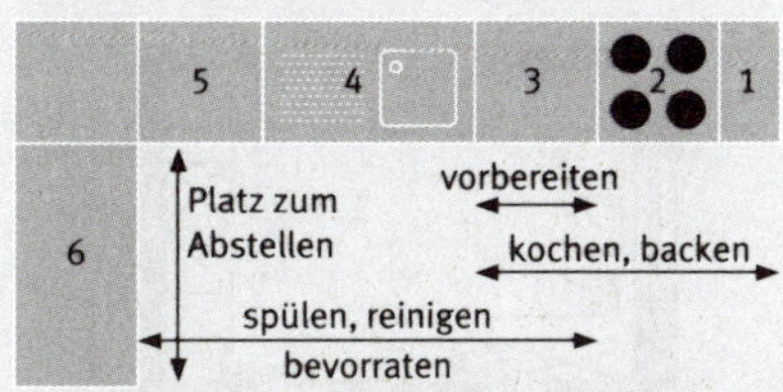

- für große Haushalte: Schmutzwasserausguss
- Reinigungsmittel und -geräte griffbereit
- besonders gute Beleuchtung

Aufbewahren
- ausreichender Schrankraum für Vorräte, Geräte und Geschirr; ca. 50 cm breite Flächen und/oder Ausziehbretter zum kurzfristigen Abstellen

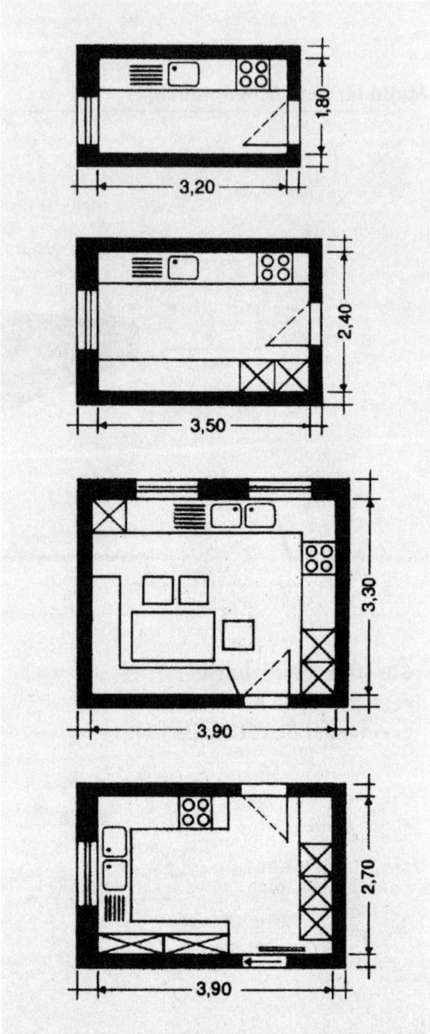

Welche Funktion haben die verschiedenen Küchenformen?

Einzeilige Küche

Geeignet für Altenteil, Ferienwohnung; Raumbreite mindestens 1,80 m; Arbeitsfläche zwischen Herd und Spüle mindestens 0,60 m; Herd nicht an die Wand rücken, die Backofenbedienung ist sonst eingeschränkt; wenig Schrankraum und Arbeitsfläche.

Zweizeilige Küche

Arbeitswirtschaftlich gute Küchenform; kurze Wege, viel Arbeitsfläche; vorteilhafte Einrichtung, da keine Eckteile; freier Zugang zu Fenster und Heizung; zwischen den Zeilen mindestens 1,20 m Abstand.

Küche in L-Form

Gut geeignet für große Familien; Küchen mit Essplatz; gute Raumnutzung, nur ein Eckteil; bei großen Küchen lange Wege; viel Schrankraum.

Küche in U-Form

Gute Raumnutzung; variable Einrichtung möglich; viel Schrankraum; Heizung bedienen und Fenster putzen schwierig; Eckteile meist aufwendig; Raumbreite mindestens 2,40 m.

Essplatz

Der Essplatz soll von der Küche unmittelbar erreichbar sein. Wohnküchen mit integriertem Essplatz haben sich bei großen Familien bewährt. Allerdings ist ein Dunstabzug empfehlenswert, um Geruchsbelästigungen zu vermeiden.

Welche Grundsätze gelten für einen gut gestalteten Essplatz?

- Form und Größe des Esstisches müssen frühzeitig überlegt werden
- Die Größe wird durch die Zahl der Familienmitglieder und Gäste bestimmt
- Am Tisch braucht jede Person 55 cm Platz (Stellfläche je Stuhl 50 x 50 cm)
- Ein runder Tisch benötigt mehr Platz als ein rechteckiger
- Eine Eckbank spart Platz
- Polsterbezüge sollen abnehmbar und waschbar sein
- Beim Essplatz „warme" Farben verwenden
- Die Lampe sollte etwa 60 cm über der Tischfläche hängen; Zugpendel haben sich bewährt

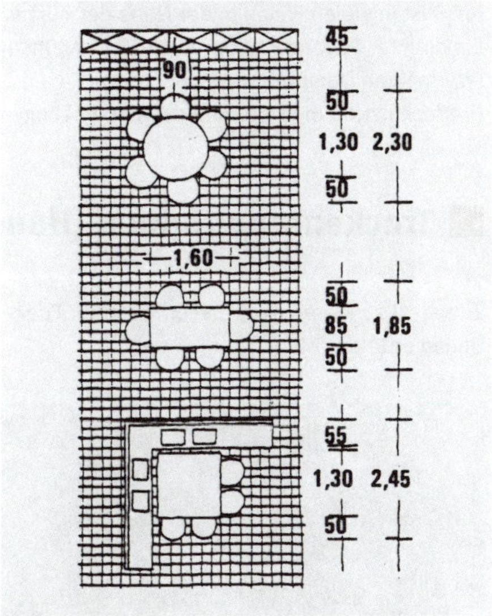

! 30 cm Abstand zwischen Tisch und Stuhl, wenn der Stuhl an der Wand steht! Steht ein Schrank hinter dem Stuhl, muss der Abstand so groß bemessen sein, dass bei ausgezogenem Stuhl Schranktüren und Schubladen zu öffnen sind.

Vorratsräume

Haushalte im ländlichen Raum haben eine relativ umfangreiche Vorratshaltung. Nachdem verschiedene Lebensmittel mit speziellen Temperaturen und Feuchtigkeitsansprüchen bevorratet werden, haben sich mehrere Vorratsräume bewährt.

- *Vorratsraum für Trockenvorräte (Mehl, Zucker, Konserven u. a.)*

Temperatur nicht über 12 °C und die Luftfeuchtigkeit möglichst niedrig. Hier könnten auch Kühl- oder Gefriergeräte stehen. Dieser Vorratsraum ist in vielen Fällen in der Nähe der Küche. Ein direkter Zugang von der Küche ist ungünstig (Wärme und Dämpfe).
Größe: ca. 2,00 m Breite und ca. 3,00 m Länge.

- *Vorratsraum für Frischvorräte (Kartoffeln, Gemüse u. a.)*

Meist im Keller untergebracht, Raumtemperatur zwischen + 4 °C und 12 °C, bei einer Luftfeuchtigkeit nicht über 80 %.
Hier können Sterilisiergut, Säfte und Marmeladen gelagert werden.
Größe: 2,00 m Breite (je 0,40 m Regale und 1,20 m Bewegungsraum) und ca. 3,00 m Länge.
Vorratsräume mit Fliegengitter schützen.
Die Türen so planen, dass Gefriertruhen oder -schränke u. a. gut transportiert werden können.

Trockenarbeitsraum (Hausarbeitsraum)

Zuerst ist zu klären, was dieser Raum für Funktionen erfüllen soll.

Wie sollte ein separater Hausarbeitsraum ausgestattet sein?

- Arbeitsfläche (Bügeln, Legen, Nähen)
- Bügeltisch mit Ärmelbrett
- evtl. Bügelmaschine
- Wäschekorb
- Arbeitsstuhl mit Rollen oder Stehhilfe
- Stauraum für:
  - Bügeleisen mit Zubehör
  - Nähmaschine und Zubehör
  - Pflegemittel
  - Reinigungsgeräte, Putzmittel
  - Werkmaterial, Werkzeug
  - Geschenkpapier, Bänder usw.

Nassarbeitsraum (Waschküche)

In vielen Haushalten wird er zugleich als Schmutzschleuse benutzt.

Welche Einrichtung und Ausstattung ist zweckmäßig?

- Waschmaschine, Trockner
- Schmutzwäschebehälter
- Waschbecken
- Arbeitsflächen
- Schmutzwasserausguss – Oberkante 60 cm (bei Kombination mit Schmutzschleuse)
- Ablagen für Wasch-, Pflege- und Putzmittel
- Unterbringung von Reinigungsgeräten
- Fußboden mit Gully ausstatten
- Dreh- und Wechselstromanschluss für 2 bis 3 Großgeräte, min. 3 bis 5 Steckdosen

Schmutzschleuse

Schmutzschleuse – was ist bei der Planung zu überlegen?

Es bietet sich meistens der so genannte Hofeingang an. Ein Zugang zum Wäschetrockenplatz, zum Nutzgarten und zum Betrieb sind anzustreben. Zur Grundausstattung gehören:

- große Ablage für Arbeits- und Regenkleidung, Arbeitsschuhe
- Ausguss mit Ablagefläche (Stiefelwäsche, Blumenpflege)
- separate Dusche mit WC und Waschbecken
- Stauraum für Sämereien
- Stauraum für Blumentöpfe
- Aufhänge für Gartengeräte, nasse Arbeitskleidung
- Arbeitsfläche (strapazierfähig)
- wasserundurchlässiger und rutschsicherer Bodenbelag
- ein Gully ist ebenfalls zu empfehlen

Büro

Was ist bei der Einrichtung eines Büros zu überlegen?

- Wird ein eigener Büroraum benötigt?
- Genügt ein Schreibtisch und entsprechende Hilfsmittel im Esszimmer, im Hausarbeitsraum oder im Wohnzimmer?
- Wo sind die Anschlüsse für Telefon, Telefax, PC, evtl. Kopierer anzubringen?
- Wo ist genügend Stauraum für die Unterlagen und die Ablage?

Wofür kann ein Büroraum genutzt werden?

- Als Arbeitsraum zur Erledigung schriftlicher Arbeiten
- Als Ablageraum von Akten, Fachbüchern, Fachzeitungen und -zeitschriften, Rechnungen u. a.
- Als Aufbewahrungsraum für Urkunden, Zeugnisse, Dokumente, Verträge, Versicherungen u. a.
- Als Besprechungsraum, um notwendige Unterlagen rasch zur Hand zu haben

Welche Einrichtungsgegenstände sollen im Büro untergebracht werden?

- Schreibtisch
- Schreibmaschine bzw.
- PC mit Drucker
- Aktenschrank
- Bücherregal
- Ablagesystem
- Kopiergerät
- Schreibtischlampe
- Schreibtischstuhl

Eine Grundfläche von ca. 8 – 10 m² wird empfohlen bei einem separaten Büroraum.

Finanzplanung und Geldwirtschaft

Wie wird das Einkommen in den Haushalten verwendet?

Aufwendungen und Struktur des privaten Konsums privater Haushalte im 1. Halbjahr 2003
Durchschnitt je Haushalt und Monat

	Euro	%
Private Konsumausgaben	2126	100
Nahrungsmittel, Getränke, Tabakwaren	298	14,0
Bekleidung und Schuhe	107	5,0
Wohnen, Energie, Wohnungsinstandhaltung,	691	32,5
darunter: Wohnungsmieten u. Ä.	512	24,1
Energie	121	5,7
Innenausstattung, Haushaltsgeräte, -gegenstände	121	5,7
Gesundheitspflege	78	3,7
Verkehr	306	14,4
Nachrichtenübermittlung	66	3,1
Freizeit, Unterhaltung und Kultur	250	11,8
Bildungswesen	20	0,9
Beherbergungs- und Gaststättendienstleistungen	92	4,3
Andere Waren und Dienstleistungen	98	4,6

Wie wird in den Haushalten Vermögen gebildet?

Zu den wichtigsten Geldanlagen der Haushalte zählen

- Termingelder (Festgelder)
- Spareinlagen
- Geldanlage bei Bausparkassen, Versicherungen
- Geldanlage in festverzinslichen Wertpapieren
- Geldanlage in Aktien
- Geldanlage in Investmentzertifikaten

Warum soll eine Finanzplanung erfolgen?

Eine Finanzplanung zeigt sowohl das Einkommen als auch die Zahlungen und Zahlungsverpflichtungen nach ihrer Höhe und Entstehung auf, sodass der Haushalt jederzeit die fälligen Zahlungsverpflichtungen ersehen kann (Liquiditätssicherung).

Sie berücksichtigt auch die individuelle Finanzsituation, die sich in einem Haushalt im Laufe der Familienphasen ergibt.

Was muss ein Finanzplan enthalten?

- Das verfügbare Einkommen
- Die festen Ausgaben
- Den Budgetplan

Wie erfolgt eine Budgetplanung?

Die Einnahmen werden den Ausgaben gegenübergestellt. Zukünftige Ausgaben werden eingeteilt in:

- feste Ausgaben
- veränderliche Ausgaben

Durch den Vergleich der tatsächlichen Ausgaben mit den geplanten Ausgaben ergeben sich Möglichkeiten der Umverteilung und des bedarfsgerechteren Einsatzes. Es kann festgestellt werden:

- bei welchen Posten soll eingespart werden?
- wie können die eingesparten Finanzen umverteilt werden, damit z. B. die persönlichen Wünsche besser erfüllt werden können?

Was ist bei der Aufnahme von Krediten zu überlegen?

- der Nutzen der Aufnahme von Fremdkapital
- die Verteuerung bei geplanten Anschaffungen
- die Rückzahlung (Tilgung) des Kredites einschließlich der Zinsen und Gebühren
- die Zinsbelastungen und Nebenkosten (Provision, Gebühren)
- die Laufzeit des Kredites
- die Effektivverzinsung
- die Zinsbildung
- die Höhe der Auszahlung des Kredites
- die Art der Kreditabsicherung
- die Tilgungsform

Welche Arten von Krediten werden angeboten?

- Kurzfristige Kredite (Laufzeit unter 1 Jahr)
- mittelfristige Kredite (Laufzeit mehr als 1 Jahr bis 10 Jahre)
- langfristige Kredite (Laufzeit mehr als 10 Jahre)
- Kontokorrentkredit
- Lieferantenkredit
- Kleinkredit
- Anschaffungsdarlehen
- Hypothekendarlehen

Welche Bedeutung hat die Kapitaldienstgrenze?

Sie ist die nachhaltige tragbare Belastung des Haushalts zur Verzinsung und Tilgung eines Fremdkapitals. Dabei müssen feste Ausgaben sowie ein Risikozuschlag für Einkommensschwankungen u. a. während der gesamten Belastungsperiode berücksichtigt werden.

Welche Möglichkeiten des bargeldlosen Zahlungsverkehrs gibt es?

- Überweisung
- Dauerauftrag
- Lastschrift
- Einzugsermächtigung
- Abbuchungsauftrag
- Scheck
- Barscheck
- Verrechnungsscheck
- Eurocheque
- Kreditkarten
- Kundenkarten
- Telefonbanking

Wie sind neue Medien für Bankgeschäfte zu nutzen?

Telefonbanking

Nach Abschluss eines Rahmenvertrages können i. d. R. Standarddienstleistungen per Telefon in Auftrag gegeben werden; der Kunde muss sich mit Namen, Kontonummer und Geheimwort legitimieren.

PC-gestütztes Banking

Telefonbanking nur über PC.

Wozu dient die Haushaltsbuchführung?

Sie bietet die Chance, die Verwendung des Einkommens exakt zu kontrollieren. Fehleinschätzungen über die Geldverwendung werden ausgeschlossen.

Je detaillierter die Haushaltsbuchführung vorliegt, umso besser lassen sich Einsparungsmöglichkeiten feststellen. Ein gezielter Einsatz des Geldes wird möglich.

Was ist der „Lebenshaltungsaufwand“?

Dazu zählt alles, was eine Familie in einem Haushalt für den personenbezogenen laufenden Lebensunterhalt braucht.

Welche Buchführungskonten erfassen den Lebenshaltungsaufwand?

- Nahrungs- und Genussmittelzukauf
- Naturalentnahmen (Lebensmittel)
- Arbeitserledigung
- Wohnen
- Bekleidung
- Gesundheit, Körperpflege
- Bildung, Freizeit, Familienpflege
- Geschenke, Spenden, Taschengeld
- Verkehr, Post

Was sind „Naturalentnahmen"?

Alles, was vom Haushalt aus dem eigenen Betrieb oder Hausgarten an selbsterzeugten Waren entnommen wird.

- Nahrungs- und Genussmittel: z. B. Milch, Fleisch, Eier, Wein, Kartoffeln, Gemüse und Obst
- Betriebsstoffe: z. B. Brennholz, auch der Mietwert

Was sagt der Mietwert aus?

Es ist die Summe, die an den Eigentümer für die Wohnungsnutzung zu bezahlen ist. Er sollte mindestens die Abschreibung, den Zinssatz sowie die Reparaturkosten abdecken. Meist liegt der Mietwert allerdings unter den tatsächlichen Aufwendungen für das Wohnhaus.

Was sind „Privatanteile"?

Sie müssen verrechnet werden, wenn in einem Unternehmen Ausgaben entstehen, die sowohl das Unternehmen, als auch den Haushalt betreffen. Z. B. Ausgaben für Strom, Wasser, Telefon, TV, Radio, Zeitung, PKW usw. Die Kosten werden anteilsmäßig dem Haushalt zugerechnet.

Wie kann eine Zukunftsvorsorge erfolgen?

Das Bedürfnis nach materieller Sicherheit führt zu verschiedenen Formen der Vermögensbildung. Der überwiegende Anteil der Zukunftsvorsorge sind Pflichtversicherungen.

Pflichtversicherungen (gesetzlich)

- Unfallversicherung (z. B. Landwirtschaftliche Berufsgenossenschaft)
- Krankenversicherung (kann auch privat sein)
- Pflegeversicherung
- Arbeitslosenversicherung
- Kfz-Haftpflichtversicherung
- Rentenversicherung (z. B. Altersklasse für GAL-Landwirte)
- Feuerversicherung

Freiwillige Versicherungen/Risikovorsorge

- Hausratversicherung
- Rechtsschutz
- Haftpflichtversicherung (für Personen, Unternehmen)
- Berufsunfähigkeitsversicherung
- Wohngebäudeversicherung
- private Unfallversicherung
- private Krankenversicherung
- Lebensversicherung
- Aussteuerversicherung u. a.

Vermögensbildung

- Sachvermögen (Immobilien, Grund und Boden)
- Geldvermögen (Sparkonto, Sparbriefe, Pfandbriefe u. a.)

Büroorganisation

Welche Vorteile bringt eine zweckmäßige Büroorganisation?
- Ordnung, Arbeitserleichterung, Zeit- und Geldersparnis
- Fortschritt durch Aneignung von Wissen (know how)
- Persönliche Vorteile

Welche Ausstattung benötigt ein Büroarbeitsplatz?
- Schreibtisch
- Schreibmaschine oder PC mit Drucker
- Schreibtischlampe
- Ablage für Schreibzeug
- Ablagekörbe
- Brieföffner
- Heftmaschine mit Zubehör
- Locher
- Telefon, evtl. mit Anrufbeantworter
- FAX-Gerät
- Papierkorb
- Pinwand
- Postleitzahlenbuch
- Telefonbuch
- Taschenrechner
- Stempel mit Stempelkissen
- Wandkalender
- Zettelkasten

Welche Anforderungen soll ein Telefon-Arbeitsplatz erfüllen?
Der Telefon-Arbeitsplatz ist die Grundlage für ein positives Gespräch:
- Man muss ungestört sprechen können!
- Man sollte telefonieren und schreiben können!
- Platz für Hilfsmittel haben!
- Wer das Telefon abnimmt, sollte Auskunft geben können!

Was gehört neben das Telefon?
- Übersichts- und Terminkalender
- Liste mit Telefonnummern, Telefonbuch
- Buchstabiertabelle (Großformat)
- Stifte, Kuli
- Schreibblock
- Notrufnummern (Großformat)
- Pinwand

Welche Ablagesysteme bieten sich an?
Die liegende Registratur
Darin wird das Schriftgut in Schränken und Regalen übereinander gestapelt aufbewahrt. Als Ordner dienen Aktendeckel, Schnellhefter oder Karton. Diese Form der Registratur ist sehr unübersichtlich und zeitaufwendig. Eine günstigere Lösung ist das Schubfächersystem mit Beschriftung. Es lässt sich zu umfangreichen Schrankwänden und Regalen aufbauen. Mit Rollwagen oder beweglichen Containern hat dieses Ordnungssystem seinen Preis, lässt sich aber gut in Büros unterbringen.

Die stehende Registratur
Ordner stehen nebeneinander in Regalen oder Schränken. Die Schriftstücke werden gelocht und in Aktenordnern abgeheftet und aufbewahrt.

Vorteile:
- übersichtlich durch die beschriftbaren Ordnerrücken
- schnelle Übersicht und schnelles Wiederfinden
- sicher, da geheftet
- eignet sich besonders für alle Sammelakten (z. B. Rechnungen)

Nachteile:
- zeitaufwendig (zuerst lochen, dann ablegen)
- beim Entnehmen müssen andere abgelegte Unterlagen bewegt werden
- unflexibel, durch genormte Größe der Ordner

Die hängende Registratur
Eine Loseblatt-Ablage in einer Hängekartei ist flexibler als eine Registratur mit Ordnern. Es

werden Hängemappen, Hängetaschen und Hängesammler angeboten, die in Schreibtischauszügen, in einfachen Boxen oder in fahrbaren Gestellen eingehängt werden.

Vorteile:
- gute Übersicht
- gute Anpassung bei unterschiedlichem Schriftgutanfall
- schnelle Ablage, kein Lochen,
- kein Abheften
- bequemes Einfügen und Entnehmen der Schriftstücke
- gute Registraturform am Schreibtischplatz

Nachteile:
- bei falscher Ablage ist das Wiederfinden von Schriftstücken schwierig
- Preis der Registraturmöbel und -behälter relativ hoch

Elektronisches System
Massenspeicher, aber teuer.

Wie lässt sich der Arbeitsablauf im Büro rationalisieren?
Posteinlauf zuerst prüfen, dann nach Prioritäten sortieren.
Eine Möglichkeit ist, die Ablage in verschiedenfarbigen Körben auf dem Schreibtisch einordnen:
- rote Ablage: sofort erledigen – Termine
- grüne Ablage: Angebote, Preislisten – Lesen/Anschauen
- blaue Ablage: innerhalb von 4 Wochen erledigen – Wiedervorlage
- Papierkorb: Informationen ohne Wert – „End-Ablage“

Diese Ablagen sollten einmal die Woche durchgesehen werden.

! „Wer viel aufhebt, findet wenig“

Wie lauten die 9 Regeln für ein erfolgreiches Schreiben?
1. Immer ans Ziel denken: Was will ich?
2. Die Wirkung meines Schreibens bedenken
3. Kurze Sätze bilden
4. Einfache Wörter verwenden
5. Aktive Verben gebrauchen
6. Positiv, aber direkt formulieren
7. Doppelpunkt, Fragezeichen und Semikolon einsetzen
8. Fasse Dich kurz
9. Vor allem: ANFANGEN!

Welche Aktenordner gehören in einen Haushalt?
Buchführung und Geldverkehr
- Girokonten
- Scheckkarten
- Darlehenskonten
- Schriftverkehr, Auszüge
- Einzugsermächtigungen
- Feste Kosten
- Kassenbuch
- Monats- und Jahresabschluss
- Inventarliste, Vermögensverzeichnis
- Budget

Haushalt
- Strom, Gas
- Wasser, Abwasser, Kanal
- Müllabfuhr, Straßenreinigung
- Heizung, Kaminkehrer
- Grundsteuer
- Wohnungsreparaturen
- Küchengroßgeräte
- Küchenkleingeräte
- Geräte zur Wäschepflege
- Geräte zur Hausreinigung
- Geräte für die Körper- und Gesundheitspflege
- Hausrat
- Bedienungsanleitungen

Gesundheits- und Altersvorsorge
- Kranken- und Pflegeversicherung
- Impfpässe
- Rentenversicherung
- Lebensversicherung
- private Unfallversicherung

Vermögensbildung und Bausparen
- Lebensversicherung
- Sparkonten
- Geschäftsanteile
- Aktien, Wertpapiere usw.

Versicherungen
- Privathaftpflichtversicherung
- Hausratversicherung
- Wohnhaus-Haftpflichtversicherung
- Wohngebäudeversicherung
- Gebäudebrandversicherung
- Haustierversicherung
- sonstige Versicherungen

Büro und Beruf
- Telefon, Handy
- Büroartikel und -geräte
- Computer, Software
- Fortbildung
- Fachliteratur
- Berufsverbände

Kfz-Akte
- Kaufverträge
- Steuer, Versicherung, Kundendienst, Kfz-Briefe, TÜV
- Öffentliche Verkehrsmittel (Monatskarte, Bahncard usw.)

Freizeitgestaltung
- Rundfunk, TV, Sat-Geräte, GEZ
- Musikabspielgeräte
- Foto, Film, Video
- Sport-, Spielgeräte
- Musikinstrumente
- Mitgliedschaften in Vereinen und Verbänden
- Zeitung und Zeitschriften (Abo)
- Unterrichtsverträge (VHS, Musikschulen)

Welche handelsrechtlichen Aufbewahrungsfristen gibt es?

6 Jahre:
Bankauszüge
Bestellscheine
Buchungsbelege

10 Jahre:
Geschäftspapiere
Rechnungen
Jahresabschlüsse

Garantiescheine je nach Garantiedauer

Langfristige Aufbewahrung in brandsicheren Safes: Urkunden, Zeugnisse, Versicherungspolicen, Verträge, Impfpässe, Taufschein, Einheitswert, familiengeschichtliche Dokumente, persönliche Auszeichnungen und Ehrungen.

! **50 % der aufbewahrten Informationen sind überflüssig.**

3 Verbraucherschutz

In einer freien Marktwirtschaft ist der Verbraucher auf Hilfe und Schutz durch den Staat angewiesen.
Dieser Aufgabe kommt der Staat durch Verbraucherinformation und -beratung nach.
Darüber hinaus erlässt er Gesetze, Verordnungen und Rechtsvorschriften, die den Verbraucher vor unlauterem Geschäftsgebaren und Gefährdungen der Gesundheit schützen.
Neben dem Schutz durch den Staat hat sich der mündige Verbraucher zu informieren und markt- und sachgerecht zu verhalten.

Wo findet der Verbraucher eine Beratung?

An Staatlichen Beratungs- und Weiterbildungsabteilungen für Haushaltsleistungen der Landwirtschaftsämter und den Landwirtschaftskammern sowie bei den Verbraucherberatungsstellen und den Beratungsstellen der Hausfrauenverbände. Die Einrichtungen sind jedem zugänglich.

Welche Funktion hat Werbung?

- Sie gibt Information über das Produkt und soll die Markttransparenz erhöhen
- Sie soll die Aufmerksamkeit auf ein Produkt lenken (Produktwerbung) und das Ansehen eines Unternehmens fördern (Imagewerbung)
- Zur Absatzsicherung muss der Anbieter auf seine Ware aufmerksam machen, um Kunden zu gewinnen und die Vorteile seines Produkts gegenüber den Mitbewerbern herauszustellen

! Werbung dient auch der Bedürfnisweckung!

Wie wird der Einkauf rationell geplant?

Mit einem Einkaufsplan (Zettel) für den:

- täglichen Einkauf, z. B. Fisch, Hackfleisch, Milch, Salat
- wöchentlichen Einkauf, z. B. Gemüse, Obst, Brot, Eier, Butter
- monatlichen Großeinkauf, z. B. H-Milch, Teigwaren

Was spricht für den Einkaufszettel?

- auflisten nach Anordnung der Waren im Geschäft, spart Wege und Zeit
- notieren, was in welcher Menge und wozu gebraucht wird, vermeidet nicht geplante Ausgaben
- Gedächtnisstütze
- Zeitersparnis durch Planung der Einkaufshäufigkeit
- kein unüberlegter Einkauf
- geplante Vorratshaltung spart Zeit und Geld

Wie kauft man verbraucherbewusst ein?

- Einkaufszettel mitnehmen
- Preisvergleiche anstellen
  - Füllmengenangabe und Preis vergleichen
  - Vermeiden von Portionspackungen
- Etikett lesen
- Waren- und Gütezeichen beachten
- Mehrwegverpackungen bevorzugen
- Eileinkäufe vermeiden
- Nachfüllpackungen nutzen
- Einkaufstasche mitbringen
- Rechnungen kontrollieren
- Reklamationen sofort vorbringen

Was ermöglicht einen preisgünstigen Einkauf?

- Saisonangebote
- Sonderangebote
- Werbewochen
- Einführungsangebote
- Spar-, Familien-, Großpackungen
- Restposten
- Aus- und Schlussverkauf
- Räumungsverkauf

Was ist beim Kaufvertrag wichtig?

Er kann z. B. mündlich, telefonisch oder schriftlich erfolgen. Die Form ist nur bei einigen Kaufverträgen vorgeschrieben. Im Alltag wird ein Kaufvertrag meist mündlich und formlos vollzogen, z. B. beim Einkauf von Grundnahrungsmitteln.

Was ist bei schriftlichen Kaufverträgen zu beachten?

- das sogenannte Kleingedruckte
- Preis, Menge, Qualität
- Liefer- und Zahlungsbedingungen
- Kundendienst
- Erfüllungsort, Gerichtsstand, Eigentumsvorbehalte
- Datum des Verkaufsabschlusses

Was ist ein Haustürgeschäft?
Als Haustürgeschäft gelten Käufe, die
- in der Privatwohnung
- am Arbeitsplatz
- bei Kaffeefahrten
- in öffentlichen Verkehrsmitteln
- auf öffentlichen Verkehrswegen

getätigt werden.

Welche Rechte haben Verbraucher bei Haustürgeschäften?
- Haustürgeschäfte werden nach einer zweiwöchigen Widerspruchsfrist rechtswirksam
- innerhalb dieser Frist kann der Käufer schriftlich vom Vertrag zurücktreten
- Datum des Kaufvertrags ist entscheidend

Kein Widerrufsrecht besteht:
- bei Warenwert unter 40 € und die Ware oder Leistung bar bezahlt wird
- der Verbraucher den Verkäufer ausdrücklich zu sich bestellt hat
- der Verkaufsabschluss bei Verbrauchermessen getätigt wurde

Was muss bei einem Ratenkauf im Vertrag stehen?
- Verträge zu Ratenkäufen müssen immer schriftlich abgeschlossen werden
- notwendige Angaben im Vertrag sind:
  - Barzahlungspreis
  - Teilzahlungspreis
  - Teilzahlungsplan (Anzahl, Häufigkeit und Höhe, effektiver Jahreszins der Raten)
  - Kosten einer Restschuldversicherung
  - Angabe von Sicherheiten
  - Widerrufsbelehrung

Welche Rechte hat der Käufer bei Reklamationen?
- Reklamationen sind bei mangelhafter Ware möglich
- Dem Lieferanten ist der Mangel mitzuteilen (Mängelrüge)
- Die Reklamation sollte umgehend erfolgen, Ansprüche verjähren bei Privatpersonen in der Regel nach sechs Monaten

Der Käufer hat das Recht auf:
- Rückgabe der Ware gegen Rückzahlung des Kaufpreises oder
- Ermäßigung des Preises oder
- Lieferung einer Ersatzware oder
- kostenfreie Nachbesserung durch Beseitigung des Mangels (Vorsicht, z. T. im Kleingedruckten festgelegt)

3

Was ist beim Umtausch zu beachten?
- Rechtlich ist der Verkäufer nur bei Lieferung einer mangelhaften Serienware verpflichtet, die gekaufte Ware umzutauschen (Reklamation)
- Zahlreiche Geschäfte gewähren jedoch freiwillig ein Umtauschrecht (Überlegungsfrist)
- Lebensmittel (Schnittware, geöffnete Packungen), Hygieneprodukte, Waren mit nicht feststellbarer Wertminderung (Batterien, Kassetten, Schallplatten) sind generell vom Umtausch ausgeschlossen
- Das gilt auch für Sonder-, Schluss- und Räumungsverkaufsware
- Recht auf Umtausch bei fehlerhafter Ware besteht dennoch, außer die „Fehler“ waren gekennzeichnet
- Hat es sich der Kunde aus irgend einem Grund anders überlegt (z. B. die Farbe gefällt nicht mehr oder der gleiche Artikel ist billiger in einem anderen Geschäft), so sind dies keine Gründe zum Umtausch. Nimmt der Verkäufer die Ware trotzdem zurück, so ist das reine Kulanz
- In der Regel muss der Kassenzettel und eine einwandfreie Ware beim Umtausch vorgelegt werden
- Bei einer sich evtl. ergebenden Preisdifferenz kann der Verkäufer darauf bestehen, dass eine andere Ware genommen wird. Auf eine Rückerstattung des Kaufpreises besteht keine Rechtsanspruch

Welche Gesetze und Verordnungen schützen den Verbraucher vor gesundheitlichen Gefahren?

Kernstück ist das „Lebensmittel- und Bedarfsgegenständegesetz (LMBG)"
Folgende Bestimmungen sind im LMBG geregelt zum Schutz der Gesundheit und zum Schutz vor Täuschungen des Verbrauchers:

- die gesundheitlich einwandfreie Beschaffenheit der Lebensmittel hat Vorrang vor wirtschaftlichen Überlegungen
- mit falschen oder irreführenden Darstellungen bzw. Aussagen darf nicht geworben werden
- zum Kauf angebotene Lebensmittel müssen entsprechend gekennzeichnet sein. Es schützt den Verbraucher vor Täuschung, gesundheitlicher Schädigung und Irreführung

Wie müssen Lebensmittel gekennzeichnet sein?

In der Lebensmittelkennzeichnungsverordnung (LMKV) sind zum Schutz vor Täuschung und gesundheitlicher Schädigung die Kennzeichnungselemente festgelegt; dies sind:

- Verkehrsbezeichnung (handelsübliche Bezeichnung)
- Mengen- und Preisangabe
- Los- bzw. Chargennummer
- Mindesthaltbarkeitsdatum oder Verbrauchsdatum
- Name und Adresse vom Hersteller, Verpacker oder Verkäufer
- Alkoholgehalt (mehr als 1,2 Volumenprozent)
- Zutatenliste (Zutaten werden in absteigender Reihenfolge nach ihrem Gewichtsanteil aufgeführt)

Wofür stehen E-Nummern?

E-Nummern stehen für Zusatzstoffe. Sie sind EU-weit gültig.
Die E-Nummer definiert den einzelnen Zusatzstoff, der aus dem Klassennamen nicht ersichtlich ist (z. B. Konservierungsmittel E 210 oder Konservierungsmittel Benzoesäure). Der Klassenname informiert über den Zweck des Zusatzstoffes, der aus seiner chemischen Bezeichnung oder der E-Nummer nicht erkennbar ist, z. B. „F" für Farbstoff, „G" für Geliermittel, „Sü" für Süßungsmittel. Die E-Nummern sind dreistellige Zahlen, meist mit einem „E" davor.

! Achten Sie auf das Etikett!

Welche speziellen Gesetze und Verordnungen (VO) sind von gesundheitlicher Bedeutung?

- Fleischhygienegesetz
- Geflügelfleischhygienegesetz
- Fleischhygieneverordnung
- Milchverordnung
- Milcherzeugnisseverordnung
- Käseverordnung
- Eierverordnung
- Fischverordnung
- Speiseeisverordnung
- Zusatzstoff-Zulassungsverordnung
- Verordnung über Stoffe mit pharmakologischer Wirkung

In den einzelnen Bundesländern wurden Mindestbedingungen in den Lebensmittelhygiene-Verordnungen festgelegt. Die amtliche Lebensmittelüberwachung kontrolliert die Einhaltung.

Was regelt die Novel-Food-Verordnung?

Am 15. Mai 1997 trat die Verordnung des Europäischen Parlaments und des Rates über neuartige Lebensmittel und neuartige Lebensmittelzutaten (kurz: Novel-Food-Verordnung) in Kraft.

Sie soll

- Die gesundheitliche Unbedenklichkeit neuartiger Lebensmittel und neuartiger Lebensmittelzutaten durch einheitliche Bewertungsmaßstäbe sichern
- Einen hohen vorbeugenden Verbraucherschutz gewähren
- Mögliche Risiken für die Umwelt prüfen und vermeiden

- Einen freien Warenverkehr ohne Wettbewerbsverzerrungen innerhalb der Europäischen Union gewährleisten

Kennzeichnung

Die Novel-Food-Verordnung regelt auch die europaweite einheitliche Kennzeichnung der neuartigen Lebensmittel und Lebensmittelzutaten. Gentechnisch veränderte Lebensmittel müssen immer dann gekennzeichnet werden, wenn das Lebensmittel gentechnisch veränderte Organismen enthält oder aus solchen besteht. Die neuen Merkmale sowie das Verfahren, mit dem sie erzielt wurden, müssen dann auf dem Etikett angegeben werden.

Es ist anzugeben

- ob das Lebensmittel aus gentechnisch veränderten Organismen besteht oder solche enthält
- ob das gentechnische Verfahren zu einer unterschiedlichen Zusammensetzung oder einem veränderten Nährwert geführt hat
- ob Stoffe enthalten sind, die in dem herkömmlichen Lebensmittel nicht vorhanden sind und gegen die ethische Bedenken bestehen können (Schweinegen in Mikroorganismen) oder die für Allergiker problematisch sein können (Erdnussgen in Tomaten)

Wie ist die Lebensmittelbestrahlung geregelt?

In Deutschland ist die Bestrahlung bislang verboten. Die Einfuhr aus EU-Mitgliedsstaaten bedarf der Genehmigung. Eine Übergangsregelung sieht vor, dass Lebensmittel nur dann bestrahlt werden dürfen, wenn sie sich in einwandfreiem Zustand befinden und die Bestrahlung nicht als Ersatz für mangelnde Hygiene bei der Verarbeitung dient. Es soll damit nachweislich ein Nutzen für den Verbraucher verbunden sein.
Bestrahlte Lebensmittel müssen mit „bestrahlt" oder „mit ionisierenden Stahlen behandelt" gekennzeichnet werden. Dies gilt auch für Zutaten, auch wenn sie nur geringfügig im Endprodukt vorhanden sind.

Welches Ziel verfolgt die Lebensmittelüberwachung?

Sie hat den Schutz des Verbrauchers vor gesundheitlichen Gefahren sowie vor Täuschung und Irreführung als Ziel. Sie kontrolliert die Einhaltung des Lebensmittelgesetzes sowie der Verordnungen und der zahlreichen sondergesetzlichen Vorschriften. Regelmäßige Kontrollen in Betrieben, die Lebensmittel herstellen, lagern oder verkaufen, werden durchgeführt. Die Kontrolle erfolgt im sogenannten Stichprobensystem.
Jeder Bürger hat das Recht, Reklamation bei den Kreisverwaltungsbehörden, die für die Lebensmittelüberwachung zuständig sind, einzureichen.

Welche Funktion haben Handels- bzw. Güteklassen?

Sie nehmen zwei wichtige Funktionen wahr:

- Auf der *Angebotsseite* werden Erzeugnisse, die nicht die notwendige äußere Qualität haben, vom Markt ferngehalten (Qualitätsförderung)
- Auf der *Nachfrageseite* helfen diese Regelungen dem Verbraucher, die angebotenen Nahrungsmittel besser vergleichen und auswählen zu können (Marktübersicht)

Die Begriffe „Handelsklassen" und „Güteklassen" sind inhaltlich gleichbedeutend. Von Handelsklassen spricht man, wenn sie national, d. h. in der Bundesrepublik Deutschland, Anwendung finden; von Güteklassen, wenn sie in allen Mitgliedsstaaten der Europäischen Gemeinschaft (EG-Vermarktungsnormen) Gültigkeit haben.

Folgende Lebensmittel werden nach Handelsklassen eingeteilt:

- bestimmte Obst- und Gemüsearten (Frischware)
- Schlachtgeflügel (einschließlich Geflügelteile)
- Butter
- Speisekartoffeln

EG-Güteklassen gibt es z. B. für
- bestimmte frische Obst- und Gemüsearten
- Eier (s. Tabelle unten)

Wie wird Geflügel im Handel angeboten?
Hühner, Enten, Gänse und Puten (geschlachtet als Ganzes oder in Teilen) dürfen nur nach der Handelsklassenverordnung verkauft werden (ausgenommen ab Hofkauf). So muss die verpackte Ware für den Käufer gut leserlich folgende Angaben aufweisen:
- Handelsklasse (A – B – C)
- Verkehrsbezeichnung (Hähnchen, Suppenhuhn, junger Truthahn, Truthahn, junge Ente, Frühmastgans, junge Gans, Gans und Poularde ergänzend zulässig)
- Angebotszustand (frisch, tiefgeforen, gefroren)
- Anschrift des Betriebes
- Herkunftsland
- Bezeichnung des Geflügelteiles
- Mindesthaltbarkeitsdatum
- Gewicht, Preis pro kg

Wie lauten die Güteklassen für Hühnereier?
Nach der Verordnung gibt es drei Güteklassen mit bestimmten Qualitätsmerkmalen:
- Klasse A oder „frisch“
- Klasse B oder „2. Qualität“ oder „haltbar gemacht“
- Klasse C oder „aussortiert, für die Nahrungsmittelindustrie bestimmt“

Im Handel werden praktisch nur Eier der Klasse A angeboten. Eier der Güteklassen B und C müssen gestempelt sein.

Nach der neuen Gewichtsklasseneinteilung konzentrieren sich nach Schätzungen von Fachleuten 80 bis 90 Prozent des Eieranfalls auf die Klassen L und M oder groß und mittel.

Was besagt das Mindesthaltbarkeitsdatum (MHD) bei Hühnereiern?
Es schreibt vor, dass nur innerhalb von 21 Tagen nach dem Legen Hühnereier an Verbraucher abgegeben werden können.
Ausgenommen von dieser Regelung ist die Erzeuger-Verbraucher-Direktvermarktung (Verkauf ab Hof, an der Haustür, auf dem Wochenmarkt), sofern die Eier aus eigener Erzeugung stammen und von den Klassifizierungs- und Kennzeichnungsvorschriften der Vermarktungsnormen kein Gebrauch gemacht wird.

Eialter/Tage	
1. Tag	Legedatum
3. Tag	letztes Verpackungsdatum
9. Tag	bis hier Banderole „Extra“ erlaubt
18. Tag	ab hier Kühlung im Handel erforderlich
22. Tag	ab hier Abgabe an Verbraucher nicht mehr erlaubt
28. Tag	Ende des Mindesthaltbarkeitsdatums

Wie werden Speisekartoffeln nach Handelsklassen gekennzeichnet?
Die Kennzeichnung soll dem Käufer Informationen über die Koch- und Qualitätseigenschaften geben:
- gesetzliche Handelsklasse (Extra oder I)
- Sortenbezeichnung

Neue Gewichtsklassen für Eier

Kurzbezeichnung	Bezeichnung	Gewichtsklasse
XL	Sehr groß	73 g und darüber
L	Groß	63 g bis unter 73 g
M	Mittel	53 g bis unter 63 g
S	Klein	unter 53 g

- Kochtyp
  - festkochend
  - vorwiegend festkochend
  - mehligkochend
- „Drillinge“ als Zusatzbezeichnung möglich bei entsprechender Größensortierung
- Einfüllgewicht in kg
- Anschrift des Erzeugers, Abpack- oder Handelsbetriebs
- Speisefrühkartoffeln oder Speisekartoffeln (Verkehrsbezeichnung)
- Preis

Beispiele für Kennzeichnung:

Speisekartoffeln
Klasse I
Sorte: Irmgard
Kochtyp: mehligkochend
Einfüllgewicht: 25 kg
Maria Felbermeir
Kahlhof 2, 86633 Feldkirchen

Speisefrühkartoffeln
Klasse I
Sorte: Christa
Kochtyp: vorwiegend festkochend
Einfüllgewicht: 25 kg
Maria Felbermeir
Kahlhof 2, 86633 Feldkirchen

Wie lauten die Handelsklassen für Obst und Gemüse?

Sie richten sich nur nach äußeren Merkmalen, wie Größe, Aussehen, Geruch, Geschmack, Gewicht usw.:

- Handelsklasse Extra (höchste Qualität, nur fehlerlose Ware)
- Handelsklasse I (gute Qualität, leichte Form-, Farb-, Entwicklungsfehler)
- Handelsklasse II (einwandfreie Konsumwaren, mittlere Qualität, Fehler dürfen Haltbarkeit und Genießbarkeit nicht ernstlich herabsetzen)
- Handelsklasse III (erweiterte Fehlertoleranz zu Klasse II)

Welche Handelsklassen gibt es für Butter?

Die Einstufung erfolgt nach Geruch, Geschmack, Gefüge, Aussehen und Konsistenz:

- Deutsche Markenbutter; nur aus Sahne hergestellt
- Deutsche Molkereibutter; aus Sahne oder Molke hergestellt

Wie muss Wein gekennzeichnet sein?

Beim Weinetikett sind weitere produktspezifische Kennzeichnungselemente vorgeschrieben.

Beispiele für Gütezeichen

Beispiele für Prüfzeichen

Welche Funktion haben Gütezeichen?

Sie dienen als Orientierungshilfe für den qualitätsbewussten Einkauf von Lebensmitteln. Sie garantieren, dass die mit einem Gütezeichen versehenen Produkte bestimmte, an objektiven Maßstäben gemessene, verkehrsübliche Eigenschaften erfüllen.
Z. B. der *Bundesadler* als gesetzliches Gütezeichen für Butter und Käse dient zur Kennzeichnung von „Deutscher Markenbutter“ und „Deutschem Markenkäse“. Die Herstellung dieser Erzeugnisse unterliegt strenger behördlicher Überwachung.
Das *Deutsche Weinsiegel* in drei verschiedenen Varianten:

- In roter Ausführung wird an geprüfte Flaschenweine vergeben. Eine neutrale Fachkommission bestätigt und überwacht die Vergabe
- In gelber Farbe wird speziell für „trockene Weine“ und Diabetikerweine verwendet
- In grüner Farbe für halbtrockene Weine

In zahlreichen Produktbereichen der deutschen Ernährungswirtschaft werden auch *CMA-Gütezeichen* sowie *DLG-Gütezeichen* verwendet (DLG = Deutsche Landwirtschaftsgesellschaft). (Siehe Abbildung S. 46)

Was sind Prüfzeichen?

Sie sind keine Gütezeichen. Sie werden von Fachverbänden vergeben, die auch die Anforderungen an die Produkte festgelegt haben. Sie können mit einer neutralen Überwachung verbunden sein. Prüfzeichen fallen unter die Gruppe der Verbandszeichen. (Siehe Abbildung oben)

Welche Aussagekraft hat das Umweltzeichen „Blauer Engel“?

Es garantiert die Umweltfreundlichkeit einzelner Inhaltsstoffe oder Eigenschaften eines Produktes. Im Umweltzeichen ist vermerkt, aufgrund welcher Kriterien der „Blaue Engel“ verliehen wurde (umweltfreundlich, weil ...).
Es ist jedoch kein Gütezeichen.
(Siehe Abbildung oben)

„Blauer Engel“

RAL-Testat

DIN-Zeichen

Welche Hilfe sind RAL-Testate für den Verbraucher?

Sie sind informative Kennzeichen mit neutral kontrollierten Angaben zur Beurteilung der Gebrauchseignung. Die Vergabegrundlagen für die einzelnen Erzeugnisse werden vor der Anwendung in einem öffentlichen Ermittlungsverfahren zur Diskussion gestellt. RAL-Testate werden vom RAL (Deutsches Institut für Gütesicherung und Kennzeichnung e. V.) an Antrag stellende Firmen erteilt, die sich zur Einhaltung der testierten Eigenschaften des Produktes verpflichten.
RAL-Testate sind auf vielen Gebrauchsartikeln zu finden, z. B. Wolldecken, Bettwäsche, Möbelbezugsstoffen, Staubsaugern, Bügeleisen u. a.

Welche Bedeutung hat das DIN-Zeichen?

DIN ist das Kennzeichen der Gemeinschaftsarbeit des DIN (Deutsches Institut für Normung e. V.). Es ist ein Verbandszeichen und dient zur Kennzeichnung von Erzeugnissen, die den in DIN-Normen festgelegten Anforderungen genügen. (Siehe Abbildung oben)

Warenzeichen

Zeichen zur geographischen Herkunft

Was sind Warenzeichen?

Man nennt sie auch Herkunfts- oder Firmenzeichen. Die Firmen werben und bürgen mit ihrem speziellen Warenzeichen für hochwertige, gleichbleibende Qualität.
Firmenzeichen können sich zu Markenzeichen entwickeln. Hinter diesem Zeichen stehen der hohe Bekanntheitsgrad der Firma und die gleichbleibende Qualität des Produktes (Markenartikel). (Siehe Abbildung)

Wie sind geographische Angaben und Ursprungsbezeichnungen geschützt?

Am 18. August 1998 trat die geänderte Verordnung zum Schutz von geographischen Angaben und Ursprungsbezeichnungen für Agrarerzeugnisse und Lebensmittel in den Mitgliedsstaaten der Europäischen Union in Kraft.
Um den Bekanntheitsgrad der geschützten geographischen Angaben und Ursprungsbezeichnungen zu erhöhen und um die Verbraucherinformation zu verbessern, hat sich die Gemeinschaft entschlossen, den Erzeugern und Verarbeitern von Agrarerzeugnissen und Lebensmitteln die Verwendung eines Gemeinschaftszeichen zu erlauben. Damit die Verbraucher angesichts der Vielzahl der für diese Erzeugnisse derzeit verwendeten Informationen nicht den Überblick verlieren, wird es durch die vorliegende Verordnung den Erzeugern und Verarbeitern, die die durch die Verordnung (EWG) Nr. 2081/92 eingeführten geographischen Angaben und Ursprungsbezeichnungen nutzen wollen, rechtlich ermöglicht, in der Gemeinschaft vereinheitlichte Angaben zu machen. (Siehe Abbildung)

4 Vollwertige Ernährung

Essen und Trinken sind lebensnotwendig.
Der Körper des Menschen erhält damit die Nährstoffe, die er braucht, um gesund und leistungsfähig zu sein.
Die Grundlagen unserer Ernährung, unsere Arbeits- und Lebensweise sowie die Essgewohnheiten haben sich verändert. Auf die ständige Zunahme ernährungsbedingter Krankheiten weisen Fachleute seit vielen Jahren hin.
Nur abwechslungsreiches Essen ist vollwertig.
Kein einzelnes Lebensmittel erfüllt diese Bedingung.
Je vielfältiger die Speisen zusammengestellt sind, desto mehr verschiedene lebensnotwendige Nährstoffe werden dem Körper zugeführt.

Die Aufgaben der Ernährung

Welche Regeln gelten für eine vollwertige Ernährung?

- abwechslungsreich essen und dem tatsächlichen Bedarf anpassen
- mehrere kleine Mahlzeiten planen
- täglich mindestens 1 1/2 Liter trinken; alkoholische Getränke in Maßen
- täglich Vollkornprodukte, weniger Zucker und Süßigkeiten
- mehr Gemüse, Kartoffeln und Obst
- täglich Milch- und Milchprodukte einplanen
- auch Fisch im Speiseplan vorsehen
- Fett sparsam verwenden, Fettgehalt in den Lebensmitteln beachten
- Lebensmittel nährstoffschonend zubereiten
- mit frischen Kräutern würzen, weniger Salz verwenden

Vielseitig und vollwertig ernähren heißt: täglich viele Lebensmittel aus den Gruppen 1–5, wenige aus den Gruppen 6 und 7 verzehren. So schaffen Sie die besten Voraussetzungen für eine vollwertige Ernährung.

Welche Lebensmittel werden für den täglichen Bedarf empfohlen?

Lebensmittel	*Verzehrempfehlungen*
Getreide, Getreideprodukte und Kartoffeln	Täglich 5 Scheiben Brot (ca. 250 g), 1 Portion Reis oder Nudeln (roh ca. 75–90 g, gekocht 220–270 g) oder 1 Portion Kartoffeln (ca. 250–300 g = 4–5 Stück)
Gemüse und Hülsenfrüchte	Täglich mindestens 2 Portionen Gemüse (ca. 200 g) und 1 Portion Salat (ca. 75 g)
Obst	Täglich mindestens 2 Stück oder 2 Portionen Obst (ca. 200–250 g)
Getränke Milch und Milchprodukte	Täglich 1,5 l Flüssigkeit Täglich 1/4 l (fettarme) Milch und 3 Scheiben Käse (ca. 30 g)
Fisch, Fleisch und Eier	Wöchentlich: 2 Portionen Seefisch (ca. 150 g), 2 bis 3 mal 1 Portion Fleisch (max. 130 g), 2 bis 3 mal Wurst (max. 50 g), wöchentlich bis zu 2 Eier
Fette und Öle	Täglich höchstens 40 g Streich- und Kochfett, 1 Esslöffel hochwertiges Pflanzenöl

Energiebedarf

Wie setzt sich der Energiebedarf zusammen?

Grundumsatz
Durch die Lebensmittel und Getränke wird dem Körper Energie zugeführt, die er benötigt, um die elementaren Lebensfunktionen, wie Atmung, Herztätigkeit, Kreislauf, Körpertemperatur u. a. aufrechtzuerhalten.

Arbeitsumsatz
Die Arbeitsleistung des Körpers benötigt Energie.

Freizeitumsatz
Für die arbeitsfreie Zeit können für den Erwachsenen durchschnittlich 840–1260 kJ (200–300 kcal) als Freizeitumsatz angenommen werden. Für Sport oder z. B. Hausarbeit sind Zuschläge zu berechnen.

Thermogenese
Je nach Nahrungszufuhr und Bedarf für das Wachstum. Jede Nahrungsaufnahme erhöht vorübergehend den Energieverbrauch, wird aber durch die Nahrung wieder gedeckt.

Geistige oder nervliche Belastungen bei gleichzeitiger geringer körperlicher Betätigung verlangen keine hohe Energiezufuhr, sondern eine energiearme, aber nährstoffreiche Kost.

Wodurch wird der Grundumsatz bestimmt?

Nicht jeder Mensch hat den gleichen Grundumsatz.

- *Gewicht und Größe* sind entscheidend. Mit Gewicht und Größe nimmt die Körperoberfläche zu und damit der Energieaufwand zur Regulierung der Körpertemperatur
- *Bemuskelung des Körpers.* Bei geringem Fettansatz setzt der Körper mehr Energie um als bei einer geringen Muskulatur mit zahlreichen Fettdepots
- *Geschlecht.* Der Muskelanteil bei Männern ist im allgemeinen höher, bei Frauen der Fettgewebeanteil.
  Bei Frauen schwankt der Grundumsatz mit dem Zyklus. Während der Schwangerschaft steigt er an und erhöht sich gegen Ende bis zu 20 bis 25 %
- *Alter.* Mit zunehmenden Jahren verringert sich der Grundumsatz, da sich der Stoffwechsel verlangsamt
- *Gesundheitszustand.* Bei Funktionsstörungen der Schilddrüse, Nebennierenrinde und Hypolyse verändert sich der Grundumsatz

! Der Grundumsatz pro kg Körpergewicht und Stunde wird mit 4,2 kJ (1 kcal) berechnet.

Was beeinflusst den Leistungsumsatz?

Er wird von der Schwere, der Dauer und der sportlichen Betätigung (Muskelarbeit) bestimmt. Außerdem beeinflussen ihn die Umgebungstemperatur und die Verdauungstätigkeit.

Energiebedarf bei verschiedenen körperlichen Tätigkeiten		
Tätigkeiten	kJ/min	kcal/min
Sport, Tanz:		
Fußball, mittlerer Energieumsatz	44	11
Gymnastik	16	4
Kegeln	14	3
Laufen, Ebene (9 km/h)	44	11
Schwimmen, Brust (18 m/min)	16	4
Ski, Langlauf	80	19
Ski, Slalom	96	23
Tennis, Ausgleichssport	25	6
Tischtennis	18	4
Volleyball	31	7
Tanzen, Volkstanz	27	6
Auto, Gehen, Rad fahren:		
Autofahren, Landstraße	4	1
Auto waschen	12	3
Gehen, Ebene (4 km/h)	14	3
Rad fahren, Ebene (10 km/h)	12	3
Rad fahren, Ebene (20 km/h)	33	8
Treppaufgehen (60 Stufen/min)	37	9
Haushalt:		
Betten machen	18	4
Boden wischen, kniend oder gebückt	18	4
Fenster putzen	12	3
Geschirr spülen	10	2
Kochen im Gehen und Stehen	10	2
Staub saugen	13	3
Wäsche aufhängen	21	5
Wäsche bügeln	10	2
Unkraut jäten	8	2

Wie errechnet sich der Gesamtumsatz?

Gesamtumsatz = Grundumsatz + Arbeitsumsatz + Freizeitumsatz

Welchen Energiegehalt haben Nährstoffe und Getränke?

Gewicht	*Inhaltsstoff*	*Energiegehalt*
1 g	Fett	38 kJ (9,3 kcal)
1 g	Alkohol	30 kJ (7,0 kcal)
1 g	Eiweiß	17 kJ (4,1 kcal)
1 g	Kohlenhydrate	17 kJ (4,1 kcal)
1 g	Fruchtsäure	14 kJ (3,4 kcal)

Der Energiegehalt von Lebensmitteln und Getränken hängt von deren Inhaltsstoffen ab. Auch andere organische Säuren sowie Extrakte (von Bier und Wein) enthalten Energie.

Wie lautet die Maßeinheit für die Energie, Wärme und Arbeit?

Die internationale und gesetzliche Einheit dafür ist das Kilojoule (kJ), sie hat 1978 die Einheit Kilokalorie (kcal) abgelöst.

1 kcal = 4,184 kJ

! Bei Umrechnungen von kcal in kJ wird in der Praxis die Formel 1 kcal ≈ 4,2 kJ oder 1 kJ ≈ 0,239 kcal verwendet.

Welche Richtwerte gelten für den täglichen Energiebedarf?

Alter in Jahren	*Männer* *kJ*	*kcal*	*Frauen* *kJ*	*kcal*
15–18	12500	3000	10000	2400
19–24	11000	2600	9000	2200
25–50	10000	2400	8500	2000
51–64	9000	2200	7500	1800
ab 65	8000	1900	7000	1700

Nährstoffe

Wie hoch sollte der Anteil der einzelnen Nährstoffe zur Deckung des täglichen Nährstoffbedarfs sein?

Etwa 55–60 % Kohlenhydrate
25–30 % Fett
10–15 % Protein

Als Faustzahl für den täglichen Nährstoffbedarf pro kg Körpergewicht gelten:

0,8 g Eiweiß
1,0 g Fett
5–6 g Kohlenhydrate

Welche Inhaltsstoffe sind in den Lebensmitteln?

- *Energieträger* (Fette, Kohlenhydrate, Proteine)
- *Baustoffe* (Proteine, Mineralstoffe, Wasser)
- *Reglerstoffe* (Vitamine, Mineralstoffe)
- *Ballaststoffe* (Zellulose, Pektine, Hemicellulosen)
- *Aromastoffe* (z. B. Röststoffe, Ester)
- *Sekundäre Pflanzenstoffe* (Geruchs-, Farb- und Geschmacksstoffe)

Welche Aufgaben erfüllen die Nährstoffe?

- Als *Energielieferanten* dienen insbesondere Fette und Kohlenhydrate. Proteine werden nur in Ausnahmefällen zur Energieumsetzung genutzt
- Als *Baustoffe* dienen vor allem Proteine zum Aufbau von körpereigenen Proteinen. Auch zahlreiche Wirksysteme des Organismus benötigen Proteinbausteine (Aminosäuren).
  Mineralstoffe werden für den Aufbau von Knochen und Zähnen benötigt.
  Wasser als Bestandteil von Zell- und Körperflüssigkeiten (Blut, Verdauungssäfte u. a.) ist unentbehrlich
- *Reglerstoffe* sind die Vitamine und Mineralstoffe; sie wirken bereits in geringen Mengen im Organismus. Sie regulieren den Wasserhaushalt und spielen eine Rolle beim Aufbau von Hormonen und Enzymen
- *Ballaststoffe* steigern den osmotischen Druck im Darm und verkürzen die Verweildauer der Abbauprodukte im Darm
- *Farb- und Aromastoffe* fördern die Bildung von Verdauungssäften und wirken Appetit anregend

Kohlenhydrate (Saccharide)

Welche Bedeutung hat die Photosynthese?

Sie ist der wichtigste biochemische Prozess auf dieser Erde. Fast alle Lebewesen sind in ihrer Ernährung davon abhängig.
Pflanzen binden mit Hilfe ihres grünen Blattfarbstoffes (Chlorophyll) die Energie des Sonnenlichts und benutzten sie, um aus anorganischen Stoffen das Kohlenhydrat Traubenzucker (Glucose) aufzubauen.

Wie werden Kohlenhydrate eingeteilt?

- *Einfachzucker* (Monosaccharide)
  Traubenzucker
  Fruchtzucker
  Schleimzucker
- *Doppelzucker* (Disaccharide)
  Rohr- und Rübenzucker
  Malz- und Milchzucker
- *Vielfachzucker* (Polysaccharide)
  Stärke
  Ballaststoffe (Cellulose, Pektin)

! Kohlenhydrate, die nicht zur Energieversorgung benötigt werden, wandelt der Körper in Fett um.

Welche Bedeutung haben Kohlenhydrate in der Ernährung?

Kohlenhydrate sind Energiespender, 1 g liefert 17 kJ (4,1 kcal).

Eine Mindestmenge sollte die tägliche Kost enthalten, um so Störungen im Soffwechsel zu vermeiden.

! Die Fette verbrennen im Feuer der Kohlenhydrate.

Bei zu wenig Kohlenhydraten ist der Fettabbau gestört.
Sie können vom Körper nur als Einfachzucker absorbiert werden. Traubenzucker ist daher ein rasch wirkender Energiespender und kommt bei Leistungssportlern und künstlicher Ernährung von Kranken zum Einsatz.
Stärke wird vom Organismus langsamer aufgenommen und erhöht damit den Blutzuckerspiegel nicht so rasch wie Einfachzucker (wichtig für Diabetiker).
Der Körper braucht auch unverdauliche Kohlenhydrate (Ballaststoffe). Sie quellen im Darm, regulieren die Darmtätigkeit und geben ein anhaltendes Sättigungsgefühl. In der modernen Ernährung sollte der tägliche Ballaststoffverzehr angehoben werden.

Wozu wird Zucker verwendet?

- als Süßungsmittel und Geschmacksstoff; er ist farb- und geruchlos, schmeckt besonders süß
- als Konservierungsmittel; er wirkt hygroskopisch und verhindert das Wachstum der Mikroorganismen (Marmeladenherstellung)
- als Farbstoff zur Färbung von Soßen, Gebäck und Süßspeisen

Wie wird Zucker sachgerecht aufbewahrt?

- gut lagerfähig, gegen Schädlinge unempfindlich
- Aufbewahrung in Gläsern oder Metallgefäßen
- pro Person für 14 Tage bis 1 kg Zucker
- Handelssorten beachten: Raffinade/EG-Zuckerqualität (Kristall- und Grießzucker), Grundsorte/EG-Zuckerqualität II (Puder-, Kandis-, Würfelzucker)

Welche Zuckeraustauschstoffe sind im Handel erhältlich?

- Sorbit (E 420)
- Mannit (E 421)
- Xylit (E 967)
- Isomalt (E 953)
- Maltit (E 965)
- Lactit (E 966)

Welche Süßstoffe sind im Handel?

- Saccharin (E 954)
- Cyclamat (E 952)
- Aspartam (E 951)
- Ascesulfam (E 950)

Welche Bedeutung haben Zuckeraustauschstoffe?
Wie der Name bereits aussagt, werden diese gegen Zucker ausgetauscht, weil sie

- langsam vom Körper aufgenommen werden und den Blutzuckerspiegel weniger belasten
- ohne Insulin verwertet werden können und damit in der Diabetikerkost eingesetzt werden können
- beinahe wie Haushaltszucker verwendet werden können
- sie fast die gleiche Energiemenge wie Haushaltszucker (17 kJ/g bzw. 4,1 kcal/g) liefern
- sie bei der Berechnung der Broteinheiten (BE) berücksichtigt werden müssen (z. B. Sorbit 15,9 kJ/g bzw. 3,8 kcal/g)
- sie kennzeichnungspflichtig sind
- die Süßkraft der Zuckeraustauschstoffe (Ausnahme Xylit – Süßkraft wie Saccharose) halb so stark wie die des Haushaltszuckers ist

Sie sind ohne Karies fördernde Wirkung, für Diabetiker geeignet; sie können bei übermäßigem Verzehr abführend wirken.
Auch Süßstoffe haben eine E-Nummer und müssen mit Namen oder E-Nummer auf der Lebensmittelpackung stehen.

Welche Bedeutung haben Süßstoffe in der Ernährung?
Sie sind chemische Verbindungen und haben eine 10- bis 500-fach höhere Süßkraft als Zucker. Sie haben keinen Energiewert.
Die WHO (Weltgesundheitsorganisation) hat eine obere Grenze für den täglichen Süßstoffverbrauch festgelegt:

Saccharin
2,5 mg pro kg Körpergewicht

Ein 70 kg schwerer Mensch darf demnach pro Tag nicht mehr als 11 Tabletten (1 Tablette = ca. 16,5 mg) zu sich nehmen.

Cyclamat
12,34 mg pro kg Körpergewicht

Ein 70 kg schwerer Mensch darf demnach pro Tag nicht mehr als 21 Tabletten (1 Tablette = ca. 40 mg Cyclamat, 4 mg Saccharin) zu sich nehmen.

Warum soll der Zuckerverzehr grundsätzlich reduziert werden?

- Zucker ist ein „leerer" Energiespender
- Zucker und Süßwaren haben keinen hohen Sättigungswert
- Klebrige Süßigkeiten und zuckerhaltige Flüssigkeiten wirken durch ihre Verweildauer im Mund Karies fördernd
- Zuviel Zucker schafft Gewichts- und Nährstoffprobleme
- Zucker kann den Blutzuckerspiegel aus dem Gleichgewicht bringen

Welche Nahrungsmittel sind stärkereich?

- Brot
- Kartoffeln
- Reis
- Teigwaren

Was sind Ballaststoffe?
Sie sind Bestandteile der Nahrungsmittel, die der Körper unverdaut ausscheidet. Alle Ballaststoffe mit Ausnahme des Lignins sind Kohlenhydrate.

Welche Eigenschaften haben Ballaststoffe?
Sie sind in der Lage, Wasser aufzunehmen und einzulagern. In Wasser sind sie unlöslich. Sie wirken als Füll- und Quellstoffe.

Wie wirken Ballaststoffe im Körper?
Ballaststoffe können im Dünndarm nicht verdaut werden, sodass sie unverdaut in den Dickdarm gelangen. Hier binden sie Wasser, quellen auf und füllen den Darm; die Darmmuskulatur wird angereizt, die Nahrungsreste abzutransportieren bzw. den Darm zu entleeren. Eine ballaststoffreiche Ernährung trägt

zu einer regulierten Darmentleerung bei und kann Verstopfung (Obstipation) beseitigen sowie den Gebrauch von Abführmitteln erübrigen. Ein hoher Ballaststoffanteil in der Ernährung hat einen Cholesterin senkenden Effekt.

Welche Nahrungsmittel sind reich an Ballaststoffen?

Gesamtballaststoffe in g/100 g verzehrsfertigem Lebensmittel	
Weizenvollkornbrot	6,2 g
Haferflocken	5,4 g
Roggenmischbrot	4,6 g
Rosenkohl	4,4 g
Cornflakes	4,0 g
Karotten	3,6 g
Naturreis	2,2 g
Äpfel	2,0 g

! Ausreichende Flüssigkeitsaufnahme ist für die Wirkung der Ballaststoffe Voraussetzung; es kommt sonst zu hartem „Stuhlgang".

Ballaststoffzufuhr für Erwachsene mindestens 30 g/Tag.

Fett (Lipide)

Welche Bedeutung hat Fett im menschlichen Körper?

- als Bestandteil aller Zellen, Hormone und Enzyme
- als Träger der fettlöslichen Vitamine A, D, E und K
- als Lieferant essenzieller (lebensnotwendiger) Fettsäuren
- als energiereichster Nährstoff mit hohem Sättigungswert
- als Schutz empfindlicher Organe (Nieren, Augen, Herz)
- als Schutz vor Wärmeverlusten direkt unter der Haut
- als Energiereserve bei niedriger Nahrungsaufnahme
- in Form von Cholesterin, um Hormone, Gallensäuren und Vitamin D aufzubauen

1 g pro kg Körpergewicht/Tag Fettbedarf für Leichtarbeiter

Welche essenziellen Fettsäuren kann der Körper selbst nicht aufbauen?

Essenzielle Fettsäuren sind mehrfach ungesättigt. Die wichtigsten für den menschlichen Organismus sind Linolsäure und α-Linolsäure. Sie haben eine vielfache Wirkung im Stoffwechselgeschehen.

Linolsäurebedarf des Erwachsenen 10 g/Tag

Wie hoch ist der Gehalt an Linolsäure in Pflanzenölen?

Sonnenblumenöl	63–65 % Linolsäure
Maiskeimöl	40–57 % Linolsäure
Sojaöl	ca. 54 % Linolsäure
Olivenöl	4–15 % Linolsäure
Rapsöl	ca. 18–24 % Linolsäure

Welche Bedeutung hat der Schmelzpunkt von Fett?

Je höher der Schmelzpunkt, desto schwerer verdaulich ist das Fett. Er ist vom Anteil gesättigter und ungesättigter Fettsäuren abhängig. Ungesättigte Fettsäuren haben einen niedrigen Schmelzpunkt (Pflanzenöl unter 5 °C). Fette mit gesättigten Fettsäuren haben den höchsten Schmelzpunkt (Rindertalg über 40 °C).

Beispiele von Fettgehalt in 100 g verzehrsfertigem Lebensmittel	
Vollmilchschokolade	33 g
Erdnüsse, geröstet	49 g
Salami	34 g
Emmentaler 45 % F. i. Tr.	30 g
Camembert 30 % F. i. Tr.	14 g
Schweineschnitzel, natur	12 g
Bierschinken	12 g

! Nur bei gleichzeitiger Aufnahme von Fett können die fettlöslichen Vitamine vom Körper aufgenommen werden.

Eiweiß (Protein)

Warum sagt man: „Ohne Eiweiß kein Leben"?

- Eiweiß ist durch keinen anderen Nährstoff zu ersetzen
- Eiweiß kann nur in geringem Umfang gespeichert werden
- überschüssiges Eiweiß wird verbrannt
- Aminosäuren (Bausteine des Eiweißes) müssen regelmäßig zum Aufbau von Körpereiweiß zugeführt werden
- fehlen eine oder mehrere essenzielle (lebensnotwendige) Aminosäuren, ist der Eiweißaufbau gestört

Welche Aufgaben hat Eiweiß im menschlichen Körper?

Eiweiß ist für den Zellenaufbau unersetzlich. Eiweiß kommt im Blut, in den Hormonen, in den Enzymen vor.
Eiweißmangel vermindert die Leistungsfähigkeit und Widerstandskraft gegen Krankheiten. Bei Kindern treten Entwicklungsschäden auf.

Wer hat einen erhöhten Eiweißbedarf?

- Kinder (1,0–1,2 g pro kg Körpergewicht/Tag) und Jugendliche (0,8–0,9 g pro kg Körpergewicht/Tag) brauchen für das Wachstum mehr Eiweiß
- ältere Menschen (0,8–1,0 g pro kg Körpergewicht/Tag)
- Genesende und Schwangere ab 4. Monat (+14 g/Tag)
- stillende Mütter (+17 g/Tag)

Welche Lebensmittel sind wichtige Eiweißträger?

- *tierisches Eiweiß:*
  Fleisch, Fisch, Milch, Käse, Eier
- *pflanzliches Eiweiß:*
  Getreideerzeugnisse, Hülsenfrüchte, Kartoffeln, Reis

Was versteht man unter biologisch hochwertigem Eiweiß?

Biologisch hochwertiges Eiweiß enthält alle essenziellen Aminosäuren. Es ähnelt in seiner Zusammensetzung dem Körpereiweiß und kann daher vom Körper besser genutzt werden.
Tierisches Eiweiß ist hochwertiger als pflanzliches (Ausnahme: Kartoffeleiweiß).
Die Hälfte des Eiweißbedarfes sollte deshalb durch tierisches Eiweiß gedeckt werden.

4

Wie wird die biologische Wertigkeit von Eiweiß erhöht?

Eine höhere Wertigkeit durch Kombination aus tierischem und pflanzlichem Eiweiß kann vom Körper besser genutzt werden.

Beispiele

- Kartoffel + Milch
  als Kartoffelbrei
- Kartoffel + Ei
  als Rührei mit Bratkartoffeln
- Getreideerzeugnisse + Ei
  als Pfannkuchen
- Hülsenfrüchte + Fleisch
  als Linseneintopf
- Getreide und Milch
  als Müsli

! Der Eiweißbedarf bei Erwachsenen beträgt 0,8 g pro kg Körpergewicht und Tag.

Vitamine und Mineralstoffe

Welche Bedeutung haben Vitamine für den Körper?

Vitamine zählen zu den essenziellen (lebensnotwendigen) Nahrungsbestandteilen, die der Körper nicht selbst aufbauen kann. Für einen geregelten Ablauf der Lebensvorgänge sind sie unentbehrlich, haben aber weder als Baustoffe noch als Energieträger eine Bedeutung.

! Eine ausreichende Versorgung erreicht man durch Obst und Gemüse (5-mal/Tag).

Wodurch wird der Vitaminbedarf verändert?

- Lebensalter
- Körperliche Belastung
- Gesundheitszustand
- Schwangerschaft und Stillzeit
- Ernährungsverhalten
- Medikamentenkonsum
- Gestörte Vitaminresorption (z. B. chronische Durchfälle)
- Störungen in der Darmflora

Welche Eigenschaften haben Vitamine?

Sie sind fett- oder wasserlöslich, empfindlich gegen Sauerstoff und licht- und hitzeempfindlich.

! Mit der Dauer der Lagerung, unsachgemäßer Zubereitung und langer Warmhaltezeiten von Speisen treten Vitaminverluste auf.

Wann besteht ein erhöhter Vitaminbedarf?

- bei Kindern, Jugendlichen, Schwangeren, Stillenden, kranken und alten Menschen
- bei einseitiger oder zu geringer Nahrungsaufnahme
- bei schwerer körperlicher Leistung, bei Hitze, Kälte oder seelischer Belastung

Welche Wirkung haben fettlösliche Vitamine?

	Wirkung	*Mangel*	*Gute Quellen*
Vitamin A	Hautschutzvitamin, in jeder Zelle des Körpers, ist am Sehprozess beteiligt	Schuppenbildung, Akne; Sehstörungen, rauhe Haut und Entzündungen	Eigelb, gelbe Rüben, Spinat, Grünkohl
Vitamin D	Entwicklung der Knochen, Calcium- und Phosphatstoffwechsel	Rachitis, Entkalkung der Knochen	Fisch, Leber, Butter, Eier
Vitamin E	verhindert die Oxidation ungesättigter Fettsäuren	bei Tieren Sterilität, beim Menschen tritt ein Mangel äußerst selten auf	Vollkornprodukte, Nüsse, Sonnenblumenkerne, Pflanzenöle

Welche Wirkung haben wasserlösliche Vitamine?

	Wirkung	*Mangel*	*Gute Quellen*
Vitamine der B-Gruppe (B_1, B_2, B_6, B_{12})	Funktion des Gehirns, des Nervensystems und des Herzmuskels, Bildung der roten Blutkörperchen, Beteiligung am Kohlenhydratstoffwechsel	Nervenstörungen, Muskelschwäche, Müdigkeit, Leistungsschwäche, Hautveränderungen, Blutarmut, Brennen der Augenlider	Muskelfleisch, Leber, Milch, Eier, Fisch, Vollkornprodukte, Kohlgemüse, Bananen
Folsäure	Zellteilung und Zellneubildung	Blutarmut, Fehlgeburten, Infektanfälligkeit, Hautkrankheiten	Leber, Tomaten , Kraut, Spinat, Weizenkeime
Vitamin C	Aufbau des Bindegewebes, Zwischenstoffwechsel	Zahnfleischbluten, Leistungsschwäche, Appetitlosigkeit, Anfälligkeit für Infektionen	Südfrüchte, Beerenobst, Kartoffeln, Sauerkraut, Paprika, Kohlgemüse

! Gemüse und Obst erst kurz vor der Verwendung waschen und zerkleinern, um Vitaminverluste zu vermeiden.

Welche Aufgaben erfüllen die Mineralstoffe im Körper?

Mineralstoffe sind sowohl Baustoffe als auch Reglerstoffe im Körper. Sie sind am Aufbau des Knochengerüsts und der Zähne beteiligt, regeln den Flüssigkeitsaustausch zwischen den Zellen und wirken an den Stoffwechselvorgängen mit. Alle Mineralstoffe müssen mit der Nahrung aufgenommen werden, der Körper kann sie nicht selbst bilden. In Form von Schweiß und Harn scheidet man Mineralstoffe aus. Große Schweißverluste müssen durch mineralhaltige Getränke ausgeglichen werden, um z. B. Muskelverkrampfungen zu vermeiden.

Was ist bei der Versorgung mit Mineralstoffen zu beachten?

Bei Eisen, Calcium und Jod sind derzeit Unterversorgungen festzustellen.
Eine vielseitige Kost aus pflanzlichen und tierischen Lebensmitteln liefert alle Mineralstoffe in ausreichender Menge. Dabei sind Vollkornprodukte, Gemüse sowie Obst und Milch zu bevorzugen.

Was sind sekundäre Pflanzenstoffe?

Es sind natürliche Geruchs-, Farb- und Geschmacksstoffe.
Dazu zählen z. B. die

- *Carotinoide*
  in Paprika, Aprikosen, Tomaten, Spinat, gelben Rüben, Brokkoli
- *Flavonoide*
  in Kopfsalat, Erdbeeren, Himbeeren, Weintrauben, Fenchel, Zwiebeln, Kirschen, Rotkohl, Rotwein, Tee
- *Phytosterine*
  in Sonnenblumenkernen, Sesam, Sojabohnen

- *Saponine*
  in Bohnen, Erbsen
- *Sulfide*
  in Knoblauch, Lauch, Zwiebeln, Phytinsäure, Getreide, Hülsenfrüchten (Randschichten)

Allen ist gemeinsam, dass sie in Obst und Gemüse vorkommen. Es werden ihnen gesundheitsfördernde und immunstärkende Wirkungen zugesprochen. Möglicherweise schützen sie vor Krebserkrankungen, Infektionen und Herz-Kreislauferkrankungen. Ein Mangel soll zu verschiedenen Erkrankungen führen.

Welche Folgen hat Eisenmangel?
Blutarmut ist eine Folge. Eisen hat eine wichtige Funktion beim Sauerstofftransport im Blut. Mädchen und Frauen sind häufig unzureichend mit Eisen versorgt. Auch ältere Menschen sind betroffen.

Wie ist ein Eisenmangel zu vermeiden?
Gute Eisenquellen sind: Fleisch, Wurst, Vollkornprodukte, Hülsenfrüchte, Gemüse wie z. B. Spinat, Feldsalat, Fenchel.

Maßgebend ist aber nicht nur die Menge an zugeführtem Eisen, sondern auch seine Verwertbarkeit. Diese wird bei pflanzlichen Lieferanten erheblich gesteigert, wenn die Speisen mit vitaminreichen Lebensmitteln, insbesondere mit Vitamin C, ergänzt werden. Eisen aus tierischen Lebensmitteln wird vom Körper besser verwertet als das aus pflanzlichen.

Welche Folgen hat Calciummangel?
Calcium ist Baustein von Knochen und Zähnen sowie unerlässlich für die Lebensfähigkeit jeder Zelle. Eine ungenügende Versorgung lässt bei Kindern und Jugendlichen kein optimales Knochenwachstum zu und kann im Alter, insbesondere bei Frauen mit Eintritt der Menopause, zu Osteoporose führen. Spontaner Calciummangel kann Muskelkrämpfe auslösen.

Warum ist der Calciumgehalt in Milch und Milchprodukten so wertvoll?
Mit Milch und Milchprodukten ist eine ausreichende Calciumversorgung leicht zu erreichen. Die Calciumresorption wird durch die gleichzeitige Aufnahme von Vitamin D und Protein sowie

Calciumhaltige Lebensmittel

Lebensmittel	Portionsgröße	Calciumgehalt mg	Energie kJ	Energie kcal
Emmentaler	30 g	306	481	115
Edamer 30 % F. i. Tr.	30 g	240	323	77
Trinkmilch	200 ml	240	128	32
Joghurt 3,5 % Fett	150 g	180	413	99
Broccoli	200 g	210	194	46
Lauch	200 g	174	192	46
gelbe Rüben	200 g	82	174	42
Mohnsemmel	50 g	44	549	131
Vollkornbrot	50 g	11	392	94
Orangenfruchtsaftgetränk (Ca-anger.)	200 ml	270	328	78
Buttermilch	200 ml	220	300	72
Mineralwasser z. B.	200 ml	124	0	0

durch Milchzucker gefördert, so dass die Calciumausnutzung aus Milch und Milchprodukten besser ist. Auch pflanzliche Lebensmittel haben z. T. gute Calciumgehalte, aber deren Oxalsäure (Spinat, Rhabarber) oder Phytinsäure (Getreide) hemmen die Calciumaufnahme.

Welche Bedeutung hat Jod für die Gesundheit?

Die Schilddrüse braucht Jod, damit sie die Schilddrüsenhormone bilden kann.

Wie ist ein Mangel an Jod zu vermeiden?

Empfehlung

- 2 – 3 mal pro Woche Seefisch
- nur Jodsalz verwenden
- mit Jodsalz gesalzene Back- und Wurstwaren bevorzugen
- bei Lebensmitteln auf das Gütesiegel achten

Jodgehalt einzelner Lebensmittel pro Portion

	µg
150 g Schellfisch	365
150 g Seelachs	300
150 g Kabeljau	255
150 g Rotbarsch	149
150 g Bismarckhering	147
150 g Heilbutt	78
200 g Champignons	36
200 g Broccoli	30
150 g Makrele	25
200 ml Milch	23

Wasser

Welche Aufgaben hat Wasser im menschlichen Körper?

Rund 70 % des Körpers bestehen aus Wasser. Auf Wasser kann der Körper am wenigsten verzichten, da der Organismus harnpflichtige Substanzen nur mit Wasser ausscheiden kann.

Wasser ist

- Baustoff (Körperflüssigkeiten und Zellen)
- Lösungsmittel (Abbau der Nährstoffe erfolgt in gelöster Form)
- Transportmittel (von gelösten Nährstoffen und Abbauprodukten im Blutkreislauf)
- Wärmeregulator (schützt den Körper vor Überhitzung)
- Wasser liefert, im Gegensatz zu Nährstoffen, keine Energie

Wodurch kann der Flüssigkeitsbedarf erhöht sein?

- Krankheiten wie Fieber, Durchfall, Erbrechen
- Schwitzen bei sportlicher Betätigung, schwerer Arbeit, tropischem Klima
- erhöhte Kochsalzzufuhr durch Lebensmittel wie Salzheringe u. a.

Wie soll der Flüssigkeitsbedarf gedeckt werden?

- Wasser und Mineralwasser, Gemüsesäfte, ungezuckerter Früchte- und Kräutertee sowie verdünnte Obstsäfte sind besonders gut geeignet
- Limonaden, Fruchtsaft- und Colagetränke haben einen relativ hohen Zuckergehalt und kaum Vitamine und Mineralstoffe. Auch reine Fruchtsäfte sollten wegen ihres z. T. höheren Gehalts an Frucht- und Traubenzucker mit Wasser verdünnt werden
- alkoholische Getränke, schwarzer Tee und Kaffee zählen zu den Genussmitteln. In geringen Mengen wirken sie anregend und verdauungsfördernd. Grundsätzlich sollte man sie nur in Maßen genießen

Ernährung in verschiedenen Lebens- und Leistungssituationen

Kinder und Jugendliche

Welche Grundsätze gelten für eine bedarfsgerechte Ernährung?

- an eine gemischte Kost gewöhnen
- ein Kind darf, muss aber nicht essen
- Mahlzeiten regelmäßig einnehmen
- Zwischenmahlzeiten einplanen (Milch und Milchprodukte)
- Breie machen „kaufaul“
- täglich eine warme Mahlzeit
- stark gewürzte und gesalzene Speisen vermeiden
- wenig Süßigkeiten, sie verderben den Appetit und fördern Übergewicht und Karies

Welchen Bedarf haben Kinder und Jugendliche?

Sie haben

- einen höheren Eiweißbedarf

  0,8 – 1,2 g Eiweiß
  pro kg Körpergewicht und Tag

  Geeignete Eiweißspender sind:
  Milch- und Milchprodukte, Fleisch, Fisch, Eier, Getreideprodukte, Kartoffeln, Hülsenfrüchte

- einen hohen Calciumbedarf zum Aufbau und Wachstum der Knochen und Zähne

  600 – 1200 mg Calcium
  pro Tag

  Geeignete Calciumspender sind:
  Täglich 1/2 l Milch für Schulkinder,
  1/4 l Milch für kleinere Kinder

- einen relativ hohen Eisenbedarf

  8 – 15 mg Eisen
  pro Tag

  Geeignete Eisenspender sind:
  Fleisch, Vollkornprodukte, Leber, Eigelb, Schnittlauch, Hülsenfrüchte und Spinat

- einen höheren Flüssigkeitsbedarf als Erwachsene

Kinder	1 l bis 1 1/4 l
Jugendliche	1 1/2 l

  Bei Hitze sowie Fieber, Durchfall und Erbrechen ist ein höherer Flüssigkeitsbedarf gegeben

- einen relativ hohen Energiebedarf, dieser sollte durch einen höheren Fettanteil gedeckt werden

  30–40 % der Energie
  durch Fett decken

  Geeignete Fette:
  Butter und hochwertige Öle

- 50 % der Nahrungsenergie soll durch Kohlenhydrate gedeckt werden

  etwa 240 g Kohlenhydrate
  pro Tag

  Geeignete Kohlenhydratlieferanten sind:
  Vollkornbrot, Getreideprodukte, Kartoffeln, Gemüse, Obst

Welche Getränke sind zu bevorzugen?

- Kräutertee (schwach gesüßt)
- Fruchtsäfte (verdünnt), Gemüsesäfte
- Leitungs- und Mineralwasser
- Butter- und Vollmilch

Warum sind Zwischenmahlzeiten wichtig?

Bei Kindern und Jugendlichen sind die Kohlenhydratreserven schnell erschöpft. Ein Absinken des Blutzuckers ist die Folge. Es wird angenommen, dass darauf auch das Süßigkeitsbedürfnis beruht. Besser geeignet als Süßigkeiten sind Obst, Joghurt, Sauermilchgetränke oder belegte Brote mit Käse, Wurst, Schinken und Gurkenscheiben, Salatblättern, Radieschen.
Kinder, die morgens keine Milch trinken, sollten mit dem Pausenbrot Milchprodukte essen.

Wie kann der empfohlene Tagesbedarf von Calcium gedeckt werden?

600 – 1200 mg Calcium
pro Tag wird empfohlen
für Jugendliche 15 – 18 Jahre ca. 1200 mg

z. B. mit:	
1 Glas Milch	240 mg Ca
1 Sch. Emmentaler	305 mg Ca
4 Sch. Vollkornbrot	130 mg Ca
1 Joghurt	180 mg Ca
1 l Mineralwasser	200 mg Ca
250 g Rohkost	125 mg Ca

Ältere Menschen

Was ist bei der Ernährung zu beachten?

- Mit zunehmendem Alter sinkt der Energiebedarf
- Das Essen muss aber eiweiß-, vitamin- und mineralstoffreich sein
- Fettarme Nahrungsmittel und Garmachungsarten bevorzugen
- Auf die Calciumversorgung mit Milch- und Milchprodukten ist besonders zu achten
- Eine ausreichende Flüssigkeitszufuhr muss gewährleistet sein
- Stark blähende Nahrungsmittel vermeiden
- Tageskost auf 5 kleine Mahlzeiten verteilen
- Mahlzeiten regelmäßig einnehmen
- Schmackhaft würzen und Appetit anregend anrichten
- Breikost vermeiden, lieber klein schneiden, geraspelt oder gekocht anbieten

Schwangerschaft und Stillzeit

Welche Grundsätze gelten während der Schwangerschaft?

- Erst ab dem 4. Monat ist der Energie- und Eiweißbedarf erhöht
- Es besteht ein höherer Bedarf an Vitaminen und Mineralstoffen
- Kochsalz ist einzuschränken
- Mehrere kleine Mahlzeiten
- Für ausreichend Ballaststoffe ist zu sorgen
- Die Kost soll leicht verdaulich sein
- Alkohol und Nikotin sind nicht erlaubt
- Auch fett- und zuckerhaltige Lebensmittel sind einzusparen
- Täglich mindestens 1 1/2 l trinken

Warum ist die Kochsalzaufnahme einzuschränken?

Es besteht häufig eine vermehrte Wassereinlagerung im Körper (Ödembildung). Kochsalz bindet Wasser und fördert daher die Wasser-Gewebe-Einlagerung. Der tägliche Kochsalzverbrauch von 5 g soll nicht überschritten werden, da viele Lebensmittel Kochsalz enthalten. Wenn salzen, dann mit fluoridiertem Jodsalz.

Wie hoch ist der Energiebedarf?

Er ist nicht so hoch, wie vielfach angenommen wird. „Essen für zwei“ ist eine falsche Empfehlung. Nach knapp der Hälfte der Schwangerschaft werden täglich um 1255 kJ (300 kcal) mehr benötigt, also insgesamt etwa 9630 kJ (2300 kcal).

4

Wie hoch ist die Zunahme des Körpergewichts?

Eine Gewichtszunahme von 11 kg während der gesamten Schwangerschaft soll nicht überschritten werden.

Welchen Eiweißbedarf hat die Schwangere?

Ab dem 4. Schwangerschaftsmonat ca. 75 g Eiweiß täglich. Vor allem sollte der Eiweißbedarf durch biologisch hochwertiges Eiweiß gedeckt werden (z. B. Fleisch, Milch, Kartoffeln).

Warum ist die ausreichende Zufuhr von Folsäure bedeutsam?

Das Vitamin Folsäure beeinflusst die körperliche und geistige Entwicklung des Kindes in der Schwangerschaft. Zur Vorsorge sollten Frauen im gebährfähigen Alter um eine ausreichende Versorgung mit Folsäure bemüht sein.

Welche Grundsätze gelten während der Stillzeit?

- Der Mehrbedarf an Energie und Eiweiß hängt von der Milchproduktion ab
- Erhöht ist der Bedarf an Flüssigkeit, Vitaminen und Mineralstoffen
- Die Kost soll leicht verdaulich sein und nicht blähen
- Alkohol und Nikotin sind verboten, Coffeingenuss ist zu meiden

Wie hoch ist der Bedarf an Mineralstoffen bei Schwangeren und Stillenden?

Der Bedarf an Calcium liegt bei 1200 bzw. 1300 mg/Tag. Er ist am besten über Milch und Milchprodukte zu decken.
Auch der Bedarf an Phosphor, Eisen, Magnesium und Jod ist erhöht. Eine geeignete Lebensmittelauswahl sowie eine schonende, fettarme Zubereitung werden empfohlen.

Sportler

Je nach sportlicher Betätigung muss sich die Ernährung den körperlichen Leistungen anpassen. Bei jeder Muskelbewegung wird Energie umgesetzt. Sie ist bei den verschiedenen Sportarten äußerst unterschiedlich.
(Siehe S. 52)

Der relativ hohe Eiweißbedarf kann durch herkömmliche Lebensmittel auch bei sportlicher Betätigung ausreichend gedeckt werden. Eiweiß aus tierischen und pflanzlichen Lebensmitteln, in einer Mahlzeit aufgenommen, ergänzt sich. Der Körper kann daraus mehr körpereigenes Eiweiß bilden.

Beispiele

- Roggenvollkornbrot mit Käse oder Schinken
- Pellkartoffeln mit Quark
- Müsli
- Teigwaren mit Fleisch

Mit einer abwechslungsreichen Nahrung werden ausreichend Vitamine und Mineralstoffe zugeführt.
Der Körper kann aus der Nahrung nur Einfachzucker aufnehmen und verwerten. Mehrfachzucker aus Brot, Kartoffeln usw. müssen im Darm erst zu Einfachzuckern abgebaut werden. Der daraus gewonnene Traubenzucker fließt gleichmäßig ins Blut. Die Leistung bleibt dadurch über längere Zeit konstant.
Flüssigkeitsverlust durch Sport hat schwerwiegende Folgen für die Gesundheit:

- vor, während und nach dem Sport genügend und das Richtige trinken
- Grundbedarf an Flüssigkeit pro Tag 2 Liter
- bei mittlerer Sportintensität (1 l Schweißverlust/Stunde) 1 Liter zusätzlich
- bei hoher Belastung und Hitze (bis zu 3 l Schweißverlust/Stunde) 3 Liter zusätzlich

Wirkungsweisen von Stärke und Traubenzucker:	
• Stärke tröpfelt ins Blut	langanhaltende Leistung
• Traubenzucker schießt ins Blut	kurzfristige Leistung

Geeignete Getränke
Vor und während des Sports
- kohlensäurearme Mineralwässer (Calcium-Magnesium-Verhältnis 2 : 1)
- Saftschorle (Wasser : Saft = 3 : 1 bis 5 : 1)
- Sportgetränk

Nach dem Sport
- Saft
- Saftschorle (mineralstoffreiches Wasser : Saft = 1 : 1)
- Sportgetränk

Ungeeignete Getränke
- alle koffeinhaltigen Getränke wirken entwässernd (Kaffee, schwarzer Tee, Energy Drinks, Cola)
- alkoholische Getränke setzen die Reaktions- und Leistungsfähigkeit herab und wirken entwässernd

Allgemeine Trinkempfehlungen bei sportlicher Betätigung
- Trinken, bevor der Durst kommt. Durst entsteht erst, wenn bereits ein Flüssigkeitsdefizit vorliegt
- Höchstens einen halben Liter auf einmal, sonst wird der Magen überlastet
- Gibt es verschiedene Getränke zur Auswahl, ist die Flüssigkeitsaufnahme im Allgemeinen höher
- Gekühlte Getränke wirken stimulierend auf die Flüssigkeitsaufnahme
- Das Körpergewicht nach dem Sport sollte dem Gewicht vorher entsprechen, dann ist der Flüssigkeitsverlust ausgegeglichen

Alternative Kostformen

Vollwerternährung

Die Empfehlungen der Vollwerternährung sind weitgehend identisch mit den Empfehlungen der vollwertigen Ernährung. Es gibt 5 Wertstufen von empfehlenswert bis nicht empfehlenswert für den Einsatz der verschiedenen Lebensmittel.

Welche Merkmale gelten für diese Kost?
- naturbelassen
- wenig umweltbelastet
- weitgehend pflanzliche Nahrungsmittel
- Vollkornprodukten ist der Vorrang zu geben
- nur erhitzen, was unbedingt notwendig
- Zucker, Auszugsmehle und Genussmittel sind zu meiden
- Fleisch, Fisch, Eier sind nur Beilagen
- naturbelassene Fette und Öle sparsam verwenden

Vegetarische Ernährung

Nach welchen Kostformen von Vegetarismus wird unterschieden?
- ovo-lacto-vegetabil
- lacto-vegetabil
- veganische Kost

Wie sind sie ernährungsphysiologisch zu beurteilen?
Ovo-Lacto-Vegetarier essen kein Fleisch, aber tierische Produkte wie Eier, Milch und Milchprodukte.

Lacto-Vegetarier essen kein Fleisch und keine Eier, aber Milch und Milchprodukte.

Veganer lehnen sämtliche tierische Lebensmittel ab. Die veganische Kost kann zu Nährstoffmangel führen und ist für Säuglinge und Kleinkinder sowie Schwangere und Stillende ungeeignet.

Trennkost

Kohlenhydrate und Eiweiße sollen nicht zusammen gegessen werden. Außerdem wird ein ausgewogenes Verhältnis zwischen Säure und Basen bildenden Lebensmitteln vorausgesetzt.

Obst und Gemüse nehmen einen großen Anteil in der Kost ein, der Fleischverzehr soll eingeschränkt werden.

Die Trennkost ist nach heutigem Wissensstand nicht begründbar und für eine Dauerkost ungeeignet.

Außer-Haus-Verpflegung

Was ist bei der Außer-Haus-Verpflegung zu beachten?
Die Speisen haben

- einen relativ hohen Energiegehalt (Fett)
- einen geringen Anteil an Kartoffeln, Vollkornprodukten, Gemüse, und Obst, Milch und Milchprodukten

! Eine bewusste Speisenauswahl ist zu empfehlen.

Warum sind Zwischenmahlzeiten einzuplanen?
Für den geistig arbeitenden Menschen müssen Fett und Kohlenhydrate eingeschränkt, Vitamine und Mineralstoffe erhöht werden. Deshalb sind Milch und Milchprodukte, Obst und Säfte sowie Vollkornbrot und Vollkornprodukte zu bevorzugen. Die Zwischenmahlzeiten für den körperlich Arbeitenden müssen neben Vitaminen und Mineralstoffen auch Energie liefernde Nährstoffe in ausreichender Menge enthalten. Brote mit Wurst, Käse oder Ei belegt sollten mit Obst und Milch ergänzt werden.

Wie wird eine Außer-Haus-Verpflegung ergänzt?
Täglich mindestens eine warme Mahlzeit einnehmen. Das Abendessen sollte bevorzugt mageres Fleisch und Fisch, Gemüse, Salat, Kartoffeln sowie Gerichte aus Milch oder Quark, Obst oder Vollkornprodukte enthalten.
Beim Frühstück vermehrt Vollkornbrot, Milch und Obstsäfte einplanen.

Ernährungsbedingte Erkrankungen

Übergewicht – Untergewicht

Wie errechnet sich das Sollgewicht eines Erwachsenen nach Brocca?

Körperlänge in cm – 100 = Sollgewicht in kg

Für sehr große oder sehr kleine Menschen sowie für Kinder und Jugendliche ist diese Formel kaum geeignet.
Genauer ist der Body-Mass-Index.

Warum ist das Sollgewicht anzustreben?

Übergewicht ist ein gesundheitliches Risiko; es begünstigt das Entstehen ernährungsabhängiger Krankheiten wie Zuckerkrankheit, Bluthochdruck, Fettstoffwechselstörungen, Gicht, Herz- und Kreislauferkrankungen.

Welche Ursache kann Übergewicht haben?

- höhere Energiezufuhr als Energieumsatz
- psychologische Faktoren (Kummerspeck)
- falsche Auswahl der Lebensmittel
- unsachgemäße Zubereitungsarten
- Bewegungsmangel (geringer Energieumsatz)
- Stoffwechselstörungen

Was ist bei einer Reduktionskost wichtig?

- Sie muss alle Nährstoffe in ausreichender Menge enthalten
- Sie muss die persönlichen Bedürfnisse berücksichtigen
- Sie muss frei von gesundheitsgefährdenden Nebenwirkungen sein
- Sie muss zur Abnahme des Körpergewichts durch reduzierte Energiezufuhr führen

Welche Lebensmittel sind für eine Reduktionskost geeignet?

- eiweißhaltige Lebensmittel wie mageres Fleisch, magerer Fisch, Innereien, fettarme Milch und Milchprodukte
- kohlenhydrathaltige Lebensmittel wie Vollkornbrot, Vollreis, Vollkornnudeln, Gemüse, Obst, Kartoffeln
- energiearme Getränke, ungesüßter Tee, Mineralwasser, Gemüsesäfte und ungesüßte Obstsäfte

4

Welche Garmachungsarten sind zu empfehlen?

- Grillen
- Dämpfen
- Kochen
- Dünsten
- Garen in Folie, im Tontopf, in beschichteten Töpfen und Pfannen

Was sind Entlastungs- und Fastentage?

Nach Einladungen, Festen bzw. bei Gewichtsstillstand während Fastenkuren bieten sich Schalttage an. Sie ermöglichen durch eine vorübergehende „Entschlackung" einen schnellen Gewichtsverlust. Sie sind jedoch für eine andauernde Gewichtsabnahme nicht geeignet, da sie einseitige Kostformen darstellen.

Wie sind radikale Schlankheitskuren zu beurteilen?

Sie sind nicht ungefährlich und haben kaum Dauererfolge. Die Übergewichtigen lernen in der Regel nicht, ihre Ernährung richtig zu steuern. Meist tritt der Jo-Jo-Effekt ein.

! **Nachhaltiger ist es, langsam und gleichmäßig abzunehmen.**

Leichte Vollkost (ehem. Schonkost)

Wann wird sie gegeben?

- Bei unspezifischen Beschwerden im Magen-Darmbereich, ohne dass eine spezielle Diät erforderlich ist
- Bei Fieber und für Genesende z. B. nach Operationen

Welche Regeln gelten bei einer leichten Vollkost?

- Vollwertigkeit (abwechslungsreiche Mischkost)
- fettarm (keine fettreichen Zubereitungsarten und Lebensmittel)
- reizarm (keine scharfen Gewürze, Röststoffe, konzentrierter Alkohol oder Süßwaren)
- nicht blähend (keine Kohlarten, Zwiebeln, Hülsenfrüchte, rohes Obst, frisches Brot)
- bekömmlich (subjektives Gefühl der Verträglichkeiten von Speisen)
- kleine Mahlzeiten (Entlastung der Verdauungsorgane)

Welche Nahrungsmittel sind schwer bekömmlich?

- frisches Brot und Gebäck
- blähende Gemüse
- fettreiche Nahrungsmittel
- rohes, nicht ausgereiftes Obst
- zu heiße und zu kalte Speisen und Getränke
- scharfe Gewürze
- kohlensäurehaltige Getränke
- Bohnenkaffee

Welche Getränke sind in der leichten Vollkost erlaubt?

- Kräutertees, leicht gesüßt
- Gemüsesäfte
- Fruchtsäfte, verdünnt
- stilles Mineralwasser
- Spezialkaffeesorten

Welche Zubereitungsarten werden empfohlen?

- Dünsten und Dämpfen
- Grillen ohne Krustenbildung
- Garen in Folie, im Tontopf, in beschichteten Pfannen

Wie kann Normalkost zu leichter Vollkost abgewandelt werden?

Normalkost	*Leichte Vollkost*
Tomatensuppe	Tomatensuppe
Fischfilet gebacken	Fischfilet in Folie
Kartoffelsalat	Pellkartoffeln
Kopfsalat in Essig-Ölmarinade	Kopfsalat in Joghurtsoße
Bunte Gemüsesuppe	Feine Gemüsesuppe (ohne Kohl, Zwiebel, Hülsenfrüchte)
Schweinsbraten	Schweinefleisch gedünstet
Kartoffelknödel	Kartoffelbrei
Blaukraut	Gelbe Rüben gedünstet

Hyperurikämie

Was wird unter Hyperurikämie verstanden?

Eine Hyperurikämie liegt vor, wenn der Harnsäuregehalt im Blut bei Männern den Wert von 7 mg/100 ml überschreitet, bei Frauen von 5,7 mg/100 ml. Wird dieser Grenzwert überschritten, kann es zur Ausfällung von Harnsäurekristallen und deren Ablagerung vor allem in den Gelenken und den Nieren kommen. Folgen dieser Ablagerungen können Gichtanfall und Nierensteine sein.

Welche Ernährungsprinzipien gelten bei Hyperurikämie?

Der Harnsäuregehalt im Blut steht in einem engen Verhältnis zu der mit der Nahrung aufgenommenen Harnsäure. Die Harnsäurezufuhr sollte daher entsprechend der ärztlichen Verordnung verringert werden.

Als Dauerkost wird empfohlen

- Die Harnsäure in der Nahrung ist auf höchstens 500 mg pro Tag (3000 mg pro Woche) zu begrenzen
- Alkoholische Getränke vermeiden
- Wichtig ist eine ausreichende Flüssigkeitszufuhr (täglich mindestens 2 l)
- Die Energie- und Nährstoffzufuhr sollte sich nach dem Bedarf richten
- Bei Übergewicht ist eine geeignete Reduktionskost angezeigt

Welche Lebensmittel sind auszuwählen?

- Fleisch, Fisch und Hülsenfrüchte sind wegen ihres zu beachtenden Harnsäuregehalts einzuschränken
- Auf Innereien und andere Lebensmitteln mit hohem Harnsäuregehalt – z. B. Ölsardinen, Hering, Gans – ist zu verzichten
- Milch, Milchprodukte und Eier sind geeignet, da diese Lebensmittel keine Harnsäure enthalten
- Zweckmäßige Getränke sind Früchte- und Kräutertees, verdünnte Fruchtsäfte, Mineral- und Tafelwasser

Kann der Harnsäuregehalt von Lebensmitteln durch küchentechnische Maßnahmen verringert werden?

Insbesondere durch Kochen kann ein Großteil der Harnsäure ausgelaugt werden. Deshalb ist das Kochwasser (auch Fleischbrühe) wegzulassen.

Diabetes Typ 2 (Zuckerkrankheit)

Was versteht man unter Diabetes?

Im Mittelpunkt steht hier der Insulinmangel. Die wichtigste Funktion des Insulins ist seine Blutzucker senkende Wirkung. Außerdem hat es eine Wirkung auf den Fett- und Eiweißstoffwechsel. Ein absoluter Insulinmangel besteht beim Diabetes Typ 1. Patienten mit dieser Erkrankung bedürfen einer vom Arzt vorgegebenen Diät, die auf den Einzelnen abgestimmt sein muss.

Die Typ-2-Diabetiker sind fast immer übergewichtig. Sie verfügen noch über eigene Insulinvorräte, die aber ungenügend wirksam sind (relativer Insulinmangel). Übergewicht setzt die Insulinwirkung herab. Sie kann durch Abnehmen wieder verbessert werden.

! **Neben richtigem Essen und Trinken für ausreichend Bewegung sorgen.**

Welche Ernährungsgrundsätze gelten bei Diabetes Typ 2?

- Im Vordergrund steht nach ärztlicher Maßgabe das anzustrebende Normalgewicht
- Eine fettkontrollierte Kost – bewusste Auswahl fettarmer Lebensmittel und Zubereitungsarten
- Der Anteil der Kohlenhydrate an der erforderlichen Energiezufuhr sollte wenigstens 50 % betragen. Dabei sind Lebensmittel mit langsam verwertbaren (aufschließbaren) Kohlenhydraten, wie z. B. in Vollkornprodukten, Hülsenfrüchten, Kartoffeln und Gemüsen, in ausreichenden Mengen zu bevorzugen

- Lebensmittel mit schnell verwertbaren Kohlenhydraten (z. B. Haushaltszucker und Süßigkeiten) sind zu reduzieren bzw. zu meiden
- Alkoholische Getränke meiden

Wieviel Mahlzeiten sollte ein Diabetiker täglich zu sich nehmen?
5–6 Mahlzeiten über den Tag verteilen, um Blutzuckerspitzen und Unterzucker zu vermeiden.

Was ist eine BE?
Um das Austauschen von kohlenhydrathaltigen Nahrungsmitteln zu vereinfachen, werden Austauschmaße verwendet. In Deutschland wird die sogenannte Berechnungseinheit bzw. Broteinheit (BE) verwendet. Eine BE entspricht der Menge eines Nahrungsmittels, das 12 g Kohlenhydrate enthält. Grundsätzlich können Lebensmittelportionen, die 1 BE enthalten, gegeneinander ausgetauscht werden. In den neuen EG-Vorschriften wird die Broteinheit nicht mehr berücksichtigt.

Hypertonie (Bluthochdruck)

Welche Faktoren spielen beim Bluthochdruck eine Rolle?
Abhängig von der genetischen Veranlagung gibt es Menschen, die auf die übliche Kochsalzzufuhr mit Bluthochdruck reagieren. Dagegen bewirkt eine kochsalzarme Kost bei vielen Hochdruck-Patienten eine Blutdrucksenkung.

Hier kommt es auf das Natrium, das im Kochsalz enthalten ist, an. 1 g Kochsalz (Natriumchlorid) besteht aus rund 0,4 g Natrium und 0,6 g Chlorid. Auch Übergewicht kann für die Entstehung der Hypertonie mitverantwortlich sein.

Welche Ernährungsgrundsätze gelten bei Bluthochdruck?
Verschiedene Kostformen werden empfohlen

- streng kochsalzarme Kost mit 1 g Kochsalz (0,4 g Natrium) pro Tag
- kochsalzarme Kost mit 3 g Kochsalz (1,2 g Natrium) pro Tag
- mäßig kochsalzarme Kost mit 5 g Kochsalz (2 g Natrium) pro Tag

Welche dieser Kostformen erforderlich ist, liegt bei der Entscheidung des Arztes, wozu auch eine Gewichtsreduzierung gehören kann.

Eine strengere kochsalzarme Kost verlangt erhebliche Einschränkungen von vielen Lebensmitteln. Sie ist nur bei genauester Sachkenntnis durchführbar.

Als Dauerkost wird zumeist die mäßig kochsalzarme Kost empfohlen, die alle notwendigen Nährstoffe enthält und abwechslungsreich ist.

Welche Notwendigkeiten ergeben sich bei der mäßig kochsalzarmen Kost?
Da die einzelnen Lebensmittel schon von Natur aus (mehr oder weniger) Kochsalz bzw. Natrium enthalten, ist die Nahrungsauswahl und Speisenzubereitung zu beachten, um den Wert von 5 g Kochsalz (2 g Natrium) pro Tag nicht zu überschreiten:

- Kochsalz beim Würzen der Speisen weglassen. Mehr Kräuter verwenden
- Zu meiden sind gekörnte Brühe, Würzmischungen (mit Kochsalz), flüssige Würzen, Tomatenmark und -ketchup, Fertigsuppen und -soßen (in Dosen und als Trockenprodukt), natriumreiches Mineralwasser
- Nicht geeignet sind außerdem gepökelte und geräucherte Fleisch- und Fischwaren, Fleisch-, Fisch- und Gemüsekonserven, Fertiggerichte, Salzgebäck
- Bei Käse ist eine sinnvolle Auswahl zu treffen. Natriumreich ist z. B. Schmelzkäse, natriumarm dagegen Speisequark

- Nicht zu vergessen ist der Natriumgehalt in Brot. Im allgemeinen enthalten Roggenbrotsorten weniger Kochsalz (Natrium) als Weizenbrotsorten (Natriumgehalt in Roggenbrot 220 mg/100 g, in Semmeln 485 mg/100 g)
- Bei alkoholhaltigen Getränken ist Zurückhaltung geboten, da diese zwar kaum Natrium enthalten, aber der Alkohol einen ungünstigen Einfluss auf den Blutdruck haben kann

Wie ist der Natriumgehalt allgemein von Getränken und Speisen zu bewerten?

Als natriumarm gelten

- Mineral- und Heilwasser sowie sonstige Getränke mit einem Natriumgehalt unter 20 mg pro Liter (2 mg/100 g)
- verzehrfertige Lebensmittel mit einem Natriumgehalt unter 120 mg/100 g

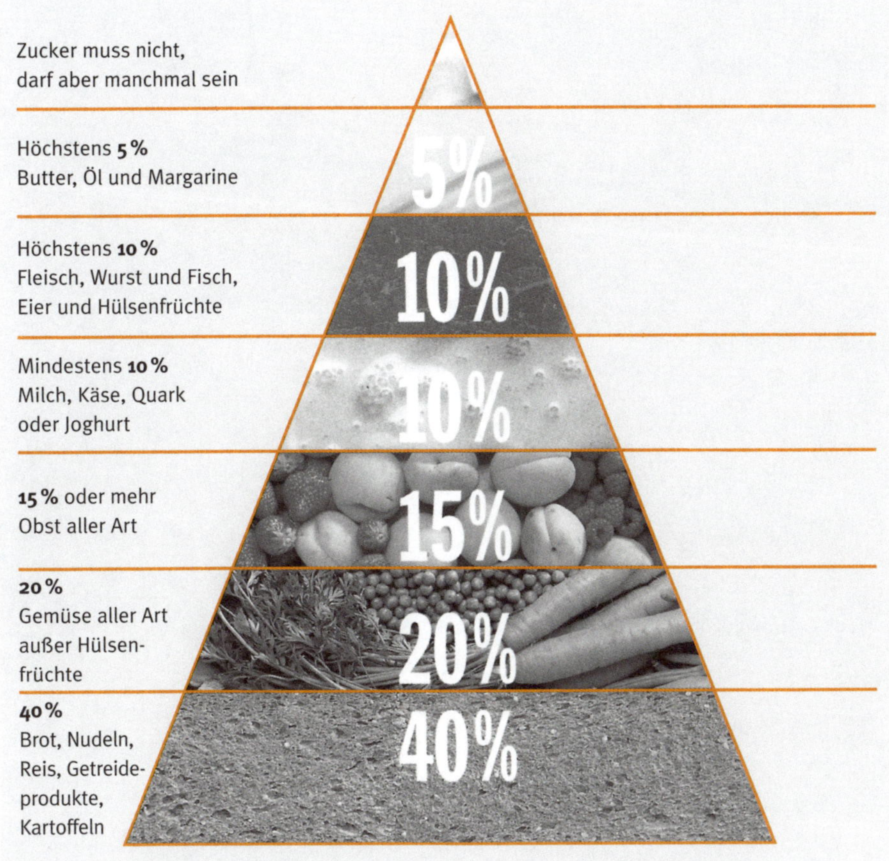

5 Lebensmittelgruppen

Noch nie war das Angebot an Lebensmitteln so reich und vielfältig wie heute.
Die Frage, was man essen soll um gesund zu bleiben, wird immer häufiger gestellt.
Kenntnisse über Inhaltsstoffe und deren Wirkungen sind dazu wichtige Voraussetzungen.
Um die richtige Auswahl aus dem großen Angebot im Handel zu treffen, ist es notwendig, die Verarbeitung, Deklaration und Herkunft zu kennen.

Milch- und Milchprodukte

Welche Inhaltsstoffe in der Milch haben eine Bedeutung in der täglichen Ernährung?

Eiweiß	enthält essenzielle Aminosäuren, die der Körper nicht selbst herstellen kann. Milch besitzt eine hohe biologische Wertigkeit, d. h. der Großteil davon kann zu körpereigenem Eiweiß umgewandelt werden. Eiweiß bildet den Aufbaustoff für Muskeln und Organe.
Fett	Das für den menschlichen Körper leicht verdauliche Milchfett sorgt für den Geschmack und ist der Träger fettlöslicher Vitamine.
Kohlenhydrate	der Milch liegen hauptsächlich in Form von Milchzucker vor. Milchzucker verbessert möglicherweise die Aufnahme von Calcium in den Körper. Außerdem kann Milchzucker als „Verdauungshilfe“ eingesetzt werden.
Calcium	wird vom Körper als Baustein für Knochen und Zähne benötigt.
Jod	ist Baustein für die Schilddrüsenhormone und beeinflusst den Energiestoffwechsel.
Vitamin A	ist Bestandteil des Sehpurpurs und zudem für den Aufbau und die Funktion von Haut, Schleimhaut und Immunsystem von Bedeutung.
Vitamin B_2	ist wichtig für den Eiweiß-, Fett- und Kohlenhydratestoffwechsel.
Vitamin B_{12}	benötigt der Körper für die Bildung von roten Blutkörperchen.

Wie wird Milch im Handel angeboten?

Konsummilch
ist der Sammelbegriff für frische und haltbare Trinkmilch mit unterschiedlichen Fettstufen (kein Handelsbegriff). Sie umfasst folgende Sorten:

- *Rohmilch*
  ist weder erhitzt noch molkereitechnisch behandelt. Wird Rohmilch „ab Hof“ vermarktet, muss ein Hinweis erfolgen, dass Rohmilch vor dem Verzehr abzukochen ist
- *Vorzugsmilch*
  ist weder erhitzt noch molkereitechnisch behandelt, wird aber amtlich besonders überwacht, bezüglich Erzeugung, Behandlung, Verpackung und Beförderung. Der Gesundheitszustand des Personals wird ebenfalls überwacht

! Seit 1.1.1998 ist es verboten, Vorzugsmilch in Einrichtungen der Gemeinschaftsverpflegung in roher Form abzugeben.

- *Wärmebehandelte Konsummilch*
  ist molkereitechnisch behandelt und nach einem anerkannten Wärmebehandlungsverfahren erhitzt:
  - pasteurisiert
    (z. B. 15 – 30 s auf 72 – 75 °C)
  - ultrahocherhitzt (H-Milch)
    (z. B. einige Sekunden auf 140 – 150 °C)
  - sterilisiert haltbare Milch
    (10 min auf 110 – 130 °C)

Wie wird Milch nach ihrem Fettgehalt eingeteilt?

Nach den Fettgehaltsstufen gibt es

- *Vollmilch mit natürlichem Fettgehalt*
  Fettgehalt von mind. 3,5 % Fett ohne Entzug

oder Hinzufügen von Milchfett oder Vollmilch mit eingestelltem Fettgehalt auf mind. 3,5 %

- *Teilentrahmte (fettarme) Milch*
  Fettgehalt von mind. 1,5 % und max. 1,8 % Fett
- *Entrahmte Milch (Magermilch)*
  Fettgehalt von max. 0,3 % Fett

Wie unterscheiden sich die Konsummilchsorten nach ihrer Behandlung?

- *Rohmilch/Vorzugsmilch*
  - unter Kühlbedingungen lagern
  - kurze Haltbarkeit
- *Homogenisierte Milch*
  - keine Rahmschicht während der Mindesthaltbarkeit
- *Pasteurisierte Milch*
  - Kurzzeiterhitzung
  - unter Kühlbedingungen lagern
  - kurze Haltbarkeit
- *Ultrahocherhitzte Milch*
  - Kennzeichnung mit „H" (haltbar) und Bezeichnung „ultrahocherhitzt homogenisiert"
  - Haltbarkeit bis zu 8 Wochen
  - enthält keine Milchsäurebakterien und kann daher nicht mehr sauer werden
- *Sterilisierte Milch*
  - ohne Kühlung $^1/_2$ bis 2 Jahre haltbar
  - hohe Vitaminverluste durch Erhitzung, daher für Säuglinge und Kleinkinder nicht geeignet, die Verbindung von Eiweiß und Milchzucker (Maillard-Reaktion) ist schwer bis unverdaulich

Wie muss Trinkmilch gekennzeichnet sein?

- Milchsorte
  (Vollmilch, fettarme Milch etc.)
- Angabe des Fettgehaltes
- Art der Wärmebehandlung (z. B. pasteurisiert, ultrahocherhitzt)
- Mindesthaltbarkeits- bzw. Verbrauchsdatum bei Vorzugsmilch
- Milchpreis
- Füllmenge in Liter
- Abpackstelle

! Bei Milch „ab-Hof" muss an der Ausgabestelle ein Hinweis stehen „Rohmilch, vor dem Verzehr abkochen".

Welche Sauermilchprodukte sind im Handel?

- *Sauermilch*

Sie wird mit unterschiedlichem Fettgehalt angeboten; sie ist sehr bekömmlich und verdauungsfördernd; sie kann im Haushalt durch Zusatz von Milchsäurebakterien oder etwas Joghurt hergestellt werden. Dickmilch ist die dickgelegte feste Sauermilch.

- *Joghurt*

Er kommt als Vollmilchjoghurt mit mindestens 3,5 % Fett, fettarmer Joghurt mit 1,5 % bis 1,8 % Fett, Magermilchjoghurt mit höchstens 0,3 % Fett in den Handel. Es gibt auch Sahnejoghurt mit 10 % Fettgehalt.
Joghurt hat eine darmregulierende Wirkung und wird als Magerjoghurt bei Abmagerungskuren verwendet. Sämtliche Fettgehaltsstufen gibt es mild gesäuert („mild").

Nach dem Fruchtgehalt sind bei Fruchtjoghurterzeugnissen zu unterscheiden:

- „Fruchtjoghurt" oder „Joghurt mit Früchten" mit mindestens 6 % Frischfrucht beziehungsweise mindestens 2 % Frischfrucht bei besonders geschmacksintensiven Früchten, z. B. Zitrone
- „Joghurt mit Fruchtzubereitung" mit mindestens 3,5 % Frischfrucht bzw. 1,5 % bei besonders geschmacksintensiven Früchten
- „Joghurt mit Fruchtgeschmack" oder „Joghurt mit z. B. Erdbeergeschmack" mit weniger als 3,5 % Frischfrucht

Zur Milderung der Fruchtsäure und zur Abrundung des Geschmacks wird im allgemeinen 7 bis 8 % Zucker zugesetzt.
Fruchtjoghurterzeugnisse, die mit Süßstoff und/oder Zuckeraustausch gesüßt werden, unterliegen den Bestimmungen der Diätverordnung, die eine Nährwert-Kennzeichnung vorschreibt.

- *Kefir*

Er wird mit Kefirpilzen vergoren und enthält einen geringen Anteil an Alkohol (mind. 0,05 % Ethanol) sowie Kohlensäure. Bei „Kefir mild“ wird kein Mindestanteil an Alkohol verlangt. Kefir gibt es in den gleichen Fettgehaltsstufen wie Joghurt.

- *Buttermilch*

Sie ist der Rückstand bei der Butterherstellung; sie ist energiearm; 1 % Fettgehalt, Mineralstoffe, Eiweiß und wasserlösliche Vitamine sind enthalten.

Welchen Fettgehalt haben Sahneerzeugnisse?

Schlagsahne (Rahm)
30 % Fettgehalt

Kaffeesahne
10 % Fettgehalt

Saure Sahne (Sauerrahm)
10 % Fettgehalt

Schmand
18 % bzw. 24 % Fettgehalt
mind. 30 % Fett in Creme fraiche

! **Sauer gewordene Sahne darf nicht als Saure Sahne verkauft werden.**

! **Sahne lässt sich gut einfrieren. Sie hält sich etwa 6 Monate.**
Die Zugabe einer Prise Zucker oder Salz ist zu empfehlen, dadurch gerinnt sie weniger und lässt sich besser weiterverarbeiten.

Wie wird Speisequark (Topfen) angeboten?

Speisequark (mager)	weniger als 10 % Fett i. Tr.
Speisequark	20 % Fett i. Tr.
Speisequark	40 % Fett i. Tr.

Wie wird Käse angeboten?

Nach Fettgehalt	% Fett i. Tr.
Doppelrahmstufe	60–87
Rahmstoffe	50–59
Vollfettstufe	45–49,5
Fettstufe	40–44,9
Dreiviertelfettstufe	30–39,9
Halbfettstufe	20–29,9
Viertelfettstufe	10–19,9
Magerstufe	0–9,9

Nach Wassergehalt	% Wasser
Hartkäse	bis 56
Schnittkäse	54–63
Halbfester Schnittkäse	69–69
Sauermilchkäse	60–73
Weichkäse	mehr als 68
Frischkäse	mehr als 73

Welcher Käse gehört zu welcher Käsegruppe?

- *Hartkäse*
  Parmesan, Emmentaler, Bergkäse, Greyerzer, Chester, Manchego
- *Schnittkäse*
  Edamer, Tilsiter, Gouda, Trappistenkäse, Appenzeller
- *Halbfester Schnittkäse*
  Butterkäse, Weißlacker, Edelpilzkäse
- *Sauermilchkäse*
  Harzer, Mainzer, Stangen-, Spitzkäse (alle Sauermilchkäse sind Magerkäse)
- *Weichkäse*
  Camembert, Brie, Limburger, Münsterkäse, Romadur
- *Frischkäse*
  Speisequark, Frischkäse, Rahm-, Doppelrahmfrischkäse, Mozzarella

Was bedeutet „Fett i. Tr.“ bei Käse?

Die Kennzeichnung des Fettgehaltes „i. Tr.“ besagt, dass der Fettgehalt „in der Trockenmasse“ berechnet wird, z. B.:

! Um den tatsächlichen Fettgehalt zu errechnen ist die einfachste Formel „Fett i. Tr.“ geteilt durch 2.

$$\frac{60\,\%\ \text{Trockenmasse x } 45\,\%\ \text{Fettgehalt i. Tr.}}{100} = 27\,\%\ \text{absoluter Fettgehalt}$$

In 100 g Käse mit 45% Fett i. Tr. sind 27 g Fett enthalten.

Wie wird Schmelzkäse hergestellt?

Schmelzkäse wird durch Schmelzen von Käse verschiedener Sorten wie Hart-, Schnitt- oder Weichkäse sowie von Käse unterschiedlicher Reifegrade unter Verwendung von Schmelzsalzen produziert. Bei Schmelzkäsezubereitungen werden bis zu 15 % andere Lebensmittel, u. a. Schinken, Paprika, Gurken, beigemengt.

Wie wird Käse sachgerecht gelagert?

- Je mehr Trockenmasse im Käse ist, desto haltbarer ist er
- Durch entsprechende Verpackung vor dem Austrocknen bewahren (besser in der Originalverpackung belassen)
- Hart- und Schnittkäse im Kühlschrank aufbewahren
- Weichkäse bis zur gewünschten Reife bei Zimmertemperatur lagern, reifen Käse kühl lagern
- Frischkäse wird am besten im Kühlschrank aufbewahrt
- Haltbarkeitsdatum beachten
- Schmelzkäse ist bei kühler Lagerung und in der Originalverpackung bis zu 4 Wochen lagerfähig
- Geschnittener und geriebener Käse sowie Quark lassen sich gut einfrieren

! Käse schließt nicht nur den Magen, sondern ist gut zum Schluss einer Mahlzeit für die Zähne. Er enthält Karies hemmende Phosphorpeptide. Bereits beim Genuss von 5 g sollen sie wirken.

Welche Wirkung haben probiotische Milchprodukte?

Sie haben eine bessere Verträglichkeit für Personen mit Milchzuckerunverträglichkeit. Sie sollen besondere gesundheitsfördernde Eigenschaften besitzen. Die gesundheitlichen Wirkungen betreffen vor allem die Darmflora. Probiotische Milchsäurebakterien sollen sogar die Regeneration einer geschädigten Darmflora vermögen. Diese Wirkung ist aber wissenschaftlich noch nicht anerkannt.

! Käse entwickelt seinen Geschmack besser, wenn er etwa 1 Stunde vor dem Verzehr aus der Kühlung genommen wird.

Fleisch und Fleischwaren

Welche Bedeutung hat Fleisch in der Ernährung?

Der hohe Gehalt an biologisch hochwertigem Eiweiß, der Gehalt an Vitamin B_1 und Eisen macht es zu einem wertvollen Bestandteil in unserer Ernährung.

Tierisches Eiweiß ist in seiner Zusammensetzung dem Körpereiweiß sehr ähnlich und liefert nahezu alle lebensnotwendigen Eiweißbausteine (Aminosäuren) im richtigen Verhältnis.

In Fleisch und Fleischwaren sind aber auch unerwünschte Begleitstoffe, wie z. B. Cholesterin, Purine, Fett und Salz enthalten.

Ein zu hoher Fleisch- und Wurstkonsum wird nicht empfohlen. Purine sind besonders in Innereien vorhanden. Sie können zur Erhöhung des Harnsäurespiegels beitragen und verschiedene Erkrankungen, wie Gicht, entzündete Gelenke, Nierensteine, zur Folge haben.

Empfehlung:
Zwei- bis dreimal pro Woche Fleisch,
zwei- bis dreimal pro Woche Wurst

Was sind Rohwürste, Kochwürste und Brühwürste?

Wurstwaren werden aufgrund ihrer Zusammensetzung, Herstellung, Geschmack und Haltbarkeit in drei Arten eingeteilt:

- *Rohwürste*
  z.B. Salami, Cervelat, Teewurst, werden aus rohem Fleisch mit Fett, Salz und Gewürzen hergestellt; durch Pökelung, Lufttrocknung und Räucherung haltbar gemacht
- *Kochwürste*
  z. B. Leber-, Blut-, Salzwurst und Schwartenmagen, bestehen aus gekochtem Fleisch, Innereien, Speck, Schwarten, Wasser, Salz und Gewürzen. Die fertigen Würste werden in heißem Wasser gebrüht. Räuchern verbessert Geschmack und Haltbarkeit
- *Brühwürste*
  z. B. Bierschinken, Fleischwurst, Lyoner, Kochsalami, Würstchen verschiedener Art, werden als rohes Fleisch unter Zugabe von Gewürzen und Wasser zu Brät verarbeitet.
  Weiße Brühwürste (Weißwürste) werden sofort gebrüht, gerötete Brühwürste erst heiß geräuchert und dann gebrüht

Wie hoch ist der Fettgehalt in Fleisch und Wurst?

Lebensmittel	*Fettgehalt in g/Portion*	*Fettgehalt in %*
30 g Leber-/Mettwurst	11	35
2 Scheiben (30 g) Salami	8	27
2 Scheiben (30 g) Fleischwurst	8	25
2 Scheiben (30 g) Bierschinken	3,6	12
30 g magere Geflügelwurst/Sülze	2	5
100 g Bratwurst	27	27
2 kleine (150 g) Frikadellen	15	10
150 g Schweineschnitzel (Oberschale), natur, gebraten	9	6
150 g Kalbs-/Puten-/Hähnchenschnitzel, natur, gebraten	7	4

Wie hoch darf der Fettanteil bei Hackfleisch sein?

Hackfleisch, Schabefleisch usw. dürfen nur am Tag der Herstellung verkauft werden. Der Höchstgehalt ist wie folgt festgelegt:

- *Rinderhackfleisch* max. 20 % Fett
- *Schweinehackfleisch* max. 35 % Fett
- *Mischungen* max. 30 % Fett
- *Schabefleisch (Tartar)* max. 6 % Fett

! **Hackfleisch im Haushalt innerhalb von 12 Stunden verarbeiten (Salmonellengefahr) und völlig durchgaren.**
Fleisch und Wurst verpackt im Kühlschrank lagern (Fremdgerüche).
Garmachungsarten den verschiedenen Fleischteilstücken anpassen!

Wild, Fisch, Geflügel, Eier

Was ist beim Umgang mit Wildbret zu bedenken?

- Wildbret enthält relativ viel Eiweiß und wenig Fett
- Es ist feinfasrig, bindegewebsarm und leicht verdaulich
- 8–10 Tage bedarf es der Reifung, um zart und aromatisch zu werden
- Das Fleisch älterer Tiere legt man in Beize
- Wildbret lässt sich gut einfrieren

! Frisches Wild gibt es nur zu bestimmten Jagdzeiten, Wild unterliegt bestimmten Schonzeiten.

Welche Bedeutung hat Fisch in der Ernährung?

- Seefisch ist die beste Jodquelle!
- Fisch enthält viel Wasser, er ist bindegewebsarm und wird daher schneller verdaut als Fleisch von Warmblütern; er sättigt weniger gut, belastet dafür auch die Verdauungsorgane weniger
- Fischeiweiß enthält alle lebensnotwendigen Aminosäuren, sodass eine hohe biologische Wertigkeit besteht
- Der Fettgehalt von Fischfleisch ist je nach Fischart sehr unterschiedlich
- Im Fischfett (Tran) sind die wertvollen Omega-3-Fettsäuren enthalten

Welche Fische werden im Handel angeboten?

Nach ihrem Lebensraum unterscheidet man Seefische und Süßwasserfische. Vom Energiegehalt ausgehend, unterscheidet man Mager- und Fettfische.

- *Seefische fett*
  Lachs, Hering, Thunfisch in Öl, Makrele
- *Seefische mager*
  Heilbutt, Kabeljau, Seelachs, Rotbarsch
- *Süßwasserfische fett*
  Aal, Karpfen
- *Süßwasserfische mager*
  Forelle, Hecht, Felchen (Renke)

Was ist beim Fischeinkauf zu beachten?

- Frischer Fisch hat rote Kiemen, festsitzende Schuppen und klare hervortretende Augen
- Frischer Fisch hat einen guten Geruch, festes Fleisch
- Fische verderben schnell (hoher Wassergehalt, lockere Fleischstruktur). Möglichst am Tag des Verzehrs einkaufen, sonst kühl im Kühlschrank lagern oder eingefrieren
- Bei tiefgefrorenem Fisch die Kühlkette nicht unterbrechen
- Saisonangebote nutzen

! Fischvergiftungen können tödlich sein. Fisch gehört zu den besonders leicht verderblichen Nahrungsmitteln. Mikroorganismen können sich leicht in dem bindegewebsarmen Fleisch ansiedeln und giftige Stoffwechselprodukte bilden.

Welche Arten von Fischkonserven gibt es?

Bei Fischkonserven wird zwischen Vollkonserven und Halbkonserven (Fischpräserven) unterschieden:

- *Vollkonserven*
  werden nach der Zubereitung, wie Dämpfen, Braten, in Öl oder pikante Soße eingelegt und bei über 100 °C sterilisiert. Sie enthalten keine chemischen Konservierungsstoffe und sind über 1 Jahr haltbar. Das Jahr der Mindesthaltbarkeit muss vermerkt sein
- *Halbkonserven*
  sind nicht sterilisiert; es werden Konservierungsstoffe zugesetzt, sie sind nur begrenzt haltbar

Kennzeichnung der Mindesthaltbarkeit sowie der Hinweis, dass auch bei Kühlung die Konserve nur begrenzt haltbar ist, sind Vorschrift. Geöffnete Fischkonserven sollen sofort verzehrt werden. Bei kurzfristiger Lagerung ist der Inhalt der Dose zu entnehmen.

Welche Bedeutung hat Geflügel in der Ernährung?

Geflügelfleisch hat einen hohen Eiweißgehalt und je nach Geflügelart einen relativ niedrigen Fettgehalt. Nicht unbedeutend sind die Mengen an B-Vitaminen und Mineralstoffen, wie Eisen und Phosphor. Das reine Muskelfleisch enthält weniger als 1 % Fett. Geflügel bedarfsgerecht zubereitet, wird für die Kranken- und zur Diätkost empfohlen.

Wie kommt Geflügel in den Handel?

- frisch oder gekühlt (nicht durch Kälteeinwirkung erstarrt)
- gefroren (Schockfrostung auf min. –12 °C, nur begrenzt lagerfähig)
- tiefgefroren (Schockfrostung min. –18 °C, Lagerung bei –18 °C und darunter)

Für die Einstufung in die Handelsklassen A und B sind Mindestanforderungen zu erfüllen:

- ganz (je nach Herrichtungsform)
- sauber, frei von Fremdgeruch, Schmutz, Blut und sichtbaren Fremdstoffen
- frei von herausragenden gebrochenen Knochen und starken Quetschungen
- Kennzeichnung von Schlachtgeflügel beachten

Welche Bedeutung haben Eier in der Ernährung?

Das Eiweiß in Eiern hat von allen Nahrungsmitteln die höchste biologische Wertigkeit. Kaum ein Lebensmittel verfügt über eine so große Palette an Nährstoffen. Das Ei enthält alles, was ein heranwachsender Embryo braucht.
Das Eiklar in Eiern ist biologisch hochwertig und fettfrei. Im Eigelb befindet sich Fett in Form von Lecithin und Cholesterin.

Außer Vitamin C sind im Ei alle Vitamine enthalten. An Mineralstoffen sind u. a. Eisen, Phosphor und Calcium vorhanden. Bei entsprechender Zubereitung sind Eier leicht verdaulich.
Rohe Eier sind schwer verdaulich, ebenso hartgekochte Eier. Weichgekochte Eier sind leichter verdaulich.

! Eier stets kühl lagern (Salmonellengefahr).
Eier kann man aufgeschlagen oder getrennt einfrieren.
Höchstens 2 Eier pro Person und Woche werden empfohlen.

Speisefette und Speiseöle

Wie sind Nahrungsfette zu bewerten?

- *Am Gehalt an essenziellen Fettsäuren*

Pflanzliches Öl und einzelne Margarinesorten besitzen den höchsten Gehalt an einfach und mehrfach ungesättigten Fettsäuren. $^2/_3$ der Gesamtfettzufuhr sollten einfach und mehrfach ungesättigte Fettsäuren liefern. Nur $^1/_3$ sollten gesättigte Fettsäuren sein.

- *Am Vitamingehalt*

Fette beinhalten die fettlöslichen Vitamine A, D und E. Bei gleichzeitiger Fettzufuhr hat das A-Provitamin Carotin (aus anderen Lebensmitteln) eine besonders günstige Ausnutzung.

Vitamin K kommt vor allem in grünen Gemüsen vor. Wesentlich sind hierfür auch Milch und Milcherzeugnisse, Muskelfleisch, Eier, Getreide und Früchte.

- *An ihrer Verdaulichkeit*

Gut verdaulich sind emulgierte Fette wie Butter und Margarine. Auch der Schmelzpunkt beeinflusst die Verdaulichkeit:

- je niedriger, desto leichter verdaulich (Pflanzenöle)
- Je höher, desto schwerer verdaulich (Rindertalg)

- *Am Gehalt an Cholesterin*

Gesättigte Fettsäuren steigern den Cholesterinspiegel, ungesättigte senken ihn.

- *An ihrem Energiegehalt*

Fette liefern doppelt so viel Energie wie z. B. Eiweiß oder Kohlenhydrate.

Wie werden Speisefette und Öle sachgerecht gelagert?

Licht, Luft, Wärme, Mikroorganismen und fetteigene Enzyme bewirken den Fettverderb.

- Butter soll kühl (4–6 °C) im Kühlschrank, gut verpackt oder im Behälter vor Fremdgerüchen geschützt, gelagert werden. Bei falscher und zu langer Lagerung wird Butter ranzig
- Margarine wird wie Butter aufbewahrt, am besten in der Originalverpackung; sie schützt vor Licht, Luft und Fremdgerüchen
- Speiseöle sollen kühl, licht- und luftgeschützt bevorratet werden. Vor allem der Luftsauerstoff führt zum schnellen Verderb. Kunststoffbehälter sind für Öl weniger gut geeignet. Besser ist die Konservendose oder dunkle Glasflasche. Da jedoch bei jeder Ölentnahme der Raum für den Luftsauerstoff im Behältnis größer wird, wird der Verderb der Restölmenge beschleunigt, sodass von großen Behältnissen in kleine umgefüllt werden sollte. Durch Kälteeinwirkung wird Speiseöl trüb. Bei Erwärmung klärt es sich wieder
- Plattenfette sind, wenn sie kühl, dunkel und in der Originalverpackung gelagert werden, mehr als 1 Jahr lagerfähig

Welche Eigenschaften haben Fette?

- Fett ist leichter als Wasser und schwimmt an der Oberfläche
- Fett wird ranzig durch Einwirkung von Hitze, Licht, Sonne und Sauerstoff
- Fett ist Geschmacksträger und verbessert Speisen
- Fette mit hohem Wassergehalt können nicht hoch erhitzt werden
- Fette haben einen höheren Siedepunkt als Wasser (kurze Garzeit)
- Fette zersetzen sich bei starkem Erhitzen und beginnen zu rauchen (gesundheitliche Schäden)
- Fette mit niedrigem Schmelzpunkt sind weich oder flüssig und haben einen hohen Anteil an ungesättigten Fettsäuren (Pflanzen- und Fischöle)
- Fette mit hohem Schmelzpunkt sind fest und haben einen hohen Anteil an gesättigten Fettsäuren (Rindertalg, Kokosfett)

Getreide, Getreideprodukte

Welchen Beitrag erbringt Getreide zur gesunden Ernährung?

Getreide, Getreiderzeugnisse und Brot sind die Basis der menschlichen Ernährung.
Sie decken:

- 50 % des Energiebedarfs
- 50 % des Kohlenhydratbedarfs
- 30 % des Proteinbedarfs
- 50–60 % des Bedarfs an Vitaminen der B-Gruppe

Getreide liefert einen nicht unwesentlichen Beitrag zur Versorgung von Mineralstoffen, wie z. B. Magnesium und Eisen.

Warum soll das volle Korn mehr Verwendung finden?

In den Randschichten des Kornes befindet sich der größte Teil der Ballaststoffe. Für eine normale Darmtätigkeit sind Ballaststoffe aus Getreide Voraussetzung.

Was sagt die Mehltypenzahl aus?

Die Mehltypenzahl gibt an, wieviel Asche zurückbleibt, wenn 100 g Mehl verbrannt werden. Je nach mg Aschenmenge werden die Mehltypen mit Ziffern gekennzeichnet.

405 mg Asche in 100 g Mehl ergibt z. B. die Mehltype 405, während es bei der Mehltype 1050 einen Ascherückstand von 1050 mg gibt. Je höher die Mehltypenzahl, umso höher der Ausmahlungsgrad und der Nährwert des Mehles (Gehalt an Eiweiß, Fett, Mineralstoffen, Vitaminen und Zellulose).

Welchen Einfluss hat der Ausmahlungsgrad beim Mehl?	
Hochausgemahlene Mehle	Niedrigausgemahlene Mehle
Aus 100 g Getreide, 80 g Mehl Viel Kleie (Ballaststoffe) Reich an B-Vitaminen und Mineralstoffen Dunkle Farbe Vollkornmehl	Aus 100 g Getreide, 30–40 g Mehl Viel Stärke (Mehlkern) Wenig Vitamine und Mineralstoffe Weiße Farbe Auszugsmehl

Wovon hängt die Backfähigkeit eines Mehles ab?
Der Klebergehalt im Mehl bestimmt die Backfähigkeit. Das Eiweiß kann das Dreifache seines Gewichts an Wasser aufnehmen und bildet den Kleber. Je höher der Gehalt an Eiweiß (Kleber), desto quell- und bindungsfähiger ist das Mehl. Weizenmehl hat eine bessere Backfähigkeit als Roggenmehl; dafür bleiben Backwaren aus Roggenmehl länger frisch.

Was ist ein „Instantmehl"?
„Instantmehl" klumpt nicht und lässt sich gut zum Binden von Speisen verwenden. Es kann direkt ohne Anrühren in die Speisen gegeben werden. Der Preis ist etwas höher.

Was sind Fertigmehle?
Bei backfertigen Mehlen werden die Backzutaten, z. B. Zucker, Lockerungsmittel, Geschmackszutaten, beigemischt. Es gibt Fertigmehle für Brot, Kuchen, Torten u. a. Der Preis für die Erleichterung, die Backmischungen bieten, ist zu berücksichtigen.

Wie wird Mehl gelagert?
Die Lagerdauer von Mehl ist bis zu 1 Jahr möglich. Es ist kühl, luftig, trocken und getrennt von stark riechenden Lebensmitteln zu lagern. Von Zeit zu Zeit ist es auf Schädlingsbefall zu kontrollieren. Helle Mehle sind lagerungsfähiger als dunkle Mehle.

Welche Bedeutung haben Teigwaren in der Ernährung?
Sie zeichnen sich durch einen geringen Fettgehalt aus, insbesondere bei eifreier Ware.

Teigwaren haben einen relativ hohen Ballaststoffgehalt, daher werden sie in der Sporternährung und bei diätischen Kostformen geschätzt.

Die Kohlenhydrate sind in Form von Stärke enthalten und liefern langsam verfügbare Energie.

Vollkornteigwaren haben einen höheren Vitamingehalt. An Mineralstoffen sind Phosphor, Kalium und Magnesium enthalten.

Energiegehalt einer fertig zubereiteten Beilage von 200 g	
Teigwaren	987 kJ (236 kcal)
Reis	887 kJ (212 kcal)
Kartoffeln	586 kJ (140 kcal)

Wie werden Teigwaren richtig aufbewahrt?
Teigwaren können als Trockenprodukte mindestens 3 Jahre gelagert werden. Sie müssen trocken, luftig, dunkel und dürfen nicht neben stark riechenden Lebensmitteln aufbewahrt werden. Gegarte Teigwaren lassen sich gut bis zu 6 Monate einfrieren.

! Das dekorative Nudelglas auf dem Küchenschrank oder im Regal ist für eine Lagerung nicht geeignet.

Kartoffeln, Hülsenfrüchte

Welche Bedeutung hat die Kartoffel in der Ernährung?

Die Kartoffel hat einen hohen Stärkegehalt (15 g pro 100 g Kartoffeln). Sie besteht zu ca. 80 % aus Wasser und enthält praktisch kein Fett. Daraus ergibt sich ein relativ niedriger Energiegehalt (285 kJ/100 g). Sie liefert wenig, aber qualitativ hochwertiges Eiweiß und gehört zu den wichtigsten Vitamin-C-Lieferanten. Außerdem enthält sie verschiedene B-Vitamine, Mineralstoffe (Kalium, Magnesium, Eisen) und Ballaststoffe.

Welche Kocheigenschaften haben Speisekartoffeln?

Der Stärkegehalt in den Kartoffeln bestimmt den Kochtyp.

Kochtyp	*Verwendung*
Festkochend	Salz-, Pell- und Bratkartoffeln, Kartoffelsalat
Vorwiegend festkochend	Salz-, Pell- und Bratkartoffeln
Mehligkochend	Klöße (Knödel), Suppen, Kartoffelpüree und Puffer

! Grüne Stellen und Keime enthalten das giftige Solanin. Sie müssen in jedem Fall entfernt werden.

Wie sind Vitamin- und Mineralstoffverluste bei Kartoffeln zu vermeiden?

- nicht wässern
- in wenig Wasser garen
- in der Schale garen
- langes Warmhalten vermeiden
- kühl und dunkel lagern

Welche Bedeutung haben Hülsenfrüchte in der Ernährung?

Sie haben einen hohen Gehalt an Eiweiß (23–40 %), das allerdings biologisch nicht hochwertig ist. Der hohe Kohlenhydratanteil (50 %) besteht aus Stärke und Zellulose. Letztere sind als Ballaststoffe von besonderer Bedeutung in der Ernährung. Deshalb wird empfohlen, einmal in der Woche Hülsenfrüchte im Speisezettel einzuplanen. An Mineralstoffen enthalten sie Kalium, Calcium, vor allem Magnesium und Eisen.

! Hülsenfrüchte sind ca. 1 Jahr lagerfähig.

Obst, Gemüse, Pilze

5

Welche Bedeutung hat Obst in der Ernährung?

- Obst dient neben Gemüse besonders der Versorgung mit Vitaminen, Mineralstoffen und Ballaststoffen
- Obst ist energiearm (96–414 kJ/100 g bzw. 23–99 kcal/100 g) und ist daher für Abmagerungskuren gut geeignet (Obsttage)
- Es besteht vorwiegend aus Wasser (74–93 %). Der Vitamin-C-Gehalt und vor allem der Kalium-Gehalt sind im Obst bedeutsam
- Das Vitamin C ist nicht immer gleichmäßig in der Frucht verteilt, sondern unter der Schale reicher als im Fruchtfleisch. Obst deshalb nur dünn schälen
- Obst wird vorwiegend als Zwischenmahlzeit und als Nachtisch verwendet. Anstatt Süßigkeiten sollte man Kindern Obst reichen; dies ist gesundheitsfördernd
- Die Fruchtsäuren, z. B. in Zitrone, Apfel, Weintraube, geben dem Obst und Obstsäften einen erfrischenden Geschmack, wirken Appetit anregend und sind gut verträglich
- Gerbstoffe, z. B. in blauen Weintrauben oder Heidelbeeren, können entzündungshemmend auf die Schleimhaut wirken

Vitamin- und Mineralstoffgehalt einzelner Obst- und Gemüsearten		
Beispiele von Obst und Gemüse	Vitamine	Mineralstoffe
Blumenkohl (roh)	A, E, B_1, B_2, C, K, Pantothensäure	K, P, Ca, F, Fe, I, Zn
Broccoli (roh)	A, B_1, C, K, B_6, Niacin, C, E	K, Ca, Mg, Na, Fe, P
Gelbe Rüben	A, E, C, K, Folsäure, Carotin	K, Ca, Mg, Na, Fe, I
Äpfel (roh)	A, C, B_1, B_2, B_6, Folsäure, Biotin	K, P, Mg, Fe, I, Cu
Pflaumen (roh)	A, C, E, B_1, Folsäure, Biotin	K, P, Mg, Fe, F, Cu
Datteln (getr.)	A, Niacin, C, Folsäure	K, Ca, P, Mg

Erläuterungen:

Na = Natrium	Zn = Zink	K = Kalium	P = Phosphor	I = Jod
Ca = Calcium	Fe = Eisen	Mg = Magnesium	Cu = Kupfer	F = Fluor

Nach welchen Obstarten wird unterschieden?

- *Steinobst*
  z. B. Kirschen, Pflaumen, Zwetschgen, Pfirsiche
- *Kernobst*
  z. B. Äpfel, Birnen, Quitten
- *Beerenobst*
  z. B. Erdbeeren, Himbeeren, Johannisbeeren, Weintrauben
- *Schalenobst*
  z. B. Nüsse, Mandeln, Pistazien, Kokosnuss
- *Wildfrüchte*
  z. B. Schlehen, Holunder, Sanddorn, Heidelbeeren
- *Südfrüchte*
  z. B. Orangen, Zitronen, Ananas, Bananen

Welche Bedeutung hat Gemüse in der Ernährung?

- Gemüse gehört zu den energiearmen Lebensmitteln
- Es sättigt aufgrund seines Ballaststoffgehalts und regt außerdem die Verdauung an
- Der hohe Gehalt an Vitaminen (B und C), Provitaminen (Carotine) und Mineralstoffen (Eisen, Calcium, Kalium, Magnesium) macht es zu einem unentbehrlichen Bestandteil unserer Ernährung
- Die vielfältigen Zubereitungsarten und die kurze Garzeit sowie die gute Lagerfähigkeit begünstigen, dass Gemüse oft bei der Hauptmahlzeit gereicht wird, sowohl als Beilage als auch als Suppe oder Hauptgericht

Wie wird Gemüse eingeteilt?

Je nach Art und Herkunft der verwendeten Pflanzenteile wird unterschieden in:

- *Wurzelgemüse*
  Möhren (gelbe Rüben), Sellerie, Rote Rüben (Rote Bete)
- *Blattgemüse*
  Spinat, Mangold, Feldsalat, Kopfsalat und Endivien, Zuckerhut, Radicchio, Chicoree
- *Kohlgemüse*
  Weißkraut, Rotkraut (Blaukraut), Rosenkohl, Grünkohl, Blumenkohl und Broccoli (auch Blütengemüse)
- *Dauergemüse*
  Spargel, Rhabarber, Artischocken
- *Zwiebelgemüse*
  Lauch (Porree), Zwiebel, Schnittlauch, Knoblauch
- *Fruchtgemüse*
  Gurken, Tomaten, Gemüsepaprika, Zucchini, Kürbisse und Melonen, Paprika
- *Pilze*
  Wild- und Zuchtpilze (Steinpilze, Champignons, Pfifferlinge, Maronenröhrlinge, Rotkappen, Birkenpilze u. a.)
- *Hülsenfrüchte*
  Bohnen, Linsen, Erbsen

Wie wird Gemüse im Handel angeboten?

- als Frischgemüse
- als Gefriergemüse: Bohnen, Erbsen u. a.
- als Gemüse in Dosen und Gläsern: Nasskonserven, Vollkonserven
- als Gärgemüse: Sauerkraut
- als Essiggemüse: Gurken, Mixed Pickles
- als Trockengemüse: Pilze, Suppengrün

Welche Lagerbedingungen gelten für Gemüsekonserven?

- kühl, frostfrei, trocken, dunkel
- nicht länger als 2 Jahre lagern (Vitaminverluste)
- laufende Kontrolle; bombierte Konserven sind verdorben, der Inhalt genussuntauglich. Auch bei Gemüsegläsern, die von selbst aufgegangen sind, ist der Inhalt zu verwerfen

Was ist beim Umgang mit Pilzen zu beachten?

Pilze bestehen zu 90 % und mehr aus Wasser. Ihr Nährwert entspricht den Gemüsearten. Sie sind energiearm, aber schwer verdaulich.

Beim Sammeln bereits säubern und luftig transportieren (Korb). Nur bekannte Pilze sammeln. Geruch oder Geschmack lassen nicht immer die Giftigkeit erkennen. Pilze verderben rasch; deshalb innerhalb von 24 Stunden zubereiten. Reste nicht wieder erwärmen! Pilze nicht im Kühlschrank lagern. Auch Dosenpilze nicht zu lange aufbewahren. Pilze lassen sich vielfältig verwenden: zum Abschmecken, als Beilage und Suppe sowie als Hauptgericht. Geöffnete Pilzkonserven in neutrale Behälter umfüllen. Neben Nasskonserven sind Pilze getrocknet, als Pilzpulver, Pilzextrakte und tiefgefroren im Handel erhältlich.

! Pilzgerichte sparsam würzen, um ihren Eigengeschmack zur Geltung kommen zu lassen.

Getränke

Welcher Unterschied besteht zwischen Mineral- und Tafelwässern?

- *Natürliche Mineralwässer*

sind solche Wässer, die ihren Ursprung in einem unterirdischen, vor Verunreinigungen geschützten Wasservorkommen haben und aus einer oder mehreren natürlichen oder künstlich erschlossenen Quellen gewonnen werden.
Sie sind von ursprünglicher Reinheit und besitzen bestimmte ernährungsphysiologische Wirkungen aufgrund ihres Gehaltes an Mineralstoffen, Spurenelementen oder sonstigen Bestandteilen. Natürliches Mineralwasser mit mehr als 250 mg/l Kohlendioxid wird zusätzlich als „Säuerling“ oder „Sauerbrunnen“ bezeichnet.
Sprudel sind Säuerlinge, die unter natürlichem Kohlendioxiddruck aus der Quelle hervorsprudeln. Natürliches Mineralwasser, das gewerblich in den Verkehr gebracht wird, muss amtlich anerkannt sein.

- *Quellwässer*

haben ihren Ursprung in einem unterirdischen Wasservorkommen und werden aus einer oder mehreren natürlichen oder künstlich erschlossenen Quellen gewonnen. Sie werden bei der Herstellung lediglich enteist, entschwefelt, von Kohlendioxid befreit oder mit Kohlendioxid versetzt.

- *Tafelwässer*

sind Wässer, denen eine oder mehrere der zugelassenen Zutaten, z. B. Kohlendioxid und Sole, zugesetzt sind.

Welcher Unterschied besteht bei Fruchtsäften?

- *Reine Fruchtsäfte*

Sie werden zu 100 % aus Obst hergestellt.
Sie sind unvergoren und meist durch Pasteurisierung haltbar gemacht. Sie können auch aus Fruchtsaftkonzentrat mit Wasserzusatz verdünnt werden.

5

- *Fruchtnektare*
Sie bestehen aus 25–50 % Fruchtsaft oder Fruchtmark, Wasser und Zucker. Der Fruchtnektar darf bis zu 20 % Zucker enthalten.

Wie werden alkoholfreie Erfrischungsgetränke hergestellt?

- Fruchtsaftgetränke bestehen aus Trink- oder Tafelwasser, Fruchtsäften, Fruchtsaftgemischen oder Fruchtsaftkonzentraten, mit und ohne Zucker, ohne Farb- oder Süßstoffe oder künstlichen Aromastoffen
- Limonaden bestehen aus natürlichen Essenzen, Zucker und Genuss-Säuren sowie mit oder ohne Kohlensäure. Der Zuckergehalt beträgt mindestens 7 %. Koffeinhaltige Limonaden sind für Kinder ungeeignet. Der hohe Gehalt an Zucker (ca. 25 g pro $^1/_4$ l) begünstigt die Fettleibigkeit
- Colagetränke enthalten zwischen 65 und 250 mg Koffein/l. Der Extrakt wird aus der koffeinhaltigen Colanuss gewonnen. Colagetränke steigern die Erregbarkeit durch den Koffeingehalt
- Brausen bestehen aus künstlichen Essenzen, Wasser und Kohlensäure sowie Süßstoffen und Farbstoffen; letztere sind kennzeichnungspflichtig

! Fruchtsaft ist wertvoller als Fruchtnektar. Schwach gesüßte Kräuter- und Früchtetees sind ideale Durstlöscher mit gesundheitsfördernder Wirkung.

Welche Wirkung haben Aufgussgetränke?

Kaffee, Tee oder Kakao als Aufgussgetränke besitzen nur einen geringen Nährwert, wirken aber durch ihren Gehalt an Koffein (Kaffee, Tee) und Theobromin (Kakao) sowie an aromatischen Ölen auf Herz und Nervensystem anregend.

Wie wird Kakao im Handel geboten?

- *Kakaopulver*
20 % Fettgehalt, dunkle Farbe, sehr ergiebig für Kakaogetränke (schwach entölt), mit einem hohen Nährwert
- *Fettarmes Kakaopulver*
8 % Mindestfettgehalt, helle Farbe (weniger aromatisch) und ergiebig (stark entölt)
- *Kakaopulver gezuckert*
bzw. Schokoladenpulver, ca. 30 % Kakaopulver und Zucker
- *Gezuckerter Haushaltskakao*
bzw. Trinkschokolade, mindestens 25 % Kakaopulver und Zucker

Wie ist Kakao als Getränk zu beurteilen?

Kakaopulver enthält 25 % Fett, 20 % Eiweiß, 10,8 % Kohlenhydrate, 1,5 % Theobromin (dem Koffein ähnlich) und Mineralstoffe. Theobromin regt zwar das Nervensystem an, aber viel weniger als Koffein. Kakaogetränke sind daher für Kinder geeignet.
Der entölte Kakao wirkt leicht stopfend.

Welche Inhaltsstoffe hat Kaffee?

Der Energie- und Nährstoffgehalt des Kaffees ist gering. Der Koffeingehalt wirkt anregend auf Herz, Nerven, Magen und Darm. Koffein steigert die Leistungsfähigkeit, beeinträchtigt aber auch das Schlafvermögen. Mäßiger Kaffeegenuss ist unschädlich, jedoch ein Zuviel kann zu Herzklopfen, Schweißausbrüchen und Schlafstörungen führen. Die Röststoffe des Kaffees werden von Magen-, Leber- und Gallenkranken meist schlecht vertragen. Säurearmem Kaffee sind schädliche Reizstoffe entzogen. Entkoffeiniertem Kaffee wird Koffein entzogen; der Genusswert bleibt erhalten; er wirkt anregend, schont aber gleichzeitig Herz, Nerven und Magen. Bei Kaffee-Extraktpulver muss wegen des höheren Koffeingehalts sorgfältig dosiert werden. 1 kg Pulverkaffee enthält so viel Koffein wie 4 kg Kaffee.

Wie wird Kaffee sachgemäß gelagert?

- Kaffee enthält Fett und kann ranzig werden. Kühl lagern, am besten im Kühlschrank. Gemahlener Kaffee lässt sich gut einfrieren
- Kaffeebohnen ziehen Feuchtigkeit an, was sich beim Mahlen bemerkbar macht. Bei

angebrochenen Packungen gemahlenen Kaffees sind nach 8–10 Tagen erhebliche Aromaverluste festzustellen. Kaffee deshalb feuchtigkeits- und luftdicht in Frischhaltedosen aufbewahren

- Kaffeebohnen, frisch gemahlen, haben ein volles Aroma
- Kaffeevorrat dem Verbrauch anpassen, um die Qualität zu erhalten

Welche Wirkungsweise hat schwarzer Tee?

- Koffein im Tee (Teein) hat eine belebende Wirkung, die ebenfalls enthaltene Gerbsäure wirkt aber beruhigend auf Magen und Darm. Die Gerbsäure verlangsamt die Koffeinwirkung bei Teegenuss und hält länger an
- Je kürzer Tee zieht, desto belebender, je länger, desto beruhigender ist die Wirkung
- Tee sollte nicht im „Tee-Ei" überbrüht werden, da sich sonst die Teeblätter nicht völlig entfalten können und die Aromaentfaltung behindert wird
- Teegeschirr soll nicht in bereits benutztem Spülwasser gespült werden

Wie wird Tee sachgerecht gelagert?

- Die Qualität von Tee lässt sich durch eine kühle und trockene Lagerung am besten erhalten
- Er ist 3 Jahre lagerfähig
- Originalverpackungen in luftdicht schließenden Dosen lagern. Nur englische Teedosen haben einen speziellen Schutzüberzug, so dass Tee direkt eingefüllt werden kann
- Tee nicht mit stark riechenden Lebensmitteln gemeinsam, auch nicht mit Kaffee, lagern

Wie werden Teesorten im Handel angeboten?

Die Qualität von Tee hängt davon ab, welche Teile der Pflanze verwendet werden.

- Flowery Orange Pekoe (F. O. P.): Beste Qualität. Der Tee aus jungen Blatt-Trieben und Knospen, sichtbar an den silberfarbenen Teilchen. Der Tee hat ein ausgezeichnetes Aroma, ist aber nicht sehr kräftig

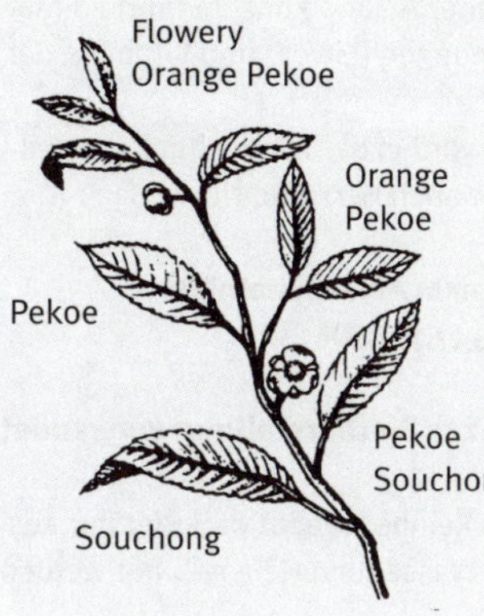

- Orange Pekoe (O. P.): Tee aus ersten, jungen Blättern. Er hat ein feines Aroma und ist kräftiger als F. O. P.
- Pekoe (P.): Tee aus zweiten, gröberen Blättern, hat jedoch kein so feines Aroma
- Pekoe Souchong (P. S.): Tee aus dritten, groben Blättern, ist weniger ergiebig
- Souchong (S.): Tee aus groben, breiten Blättern, ergibt einen dünnen Aufguss

! Schwarztee ist fermentiert, Grüner Tee wird nicht fermentiert, er enthält mehr Gerbstoffe und schmeckt herb. Oolong-Tee ist halbfermentiert und ebenfalls herber als Schwarztee.
Der Fluoridgehalt in bestimmten Sorten schwarzen Tees ist beachtlich.

Wie sind alkoholhaltige Getränke zu beurteilen?

Alkohol ist ein Genussmittel und liefert „leere" Energie.

- In kleinen Mengen wirkt er anregend und nach fettreichen Mahlzeiten durch die emulgierende Wirkung begünstigend auf die Fettverdauung
- Das Wärmegefühl nach Alkoholgenuss ist auf die stärkere Durchblutung der Haut zurückzuführen. Erfrierungen bei Kälte beruhen auf diesem Vorgang

- Überhöhter Alkoholkonsum führt zu Mangelerscheinungen (Eiweiß und Vitamine der B-Gruppe)
- Alkohol wird in der Leber abgebaut und schädigt auch Herz und Nerven

! **1 Gramm Alkohol enthält 30 kJ (7,1 kcal).**

Was darf zur Bierherstellung verwendet werden?

Nach dem Reinheitsgebot darf Bier nur aus Hopfen, Malz, Wasser und Hefe gebraut werden.

Nach welchen Bierarten wird unterschieden?

- *Obergäriges Bier*
  Die Hefe steigt nach der Gärung an die Oberfläche (Weißbier, Kölsch, Altbier, Malzbier)
- *Untergäriges Bier*
  Die Hefe setzt sich am Boden ab. Es ist haltbarer als obergäriges Bier (Pils, Export, Helles, Dunkles, Märzen, Starkbier)

Was sollte man von deutschem Wein wissen?

- *die Rebsorten der Weißweine:*
  Riesling, Müller-Thurgau, Silvaner, Kerner, Gewürztraminer, Ruländer, Scheurebe, Morio-Muskat u. a.
- *die Rebsorten der Rot- und Roséweine:*
  Spätburgunder, Portugieser, Trollinger u. a.
- *Weinanbaugebiete:*
  Ahr, Mosel/Saar/Ruwer, Nahe, Mittelrhein, Rheinhessen, Rheinpfalz, Rheingau, Hessische Bergstraße, Franken, Württemberg, Baden, Sachsen

Welche Güteklassen schreibt das Weingesetz vor?

- *Deutsche Tafelweine*
  - einfache Tafelweine aus vier Tafelweingebieten
  - gehobene Tafelweine = deutsche Landweine, ausschließlich trockene und halbtrockene Weine aus 15 Landweingebieten
- *Qualitätsweine bestimmter Anbaugebiete (b. A.)*
  - garantiert aus dem Lesegut eines der 11 Anbaugebiete (b. A.), mit einem festgelegten Reifegrad (Mostgewicht)
- *Qualitätsweine mit Prädikat*
  - mit höheren Qualitätsanforderungen als bei Qualitätsweinen (b. A.), der Most darf auf keinem Fall durch Zuckerung angereichert werden

Wie werden Qualitätsweine mit Prädikat in Deutschland unterschieden?

- Kabinett – „Normallese“ zur Normalzeit
- Spätlese – vollreife Beeren aus einer späteren Lese
- Auslese – gesunde, vollreife Beeren aus dem Lesegut aussortiert
- Beerenauslese – überreife, rosinenartig eingeschrumpfte, edelfaule Beeren
- Der Begriff „Eiswein“ darf nur zusätzlich zum Prädikat verwendet werden, sofern die Weintraube bei der Lese und beim Keltern gefroren war

Was besagt die „Amtliche Prüfnummer“ (A. P. Nr.)?

Der Wein ist von einer amtlichen Stelle geprüft; er ist ein Qualitätswein b. A. oder mit Prädikat. Die Prüfnummer gibt Auskunft über Prüfstelle, Betriebsnummer, Abfüllbetrieb, geprüfte Partie, Jahr des Prüfantrages.

Welche freiwilligen Gütezeichen und Auszeichnungen gibt es?

Neben der amtlichen Prüfung gibt es zwei Arten von freiwilligen Prüfungen und Auszeichnungen:

- *Die Gütezeichen für gehobene Qualitäten:*

Dazu gehört das nationale Deutsche Weinsiegel, das durch die Deutsche Landwirtschafts-Gesellschaft (DLG) vergeben wird:

- rotes Weinsiegel für Weine aller Geschmacksrichtungen
- grünes Weinsiegel für halbtrockene Weine
- gelbes Weinsiegel für trockene Weine

- *Die Prämierungsstreifen für Spitzenqualitäten:* Sie werden auf regionaler Ebene durch die Länder bzw. Weinbaugebiete vergeben, auf Bundesebene durch die Deutsche Landwirtschafts-Gesellschaft (DLG).
Diese Auszeichnungen weisen drei Abstufungen auf: Bronzener, Silberner und Goldener bzw. Großer Preis.

Wie wird Wein am besten gelagert?

- liegend, damit der Korken stets feucht ist
- in dunklen, kühlen Räumen bei möglichst gleichbleibenden Temperaturen (8–12 °C)
- nach dem Transport Wein vor dem Trinken ruhen lassen

Welcher Wein wird wann serviert?

- zum Aperitif: Portwein, Wermuth, Sherry, empfehlenswert sind Weine mit Prädikat Spätlese, Auslese, Beerenauslese
- zu Suppen wird normalerweise kein Getränk gereicht
- zu den Speisen gibt man heute vorzugsweise halbtrockene bis trockene Weine mit folgenden Varianten:
  - zu Vorspeisen (Fisch, Ragout u. a.) milde, spritzige Weißweine (Rheinhessen, Rheingau u. a.)
  - zu hellem Fleisch (Kalb, Schwein, Huhn u. a.) elegante, rassige bis markante Weißweine (Nahe, Rheinpfalz, Franken, Baden u. a.)
  - zu Fisch (Forelle, Karpfen, Reuse u. a.) pikante Weißweine mit feiner Säure (Rheingau, Mosel/Saar/Ruwer u. a.)
  - zu dunklem Fleisch (Rind, Wild u. a.) feine, vollmundige bis samtige Rotweine (Ahr, Rheinhessen, Württemberg u. a.)
  - zu Gemüsegerichten, Eintopfgerichten herzhafte, kernige Weiß- und Rotweine (auch Landweine)
  - zu Käse milde, süffige Weißweine bzw. würzige, füllige Weiß- und Rotweine entsprechend der Käseart
- zu Mokka: Weinbrand, klare Obstbranntweine, evtl. Liköre
- zu süßen Desserts: Schaumwein oder vollmundige, fruchtige Weine mit Prädikat Auslese, Beerenauslese

Verarbeitung von Lebensmitteln

Wie werden Lebensmittel vorbereitet bzw. zubereitet?

Mit einer Vielzahl von Techniken werden die Lebensmittel behandelt, um sie entweder küchenfertig, garfertig zu machen oder aufzubereiten, z. B. Hobeln, Schneiden, Schälen, Reiben, Passieren, Mixen, Mahlen, Kneten, Wässern usw.

Wie sind Verluste von wertvollen Inhaltsstoffen beim Vor- und Zubereiten zu vermeiden?

- unzerkleinert waschen
- empfindliche Lebensmittel in stehendem Wasser waschen
- nicht im Wasser liegen lassen
- kurz vor dem Weiterverarbeiten zerkleinern
- zügig verarbeiten, sonst zugedeckt kühl stellen
- Garmethode dem Lebensmittel entsprechend wählen
- im geschlossenen Topf garen
- wenig umrühren, Gartemperatur dem Garverfahren anpassen (keine zu große Hitze)
- statt warm halten rasch abkühlen und wieder aufwärmen

Welches sind die gebräuchlichsten Garverfahren?

- Kochen
- Dünsten
- Dämpfen

- Schmoren
- Fritieren
- Braten
- Backen
- Grillen
- Dampfdruckgaren
- Garen in Folie

Welche Garverfahren sind nährstoffschonend?

Dünsten ist das nährstoffschonendste Garverfahren. Es ist ein Garen von Nahrungsmitteln im eigenen Saft unter Zugabe von wenig Fett und ggf. Flüssigkeit bei etwa 100 °C in geschlossenem Topf. Dünsten verbessert den Geschmack und wird gerne in der Krankenkost verwendet, da die Speisen leicht verdaulich sind.

Welche Vorteile hat das Garen in Folie?

Das Garen in Folie ist ein schonendes Garverfahren, erhält weitgehend alle Nähr- und Aromastoffe, ermöglicht fettfreies bzw. fettarmes Garen im eigenen Saft. Es werden keine Röststoffe gebildet, was bei der leichten Vollkost von Bedeutung ist. Fisch, Fleisch, Geflügel, Gemüse und Obst eignen sich dafür.

Was ist beim Grillen zu beachten?

- Geeignetes Gargut verwenden
- Abstand einhalten!
- Garzeit einhalten (Geflügel: Salmonellen)!

Wie wird Fleisch sachgerecht verarbeitet?

- Kurz und unzerkleinert waschen
- Saftverluste vermeiden (kurz vor der Zubereitung salzen oder erst nach dem Anbraten, Fleisch nicht anstechen, statt spicken mit Speckscheiben belegen)
- Garzeit einhalten, nicht verkochen (Druckprobe)
- Beizen beeinflusst den Geschmack, verlängert die Haltbarkeit; das Fleisch wird mürber und leichter verdaulich
- Fleisch kann sowohl in kochendem als auch in kaltem Wasser zugesetzt werden; je schneller die Temperatur des Wassers steigt, desto weniger Saft geht in die Brühe über
- Beim Braten verliert ein paniertes Schnitzel etwa 5 %, ein unpaniertes etwa 30 % an Gewicht

Wie werden Steaks gegart?

Die Garzeit ist von Gewicht und Reifestadium abhängig.

- „Englisch“ oder „under done“, innen noch roh:
  - Garzeit ca. 2–4 Minuten
- „Halb durch“ oder „medium“, innen einen roten Kern:
  - Garzeit ca. 4–6 Minuten
- „Durchgegart“ oder „well done“, innen einen leicht rosa Kern:
  - Garzeit ca. 6–10 Minuten

Wie wird Fisch vor- bzw. zubereitet?

- Säubern, kurz und kalt im Ganzen unter fließendem Wasser
- Säubern, d. h. mit Zitrone, Wein oder Essig beträufeln, um die Gerinnung eines Teils des Eiweißes zu erreichen (Fleisch wird fester und leichter verdaulich, Fischgeruch wird gebunden)
- Stehen lassen (ca. 10 Minuten)
- Salzen und sofort zubereiten, das Salz entzieht den Zellen Wasser
- Garzeit einhalten, Fisch zerfällt sehr schnell

Welche Bedeutung hat Ei bei der Nahrungszubereitung?

- Ei ist vielseitig verwendbar, sowohl als Hauptgericht als auch zur Verbesserung von Aussehen, Geschmack und Nährwert der Speisen
- Ei wird als Bindemittel bei Knödeln (Klößen), Backwerk, Panade, Hackfleisch u. a. verwendet
- Eischnee wird als Lockerungsmittel bei Backwerk und Süßspeisen eingesetzt
- Viel Eiklar bewirkt lockeres, aber trockenes Gebäck, Eigelb macht das Gebäck fester, aber saftiger

- Das Eiklar wird als Klärmittel bei trüben Brühen, Sülzen eingesetzt
- Eigelb wirkt als Emulgator bei der Herstellung von Mayonnaise (Öl, Essig und Zitronensaft emulgiert mit Eigelb)
- Eigelb ist ein natürlicher Farbstoff (Soßen, Cremes u. a.)
- Ei ist zum Legieren von Suppen und Ragout gut zu verwenden

Welche eiweißhaltigen Lebensmittel sind besonders preiswert?

Die Preiswürdigkeit verschiedener Eiweißträger orientiert sich am Gehalt von biologisch hochwertigem Eiweiß.

Folgende Lebensmittel sind preiswerte Eiweißträger: Milch, Buttermilch, Quark, Magerkäse, Ei, Hülsenfrüchte, Fisch, Geflügel.

Welche Eigenschaften hat Fett?

- Fette sind leichter als Wasser; abschöpfen von fetten Suppen und Soßen; erstarrtes Fett nach dem Abkühlen abheben
- Brennende Fette nicht mit Wasser löschen, sondern ersticken
- Fette sind wasserunlöslich; Fettflecken können nicht mit Wasser entfernt werden
- Fette haben einen höheren Siedepunkt als Wasser; die Garzeit von Nahrungsmitteln ist kürzer: Verbrennungen mit Fett sind schwerer
- Fette werden bei Licht-, Wärme- und Sauerstoffeinwirkung ranzig
- Fette stets kühl, dunkel und luftgeschützt aufbewahren
- Fette sind emulgierbar, z. B. in Mayonnaise, Milch, Alkohol
- Fette sind Träger von fettlöslichen Vitaminen, essenziellen Fettsäuren und Geschmacksstoffen
- Fette brennen bei Überhitzung (Rauchpunkt) und zersetzen sich (gesundheitsschädlich). Fritierfette nie über 200 °C erhitzen und häufig wechseln

Was besagt der Rauchpunkt beim Fett?

Der Rauchpunkt ist die Temperatur, bei der das Fett durch Erhitzung zu rauchen beginnt. Bereits ab diesem Zeitpunkt beginnt die Zersetzung des Fettes, was gesundheitsschädlich ist.

Wie wird Fett eingespart?

- Weniger fettreiche Lebensmittel (Wurst, Käse, Fisch, Nüsse, Torten, Schokolade) einplanen
- *Kochfett einsparen:*
  - Fett flüssig verwenden, mit Esslöffel abmessen
  - Fett sparende Zubereitungsarten wählen (dünsten, grillen, kochen)
  - Fett sparende Geräte einsetzen (Tontopf, Grill, beschichtete Pfannen, Garen in Folie, Mikrowelle)
  - bei Lebensmitteln mit hohem Fettgehalt keine zusätzliche Fettzugabe
  - fette Soßen und Suppen erkalten lassen und abschöpfen
  - fettarme Rezepte bevorzugen
- *Streichfett einsparen:*
  - Butter, Margarine streichfähig verwenden
  - Streichfett ersetzen z. B. durch Magerquark, Senf u. a.
  - kein zusätzliches Streichfett bei fettreichen Lebensmitteln

Wie werden kohlenhydratreiche Lebensmittel bedarfsgerecht zubereitet?

- Stärkehaltige Lebensmittel, die die Form behalten sollen (Knödel, Teigwaren), ins kochende Wasser geben. Die Stärke verkleistert an der Außenschicht, und die Form wird erhalten
- Reis quillt beim Garen etwa um das Dreifache auf; (50 bis 70 g pro Person als Beilage)
- Grobe Getreideerzeugnisse (Graupen, Haferflocken) kalt zusetzen (Breie, Schleimsuppen)
- Durch die Quelleigenschaft der Stärke werden Mehlteige bei längerem Stehen dicker, sie ziehen an
- Speisestärke, Mehl in kaltem Wasser glatt rühren und in die kochende Flüssigkeit geben, als Dickungsmittel

- Mittelfeine Getreideerzeugnisse, wie Grieß und Grütze, in die kochende Flüssigkeit einrühren und garziehen lassen, da sie leicht anbrennen

Was ist bei der Zubereitung von Hülsenfrüchten zu beachten?

- Der hohe Zellulosegehalt der Schalen verlängert die Garzeit
- Hülsenfrüchte einweichen und quellen lassen, am besten in abgekochtem Wasser
- Geschälte Hülsenfrüchte haben eine kürzere Garzeit und sind leichter verdaulich, aber vitamin-, mineralstoff- und ballaststoffärmer
- Salz und Essig erschweren das Garwerden, erst zum Schluss zugeben

Welche Würzmittel gibt es?

- Küchenkräuter und Gewürze (einschließlich Gewürzmischungen)
- Essig, Salz, Genuss-Säuren (z. B. Zitronensäure)
- fertige Streuwürzen, Speisewürzen, Brüherzeugnisse, Gewürzsoßen, Süßstoffe, Senf, Glutamat

Welche Grundsätze gelten beim Würzen von Speisen?

- Gewürze sparsam verwenden, damit der Eigengeschmack der Speisen nicht verloren geht
- Viele Küchenkräuter sollen nur mitziehen, nicht kochen
- Kochsalz verliert beim Kochen an Würzkraft, deshalb nach Möglichkeit erst zum Schluss zugeben

Warum ist eine überhöhte Kochsalzzufuhr zu vermeiden?

- 1 g Salz bindet 100 g Wasser im Körper
- Herz und Kreislauf, ebenso die Nieren, werden durch den gestörten Wasserhaushalt belastet
- Bei Bluthochdruck ist der Salzverzehr einzuschränken
- Verzehr von Lebensmitteln mit hohem Salzgehalt einschränken (Salzheringe, Salzgebäck, Käse, Wurstwaren)!

Was spricht für Küchenkräuter in den Speisen?

- Sie liefern wertvolle Vitamine und Mineralstoffe
- Sie helfen, Salz zu sparen; der Gehalt an ätherischen Ölen wirkt würzend und geschmacksverbessernd
- Sie regen die Sekretion der Speicheldrüsen, des Magens und der Gallenwege an und fördern damit die Verdauungsfunktion
- Sie verbessern das Aussehen, den Geruch und den Geschmack der Speisen und fördern somit den Appetit und den Genusswert

Wie werden Würzmittel richtig eingekauft und gelagert?

- Nur in kleinen Mengen einkaufen, Frische und Würzkraft nehmen rasch ab
- Gemahlene Gewürze gut verschlossen aufbewahren
- Eingefrorene Küchenkräuter besitzen ein gutes Aroma
- Lagerung soll kühl, trocken, luftig und dunkel sein
- Würzmittel nicht neben geruchsempfindlichen Nahrungsmitteln lagern

Wie kommt Essig in den Handel?

- *Speise- oder Tafelessig* (5 – 10 % Essigsäure)
- *Weinessig* ist besonders aromatisch
- *Obstessig* aus Äpfeln, Birnen u. a.
- *Essigessenz* (15,5 % Essigsäure)

! Mit mehr als 25 % Essigsäure darf Essigessenz nur an Händler abgegeben werden. Ein Warnhinweis ist vorgeschrieben.

Wie werden Teiglockerungsmittel verwendet?

- *Backpulver*
  Teige nicht im warmen Raum stehen lassen! Zutaten kalt verwenden, sonst verpufft die Wirkung von Backpulver; sofort nach Teigherstellung backen

- *Hefe*
  Für Teige angewärmte Zutaten verwenden, Salz oder Fett nicht mit der reinen Hefe in Berührung bringen, vor Zugluft schützen!
- *Hirschhornsalz*
  Nur für flaches Kleingebäck verwenden, da in schweren Teigen ein Teil des Ammoniaks in der Krume zurückbleibt und einen unangenehmen Geschmack entwickeln kann

Wozu dienen Geliermittel?
Geliermittel bewirken das Steifwerden von Flüssigkeiten und Speisen.

- *Gelatine (Speisegelatine)*
  Sie ist farb- und geschmacklos sowie klar und durchscheinend. In kalter Flüssigkeit quillt sie auf und löst sich bei Erwärmung auf. Wird bei Sülzen und Aspik, bei Süßspeisen, Fruchtjoghurt sowie bei Fleisch- und Fischkonserven verwendet
- *Pektine*
  Sie werden zur Herstellung von Marmeladen, Konfitüren und Gelees benötigt. Pektinpräparate sind flüssig und in Pulverform erhältlich

Welche Vorteile hat eine Vorratshaltung?

- Zeitersparnis bei Arbeitsspitzen und Berufstätigkeit
- Geldersparnis durch Saisonangebote
- überbrückt Versorgungsengpässe (Unwetter, Krankheit, Besuch)
- vermeidet häufige Wege zur Einkaufsstätte
- höherer Obst- und Gemüseverzehr
- Energieersparnis bei Zubereitung größerer Mengen

Warum ist ein Versorgungsplan wichtig?
Im Versorgungsplan werden alle Lebensmittel, die zu bevorraten sind, für ein ganzes Jahr aufgelistet. Ein Zuviel und ein Zuwenig an Vorräten ist auf diese Art und Weise zu verhindern. Die tatsächlich benötigte Menge berücksichtigt Folgendes:

- Zahl der Verpflegspersonen, deren Alter und Tätigkeit
- Verzehrsgewohnheiten und Bedürfnisse
- Größe des Hausgartens
- Naturalentnahmen aus dem Betrieb
- verfügbares Einkommen
- Lagermöglichkeiten
- Einsatz von Arbeitskräften im Haushalt und Betrieb
- Einkaufsmöglichkeiten

Wie wird ein Versorgungsplan erstellt?
Für jede Verpflegsperson (VP) wird der Tagesbedarf an Energie und Nährstoffen ermittelt und in Lebensmittelmengen umgerechnet. Die Mengen werden mit der Anzahl der zu verpflegenden Personen multipliziert, das ergibt die Tagesmenge; multipliziert man mit der Anzahl der Verpflegungstage, ergibt sich die Menge pro Jahr. (Siehe Berechnung unten)

Wie hoch ist im Durchschnitt der Bedarf an Obst, Gemüse und Fleisch für einen 4-Personen-Haushalt im Jahr?

Kartoffeln	150 – 300 kg
Gemüse	100 – 150 kg
Fleisch	150 kg
Marmelade	44 kg
Kompott	50 kg

Wie werden Frischvorräte gelagert?

- Sandeinschlag im Keller
- Obstlagerung in Folie
- Obst- und Gemüsehorden

Berechnung des Lebensmittelbedarfs

Durchschnitts-Lebensmittelmenge pro VP und Tag	x	Anzahl der VP	x	Anzahl der Verpflegstage/Jahr	=	Lebensmittelmittelmenge/Jahr

- Zwiebeln als Zöpfe oder in Körben
- Porree/Lauch im Garten einschlagen
- Mieten, Gräben, Frühbeetkasten
- Kühlschrank
- Speisekammer

Wie wird ein Kühlschrank richtig beschickt?

- Fleisch, Wurst, Fisch, die leicht verderben, direkt unter das Verdampferfach legen, dort ist es am kühlsten
- Obst und Gemüse in die untersten Schubfächer, hier herrschen die geringsten Temperaturen. Obst, das nachreifen soll, nicht in den Kühlschrank geben (Bananen u. a.)
- Keine offenen Behältnisse oder unverpackte Lebensmittel in den Kühlschrank geben (Geruchsübertragung, Austrocknung)
- Behältnisse nicht zu voll füllen, um die Luftzirkulation zu ermöglichen
- Keine warmen Speisen einstellen (Energieverbrauch)
- Kühlen dient nur einer kurzfristigen Bevorratung (2 Wochen!)
- Die Türe möglichst wenig öffnen und dann nur kurzfristig

Wie werden Lebensmittel haltbar gemacht?

- durch Wärmezufuhr (Sterilisieren)
- durch Wärmeentzug (Kühlen, Gefrieren)
- durch Wasserentzug (Trocknen, Dampfentsaften, Gefriertrocknen)
- durch chemische Verfahren (Salzen, Pökeln, Säuern, Räuchern, Zuckern, Konservierungsmittel)
- durch Wärme und Wasserentzug (Entsaften, Marmeladenzubereitung)

Welche Konservierungsverfahren werden im Haushalt angewandt?

- *Salzen, Pökeln, Räuchern*

Bedeutung je nach Gegend unterschiedlich. Wird vor allem bei Hausschlachtungen als Spezialität und alternative Bevorratung von Fleisch, Wurst, Speck und Fisch angewandt. Vitamine und Mineralstoffe gehen dabei teilweise verloren. Bei unsachgemäßer Durchführung kann es zur Bildung kanzerogener Stoffe kommen.

- *Säuern*

Zum Einsäuern eigenen sich verschiedene Gemüse, wobei Weißkraut (Weißkohl) als Sauerkraut neben Salzgurken und -bohnen am bekanntesten sein dürfte.
Gärgemüse, gekocht und roh, ist in den Wintermonaten eine willkommene Abwechslung.
Zur Herstellung von Gärgemüse sollten Spezialtöpfe verwendet werden, die einen luftdichten Abschluss gewährleisten. Das „Saubermachen" oder „Abschöpfen" entfällt dadurch.

- *Einlegen in Essig-Lösung, in Essig-Zucker-Lösung, in Alkohol*

Diese Art der Vorratshaltung ist meist haushaltsspezifisch und hat die Herstellung individueller Obst- und Gemüsekonserven zum Ziel. Eine Vielzahl von überlieferten Rezepten ermöglicht, dass sich das Selbsthergestellte von den üblichen Handelsprodukten unterscheidet und sich damit der Aufwand lohnt.

- *Trocknen*

In den Haushalten kaum noch von Bedeutung; sinnvoll bei großen Mengen von Birnen, Pilzen, Wildfrüchten und bei Kräutern auch zur Teebereitung. Alle Küchenkräuter, die mit den Speisen gegart werden, sind zum Trocknen geeignet.

Welche Konservierungsverfahren schonen Vitamine und Mineralstoffe?

Die Gefrierkonservierung ist derzeit für die meisten Lebensmittel die schonendste Konservierungsart. Eine rasche Abkühlung auf −18 °C ermöglicht, mehr als bei anderen Verfahren, eine weitgehende Erhaltung der Inhaltsstoffe. Es wird auch eine bessere Verwertbarkeit von Eiweiß, Eisen und Vitaminen erreicht.

Wie pflegt man Vorräte?

- regelmäßig kontrollieren (Schimmelbildung, bombierte Dosen, aufgegangene Weckgläser, Gefriertemperatur)
- überlagerte Produkte verbrauchen. Bei Bedarf Vorratsschädlinge bekämpfen
- sachgemäße Lagerbedingungen
- Vorratsgeräte rechtzeitig warten (Reifansatz entfernen, reinigen, Funktion überprüfen)
- Ordnung und Übersicht erleichtern die Pflege der Vorräte

Welche Nachteile hat die Gefrierkonservierung?

- Nicht alles ist gefriergeeignet (z. B. Blattsalate, Gewürze, Zwiebeln)
- Tiefkühlkost ist nicht sofort verzehrfertig (Auftau- und Garzeiten)
- Einfrieren ist eine relativ teure Konservierungsart
- Gefriergut ist energieabhängig (Stromausfall)
- Gefriergeräte verursachen relativ hohe Anschaffungskosten und brauchen einen geeigneten Standort
- Einfrieren ist mit einem relativ hohen Aufwand verbunden (Kontrolle, Abtauen)

Welches Verpackungsmaterial ist für das Einfrieren geeignet?

Es muss wasser- und luftundurchlässig, geruchs- und geschmacksneutral sowie lebensmittelgeeignet sein. Auf lebensmittelgerechten Materialien findet man z. T. eine Kennzeichnung oder das auf EG-Ebene gültige Symbol für Materialien, die mit Lebensmitteln in Berührung kommen. Verpackungsmaterial mit diesen Zeichen bieten die Gewähr, dass keine schädlichen Stoffe an das verpackte Gefriergut abgegeben werden.
Geeignete Packstoffe: Polyäthylenbeutel, -schläuche, Kunststoffdosen, Aluminiumfolie, -schalen, Pergabecher, Gefrier-Kochbeutel.
Bedingt geeignet: Joghurt-, Frischkäse- und Streichfettbecher.
Die Auswahl des Verpackungsmaterials hängt vom Gefriergut ab und ist auch eine Kosten- und Umweltfrage.

Wovon ist die Größe des Gefriergerätes abhängig?

- Größe des Haushalts
- der Vorratshaltung
- Einkaufsmöglichkeiten
- Naturalentnahmen aus dem Betrieb
- Größe des Hausgartens
- Kochgewohnheiten

! Zu große Gefriergeräte verursachen hohe Betriebskosten.

Nutzinhalt von Gefriergeräten je Person für:	
Gemüse, Obst, Fleisch, Fertiggerichte	80 – 120 l
Gemüse, Obst, Fertiggerichte	60 l
nur Fertiggerichte	20 l

5

Welche Regeln gelten beim Tiefgefrieren?

- Lebensmittel von hoher Qualität verwenden!
- Auf Eignung achten
- Sachgemäßes Verpackungsmaterial wählen
- Pakete in Portionsgröße und flach formen
- Beschriftung und Liste zur Kontrolle des Geräteinhalts erstellen
- Gefriergut nicht auf bereits Eingefrorenes legen
- Gefriervermögen beachten
- Temperatur kontrollieren
- Bei Stromausfall Gerät nicht öffnen
- Vor dem Abtauen und Einfrieren größerer Mengen mehrere Stunden auf „Superschaltung“ stellen

Warum und wie wird Gemüse blanchiert?

- Blanchieren hemmt die Enzyme im Gemüse und intensiviert die Farbe bei grünen Gemüsearten (Bohnen, Erbsen, Broccoli). Nicht blanchiert werden, wegen der relativ kurzen Lagerfähigkeit, Spargel, Pilze und Paprika
- Das Gemüse wird in kochendes Wasser eingetaucht; Verhältnis Wasser : Gemüse, 10 : 1
- Die Blanchierzeit ist je nach Gemüse unterschiedlich und unbedingt einzuhalten

- Danach wird das Gemüse in Eiswasser abgekühlt und nach dem Trocknen auf Tüchern oder Küchenkrepp verpackt

Was ist beim Einfrieren von Fleisch zu beachten?

- Fleisch in Portionsgrößen einfrieren (bis $2\,^1/_2$ kg)!
- Bei Fleischscheiben (z. B. Schnitzel) Folie dazwischenlegen!
- Alufolie ist für Geflügel und zum Umwickeln von Knochen geeignet!
- Inhalt, Menge, Datum auf jedem Paket vermerken!
- Lagerfähigkeit beachten!
- Fleisch möglichst angetaut verwenden, im Kühlschrank auftauen!
- Salmonellengefahr besteht bei Hackfleisch und geschabter Leber; sie sind daher nur bedingt gefriergeeignet!
- Auftauflüssigkeit von Geflügel ist ebenso wegen evtl. Salmonellen zu entfernen (sorgfältige Küchenhygiene beachten)!

Welche Angaben muss Tiefkühlkost aufweisen?

- Die vom Handel angebotene Tiefkühlkost muss
  - den Hersteller
  - den Inhalt, einschließlich Zutaten
  - die Menge
  - das Mindesthaltbarkeitsdatum

  aufweisen

Was ist beim Kauf von Tiefkühlkost zu beachten?

- Die Verpackung der Ware muss unbeschädigt sein (Austrocknung) und darf weder Schneebildung noch Saftspuren aufweisen
- Ware mit Gefrierbrand (weiße Flecken, bräunlichrote Verfärbungen) ist abzulehnen (Qualitätsminderung)
- Das Gefriergerät darf keine Reifbildung haben und muss mindestens –18 °C haben.
- Die Tiefkühlkette möglichst nicht unterbrechen (Kühltasche mitnehmen, in Zeitungspapier packen).

Wie lange sind tiefgefrorene Lebensmittel lagerfähig?

Durch das Gefrieren wird die Tätigkeit der Mikroorganismen in den Lebensmitteln nur teilweise unterbunden. Eine zu lange Lagerung führt zu Geschmacks-, Geruchs- und Konsistenzveränderungen sowie zu Nährstoffverlusten (Qualitätsminderung).

Durchschnittliche Lagerfähigkeit von:	
magerem Rindfleisch	12 Monate
magerem Fleisch	7 Monate
fettem Fleisch	4 Monate
Wurst	3 Monate
Gemüse	8–12 Monate
Obst	12 Monate
Brot, Gebäck	2–6 Monate
Quark	12 Monate
Fertigspeisen	3 Monate

! Je höher der Fettgehalt im Gefriergut, desto kürzer die Lagerfähigkeit.

Was spricht für Sterilisiergut im Haushalt?

- Nach dem Gefrieren ist es das einfachste und kostengünstigste Konservierungsverfahren; man kann große Mengen von Obst, Gemüse, Fleisch und Wurst rasch bevorraten
- Sterilisiergut ist verzehrfertig und daher sofort verfügbar (Besuch, Krankheit, Saisonarbeit u. a.). Diese Art der Bevorratung ist energieunabhängig
- Bei Zusätzen von Gewürzen, Zucker, Salz, Essig u. a. kann eine Verbesserung von Geschmack und Aussehen des Sterilisiergutes erreicht werden

Wann können Sterilisiergläser aufgehen?

- falsche Temperatur- oder Zeitwahl
- ungenügende Sauberkeit (keine Trockentücher verwenden)
- zu vollgefüllte Gläser (Gummiring wird schmutzig)
- beschädigte Deckel, Gläser oder Gummiringe, die nicht zusammenpassen

Welche Bedeutung hat die Marmeladenbereitung?

- Wenn im eigenen Garten oder bei Marktschwemmen größere Mengen an Obst anfallen
- Wenn Marmeladen, Konfitüren oder Gelees gerne gegessen werden
- Nach spätestens 1 Jahr sollten Marmeladen verbraucht sein
- Obst kann auch eingefroren werden, um dann bei Bedarf frische Marmelade zu kochen. Auf diese Weise ist auch das Zusammentreffen von Arbeitsspitzen und Obstanfall zu entzerren
- Die Bereitung und Bevorratung von Marmelade ist problemlos (Twist-off-Gläser; kühl und dunkel lagern)

Wie wird „Marmelade" im Handel angeboten?

- *Marmeladen*
  sind ausschließlich Erzeugnisse aus Zitrusfrüchten
- *Obstkonfitüren*
  bestehen aus ganzem oder in Stücke geschnittenem Obst.
  Früchte : Zucker = 45 : 50 Teile.
  „Konfitüre extra" hat 450 g Fruchtmark pro kg,
  „Konfitüre einfach" hat 350 g Fruchtmark pro kg
- *Obstgelees*
  werden aus Säften einer oder mehrerer Obstarten hergestellt. Zuckergehalt beträgt mindestens 50 % und höchstens 70 %

Wie werden Trockenvorräte aufbewahrt?

Zu den Trockenvorräten zählen z. B. Zucker, Mehl, Reis, Teigwaren, Haferflocken, Hülsenfrüchte, Nüsse, Tee, Kakao. Aufgrund der langen Haltbarkeit ist eine Kontrolle wegen Vorratsschädlingen notwendig. Besonders gefährdet sind stärke- und zuckerhaltige Produkte. Deshalb müssen auch Fertigpackungen von Trockenvorräten überprüft werden. Befallene Produkte sind wegzuwerfen. Haltbarkeitsdaten überprüfen; bei Verbrauch stets die zugekaufte Ware hinten einordnen. Die Räume sollen kühl, trocken, luftig und leicht zu reinigen sein. Löcher und Ritzen im Fußboden oder an den Wänden abdichten. Wände einmal im Jahr kalken.

Wie können große Mengen von Obst verarbeitet werden?

- Kernobst in großen Mengen wird in der Mosterei zu Obstsaft oder Süßmost verarbeitet
- Beerenobst, Sauerkirschen, Rhabarber, Holunder und Sanddorn lassen sich im Dampfentsafter zu Saft mit geringem Arbeitsaufwand verarbeiten

Beim Dampfentsaften müssen die Früchte lediglich sauber verlesen und gewaschen werden, ein Entsteinen und Entstielen ist nicht notwendig. Zum Abfüllen des Saftes sind Flaschen mit Twist-off-Deckel gut zu verwenden.

6 Hygiene und Gesundheitsvorsorge

Die Weltgesundheitsorganisation definiert Gesundheit als „einen Zustand völligen körperlichen, geistigen und sozialen Wohlbefindens und nicht nur das Fehlen von Krankheit oder Gebrechen“.
(WHO – definition of health 1948)

„Der Besitz des bestmöglichen Gesundheitszustandes bildet eines der Grundrechte jedes menschlichen Wesens, ohne Unterschied der Rasse, der Religion, der politischen Anschauung und der wirtschaftlichen und sozialen Stellung“ (WHO). *www.who.ch*

Gesundheit erhalten heißt Gesundheitsrisiken kennen und Vorsorgemaßnahmen treffen für sich selbst, für die eigene Familie, für Mitarbeiter, für zu betreuende oder/und zu verpflegende Personen, für Verbraucher und Kunden.

Hygiene befasst sich mit der Erhaltung und Förderung der Gesundheit des einzelnen Menschen (private Hygiene) und der gesamten Bevölkerung (öffentliche Hygiene).

Dazu zählen die Bereiche Umwelthygiene, Bevölkerungshygiene, Sozialhygiene, Lebensmittelhygiene u. a. Der Lebensmittelhygiene fällt heute aufgrund des gestiegenen Gefährdungspotenzials besondere Bedeutung zu.

Lebensmittelhygiene-Verordnung

Gut zu wissen
Mit der Lebensmittelhygiene-Verordnung (LMHV) vom 5. 8. 1997 wird EG-Hygienerecht (EG-Richtlinie 93/43/EWG – Allgemeine Lebensmittelhygiene-Richtlinie) in nationales Recht umgesetzt. Damit wird ein bundesweit einheitlicher Hygienestandard für Lebensmittel geschaffen.
Produktspezifische Verordnungen, die für bestimmte LM zusätzliche Hygieneanforderungen vorschreiben, sind weiterhin gültig, z. B. Fleischhygiene-VO, Milch-VO, Fischhygiene VO, Hackfleisch-VO u. a.

Wo ist die Lebensmittelhygiene-Verordnung anzuwenden?

(LMHV, Art. 1, § 1)

Die LMHV regelt die hygienischen Anforderungen an das gewerbsmäßige Herstellen, Behandeln und in Verkehr-Bringen von Lebensmitteln, mit Ausnahme des Gewinnens von Lebensmitteln.

Somit unterliegen Lebensmittel verarbeitende Betriebe sämtlicher Branchen (Bäckereien, Gaststätten, Metzgereien u. a.), unabhängig von der Betriebsgröße, der Verordnung. Neben den Privathaushalten ist ausdrücklich nur die landwirtschaftliche Urproduktion (Ernten, Melken, Schlachten u. a.) ausgenommen. Alle folgenden Stufen landwirtschaftlicher Direktvermarktung, wie das Abwiegen, das Waschen, das Um- und Verpacken, das Anbieten zum Verkauf sowie Zubereitung; Be- und Verarbeitung unterliegen den Vorschriften der LMHV.

Der Umfang, in dem die gesetzlichen Anforderungen anzuwenden sind, ist dabei an der individuellen betrieblichen Situation auszurichten. Anhaltspunkt ist das Gefährdungspotenzial; daher enthält die VO an mehreren Stellen die Begriffe „angemessen“ oder „erforderlichenfalls“.

Welche Begriffe werden im Bereich Lebensmittelhygiene verwendet?

LMHV-Begriffsbestimmungen:
Betriebsstätten sind Einrichtungen, in denen LM hergestellt, behandelt oder in Verkehr gebracht werden.
Es gibt ortsfeste (Herstellerbetriebe, Läden, Gaststätten, Einrichtungen der GV) und ortsveränderliche oder nichtständige Einrichtungen, in denen LM hergestellt und behandelt werden (Verkaufszelte, Marktstände, mobile Verkaufseinrichtungen, Verkaufsfahrzeuge).

Leicht verderbliche Lebensmittel sind LM, die in mikrobiologischer Hinsicht in kurzer Zeit leicht verderblich sind und deren Verkehrsfähigkeit nur bei Einhaltung bestimmter Temperaturen oder sonstiger Bedingungen erhalten werden kann.

Nachteilige Beeinflussung meint Ekel erregende oder sonstige Beeinträchtigung der einwandfreien hygienischen Beschaffenheit von LM, z. B. durch Mikroorganismen, Verunreinigungen, Temperaturen oder ungeeignete Behandlungs- oder Zubereitungsverfahren.

Wasser im Anwendungsbereich soll der Trinkwasser-VO entsprechen.

Weitere Begriffe:
Lebensmittelhygiene meint alle Vorkehrungen und Maßnahmen, die notwendig sind, um unbedenkliche und genusstaugliche Lebensmittel zu gewährleisten.
Der Begriff wird hier umfassend gesehen und erstreckt sich auf alle Stoffe, die gesundheitliche Gefahren durch biologische, chemische und physikalische Faktoren hervorrufen können.

Herstellen umfasst alle Maßnahmen, durch welche beabsichtigte physikalische und chemische Veränderungen bewirkt werden. Sie reichen von der Lieferung über das Zubereiten, Be- und Verarbeiten bis zur Abgabe an den Verbraucher und der Entsorgung.

Behandeln von LM ist das Wiegen, Messen, Um- und Abfüllen, Stempeln, Bedrucken, Verpacken, Kühlen, Lagern, Aufbewahren, Befördern sowie sonstige Tätigkeiten, die nicht als Herstellen, Inverkehrbringen oder Verzehren anzusehen sind.

Inverkehrbringen von LM meint das Anbieten, Vorrätighalten zum Verkauf oder zu sonstiger Abgabe, Feilhalten oder jedes Abgeben an andere.

Alsbaldiger Verbrauch ist der Verzehr oder die Weiterverarbeitung von LM innerhalb einer gesicherten Frist von wenigen Tagen.

Sofortiger Verbrauch ist der Verzehr oder die Verarbeitung von LM noch am selben Tag.

Mindesthaltbarkeitsdatum ist das Datum, bis zu dem ein LM unter angemessenen Aufbewahrungsbedingungen seine spezifischen Eigenschaften behält.

Verbrauchsdatum wird bei sehr leicht verderblichen LM anstelle des Mindesthaltbarkeitsdatums angegeben.

Bedarfsgegenstände sind dazu bestimmt, beim Herstellen, Behandeln, Inverkehrbringen oder Verzehr von LM verwendet zu werden und dabei mit diesen in Berührung kommen oder auf diese einwirken, z. B. Packungen, Behältnisse, Packmaterial, sonstige Umhüllungen, Reinigungs- und Pflegemittel, weiterhin Be- und Verarbeitungsmaschinen, Transport- und Verkaufsgeräte bzw. -möbel, soweit sie mit LM in Berührung kommen, Ess-, Trink- und Kochgerätschaften.

Was bestimmt die Lebensmittelhygiene-Verordnung?

Maßnahmen im Überblick

Allgemeine Hygieneanforderungen (§ 3 LMHV)

- an die Betriebsstätten (Kap. 1, 2 der Anlage)
- an Räume, Vorrichtungen und Geräte in Betriebsstätten (Kap. 3 der Anlage)
- an Gegenstände und Ausrüstungen (Kap. 4 der Anlage)
- beim Umgang mit Lebensmitteln und an das Personal (Kap. 5 der Anlage)

Betriebseigene Maßnahmen und Kontrollen (§ 4 LMHV)

- Einführung eines betriebseigenen Kontrollsystems (Eigenkontrollen)
- die Verpflichtung zur Mitarbeiterschulung

Schulungspflicht der Mitarbeiter (§ 4 Absatz 2 LMHV)

Allgemeine Hygieneanforderungen

§ 3 enthält das allgemeine Hygienegebot (Basishygiene).

Lebensmittel dürfen nur so hergestellt, behandelt oder in den Verkehr gebracht werden, dass sie bei Beachtung der im Verkehr erforderlichen Sorgfalt der Gefahr einer nachteiligen Beeinflussung nicht ausgesetzt sind (§ 3 Absatz 1).

Durch die Anwendung einer guten Hygiene-Praxis sollen nachteilige Beeinflussungen durch Mikroorganismen, Verunreinigungen, Gerüche, Temperaturen, Reinigungsmittel u. a. vermieden und so gesundheitlich unbedenkliche und genusstaugliche LM bereitgestellt werden.
In § 3 Absatz 2 werden die Hygieneanforderungen an die Einrichtung und die Ausstattung der Betriebsstätten und an den Umgang mit LM beschrieben.

Die Hygienestandards werden in umfangreichen Darstellungen (Anlagen) aufgeführt.
Ziel einer Hygienesicherung ist es, durch festgelegte Verhaltensregeln die gesundheitliche Unbedenklichkeit von LM zu sichern. Nicht erst die mikrobiologische Untersuchung der Produkte soll Gefährdungen aufzeigen, sondern vorbeugende Maßnahme sollen Gefahren für den Verbraucher vermeiden. Wichtig ist auch, dass alle Bereiche einer guten Hygiene-Praxis ausreichend beachtet werden; diese sind: Personalhygiene, Betriebshygiene, Prozesshygiene.

Betriebseigene Maßnahmen und Kontrollen

§ 4 LMHV schreibt ein betriebseigenes Kontrollsystem und die Verpflichtung zur Mitarbeiterschulung vor.

Wer Lebensmittel herstellt, bearbeitet und in den Verkehr bringt, hat durch betriebseigene Kontrollen die für die Entstehung gesundheitlicher Gefahren kritische Punkte im Prozessablauf festzustellen und zu gewährleisten, dass angemessene Sicherungsmaßnahmen durchgeführt werden.
Dies erfolgt durch ein Konzept, das der Gefahrenidentifizierung und -bewertung dient.

- Beim Umgang mit den LM gibt es eine Vielzahl möglicher Gefahren. Welche für den jeweiligen Betrieb und das jeweilige Produkt relevant sind, setzt genaue Kenntnisse über die Betriebs- und Produktionsabläufe und über das Gefährdungspotenzial voraus.
- Die angemessenen Sicherungsmaßnahmen sind auf die jeweilige Situation des Betriebs auszurichten. In Abhängigkeit von Produktions- und Arbeitsabläufen ist ein individuelles Kontrollsystem aufzubauen.
- Nach allgemeinem Lebensmittelrecht waren Lebensmittelbetriebe schon immer zur Durchführung betrieblicher Eigenkontrollen verpflichtet, für große und größere Lebensmittel verarbeitende Betriebe sind Eigenkontrollsysteme im Rahmen der Qualitätssicherung längst selbstverständlich. Durch die LMHV wird nun ein Eigenkontrollsystem eingeführt, welches sich an dem HACC-Konzept orientiert.

Hazard	Gefährdung, Gefahr für die Gesundheit
Analysis	Analyse, Untersuchung der Gefährdung
Critical	kritisch, entscheidend für die Sicherheit
Control	Lenkung, Überwachung der Bedingungen
Point	Punkt, Stelle im Verfahren

Die Verpflichtung zur Dokumentation wird durch das LMHV nicht zwingend vorgeschrieben, wird aus Gründen der nötigen Beweisführung sowohl für der Lebensmittelüberwachung als auch die Produkthaftung dringend empfohlen.
In der landwirtschaftlichen Produktion soll durch Anwendung einer „guten Hygiene-Praxis" nachteilige Beeinflussungen vermieden werden. Die „Hygiene-Leitlinie für Direktvermarkter" befasst sich mit den Hygienestandards und dem Aufbau eines Eigenkontrollsystems.
Die fortlaufend durchzuführenden Kontrollen sollen mit Hilfe von Dokumentationslisten belegt werden.

Schulungspflicht für Mitarbeiter

§ 4 Absatz 2 LMHV verpflichtet Unternehmer (nach dem 8. August 1998) zu Mitarbeiterschulungen.

Wer LM herstellt, behandelt oder in den Verkehr bringt, hat im Rahmen betriebseigener Maßnahmen zu gewährleisten, dass Personen, die mit LM umgehen, entsprechend ihrer Tätigkeit und unter Berücksichtigung ihrer Ausbildung in Fragen der LM-Hygiene unterrichtet oder geschult werden.

Nähere Angaben zu Häufigkeit oder Inhalten der Schulung enthält die LMHV nicht.
Das Deutsche Institut für Normung (DIN) hat eine Norm für die Hygieneschulung entwickelt (DIN 10514 von August 1997), die der EU-Le-

bensmittelhygiene-Richtlinie zugrunde liegt. Sie macht Aussagen zu Inhalten, Kontrolle und Dokumentation, über die Häufigkeit der Schulung sagt auch die DIN-Norm nichts aus.

! Es sind regelmäßige Schulungen, mindestens einmal pro Jahr, zu empfehlen, ebenso die Dokumentation der Schulung.

Welche Überlegungen sind beim Aufbau eines Eigenkontrollsystems angezeigt?

Am Anfang steht die Erfassung der wichtigsten Daten zu den einzubeziehenden Maßnahmen. Mögliche Gefahren sollen erkannt und benannt werden, um dann in Abhängigkeit davon das Kontrollsystem zu entwickeln.
Die Gefahrenanalyse kann durch eine ausführliche Betriebsbegehung eingeleitet werden. Die Dokumentation der Produktions- und Betriebsabläufe ist die Grundlage des Eigenkontrollsystems.

Beispiel für einen Direktvermarktungsbetrieb

1. *Welche Gefahren können beim Umgang mit Lebensmitteln auftreten?*
   Welche sind für meinen Betrieb möglicherweise relevant?
2. *Welche Produkte sind in meinem Betrieb zu überwachen – Sortiment?*
   (Unterscheidung eigener und zugekaufter Produkte)
3. *Beschreibung der Herstellungs- und Bearbeitungsprozesse*
   Produktbezeichnung
   Rezeptur
   Chargengröße und Verarbeitungshäufigkeit
   Mindesthaltbarkeits- bzw. Verbrauchsdatum
4. *Stufen der Herstellungsprozesse* (mit Erläuterungen, z. B. Verarbeitungs- und Lagerzeiten, Temperaturen, verwendete Maschinen und Geräte)
   Festlegen der Verantwortlichen
   Festlegen der kritischen Kontrollpunkte

Welche Schritte gibt die LMHV für ein betriebliches Eigenkontrollsystem vor?
Konzept des Eigenkontrollsystems

1. Gefahren analysieren
2. Gefahren identifizieren
3. Kritische Kontrollpunkte festlegen
4. Sicherungsmaßnahmen festlegen
5. Korrekturmaßnahmen durchführen
6. Überwachung des Systems durchführen

6

1. Schritt: Gefahren analysieren
Beim Umgang mit Lebensmittel kann eine Vielzahl von Gefahren auftreten, mögliche Gefahren sind zunächst festzustellen und zu analysieren

2. Schritt: Gefahren identifizieren
In Produktions- und Arbeitsabläufe die Gefahren identifizieren, in einem Fließschema festhalten, die Gefahren markieren

3. Schritt: Festlegung der kritischen Lenkungspunkte (Kontrollpunkte)
Punkte, die für die Lebensmittelsicherheit kritisch erscheinen bzw. Gefährdungspotenzial aufzeigen, festlegen und als Lenkungspunkte kennzeichnen

4. Schritt: Festlegung, Durchführung und Überwachung von Sicherungsmaßnahmen
Wirksame Sicherungsmaßnahmen festlegen, Kontrollplan für die Überprüfung der LM-Sicherheit erstellen, Kontrollen durchführen, Grenzwerte festlegen und genaue Maßnahmen veranlassen, falls diese überschritten werden

5. Schritt: Korrekturmaßnahmen
bei fehlerhaften Abläufen Korrekturen durchführen, Veränderungen im Prozess veranlassen

6. Schritt: Regelmäßige Überwachung
regelmäßig eine Überprüfung durchführen, Zeitplan für die Überprüfung festlegen.

! Die Hygienesicherung beruht auf genauen Kenntnissen von Produktions- und Arbeitsabläufen und der Feststellung der kritischen Kontrollpunkte, an denen Gefahren und Risiken auftreten können.
Die Überwachung der kritischen Kontrollpunkte ist der Kern des Eigenkontrollsystems.

! Für die eigenverantwortlich zu treffenden Entscheidungen ist gutes Fachwissen und hinreichende Sorgfalt erforderlich.

Welche Gefahren können beim Umgang mit LM auftreten?

Biologische Gefahren
- Bakterien (z. B. Salmonellen, Kolibakterien)
- Viren
- Hefen und Pilze (z. B. Schimmelpilze)
- Parasiten
- Schädlinge

Chemische Gefahren: Rückstände von
- Reinigungs- und Desinfektionsmitteln
- Pflanzenschutz- und Schädlingsbekämpfungsmitteln
- Schwermetallen

Physikalische Gefahren
- Licht
- Temperatur
- Witterungseinflüsse
- Verunreinigungen, Fremdkörper (z. B. Steine, Glassplitter)

Welche Bereiche der Hygiene sind mit guter Hygiene-Praxis zu überwachen?

- *die Betriebshygiene*
  Schaffung und Erhalt eines Hygienestandards bei Räumlichkeiten, Einrichtungen und Gerätschaften, die mit LM in Berührung kommen
- *die Prozesshygiene*
  Auswahl von Verfahren, die ein hygienisches Herstellen, Behandeln und in Verkehr bringen der LM gewährleisten
- *die Personalhygiene*
  hygienebewusstes Verhalten der Personen, die mit LM umgehen

Wie sind Verantwortung und Produkthaftung bei der LM-Hygiene zu sehen?

Die Verantwortung liegt beim Unternehmer bzw. Leiter des Küchen-/Verpflegungsbetriebes, er kann sie einem Mitarbeiter bzw. Mitarbeitern übertragen und diese überprüfen, wobei § 4 Abs. 2 LMHV anzuwenden ist.
Bei der Produkthaftung gilt das Produkthaftungsgesetz (1. 1. 1990). Der Hersteller des Produktes hat entstandenen Schaden zu ersetzen, wenn durch Fehler eines Produktes jemand geschädigt wird. Diese Ersatzpflicht ist ausgeschlossen, wenn das Produkt beim Inverkehrbringen fehlerfrei war.
Der Geschädigte ist verpflichtet, den Zusammenhang zwischen Produkt und aufgetretenem Schaden zu beweisen.
Hersteller im Sinne des Gesetzes ist, wer das Endprodukt, ein Teilprodukt oder einen Grundstoff hergestellt hat. Kann der Hersteller eines Produktes innerhalb eines Monats nicht benannt werden, gilt derjenige, der das Produkt in den Verkehr gebracht hat, als Hersteller.
(Quelle: DGE, Frankfurt/M.)

Die Nichteinhaltung der LMHV wird als Ordnungswidrigkeit geahndet. Ordnungswidrig handelt, wer vorsätzlich oder fahrlässig entgegen den Vorschriften Lebensmittel herstellt, behandelt oder in den Verkehr bringt.

! Qualitätssicherung und der Nachweis im Hygiene-System dienen der eigenen Risikominderung und somit der Absicherung gegenüber Haftungsansprüchen Dritter.

Welche Hygienemaßnahmen sind zur Ausschaltung von Risiken in den einzelnen Bereichen anzuwenden?

Mit Hilfe der Kenntnisse über den *eigenen* Betrieb, die Produktions- bzw. Arbeitsabläufe und die Produkte sind Sicherungsmaßnahmen durchzuführen.

Welche Anforderungen werden an Personen gestellt?

Die Personen müssen ein hohes Maß an persönlicher Sauberkeit und angemessener Kleidung, erforderlichenfalls Schutzkleidung tragen.

- Während der Arbeit häufig Hände waschen, desinfizieren
- geeignete und saubere Kleidung, auch Schutzkleidung, Vorbindeschürze, Geschirrtücher, verwenden
- Schuhwerk mit rutschfesten Sohlen (Unfallverhütung) tragen
- Haar und – soweit vorhanden Barthaar – sauber halten und geeignete Kopfbedeckung/Haarnetz tragen
- Schmuck an Händen und Unterarmen ablegen (auch Ehering, Armbanduhr)
- kurze, saubere, nicht lackierte Fingernägel
- nach dem Anfassen von unterschiedlichen LM, verschmutzten Gegenständen, Arbeiten im „unreinen“ Bereich, nach jedem Toilettenbesuch, Niesen und Naseputzen Hände waschen, ggf. desinfizieren
- gute allgemeine persönliche Hygiene (häufiges Duschen, Haare waschen)
- Verletzungen sofort versorgen und mit wasserdichten Verbänden versehen
- bei Verletzungen im Handbereich anschließend Fingerlinge oder Einmalhandschuhe tragen
- bei spezifischen Arbeiten Einweghandschuhe tragen
- nicht auf LM husten oder niesen
- in Produktions- und Lagerräumen nicht rauchen
- „gute Hygienepraxis“ streng einhalten, Mitarbeiter überwachen
- Ausschlussvorschriften von Personen beachten

Wichtig

- Personen mit Wunden, Hautabschürfungen oder Geschwüren dürfen nicht mit LM umgehen
- Personen mit übertragbaren Krankheiten und Personen, die Dauerausscheider von Salmonellen sind, dürfen nicht in einem Küchenbetrieb arbeiten
- Im Produktionsbereich sensibler LM ist eine spezielle Arbeitskleidung erforderlich, sie muss hygienischen Aspekten sowie den Vorschriften der Berufsgenossenschaft entsprechen. Die Materialien müssen mind. bei 60 °C gewaschen, bzw. die Schuhe gereinigt und desinfiziert werden können. Kopfbedeckung ist Pflicht
- Für die Tätigkeit in der LM-Verarbeitung gibt es Untersuchungspflichten. Vor der erstmaligen Aufnahme einer Tätigkeit muss eine nicht älter als drei Monate alte Bescheinigung des Gesundheitsamtes vorgelegt werden

Welche Anforderungen werden an Betriebsstätten gestellt?

Betriebsstätten müssen so beschaffen sein, dass
- eine gute Lebensmittelpraxis zum Schutz der LM gewährleistet ist
- eine angemessene Reinigung und/oder Desinfektion möglich ist
- geeignete Temperaturen für die Lebensmittel herrschen

Betriebsstätten müssen sauber und instand gehalten werden.

Welche Anforderungen werden an Räume, Vorrichtungen und Geräte gestellt?

- gute Arbeitsplatzbedingungen
- mit natürlicher oder mechanischer Be- und Entlüftung
- mit ausreichender natürliche oder künstlicher Beleuchtung
- mit ausreichenden Umkleidemöglichkeiten für das Personal
- mit entsprechender Austattung

Was versteht man unter entsprechender Ausstattung der Räume?

- Handwaschbecken
  - in ausreichender Zahl und leicht erreichbar
  - mit Warm- und Kaltwasserzufuhr
  - mit Mitteln zum hygienischen Reinigen und Trocknen der Hände
- Toiletten mit Wasserspülung
  - mit zusätzlichen Handwaschbecken
  - ohne direkten Zugang zu den Arbeitsräumen
- Fußböden, Wandflächen, Decken und Deckenvorrichtungen, Türen und Fenster und sonstige*
  - mit Oberflächen, die leicht zu reinigen und zu desinfizieren sind
  - mit wasserundurchlässigen, wasserabstoßenden und abwaschbaren Materialien
  - mit Wandflächen bis zu einer angemessenen Höhe mit glatten Oberflächen
  - Fußböden mit direkter Ableitung von Wasser
- Installationen im Umfeld von Gegenständen
  - die zu reinigen und zu desinfizieren sind
  - mit leicht entfernbaren Insektengittern
  - mit Lüftungssystemen, die leicht zugänglich sind
  - mit Abwasseranlagen, die LM nicht nachteilig beeinflussen
- Vorkehrungen zur Vermeidung von Schmutz
  - in schwierig zu reinigenden Ecken und Nischen
  - bei Schmutzansammlungen aller Art
  - Kondenswasser sowie unerwünschter Schimmelbefall, dem Ablösen von Materialien
- mit wirkungsvoller Trennung von Arbeitsbereichen – Trennung von reinen und unreinen Arbeiten
- mit Vorrichtungen zum Reinigen und ggf. Desinfizieren
  - von LM, von Arbeitsgeräten und Vorrichtungen
  - mit geeigneten materialgerechten Vorrichtungen, Reinigungsbecken, sie müssen von Handwaschbecken getrennt sein
  - mit erhöhten Anforderungen für leichtverderbliche LM, dort, wo sie hergestellt oder unverpackt behandelt oder in den Verkehr gebracht werden

* Einige Forderungen finden auf Gast- und Speiseräume und Essbereiche in Einrichtungen der Gemeinschaftsverpflegung oder auf Essbereiche in Ladengeschäften ohne Sitzgelegenheit keine Anwendung.

! Räume müssen in einwandfreiem Zustand, leicht zu reinigen und erforderlichenfalls zu desinfizieren sein. Räume dürfen nicht für betriebsfremde Zwecke benutzt werden.

Welche Anforderungen werden an den Umgang mit Lebensmitteln gestellt?

Grundregeln

- Zwischen reinen und unreinen Arbeitsbereichen und Arbeitsschritten strikt trennen
- Kartonagen und erdbehaftete Behälter nicht in der Küche lagern
- in der Küche nur saubere, gewaschene LM verarbeiten
- keine Rohware und Zutaten verarbeiten, die nicht einwandfrei sind
- bei allen Mitarbeitern auf angemessene persönliche Sauberkeit und Gesundheit achten
- Sicherung der Kühlkette bei leicht verderbliche LM, nur bedarfsgerechte Mengen für die Verarbeitung aus der Kühlung nehmen, diese zügig verarbeiten, ggf. Produkte zwischendurch kühlen
- Erhitzungsprozesse immer ausreichend hoch und lange durchführen

- bei leichtverderblichen LM rohe und bereits verarbeitete bzw. erhitzte LM getrennt lagern
- Arbeitsgeräte und Arbeitsflächen bei Bedarf zwischendurch, jedoch mind. am Arbeitsende reinigen, ggf. desinfizieren
- Lebensmittel abdecken
- möglichst wenig mit den Händen bearbeiten
- zum Probieren zwei Löffel verwenden

Einkauf und Transport von Lebensmitteln

- Produkte der Saison, frische LM möglichst vor Ort kaufen
- Einkaufen nach tatsächlichem Bedarf
- Qualität überprüfen, u. a. Verfalldatum, Transporttemperatur, unbeschädigte Verpackung, Beschaffenheit, Schädlingsbefall
- möglichst schnell und auf direktem Weg transportieren
- notwendige Temperaturen einhalten

Lebensmittel	*Transporttemperaturen*
Frischfleisch	+7 °C
Hackfleisch	+4 °C
Geflügel	+4 °C
Fisch	+2 °C
Milch u. Milchprodukte	+6–10 °C
Tiefkühlware	–18 °C (kurzfristig –15 °C)

Wareneingang/Warenausgang (Verkauf)

- Wareneingangskontrolle sowohl bei zugekauften Waren als auch bei Rohstoffen aus dem eigenen Betrieb
- bei kühlpflichtigen und empfindlichen LM auf Kühltemperaturen achten, vorgeschriebene Temperaturen müssen bis zur Abgabe an den Verbraucher eingehalten werden
- auf korrekte Kennzeichnung, Qualität, Angabe des Verbrauchs- und Mindesthaltbarkeitsdatums achten
- auf Sauberkeit, unbeschädigte Verpackung, Schädlingsbefall achten
- Verwendung geeigneter Bedarfsgegenstände und Einrichtungen (Maschinen, Messer, Wannen, Transporthilfsmittel, Schneidunterlagen, Verpackungen) sowie eindeutige Zuordnung
- Waren dürfen nicht angenommen werden, wenn sie erwiesenermaßen oder aller Voraussicht nach mit tierischen Schädlingen, pathogenen Mikroorganismen oder gesundheitlich bedenklichen, verdorbenen oder fremden Stoffen derart verunreinigt sind, dass sie nach normaler Aussortierung oder nach Vorbehandlung oder Verarbeitung für den Verzehr nicht geeignet sind
- leicht verderbliche LM dürfen im Wege der Selbstbedienung nur umhüllt oder abgepackt an den Verbraucher abgegeben werden (dies gilt nicht für Schank- u. Speisewirtschaften, in Ladengeschäften ohne Sitzgelegenheit zum unmittelbaren Verzehr, sofern sicher gestellt ist, dass die LM nicht nachteilig beeinflusst werden
- Vorrichtungen und Behälter, die der Beförderung von LM dienen, müssen so ausgerüstet und beschaffen sein, dass die erforderlichen Temperaturen eingehalten werden und dass sie angemessen gereinigt werden und erforderlichenfalls desinfiziert werden können

Lagerung von Lebensmitteln

- viele Lebensmittel sind leicht verderblich
- getrennte Aufbewahrung und unterschiedliche Lagertemperaturen beachten
- LM nicht in warmen Küchenräumen aufbewahren
- leicht verderbliche LM am Herstellungstag verwenden
- gegenseitig negative Beeinflussung von Speisen und LM vermeiden
- Haltbarkeitsfristen der LM beachten
- LM und Speisen abgedeckt oder in geeigneter Verpackung lagern
- Eier separat in einem abgedeckten Behälter aufbewahren
- fertig zubereitete Speisen, die nicht sofort ausgegeben werden, innerhalb von 3 Std. auf 10 °C abkühlen
- Kühlräume nicht überfüllen
- Kühlkette nicht unterbrechen

Lagerort/Kühlraum	Lagertemperatur
Vorkühlraum	4 °C bis 8 °C
Fleischkühlraum	1 °C bis 3 °C
Gemüsekühlraum f. erdbehaftete Produkte	7 °C bis 8 °C
Molkereiproduktekühlraum	4 °C bis 8 °C
Geflügelkühlraum	1 °C bis 3 °C
Fischkühlraum	0 °C bis 2 °C
Kühlraum f. Getränke, Konserven, Eier	4 °C bis 10 °C
Tageskühlräume zur Ausgabe bestimmter Speisen	4 °C bis 8 °C
Tiefkühlraum	−20 °C bis −18 °C
Schockgefriereinrichtung	−35 °C

- beim Gefrieren immer geeignetes, unbeschädigtes Verpackungsmaterial verwenden
- Abgabe der LM ab Kühleinrichtung

Speisenherstellung
- nur einwandfreie, nicht verdorbene und nicht verschimmelte LM verwenden
- Zustand und Verfalldatum vor der Zubereitung kontrollieren
- nur im Kühlraum auftauen
- LM gründlich säubern, schnell waschen und zügig verarbeiten
- Speisen so naturbelassen wie möglich anbieten
- Fleisch und Fisch nicht auf Holzbrettern verarbeiten
- Geflügel vor dem Zubereiten (mit Siebeinsätzen) völlig auftauen
- Auftauflüssigkeit bei Geflügel sachgemäß beseitigen
- Hack- und Schabefleisch am gleichen Tag verwenden
- Speisen ausreichend erhitzen, Garzeiten einhalten (mind. 70 °C Kerntemperatur sollte erreicht werden), insbesondere bei Fleisch und Geflügel
- Speisen mit Eiern und Sahne und Speiseeis schnell verbrauchen
- kein Warmhalten und kein langsames Abkühlen von Speisen
- gegarte Speisen und Geschirrinnenflächen nicht mit der Hand anfassen
- keine Kartonagen und sonstige Umhüllungen auf Arbeitsflächen stellen

Ausgabe von Speisen in der Gemeinschaftsverpflegung
- Speisen erst am Ausgabetag zubereiten
- Speisen so rasch wie möglich in Ausgabe- oder Transportbehälter ausgeben
- Ausgabetemperatur von mindestens 65 °C einhalten
- keine langen Warmhaltezeiten, besser schnell erhitzen und rasch abkühlen
- Speisen, die kalt ausgegeben werden, nach Kühllagerung (4–7 °C) möglichst schnell ausgeben

Verarbeitungstemperaturen und -zeiten
- Produkte hoch und lange genug erhitzen
- beim Erhitzen auf mind. 70 °C (Kerntemperatur) und einer Einwirkzeit von 10 Minuten sterben die meisten Bakterien, Viren, Hefen und Schimmelpilze ab
- warme Speisen sollen nie länger als 3 Stunden warm gehalten werden, die Temperatur muss dabei durchgehend 65 °C betragen
- für längere Aufbewahrungszeiten müssen die Speisen gekühlt und für den Verbrauch neu erhitzt werden
- um die kritische Temperaturzone 10–60 °C zu durchlaufen, können Speisen zur schnelleren Kühlung in kleinere Chargen aufgeteilt werden

Spülen
- Speisereste und sonstige Reste sofort entfernen
- verschmutztes Geschirr umgehend spülen
- Wasser muss Trinkwasserqualität besitzen
- auf heißes Wasser beim Handspülen achten, Vor- und Nachspülen
- Spültücher aus Textil sollen nicht verwendet werden
- gebrauchte Geschirrtücher trocknen und der Wäsche zuführen

- bei Topfgeschirr und Schneidebrettern muss die Restfeuchtigkeit abtrocknen können
- aus hygienischen Gründen weitgehend/nur Geschirrspülmaschinen einsetzen
  - dabei auf Temperatursteuerung, Kontaktzeit, Konzentration und Art des Hygienereinigers und Klarspülmittels achten
- verschmutztes Geschirr darf nicht über Nacht im Küchen- oder Spülbereich stehen bleiben
- bei der GV sind weitere spezifische Hygieneregeln zu beachten
- Transportbehälter gründlich reinigen
- Mülleimer nach dem Kochen unmittelbar entleeren

Abfallentsorgung

- Abfälle nicht in Räumen sammeln, in denen LM bearbeitet oder aufbewahrt werden, d. h. nicht in Lager, Produktions- und Verkaufsräumen
- geeignetes Abfall-Lager vorhalten, leicht zu reinigen, frei von tierischen Schädlingen und ohne jegliche Beeinflussung von irgendwelchen LM, von Wasser und anderen betrieblichen Vorrichtungen
- geeignete Abfallbehälter vorhalten, verschließbar und leicht zu reinigen, mit Einweg-Plastik-Säcken versehen
- Abfälle getrennt erfassen und entsorgen
- gefährliche und ungenießbare Abfälle getrennt und in abgeschlossenen Behältern entsorgen
- bestimmte Abfälle von Tieren über die Tierbeseitigungsanstalten beseitigen
- Abfall-Lager auf Ungeziefer überprüfen

Schädlinge

- Vorratsräume und eingelagerte Produkte sorgfältig und regelmäßig kontrollieren
- ein festgestellter Befall nach dem Stand der Technik sachgerecht bekämpfen
- Zukaufsprodukte auf Befall kontrollieren
- Fliegengitter an zu öffnenden Fenstern anbringen
- befallene Produkte entsorgen
- bei Verdacht auf Schädlingsbefall Köderfallen aufstellen

Reinigung

! Räume müssen sauber und instandgehalten werden!

- Durchführung und Kontrolle festgelegter Reinigungsverfahren (Reinigungsplan, Reinigungskontrolle)
- Art und Häufigkeit der Reinigung (= Entfernen von sichtbaren Verschmutzungen) sind abhängig von der Nutzung
- Einrichtungsgegenstände und Arbeitsgeräte nach jeder Nutzung reinigen
- Sanitärbereich, insbes. Fußböden, Türklinken, Toiletten/Toilettensitze, gründlich und regelmäßig säubern
- Seifenspender, Desinfiziermittelspender, Einmalhandtücher, Heißlufttrockner oder Vergleichbares benutzen
- Desinfektion nach Vorschrift (= Zerstörung von Mikroorganismen), Infektionsrisiko ausschließen, Raumtemperatur in sensiblen Bereichen senken

Unterhaltsreinigung

- Wasser in Trinkwasserqualität verwenden
- Reinigung in 4 Arbeitsschritten
  - Entfernen von Produktresten
  - Reinigen mit Wasser (max. 40 °C)
  - Hauptreinigung mit Reinigungsmittelzusatz
  - Spülen mit heißem Wasser
- Reinigung erforderlichenfalls auch nach Zwischenarbeitsschritten durchführen
- stehende Nässe vermeiden

Grundreinigung

- Ablagerungen regelmäßig entfernen
- auch Ecken bei der Reinigung beachten

Desinfektion nach der Unterhaltsreinigung

- Desinfektionsmittel der DVG*-Liste verwenden
- Arbeitsflächen und -geräte vor der Desinfektion unbedingt reinigen

* Desinfektionsmittelliste der Deutschen Veterinärmedizinischen Gesellschaft für den Lebensmittelbereich, Frankfurter Straße 89, 35392 Gießen

- Desinfektionslösungen in handwarmem Wasser (30 °C) in richtiger Konzentration anwenden
- notwendige Einwirkzeit einhalten
- Desinfektionsmittelreste gründlich abwaschen

Reinigungsmittel und -geräte
- Reinigungstücher nach jedem Gebrauch in heißer Reinigungslösung auswaschen
- Wischtücher regelmäßig auskochen und rechtzeitig wechseln
- maschinengespültes Geschirr ist hygienischer
- Temperatur und Reinigungszeit bei der Spülmaschine nicht verstellen
- Reinigungs- und Desinfektionsmittel außerhalb der Küche aufbewahren

Waschen
- hohe hygienische Ansprüche im LM-Bereich
- große Wäschevorräte für häufiges Wechseln der Wäsche erforderlich
- Wäsche mit 60 °C oder mehr waschen
- Kochwaschmittel mit Bleichmittel einsetzen
- maschinelles Wäschetrocknen aus hygienischen Gründen bevorzugen

Hygiene-Leitlinie für Direktvermarkter 2001
Lebensmittelhygiene bei der Gemeinschaftsverpflegung und Umsetzung, DGE

Mikroorganismen in Lebensmitteln

Mikroorganismen kommen überall vor, in der Luft, im Wasser, auf und in jeder Pflanze und jedem Lebewesen. Keimfreie, sterile Urprodukte gibt es nicht.
Die meisten sind für den Menschen ungefährlich, andere dagegen gesundheitsgefährdend.

Ursachen der Gefährdung bei LM können sein: Salmonellen, Botulinus-Gifte, Fäulnisbakterien, Schimmelpilz-Gifte, Hefen.

Welche Mikroorganismen sind bei LM zu beachten?
Die wichtigsten Gruppen sind Bakterien, Hefen, Schimmelpilze. Es gibt nützliche und unerwünschte bzw. schädliche Mikroorganismen.

Nützliche Mikroorganismen sind z. B. Milchsäurebakterien (Joghurt- und Sauerkraut-Herstellung) und Schimmelpilze (Käse-Herstellung)

Unerwünschte Mikroorganismen lassen LM verderben, also sauer werden, faulen, gären oder verschimmeln. Verdorbene LM sind ungenießbar.

Krankheitserregende Mikroorganismen bilden Stoffe, die zu Erkrankungen führen, sie sind leider weder zu sehen, noch zu riechen oder zu schmecken. Dennoch verursachen sie Lebensmittelvergiftungen mit Symptomen wie Durchfall, Erbrechen, Bauchschmerzen, Kopfschmerzen, Übelkeit.

! Mikroorganismen gedeihen besonders gut, wenn sie günstige Lebensbedingungen (Feuchtigkeit, Nährstoffe, Wärme) vorfinden!

Nährstoffe: Mikroorganismen brauchen wie alle Lebewesen Nährstoffe für ihre Vermehrung. Günstig sind eiweiß- und wasserhaltige LM, anfällig sind leicht verderbliche Speisen. Jede Verunreinigung mit organischen Substanzen ist eine potenzielle Nährstoffquelle.

Temperatur: Kälte tötet Keime zwar nicht ab, stoppt aber die Vermehrung. Unter 7 °C wachsen die meisten nicht mehr. Günstige Temperaturen liegen zwischen 20–40 °C. Darüber wird die Vermehrung langsamer. Über 75 °C kann man bei entsprechender Einwirkungsdauer mit dem Absterben rechnen. Daher ist Hitze bei entsprechender Einwirkzeit ein wirksames Mittel gegen Keime.

Wasser: Wasserreiche LM verderben besonders rasch. Bei Entzug von Wasser werden Wachstum und Vermehrung verlangsamt (Trocknen, Räuchern, Zusatz von Zucker oder Salz).

pH-Wert: Durch Säuren wird das Wachstum gehemmt oder sogar gestoppt. Sie wachsen bevorzugt im neutralen Bereich bei einem pH-Wert von 7. Ab einem bestimmten Säuregehalt (pH-Wert 4,2) sind die meisten Mikroorganismen nicht mehr vermehrungsfähig. Eingelegte Sauergemüse sind relativ haltbar.

Zeit: Unter günstigen Bedingungen teilen sich die Keime alle 15–20 Minuten. Nach einer Stunde sind z. B. aus 100 Keimen rd. 800, nach vier Stunden mehr als 3 Mio Keime geworden. Daher sind im kritischen Temperaturbereich von 10–60 °C lange Warmhaltezeiten von Speisen zu vermeiden (schnell erhitzen, rasch abkühlen).

Lebensmittelsicherheit bedeutet
- die Übertragung von gefährlichen Mikroorganismen auf Lebensmittel und die Vermehrung derselben zu verhindern
- nicht vermeidbare Keimbelastungen zu minimieren
- Keime, wo möglich, abzutöten

Wie kann einer Salmonellenerkrankung vorgebeugt werden?

Besonders gefährdet sind Hackfleisch, Geflügel, Eipulver, Kartoffelsalat u. a., Infektionsquellen können auch Personen, Geräte und Küchentextilien sein, deshalb
- auf peinliche Sauberkeit achten
- gründliche Reinigung von Händen, Arbeitsgeräten und Arbeitsflächen nach dem Umgang mit Lebensmitteln, Kühleinrichtungen durchführen
- gefährdete Lebensmittel immer durchgaren
- Arbeitsgeräte mit glatter Oberfläche verwenden
- Schneidebretter dürfen nicht aus Holz bestehen

Mikroben wachsen nur bei bestimmten Temperaturen

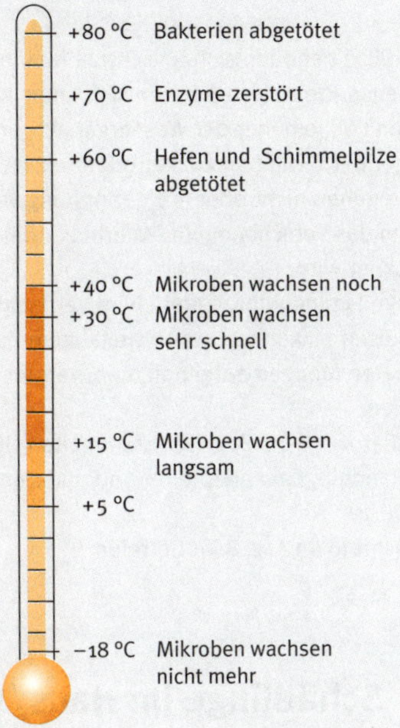

Was sollte man über Schimmelpilze wissen?

Schimmelpilze sind manchmal erwünscht und manchmal unerwünscht

Schimmelpilze geben Cambert, Brie oder Roquefort erst den richtigen Geschmack. Kulturschimmelpilze werden LM zur Aromabildung oder Konservierung zugesetzt und sind gesundheitlich unbedenklich.

Andere Schimmelpilze sind auf LM, wie Obst, Getreide oder Nüssen unerwünscht, weil sie das LM ungenießbar machen und gesundheitsschädlich sein können.

Schimmelpilze können bei Mensch und Tier Krankheiten auslösen

Bei ihrem Wachstum können sie giftige Substanzen bilden, so genannte Mykotoxine. Schimmelpilzgifte sind Aflatoxin, z. B. in Nüssen und Mandeln, Ergotamin, das Gift des Mutterkornpilzes in Roggen, Patulin von Schimmelpilzen in fauligem Obst oder daraus hergestellten Fruchtsäften.

Die Pilze befinden sich unsichtbar im Innern der Lebensmittel. Sie verbreiten sich umso schneller im LM, je höher der Wassergehalt und je niedriger der Gehalt an Zucker oder Salz ist. Die Gifte gehen nicht oder nur geringfügig verloren, wenn das verschimmelte LM erhitzt oder getrocknet wird.
Einige Schimmelpilze stehen im Verdacht, Krebs auslösen zu können, wenn sie längere Zeit in höheren Mengen aufgenommen werden. Dazu zählen

- Aflatoxin B_1, z. B. in verschimmelten Nüssen, Mandeln, Cayennepfeffer und anderen Gewürzen
- Ochratoxin A, z. B. in Getreide

(DGE-Info 97)

Wie kann man sich vor Schimmelpilzgiften bei LM schützen?

- Keine Angst vor Kultur-Schimmelpilzen auf Camembert und anderen Käsesorten
- LM kühl und trocken lagern und frische LM möglichst bald verbrauchen
- bei folgenden LM Schimmel großzügig abschneiden: Laib Brot, Hartkäse am Stück, Marmelade mit einem Zuckergehalt von mindestens 50 %
- Getreide direkt vom Erzeuger auf Mutterkorn untersuchen lassen
- keine Nüsse mit Schimmel in Schale oder Kern essen

! Bei der Gemeinschaftsverpflegung, bei Personen mit höheren gesundheitlichen Risiken grundsätzlich keine mit Schimmelpilzen befallenen LM verwenden.

(DGE-Info 97)

Schädlinge im Haus/Vorratsschädlinge

Auch heute ist kein Haushalt – trotz Sauberkeit und Hygiene – vor Schädlingen sicher!

Was sind Schädlinge?

Schädlinge sind tierische Organismen, die wirtschaftliche Güter, d.h. Materialien und Vorräte, in ihrem Wert mindern oder unbrauchbar machen bzw. das Wohlbefinden und die Gesundheit des Menschen und seiner Haustiere beeinträchtigen.

Es gibt:

- *Materialschädlinge,*
  sie befallen Holz, Leder, Papier, Textilien u. a.
- *Vorratsschädlinge,*
  sie befallen Lebensmittel
- *Gesundheits- u. Hygieneschädlinge,*
  sie verursachen Allergien u. a.

! Schädlingsbefall bei Lebensmitteln ist durch geeignete Verfahren zu kontrollieren und ggf. sachgerecht zu bekämpfen (LMHV).

Wo können Vorratsschädlinge die Hygiene der Lebensmittel beeinträchtigen?

- *Mehlmotten*
  in Mehl, Mehlprodukten, Nüssen, Getreide
- *Fliegen*
  in allen Nahrungsmitteln, auch Unrat
- *Schaben*
  in fast allen Nahrungsmitteln, Papier, Holz
- *Silberfischchen*
  in Zucker, Abfällen, Papier
- *Mäuse*
  in allen Nahrungsmitteln
- *Kakerlaken*
  in allen Nahrungsmitteln

Auf welchem Weg gelangen Vorratsschädlinge in die Lebensmittel?

- Viele Schädlinge werden von außen eingeschleppt, bereits beim Einkauf sind sie vorhanden
- hohe Luftfeuchtigkeit und warme Temperaturen während Transport und Lagerung gefährden die von der Beschaffenheit her anfälligen Lebensmitteln
- Befall ist zu erkennen an Fressspuren, Gespinsten, Kot, abgeworfenen Häuten

Wie wird einem Schädlingsbefall vorgebeugt?

- Beim Einkauf Lebensmittel überprüfen, auf beschädigte Verpackungen und Fraßschäden achten
- Lebensmittel nicht offen stehen lassen, in fest verschlossenen Behältern lagern
- Vorräte kühl und trocken lagern
- Vorratsräume regelmäßig lüften
- regelmäßig auf Befall hin kontrollieren
- auf größte Sauberkeit achten
- regelmäßige Grundreinigung durchführen
- Fliegengitter an Fenstern anbringen
- Fugen und Ritzen in Vorratsräumen verschließen
- Lebensmittel nicht zu lange lagern
- Abfälle unmittelbar beseitigen
- Abfallbehälter nicht offen stehen lassen, sauber halten

Was ist bei einem Schädlingsbefall zu tun?

- Befallene Lebensmittel sofort entfernen und vernichten
- Schränke und Räumlichkeiten (Ritzen) gründlich säubern
- bei leicht befallenen, gesäuberten Lebensmitteln durch Tiefgefrieren zusätzlich Schädlinge abtöten
- Feuchtzonen beseitigen
- chemische Bekämpfungsmittel sollen nicht eingesetzt werden, in schwierigen Fällen qualifizierte Schädlingsbekämpfer zuziehen

Welche Hausschädlinge können auftreten?

- *Fliegen, Mücken*
  dagegen Fliegengitter vor Fenstern und Balkontüren einsetzen
- *Kleidermotten bei Wollstoffen, Pelzen, Federn*
  dagegen Fliegengitter anbringen und Lavendelsäckchen zwischen Kleider legen
- *Mottenlarven*
  dagegen gut verpackt einige Stunden in die Tiefkühltruhe legen (abtöten)
- *Ameisen*
  dagegen einige Tropfen Lavendelöl in die „Straßen“ geben
- *Silberfischchen, Küchenschaben*
  dagegen Feuchtigkeit beheben
- *Mäuse*
  dagegen Mäusefalle aufstellen

! Auf chemische Schädlingsbekämpfungsmittel weitgehend verzichten!

! Die Jury Umweltzeichen vergibt für die Abwehr und Bekämpfung von Schädlingen in Innenräumen ohne giftige Wirkstoffe den Blauen Umweltengel!

Unfallvorsorge im Haushalt

2,7 Millionen Unfälle ereignen sich jährlich in deutschen Haushalten!
Haushalte bergen vielfältige Unfallgefahren.
Unfälle haben immer eine Ursache!

Welche Ursachen können zu Unfällen führen?

Unsachgemäßes Verhalten durch
- unzweckmäßige Arbeitskleidung und falsches Schuhwerk
- ungeeignete Arbeitsgeräte oder Werkzeuge
- Strom und giftige Stoffe
- unzureichende Schutzvorrichtungen
- Nichtbeachtung von Sicherheitsvorschriften

Mängel bei Räumlichkeiten und Einrichtungen durch
- bauliche Mängel bei Fußböden, nicht rutschsichere und verschmutze Fußböden/Treppen
- unsichere Trittleitern und Treppen
- zu wenig Bewegungsflächen in Fluren
- schlechte Beleuchtung
- technische Mängel an Arbeitsgeräten und Maschinen

schlechte Arbeitsorganisation
- Hetze, Stress
- Übermüdung, ohne Beachtung der Leistungskurve
- ohne ausreichende Kennzeichnung der Gefahren
- ohne klare Arbeitsanweisungen von Mitarbeitern
- Unordnung

! Viele Unfälle im Haus sind vermeidbar!

Jeder ist zunächst für seine eigene Sicherheit verantwortlich, aber auch für die der Familie, der Mitarbeiter und der Gäste/Kunden!
Arbeits- und Gesundheitsschutz ist eine Aufgabe für hauswirtschaftliche Führungskräfte!

Welche Verletzungen können auftreten?
Schnittwunden, Prellungen, Blutergüsse, Knochenbrüche, Verbrennungen, Verbrühungen, Verätzungen, Stromschlag.

Wie vermeidet man Unfälle auf Fußböden und Wegen?
- Fußboden mit rutschsicherem Belag, Badewanne und Dusche mit rutschsicheren Matten ausstatten
- immer ausreichende Beleuchtung/Funktionsleuchten einsetzen
- grobe Verschmutzungen sofort entfernen
- in Nassräumen Fußböden trocken halten, nicht wachsen
- Stolperstellen wie Vertiefungen, lose Fliesen vermeiden
- Fußmatten an Eingängen in Rahmen verlegen
- keine Kabel als Fußfallen herumliegen lassen
- ordentliches Schuhwerk mit profilierten Sohlen tragen

Wie vermeidet man Unfälle bei Treppen und Stufen?
- Treppenstufen nicht zu hoch und nicht zu schmal anlegen
- Handlauf anbringen (ab 5 Stufen erforderlich)
- für rutschhemmenden Treppenbelag und rutschhemmende Treppenkanten sorgen
- ausreichende Sicherung von Zug- und Falltreppen gewährleisten
- Luke, Falltüren und Deckel hinreichend kenntlich machen
- Treppen nicht als Abstellplätze benutzen
- für ausreichende Beleuchtung sorgen (selbstleuchtende Lichtschalter sind im Dunkeln besser zu erkennen)

Wie vermeidet man Unfälle mit Leitern und Tritten?
- Für unterschiedlichen Bedarf verschiedene Steighilfen zur Verfügung haben: Haushaltsleiter, Trittleiter (2 Tritte), Tritt

- Steighilfen schnell greifbar vorhalten
- beim Einkauf von Steighilfen auf Sicherheitssiegel „mit GS- Geprüfte Sicherheit“ achten
- auf schräg gestellte Beine bei den Leitern achten (Sicherheit)
- nur einwandfreie, unbeschädigte Steighilfen einsetzen (u. a. nicht unsachgemäß geflickt, nicht ohne Spannketten und Spanngelenke)
- keine Tische, Stühle, Fensterbänke anstelle von geeigneten Leitern verwenden

Wie vermeidet man Unfälle bei Elektrogeräten und Gasanlagen?

Anschaffung und Installation

- nur Geräte, die den Bestimmungen des Verbandes Deutscher Elektrotechniker (VDE) und des Deutschen Vereins von Gas- und Wasserfachleuten (DVGW) entsprechen, einsetzen
- Anlagen und Geräte vom anerkannten Fachmann installieren und warten lassen
- Steckdosen und Schalter nicht im Bereich der Badewanne installieren
- Steckdosen in Feuchträumen (Bad, Dusche, Waschküche) mit Schutzdeckeln versehen
- beim Kauf von Maschinen und Geräten auf Gewährzeichen achten

Umgang

- Stecker, Schalter und Geräte nicht mit feuchten Händen anfassen
- Stecker aus der Steckdose ziehen, wenn das Gerät nicht benutzt wird
- Stecker nicht an der Schnur aus der Steckdose ziehen, die Schnur nicht knicken
- beim Baden keine elektrischen Geräte benutzen
- keine Verlängerungskabel über Laufwege legen

Wie soll man sich bei Elektro-Unfällen verhalten?

- Zuerst den Stecker herausziehen, dann Schalter ausschalten und die Sicherung herausdrehen
- wenn eine sofortige Stromkreisunterbrechung nicht möglich ist, Verunglückten an seinen Kleidern von der Unfallstelle wegziehen
- bei nassen Kleidern für die eigene Person eine Isolierung schaffen
- die Schnelligkeit, mit der ein Verunglückter vom Stromeinfluss entfernt wird, kann lebensrettend sein
- Vorsicht, defekte Geräte können Brände auslösen

Gewährzeichen

VDE-Prüfzeichen bürgt für Sicherheit bei elektrischen Geräten

geprüfte Sicherheit

geprüfte Sicherheit

schutzisoliert

staubgeschützt

ungefährliche Spannung

tropwassergeschütz

spritzwassergeschützt

wasserdicht

Wie vermeidet man Unfälle beim Kochen?

- Nicht in die laufende Küchenmaschine greifen
- beim Einsatz des Fleischwolfes Stopfer benutzen
- Schneidgeräte nicht herum liegen lassen (auch Spüle)
- Kochtöpfe und Pfannen mit isolierten Griffen verwenden
- Pfannenstiele nicht über den Herd hinausragen lassen
- heiße Herdplatten abdecken
- heiße Flüssigkeiten nur transportieren, wenn nichts im Weg steht
- bei Dampfdruckgeräten Sicherheitsbestimmungen genau beachten
- beim Mikrowellengerät nicht die Türe so schnell öffnen, heiße Speisen können verletzen
- Flammen nur durch Ersticken löschen, niemals heißes Wasser auf brennendes Fett gießen

Wie ist mit gefährlichen Arbeitsstoffen umzugehen?

- Weitgehend auf die Verwendung gesundheitsgefährdender oder -beeinträchtigender Substanzen verzichten
- grundsätzlich nach der Gebrauchsanleitung verfahren
- bei der Verwendung brennbarer, explosionsgefährlicher Stoffe (Lösungsmittel, Waschbenzin u.a.) ist offenes Feuer verboten
- entstehende Dämpfe nicht einatmen, Hautkontakt verhindern
- Handschuhe und auch andere Körperschutzausrüstungen benutzen (Gebrauchsanweisung)
- gefährliche Stoffe so aufbewahren, dass Missbrauch und Unglücksfälle ausgeschlossen sind:
  - nicht in Wohnräumen, sondern in einem unbewohnten Raum
  - giftige Mittel in einem verschließbaren Schrank
  - räumlich getrennt von Lebensmitteln und Futtermitteln
  - außerhalb der Reichweite von Kindern
  - angebrochene oder beschädigte Verpackungen dicht verschließen, nicht in andere Behälter wegen Verwechslung umfüllen
- bei Vernichtung von Stoffen diese sachgemäß beseitigen (Sondermüll!)

Wie vermeidet man Unfälle insbesondere bei Kindern?

- Steckdosen durch Kindersicherung abdecken
- Elektrogeräte für Kinder unerreichbar aufbewahren
- Töpfe mit heißem Inhalt unbedingt sichern
- keine Zündhölzer herumliegen lassen
- keine Reinigungsmittel, Kosmetika, Arzneien, Giftstoffe in erreichbarer Nähe aufbewahren
- Türen bei nicht benutzten Kühl- und Gefriergeräte sorgfältig sichern, ggf. Türschlösser ausbauen
- Tragetaschen und Plastiktüten unerreichbar aufbewahren, Gefahr des „Über den Kopfziehens"
- auf giftige Pflanzen in Gärten und auf Spielplätzen achten
- Stürzen vorbeugen: Treppen oben durch Gittertüren sichern, Abstände der Gitterstäbe überprüfen, Klettermöglichkeiten auf dem Balkon beseitigen

Welche Gefahrensymbole sind wo anzutreffen?

ätzend	bei Grillreiniger, Abflussreiniger, Geschirrspülmaschinenreiniger, WC-Reiniger
giftig (Totenkopf)	bei Pflanzenschutzmittel, Schädlingsbekämpfungsmittel, Ratten-, Mäusegift
leicht entzündlich	bei Fleckentfernungsmittel, Benzin, Imprägnierspray, Brennspiritus
reizend	bei Backofenspray, Holzschutzmittel, Entkalker
Rauchverbot	bei Heizungskeller, Tankstellen, Hausarbeitsraum, Labor

Welche Gefahrensymbole für gefährliche Stoffe sind wichtig?

E

Explosionsgefährlich

C

Ätzend

O

Brandfördernd

F

Leichtentzündlich

F+

Hochentzündlich

Xi

Reizend

Xn

Mindergiftig

T

Giftig

T+

Sehr giftig

! Beim Einkauf von Maschinen und Geräten auf Sicherheits- und Normzeichen achten!
Vorsichtsmaßnahmen bei der Arbeit stets beachten, Unfallgefahren treten unerwartet auf!
Gefahrenquellen erkennen und beseitigen!

Hausapotheke

Was gehört in die Hausapotheke?

Verbandsmaterial
- Verbandwatte
- Verbandzellstoff
- Verbandmull
- Mullbinden verschieden breit(6, 8, 10 cm)
- Wundschnellverbände
- Pflaster, Pflasterstrips
- elastische Binden verschieden breit
- 2 Dreieckstücher
- Brandbinden
- Verbandsklammern
- Sicherheitsnadeln

Heilmittel zur inneren Anwendung
- Schmerzmittel
- Fieberzäpfchen für Kinder
- beruhigende Mittel
- Mittel gegen Durchfall
- Mittel gegen Verstopfung
- Mittel gegen Erkältung/Husten
- Mittel mit ätherischen Ölen für Einreibungen und Inhalationen
- verschiedene Tees

Krankenpflegeartikel
- Fieberthermometer
- Verbandsschere
- Pinzetten
- Mundspatel
- Wattestäbchen
- Fingerlinge
- Augenklappe
- Eisbeutel
- Gummi-Wärmflasche
- Einmalhandschuhe
- Taschenlampe

Heilmittel zur äußeren Anwendung
- Wund- Desinfektionsmittel
- Essigsaure Tonerde für Umschläge und Einreibungen
- Gel für Wunden und Verbrennungen
- Salbe bei Prellungen und Verstauchungen
- Mittel gegen stumpfe (Sport-)Verletzungen

! Hausmittel lindern vorübergehend Unpässlichkeiten, bei länger andauernden Beschwerden ist der Arzt hinzuzuziehen! Medikamente nach ärztlicher Verordnung einnehmen!

Welche Regeln sind für die Aufbewahrung und Kontrolle der Hausapotheke wichtig?

Sie muss
- verschließbar sein, Schlüssel muss im Ernstfall schnell greifbar sein
- für Kinder unzugänglich sein
- an trockenem, kühlen und beleuchtetem Platz stehen
- mit übersichtlicher Inneneinteilung und richtiger Sortierung ausgestattet sein
- Medikamente mit Patientennamen und Einkaufsdatum versehen
- Inhalt laufend aussortieren, mindestens einmal im Jahr Gesamtkontrolle
- Verwendungsfristen bei Medikamenten beachten
- entnommenes Material umgehend ersetzen
- Augentropfen und Antibiotika nach der Behandlung nicht aufbewahren
- Arzneimittel, die nicht mehr gebraucht werden, über die Apotheke entsorgen
- Rufnummern für Notfälle vermerken

! Eine Hausapotheke hilft Gesundheitsproblemen und -gefahren schnell zu begegnen!
Fragen zur Hausapotheke beantworten am besten die Apotheken!

Notfall-Adressen und -Telefonnummern	
Hausarzt	......
Ärztlicher Notdienst	110
Rettungsleitstelle	112
Feuerwehr	112
Polizei	110
Giftnotzentralen in der Regel	19240

Gesund auf Reisen

Was gehört zu den Reisevorbereitungen?

- Checkliste anlegen
- Klima im Reiseland erfragen
- Gesundheitsrisiken erkunden, insbesondere für Infektionen, Impfungen
- Impfpass überprüfen
- Reiseapotheke richten
- eigene Medikamente mitnehmen
- Auslandskrankenversicherung besorgen
- Ansprechpartner für Notfälle erfragen

Was gehört in die Reiseapotheke?

- Verbandszeug: Mullbinden, elastische Binden
- Pflaster, Verbandspäckchen
- Pinzette, Schere, Fieberthermometer
- alle Medikamente, die Sie regelmäßig einnehmen, und zwar in ausreichender Menge

Weitere Mittel für Unpässlichkeiten und Probleme nach Bedarf, dabei das Reiseziel berücksichtigen!

- Mittel gegen Reisekrankheit
- ein Schmerzmittel das Sie kennen
- Mittel zur Bekämpfung von Erkältungskrankheiten
- Mittel gegen Durchfall
- Mittel gegen Verstopfung
- Mittel gegen Magenbeschwerden
- Wundsalbe, Wundgel, Mittel zur Wunddesinfektion
- Mittel gegen stumpfe Verletzungen
- Augentropfen
- Sonnenschutzmittel mit angemessenem Lichtschutzfaktor
- Mittel gegen Juckreiz und Insektenstiche

! Ein Notvorrat an Medikamenten gehört ins Handgepäck!

Warum Reiseimpfungen?

- Bei Fernreisen soll man sich möglichst frühzeitig vor der Reise bei einem Arzt, dem Gesundheitsamt oder einer tropenmedizinischen Beratungsstelle erkundigen
- den allgemeinen Impfschutz überprüfen und ggf. ergänzen
- Schutzimpfungen werden je nach Reiseland/-gebiet erforderlich
- typische Reiseschutzimpfungen erfolgen gegen Gelbfieber, Hepatitis A und B, Typhus, Cholera und Schutzvorkehrungen gegen Malaria
- Last-minute-Reisende erhalten an den Beratungszentren einiger Flughäfen eine Art „Notfallprogramm“
- im Impfpass sind Impfungen registriert

! Generelle Ängste vor Impfungen sind unbegründet – ihr Nutzen überwiegt die selten auftretenden Probleme!

Wie kann man sich auf unbekannte hygienische Bedingungen und Verzehrsgewohnheiten in Reisegebieten einstellen?

- Hygiene ist oberstes Gebot!
- kein Leitungswasser trinken, auch zum Zähneputzen Mineralwasser verwenden

- industriell hergestellte Getränke mit Strohhalm aus Flaschen trinken, Eiswürfeln meiden
- Fleisch, Geflügel, Fisch, Gemüse nur frisch zubereitet und durchgegart verzehren
- nur selbst geschältes Obst essen, ggf. mit Mineralwasser waschen
- auf Speisen aus rohen Eiern verzichten, wie Eis, Cremespeisen, cremige Kuchen
- Rohkostsalate, Mayonnaise, Dressings sind immer riskant
- genügend trinken, um Wasser- und Mineralstoffverluste auszugleichen; am besten Mineralwasser

! Darmerkrankungen und Schmierinfektionen sind die häufigsten Reiseerkrankungen!

www.bzga-reisegesundheit.de;
www.fitfortravel.de

Erste Hilfe

Warum Erste Hilfe?

- Zur Ersten Hilfe ist jeder verpflichtet
- für den Hilfsbedürftigen kann schnelle und überlegte Hilfe lebensrettend sein
- unterlassene Erste Hilfe kann bestraft werden
- Erste Hilfe muss man notfalls auch sich selbst leisten können
- im Haushalt passieren viele Unfälle

Welche Grundregeln gelten für die Erste Hilfe?

- Zuerst dafür sorgen, dass lebensgefährdende Situationen abgestellt werden (z. B. Schlagaderblutung, Erstickungsgefahr)
- dann sofort Arzt und Rettungswagen benachrichtigen
- stabile Seitenlage beim Verletzten herstellen
- schnell, ruhig und überlegt arbeiten

Welche Regeln gelten für die Wundversorgung?

- Wunde nicht berühren
- Schmutz nicht auswischen oder auswaschen
- Wunde keimfrei abdecken
- bei stark blutenden Wunden Druckverband anlegen

Wie werden Verbände angelegt?

- Den Bindenanfang schräg anlegen und durch Darüberwickeln befestigen
- das verletzte Glied möglichst hochlegen (damit es weniger blutet) und zum Herzen hin wickeln
- nicht zu fest (Abschnürung) und nicht zu locker (wegen Verschiebung des Verbandes) wickeln
- das Ende der Binde festmachen(Verbandsklammern, Längsreißen der Binde und schnüren)

Was ist bei Verkehrsunfällen zu beachten?

- Zuerst Unfallstelle absichern
- Verletzte versorgen
- Arzt und Rettungsdienst benachrichtigen

Was ist bei einer Unfallmeldung durchzugeben?

Wo ist etwas geschehen?	Unfallort
Was ist geschehen?	Unfallhergang, Art des Unfalls
Wie viele Verletzte?	Anzahl der Verletzten
Welche Verletzungen?	Beschreibung der Verletzungen
Wer ruft an?	Name des Melders

Was ist bei Vergiftungen zu beachten?

- Ruhe bewahren
- bei Vergiftungen im Magen-Darm-Trakt Flüssigkeit trinken (keine Milch), um Verdünnungseffekt zu erreichen

- bei giftigen Dämpfen für frische Luft sorgen
- Gift-Notzentrale anrufen
- Angaben machen zu Person, Mittel, Menge, Zeit, Erscheinungen

! Nehmen Sie an einem Erste Hilfe-Kurs teil!

Wer führt Erste Hilfe-Kurse durch?
Arbeiter-Samariter Bund, Johanniter-Unfall-Hilfe, Malteser-Hilfsdienst, Rotes Kreuz (unterhalten auch Rettungsdienste).

Giftinformationszentren (2003)	
Berlin	(030) 450-55 und (030) 19240
Bonn	(0228) 19240
Erfurt	(0761) 19240
Freiburg	(0761) 19240
Göttingen	(0551) 19240
Homburg/Saar	(06841) 19240
Mainz	(06131) 19240
München	(089) 19240
Nürnberg	(0911) 398-2451

Häusliche Krankenpflege

Welche Auffälligkeiten können Anzeichen für eine beginnende Krankheit sein?
Appetitlosigkeit, Kopf- und Gliederschmerzen, Schwindel, Ohnmacht, Erbrechen, starkes Nasenbluten, Durchfall, Schüttelfrost, Fieber, lokale Schmerzen.

Welche Ausstattung des Krankenzimmers ist erforderlich?
- *Raum:* Ruhig, warm, gut lüftbar, hell, Fußboden leicht zu reinigen
- *Krankenbett:* hohes Bettgestell, zu verstellen (Höhe, Kopf- und Fußteil), leicht zu reinigen und zu desinfizieren, beidseitig zu begehen, gute Matratze, wasserdichte Auflage, kochbare Bettwäsche, leichte und luftdurchlässige Bettauflage
- *Sanitärausstattung:* angemessene Einrichtung im Zimmer bzw. im nahe gelegenen Bad

Welche Pflegearbeiten sind in der täglichen Krankenpflege zu erbringen?
Fieber messen, Puls zählen, Körperhygiene durchführen, Wäsche wechseln, Bett beziehen, Zimmer lüften und reinigen, ärztliche Anweiungen durchführen, für sorgfältige Medikamenteneinnahme sorgen, Kranken mit Essen und Trinken versorgen, Kranken betreuen (Gespräch, Lesestoff, Ordnung u. a.).

Was soll am Krankenbett für den Arzt beobachtet werden?
Appetit, Schlaf
Körpertemperatur, Puls, Atmung
Urin, Stuhlgang, Erbrechen, Schweiß
Husten, Hautrötungen, Schwellungen
Schmerzen.

Körpertemperaturen	
36,5–37,5 °C	normale Temperatur
37,6–38,0 °C	erhöhte Temperatur
38,0–38,9 °C	Fieber
39,0–40,5 °C	hohes Fieber

Was ist beim Arztbesuch zu beachten?
- Den Kranken auf den Arztbesuch vorbereiten
- dem Arzt die Beobachtungen mitteilen
- Pflegeanweisungen notieren

Welche einfachen Anwendungen können in der häuslichen Krankenpflege übernommen werden?
- Wärme-/Kühlanwendungen durch Thermo-Kompressen, Wärmeflasche, Heizkissen
- Dampfbad, Inhalieren (bei Erkrankungen im Nasen-, Hals- und Rachenraum)

- Umschläge, Wickel
- Verwendung von Heilkräutern als Tees, Auflage oder als Zusatz beim Bad

Wer unterstützt die häusliche Versorgung und Pflege?

- *Pflegedienste der Sozialstationen,* private Pflegedienste/Mobiler Sozialer Dienst bieten stundenweise Hilfe bei der Körperpflege, Haushaltsführung und sonstigen Handreichungen
- *Essen auf Rädern/Menüservice* (i. d. R. über Wohlfahrtsverbände)
  tägliche Lieferung von heißen Mahlzeiten oder auch wöchentliche Lieferung von Tiefkühlkost mit Bereitstellung eines Aufbereitungsgerätes
- *Hausnotruf-Dienst*

Was ist ein Hausnotruf?

Rufbereitschaft rund um die Uhr mit sofortigem Kontakt zu einem Hausnotruf-Dienst. Für ältere, alleinstehende und kranke Menschen besteht mehr Selbstständigkeit und Sicherheit im eigenen Heim. Ohne telefonieren zu müssen, erreicht man per Knopfdruck eine zentrale Leitstelle, die den ärztlichen Notdienst oder eine vorher benannte Kontaktperson benachrichtigt. Ggf. werden regelmäßige Anrufe in einem Stundenrhythmus durchgeführt.

! Fragen zur häuslichen Pflege und Versorgung beantworten Ihnen die Wohlfahrtsverbände, Kranken- und Pflegekassen!

! Nehmen Sie an einem Kurs „Krankenpflege" teil!

Gesundheitsförderung allgemein

„Jeder Mensch hat den Anspruch auf eine Umwelt, die ein höchstmögliches Maß an Gesundheit und Wohlbefinden ermöglicht"

Europäische Charta Umwelt und Gesundheit 1980

„Die Regierungen tragen die Verantwortung für die Gesundheit ihrer Völker, sie können dies nur auf sich nehmen, wenn sie die geeigneten hygienischen und sozialen Vorkehrungen treffen."

Der Staat hat die Aufgabe, die Gesundheit der Bevölkerung zu sichern, dies geschieht durch

- gesetzliche Regelungen zum Schutz der Gesundheit
- vorbeugende Maßnahmen zur Vermeidung, Minderung oder Beseitigung von Risiken
- Bekämpfung von Krankheiten

Welche Bereiche der Umwelt bedürfen heute insbesondere der Vorsorge durch den Staat, u. a. in der Gesetzgebung?

- Klima
- Luft
- Trinkwasser
- Lärm
- UV-Strahlung
- Gefahrenstoffe jeglicher Art (chemische, biologische, pysikalische)
- Hygiene, Lebensmittelhygiene
- Gesundheitssysteme und -einrichtungen
- soziale Versorgungssysteme

Welche Erkrankungen treten heute verstärkt auf, die der Staat in der Vorsorge bedenken muss?

- Zivilisationskrankheiten: Bewegungsmangel, Fettsucht, Rauchen
- Unfälle aller Art: Kinder im Straßenverkehr, Unfälle am Arbeitsplatz, Stürze im Alter
- Alkoholismus, auch am Arbeitsplatz

- bei jungen Menschen: Drogen-, Alkohol-, Tabakkonsum, Reizüberflutung
- bei älteren Menschen: Alterserkrankungen, z. B. Arteriosklerose, Osteoporose, Arthrose, Krebs
- in unterentwickelten Ländern: Infektionskrankheiten, Mangelkrankheiten, Folgen von Krieg und Gewalt, Katastrophen

Welche Gesetze sind im Hygiene- und Gesundheitsbereich wichtig?

Bereich Arbeitssicherheit

Gewerbeordnung
Sie ist Grundlage für alle weiteren Gesetze und Verordnungen und Voraussetzung dafür, dass ein Betrieb mit seinen Arbeitsplätzen und Arbeitsbedingungen gefahrlos und sicher arbeitet.

Arbeitsschutzgesetz
regelt Arbeitssicherheit im Betrieb bei Arbeitsräumen, Betriebsvorrichtungen, Maschinen und Geräten.

Arbeitsstättenverordnung
regelt die allgemeinen Anforderungen, denen Arbeitstätten und Arbeitsplätze hinsichtlich arbeitstechnischer, hygienischer und ergonomischer Kriterien unterliegen.

Arbeitssicherheitsgesetz
enthält u. a. Bestimmungen zum Unfallschutz.

Gerätesicherheitsgesetz
verpflichtet Hersteller und Importeure, nur sichere Geräte in den Verkehr zu bringen.

Gefahrstoffverordnung-Verordnung über gefährliche Stoffe
regelt Transport, Handhabung und Lagerung gefährlicher Stoffe.

Bereich Lebensmittelhygiene

Lebensmittel- und Bedarfsgegenständegesetz
über den Verkehr von Lebensmitteln u. a., insbes. den Verbraucher vor Gesundheitsschädigungen, Täuschungen und Irreführung zu schützen.

Lebensmittelhygiene-Verordnung
regelt die hygienischen Anforderungen an das gewerbsmäßige Herstellen, Behandeln und Inverkehrbringen von Lebensmitteln, mit Ausnahme des Gewinnens von Lebensmitteln (BGBl. 1997 Teil I Nr. 56, vom 8. 8. 1997).

Hygienegesetze und -verordnungen
sind in der Regel produktspezifisch erlassen und behandeln die hygienische Behandlung der LM, wie Fleischhygienegesetz, Geflügelfleischhygienegesetz, Milch-VO, Käse-VO, Hackfleisch-VO, Fruchtsaft-VO u. a.

Bundesseuchengesetz
schreibt u. a. den Nachweis eines Gesundheitszeugnisses von Personen vor (Mitarbeiter in der Küche!), um Übertragungen von Krankheiten entgegenzuwirken.

Bereich Gesundheitsfürsorge

Jugendarbeitsschutzgesetz
schützt Kinder und Jugendliche vor Überforderung, Überbeanspruchung und vor Gefahren am Arbeitsplatz entsprechend ihrem Entwicklungsstand.

Jugendschutzgesetz
schützt Kinder und Jugendliche vor Gefahren und schädlichen Einflüssen in der Öffentlichkeit (Neuregelung 2003):

- Jugendschutz in der Öffentlichkeit (u. a. Aufenthalt in Gaststätten, Tanzveranstaltungen, Spielhallen, an jugendgefährdenden Orten, Abgabe von Alkohol/Tabakwaren)
- Jugendschutz im Bereich der Medien (u. a. Besuch öffentlicher Filmveranstaltungen, Abgabe von Datenträgern mit Filmen und Spielen)

Mutterschutzgesetz
schützt Mutter und Kind während und nach der Schwangerschaft vor gesundheitlichen Schäden und wirtschaftlichen und sozialen Notlagen.

Welche Aufgabe übernehmen die staatlichen Gesundheitsämter?

Der Öffentliche Gesundheitsdienst wird auf der Ebene von Bund, Ländern, Landkreisen und Gemeinden wahrgenommen und dient dem Schutz der Gesundheit der Gesellschaft und des Einzelnen.
Die Organisationsstrukturen sind verschieden, Träger der Aufgaben bei Landkreisen bzw. Kommunen sind die Gesundheitsämter:

Hoheitliche Aufgaben
- Aufsicht über das medizinische Personal
- Amtsärztliche Zeugnisse und Gutachten
- Seuchenbekämpfung
- allgemeine Hygieneüberwachung

Fürsorgliche Aufgaben
- Mütterberatung
- Schulgesundheit
- Behindertenfürsorge
- Fürsorge für Geschlechtskranke
- Tuberkulosenfürsorge
- Fürsorge bei psychischen Erkrankungen
- Fürsorge bei Suchtkrankheiten

Einige Beispiele
- Allgemeine Gesundheitsfürsorge und -erziehung: Gesundheitsaktionen, Mütterberatung, Schwangeren-Vorsorge
- Gesundheitsschutz und Seuchenhygiene: Infektionsschutz, Impfwesen, Impfberatung, Impfaktionen in Schulen
- Jugendgesundheitspflege: Kinder- und jugendärztlicher Dienst, kindliche Vorsorgeuntersuchungen, Schulgesundheitspflege, Jugendzahnpflege, Untersuchungen bei Berufsanfänger
- Sozialmedizinischer Dienst: Beratung und Betreuung für Behinderte, Krebs- und Tuberkulosekranke, HIV-Infizierte
- Amtsärztlicher Dienst und Gutachten: Gutachtertätigkeit, Überwachung der Gesundheitsberufe

Welche Infektionskrankheiten bergen trotz bester Hygiene auch heute noch gesundheitliche Gefahren in sich?

- AIDS, Diphtherie, Gürtelrose, Hepatitis A und B, Keuchhusten, Masern, Mumps, Polio (Kinderlähmung), Röteln, Scharlach, Tuberkulose, Windpocken, Wundstarrkrampf (Tetanus), Virusgrippe (Influenza)
- bei Fernreisen auch Cholera, Gelbfieber, Hepatitis A und B, Malaria, SARS, Typhus

Was sind Impfungen?

Impfungen sind vorbeugende Maßnahmen gegen Infektionskrankheiten, bei welchen abgeschwächte Erreger selbst oder veränderte ungefährliche Bakteriengifte (Antikörper) in den Körper eingebracht werden.

Der Impfstoff regt den Körper an, eigene Antikörper gegen den entsprechenden Erreger zu bilden, um dadurch einen Infektionsschutz aufzubauen.
Es gibt
- Standardimpfungen, die jeder erhalten sollte und mit denen bereits im Säuglingsalter begonnen werden soll (Grundimmunisierung)
- Auffrischungsimpfungen, wenn der Impfschutz nachlässt
- Impfungen in Sonderfällen für Personen, die bestimmten Erregern ausgesetzt sind (berufl. Gründe) oder ausgesetzt waren (z. B. Zecken)
- Impfungen aufgrund von Reisen

Gut zu wissen
- In Deutschland sind Impfungen freiwillig, sie werden allgemein angewandt
- Impfungen zählen zu den verordnungspflichtigen Medikamenten, d. h. sie müssen vom Arzt verordnet werden
- Alle Ärzte führen Impfungen durch, daneben auch die Gesundheitsämter

- Der Arzt führt den Impfpass
- Kosten für alle empfohlenen Impfungen werden in der Regel von den Krankenkassen übernommen
- Impfempfehlungen gibt es für Säuglinge (ab 3. Monat), für Kinder und Jugendliche und für Erwachsene (insbes. Tetanus, Diphtherie, Polio)

Die Ständige Kommission am Robert Koch Institut in Berlin (STIKO) gibt Empfehlungen zu Impfungen und zu Impfstoffen, die regelmäßig überarbeitet und aktualisiert werden.

Was ist ein Impfpass?
Im Impfpass werden alle Impfungen dokumentiert, er gibt einen Überblick über den tatsächlichen Impfschutz, die Gültigkeitsdauer der Impfungen und wird bei Wiederholungs-Impfungen herangezogen. Man sollte ihn stets bei sich führen, um bei Gefahren genaue Informationen zu haben.

! **Jeder Autofahrer sollte einen Tetanus-Impfschutz haben!**

Welche Vorsorgeuntersuchungen zur Früherkennung von Krankheiten werden empfohlen?
- Früherkennungsprogramm für Säuglinge und Kinder
- Schwangerenvorsorge
- Krebsvorsorge
- Zahnvorsorge
- Vorsorgeuntersuchungen aus arbeitsmedizinischer Sicht

Wie kann Arbeit Gesundheit gefährden?
- durch einseitige körperliche Beanspruchungen, z. B. schweres Tragen
- durch Gefahren am Arbeitsplatz, z. B. Unfallgefahren
- durch ständige Arbeitsüberlastung, z. B. Stress mit Folgen, wenig Freizeit

Wie lassen sich Gesundheit und Leistungsfähigkeit erhalten?
- durch gesunde Ernährung: vollwertig und abwechslungsreich, angemessene Energiezufuhr
- durch gute Arbeitsplanung: keine Hetze, gute Arbeitsmotivation, Berücksichtigung von Ermüdung, Schlaf, Freizeit
- durch richtige Arbeitsplatzgestaltung: körpergerechte Haltung, Einsatz arbeitentlastender Einrichtungen, Maschinen und Geräte, gute Beleuchtung, ausreichende Belüftung u. a.
- durch zweckmäßige Kleidung: atmungsaktiv, feuchtigkeitsaufnehmend, waschbar, nicht unfallgefährdend u. a.
- durch angemessene Körperpflege: Sauberkeit schützt vor Infektionskrankheiten, fördert das Wohlbefinden u. a.
- durch genügend Pausen: gegen Ermüdung, Beachtung der Leistungskurve u. a.
- durch ausreichende Bewegung und Freizeit: Ausgleichsfunktion, Entspannung u. a.

Wie kann Umwelt die Gesundheit beeinträchtigen?
(siehe Abschnitt Umweltschutz)

- durch schlechte Trinkwasserqualität: Verunreinigungen durch Abwasser, Nitrate, u. a.
- durch Luftverunreinigungen: Abgase, Smog u. a.
- durch starke Lärmeinwirkung: Straßenverkehr, Fluglärm u. a.
- durch Strahlung: Röntgenstrahlen, UV-Strahlung, radioaktive Strahlung u. a.
- durch sonstige Fremdstoffe: Konservierungsmittel, Reste von Pflanzenschutzmitteln, Ausdünstungen von lösungsmittelhaltigen Stoffen u. a.

Wann kann die Lebensweise die Gesundheit des Einzelnen gefährden?
- bei Alkoholgenuss in größeren Mengen
- bei Rauchen durch Nikotin und Teergehalt
- bei übermäßigem Genuss von Kaffee (Koffein) und Tee (Teein)

- bei Medikamentenmissbrauch, insbesondere bei unkontrollierter Einnahme von Schlaf- und Beruhigungsmitteln, Aufputsch- und Weckmitteln, Appetitzüglern und Abmagerungsmitteln, Abführmitteln
- bei Drogen wie Opiaten (Heroin, Opium) Kokain, synthetisch hergestellte Drogen (Amphetamine, Ecstasy, LSD), Cannabis (Haschisch, Marihuana)

Die Weltgesundheitsorganisation definiert Sucht (WHO 1957)

Sucht ist „ein Zustand periodischer oder chronischer Vergiftung, hervorgerufen durch den wiederholten Gebrauch einer natürlichen oder synthetischen Droge und ist gekennzeichnet durch 4 Kriterien:

- ein unbezwingbares Verlangen zur Einnahme oder Beschaffung des Mittels
- eine Tendenz zur Dosissteigerung
- eine psychische und meist auch physische Abhängigkeit von der Wirkung der Droge
- die Schädlichkeit für den einzelnen und/oder die Gesellschaft."

Wie gehen Sie mit Alkohol um?

- Alkoholische Getränke gehören gesetzlich zu den Lebensmitteln
- „maßvolles" Alkoholtrinken ist für viele Menschen nicht außergewöhnlich
- Jugendliche lernen Alkohol meist früh im Elternhaus kennen
  Keine Gewöhnung aufkommen lassen!
  Vorsicht bei alkoholischen Mischgetränken – Alkopops!
- Alkohol trinken aus Geltungsbedürfnis oder als Stimmungsmacher wirkt nur kurzzeitig
- Alkohol löst keine Probleme
- Alkohol im Straßenverkehr und am Arbeitsplatz kann zur Lebensgefahr werden, nicht nur für sich selbst, sondern auch für andere
- Alkoholkonsum in der Schwangerschaft beeinträchtigt das Ungeborene (Untergewicht, Wachstumsstörungen, Entwicklungsverzögerungen), es kann zu einer Frühgeburt kommen

! Zu viel Alkohol verändert den Menschen, macht ihn krank und abhängig!

Gut zu wissen

Alkoholgehalt in Gramm

- 1 Glas Bier (0,3 l) enthält zwischen 4,2 g (Malzbier) und 14,4 g Alkohol (Export und Pils)
- 1 Glas Wein (0,2 l) enthält zwischen 12,8 g (leichter Weißwein), 19,2 g (Sekt) und Südwein bis 32 g Alkohol
- 1 Glas Schnaps (0,02 l) enthält zwischen 5,1 g (Korn) und 7,8 g Alkohol (Magenbitter). Dazwischen liegen Weinbrand, Whisky u. a.

Was muss man über die Aufnahme von Alkohol ins Blut wissen?

Die Aufnahme von Alkohol ins Blut dauert etwa 30–60 Minuten und ist abhängig von

- dem Füllungszustand des Magens
- der Alkoholkonzentration des Getränkes
- dem Kohlensäuregehalt des Getränkes

Der Körper baut etwa 0,1 g Alkohol pro Stunde und Kilogramm Körpergewicht ab.
Durch Kaffee oder Medikamente wird der Alkoholabbau nicht beschleunigt.

Die Alkoholkonzentration (Promille) kann mit der Formel berechnet werden

$$\frac{\text{getrunkener Alkohol in Gramm}}{\text{Körpergewicht in kg} \times 0{,}7}$$

Krankheiten und Behinderungen, die auf den Alkoholmissbrauch zurückzuführen sind, liegen weltweit um fast das Dreifache über denjenigen durch Tabakkonsum verursachten.

! Alkohol stets mit Augenmaß trinken!

Wie gehen Sie mit dem Rauchen um?

- Bei 20 Zigaretten täglich nimmt ein rauchender Mensch in 20 Jahren 6 kg Rauchstaub auf und pro Jahr eine Tasse Teer
- rauchende Personen sind anfälliger gegen Krankheiten
- Rauchen fördert den Alterungsprozess
- rauchende Mütter neigen eher zu Früh- und Fehlgeburten
- Rauchen in kleinen Räumen – und besonders im Auto – führt schneller zur Ermüdung (erhöht die Konzentration von Kohlenmonoxyd im Blut)
- auch „passives" Rauchen ist schädlich
- Rauchen ist teuer

Gut zu wissen

Die Weltgesundheitsorganisation (WHO) rangierte Rauchen 2002 auf Rang 4 der größten Gesundheitsrisiken!
Der Raucheranteil bei Jugendlichen, besonders bei Mädchen, nimmt deutlich zu. Er hat sich bei den 12–14 Jährigen seit 1995 verdreifacht!
Tabakwaren dürfen nicht an Kinder und Jugendliche unter 16 Jahren abgegeben werden, auch das Rauchen darf ihnen nicht gestattet werden.
Seit April 2003 haben alle Arbeitnehmer ein Recht auf einen rauchfreien Arbeitsplatz!

! Nichtraucher leben gesünder – „FEEL FREE TO SAY NO"!

www.bzgas.de; www.bmgs.bund.de

6

7 Umweltschutz

„Jeder Mensch hat einen Anspruch auf eine Umwelt, die ein höchstmögliches Maß an Gesundheit und Wohlergehen ermöglicht.“
Europäische Charta Umwelt und Gesundheit, 1989

„Umwelt ist die Gesamtheit aller Prozesse und Räume, in denen sich Wechselwirkungen zwischen Natur und Zivilisation abspielen, und umfasst damit alle natürlichen Faktoren, welche von Menschen beeinflusst werden oder diese beeinflussen“ *(Fischer Weltalmanach ’98)*.

Umweltveränderungen können natürliche oder anthropogene Ursachen haben
Die von Menschen verursachten Veränderungen zeichnen sich dabei durch eine – im Vergleich zu natürlichen Prozessen – hohe Geschwindigkeit aus. Sie überfordern in vielen Fällen die Anpassungsfähigkeit und die Reparaturmechanismen der natürlichen Systeme und haben weitreichende Folgen für die Stabilität und die Verfügbarkeit der Lebensgrundlagen.
Einzelne Nationalstaaten können die Probleme kaum lösen, die sich abzeichnenden Folgen einer ökologischen Krise können nur durch völkerrechtlich verbindliche Vereinbarungen aller Staaten gestoppt und eingedämmt werden.

Umweltprobleme haben globalen Charakter!
Das globale Ausmaß vieler Umweltprobleme führte dazu, dass sich die Umweltdiskussion in den 70er Jahren zunehmend auf die internationale Ebene verlagerte. Die Vereinten Nationen bemühen sich seitdem um eine Koordinierung der Aktivitäten. Die internationalen Vereinbarungen beruhen auf freiwilliger Zustimmung und bislang haben nicht immer alle Staaten der Welt die jeweiligen Dokumente unterschrieben.

Internationale Umweltpolitik trifft Vereinbarungen

- *Konferenz für Umwelt und Entwicklung von Rio de Janeiro 1992*
  Leitbild für nachhaltige Entwicklung, als Handbuch für die Umsetzung wird die „Agenda 21“ verabschiedet, Motto: „People, Planet, Prosperity“
- *Klimarahmenkonvention Kyoto 1997*
  In der Klimaschutzpoltik wird eine Wende eingeleitet, konkrete Reduktionsvorgaben und Zeitziele für die Umsetzung werden festgeschrieben (Protokoll von Kyoto)
- *Weltgipfel für nachhaltige Entwicklung in Johannesburg 2002*
  Aktionsplan zum Schutz der Umwelt bei gleichzeitiger Verbesserung der Lebensqualität für Menschen in Armut

Umweltprobleme in Deutschland
In Deutschland leben rund 80 % der Bevölkerung in Städten. Hier konzentrieren sich Güterproduktion, Energie- und Stoffumsätze sowie Verkehr. Hier treten Umweltprobleme besonders deutlich hervor. Die Einbeziehung der Stadtränder und des Umlandes, die Erweiterung der Siedlungsflächen, das Verkehrswachstum und der Rückgang naturnaher Flächen erweitern heute die Umweltbelastungen, so dass zunächst lokale Belastungen zu regionalen und zu globalen Belastungen heranwachsen.

! Für die Bevölkerung in Industrieländern muss die Vermeidung von nachhaltigen Umweltproblemen zwangsläufig zu einem veränderten Wohlstandsmodell führen, das Veränderungen des individuellen Verhaltens einschließt und mutige Entscheidungen der Politik fordert!

! Haushalte haben wesentlichen Anteil bei der Entstehung von Umweltproblemen!

Bei einer Vielzahl von Handlungsbereichen beeinflussen Haushalte als Endkonsumenten die Produktion, nämlich bei Energie, Transport und Verkehr, Abfall, Wasser, Lärm, Hygiene, Einkauf, Wohnen und Einrichten, Garten und Freizeit.
Umweltkonformes Verhalten wird heute dadurch erschwert, dass neue Maßstäbe für den Konsum gelten und die vielfältigen, manchmal widersprüchlichen Informationen über Produkte nicht den Durchblick ermöglichen.
Ein ausgeprägtes Umweltbewusstsein, Mehrfach-Informationen und konkrete Sachkenntnisse sind für umweltgerechte Entscheidungen der Konsumenten erforderlich.

! Global denken und lokal handeln! (Motto der Agenda 21)

Abfall

! Auf dem Weg zu einer nachhaltigen Entwicklung der Umwelt nimmt die Abfallwirtschaft eine Schlüsselrolle ein.

Gut zu wissen
Die Bundesrepublik ist einer der führenden Industriestaaten der Welt und auch einer der größten Rohstoffverbraucher, zugleich aber ein rohstoffarmes Land.
Der sparsame Umgang mit Rohstoffen und die weitgehende Wiederverwendung und Verwertung von Materialien ist deshalb ökologisch sinnvoll und wirtschaftlich notwendig.

Der Abfallberg ist in den 50er Jahren ständig gewachsen, Massenkonsum und „Wegwerfmentalität", die Entwicklung neuer Produkte und Materialien haben Menge und Zusammensetzung des Abfallaufkommens sprunghaft steigen lassen. Ein „neues" Umweltbewusstsein der Menschen und die Bereitschaft Müll zu sortieren und zu trennen hat die Situation wesentlich verändert.
Seit den 90er Jahren geht das Abfallaufkommen zurück, gleichzeitig erhöht sich die Verwertungsquote der Abfälle. Mit dem Jahr 2005 wird die Umsetzung des nächsten Etappenzieles, das einer „Nachhaltigen Abfallwirtschaft", wesentlich vorankommen.

Was ist „Abfall"?

Abfall sind alle beweglichen Sachen, deren sich der Besitzer entledigen will oder entledigen muss.

Was heißt Recycling?

Rückgewinnung von Rohstoffen aus Abfällen, ihre Rückführung in den Stoffkreislauf und die Verarbeitung zu neuen Produkten; geeignet sind Glas, Papier, Kunststoffe, Metalle u. a.

Was heißt „Nachhaltige Abfallwirtschaft"?

Der nachsorgende, konventionelle Umweltschutz der vergangenen drei Jahrzehnte hat die Qualität der Umwelt bedeutend verbessert. Heute stellen sich jedoch aufgrund der Komplexität der Umweltprobleme mit veränderten Wirtschaftsprozessen und verändertem Verbraucherverhalten neue Herausforderungen, die dringend Produkte und Dienstleistungen entlang des gesamten Lebensweges eines Produktes in die Überlegungen einbeziehen müssen.

Die Integrierte Produktpolitik (IPP) ist ein eigenständiger Ansatz dieser Umweltpolitik.
Dies bedeutet
- Produkte werden hinsichtlich ihrer Umweltauswirkungen in allen Lebensphasen – von der Entstehung bis zur Entsorgung – bewertet
- Umweltauswirkungen werden übergreifend über alle Umweltmedien (Luft, Wasser, Boden) und unabhängig von örtlichen und zeitlichen Anfall betrachtet
- Alle Akteure entlang des Lebensweges eines Produktes werden in ein übergreifendes Netzwerk eingebunden, um so zu größtmöglichem Einfluss auf das gesamte Produktsystem zu gelangen. Handlungsfelder sind Kommunikation, Kooperation und Integration, auch Einbeziehung anderer Sektoren des Umweltschutzes

! Der Grundgedanke der nachhaltigen Entwicklung wird für Entscheidungen in allen Handlungsbereichen von Gesellschaft und Politik übernommen, sie schließt die globale Perspektive ausdrücklich mit ein.

(www.ipp-bayern.de, www.uga.de, www.umweltbundesamt.de)

Wie sieht das Konzept einer nachhaltigen Abfallwirtschaft aus?

- Abfälle vermeiden – soweit wie möglich
- Abfälle verwerten – so viel wie möglich
- Abfälle behandeln – so viel wie nötig
- Abfälle ablagern – so wenig und so sicher wie möglich

Abfälle vermeiden
Möglichst wenig Abfälle der Abfallwirtschaft zuführen!

Abfälle verwerten
Nicht vermeidbare Abfälle als „neue" Rohstoffe in den Stoffkreislauf zurückführen oder der Abfallbehandlung zuführen!

Abfälle behandeln
Nicht verwertbare Abfälle so behandeln, dass sie gemeinwohlverträglich (ohne schädliche und nachteilige Folgen für die Umwelt und die menschliche Gesundheit) weiter verwendet (u. a. „neutrale" Schlacke, Schrott, Energie) oder abgelagert werden können.
Verfahren der Abfallbehandlung sind die mechanische A., die chemisch-physikalische A., die biologische A. und die thermische Abfallbehandlung.
Ab dem 1. Juni 2005 können *unbehandelter* Hausmüll und hausmüllähnliche Gewerbeabfälle ohne Abfallbehandlung (Abfallablagerungsverordnung) nicht mehr auf Deponien abgelagert werden (Vermeidung von Emissionen wie schadstoffhaltiges Sickerwasser und stark methanhaltige Abluft).

Abfälle ablagern
Nicht verwertbare Reststoffe (nach dem Kreislaufwirtschafts- und Abfallgesetz 1994) werden auf Deponien abgelagert.
Damit schädliche Stoffe nicht in die Umwelt gelangen, müssen Deponien entsprechend errichtet und betrieben werden. Es gibt nichtgefährliche Abfälle (Siedlungsabfälle) und besonders überwachungsbedürftige Abfälle (Sonderabfälle).

Was bedeutet „nachhaltige Abfallwirtschaft" für den Konsumenten?

- möglichst Abfälle vermeiden
- möglichst viele Rohstoffe in die Kreislaufwirtschaft zurückführen
- Umweltbelastungen entlang des Lebensweges bei Produkten und Dienstleistungen beachten und beim Einkauf berücksichtigen

Wie stellt sich das Abfallaufkommen insgesamt (in Tsd. t) in Deutschland 2001 dar?

Insgesamt	405.062	
Siedlungsabfälle	49.695	12 %
davon		
Haushaltsabfälle	36.240	
sonstige Siedlungsabfälle	13.455	
Abfälle Bergbau	52.251	13 %
Abfälle aus Produktion und Gewerbe	44.426	11 %
Bau und Abbruchabfälle	258.690	64 %

Wie stellt sich das Abfallaufkommen (in Tsd. t) der Haushalte 2001 dar?

Abfallaufkommen in Deutschland 2001 in Tsd. t	*36.240*	
davon		
Hausmüll	17.173	48 %
Sperrmüll	3.021	8 %
Kompostierbare Abfälle aus Biotonne, Garten, Parkabfälle	3.189	9 %
andere getrennt gesammelte Fraktionen	12.815	35 %
davon		
Glas	3.543	28 %
Papier	6.944	54 %
Kunststoffe, Leichtverpack.	1.719	13,5 %
Elektronische Geräte	401	3 %
Sonstiges (Verbunde, Metalle, Text.	208	1,5 %

(Statistisches Bundesamt 07.10.2004 – Umweltdaten Deutschland online 2004)

Haushaltsabfälle kg je Einwohner		
	1999 kg/Einw.	2002 kg/Einw.
Hausmüll u. hausmüllähnl. Gewerbeabfälle		
eingesammelt	209	207
+ Sperrmüll	37	36
zus.	*246*	*243*
kompostierbare Abfälle eingesammelt	195	320*
Haush.abfälle insges.	441	562

* hier treten erstmals die eingezogenen Garten- und Parkabfälle mit 50 kg/Einw. auf.
(Umweltdaten Deutschland online, 11/2004)

Verwertungsquote Haushaltsabfälle	
1999	49 %
2002	59 %

! Die Verwertungsquote ist ein Zeichen dafür, in wieweit die Beseitigung des Mülls einer Wohlstandsgesellschaft sich hin zu einer Quelle für die Beschaffung von Rohstoffen und für die Produktion von Gütern fortentwickelt hat.

Welche Hauptfraktionen verwertbarer Abfälle gibt es im Haushalt?

- Papier, Pappe, Kartonagen
- Glas
- Metalle
- Kunststoffe
- Grüngut
- Bioabfälle

Wie funktionieren die Erfassungssysteme für Hausmüll?

Holsystem
Hausmüllsammlung mit Haushaltstonnen (schwarz, blau, braun, grün, gelb) für Restmüll, Bioabfall, Papier, Metall u. Kunststoffe

- *Gelbe Tonne, gelber Sack*
  Kunststoffe, Metalle, Verbundstoffe
- *Papiertonne*
  Papier, Pappe, Kartonagen
- *Biotonne*
  Küchenabfälle, Gartenabfälle
- *Restmülltonne*
  feste Abfälle aus Haushaltungen
- *Deponiecontainer*
  für Bauschutt
- *Sperrmüllsammlung*
  sperrige Haushaltsgegenstände, die nicht in der Tonne passen

Bringsystem
- Sammelplätze-Sammelbehälter/Iglus für Altglas (grün, weiß, braun): Weißblech, Textilien und Schuhe
- Annahmestellen für Problemmüll wie Batterien, Farben und Lacke, Medikamente, Schädlingsbekämpfungsmittel, Kühlschränke, Asbest, Altöle
- Wertstoffhöfe und Containerinseln – für kleine Mengen von unterschiedlichem Müll und für Grünschnitt

(Das Abfallsystem ist regional unterschiedlich organisiert)

Was versteht man unter „Duales System Deutschland“ (DSD 1991)?

Ein von Handel und Entsorgungsbetrieben gemeinsam betriebenes System zur Sammlung, Sortierung und Verwertung von Verkaufsverpackungen, seit 1993 flächendeckend eingerichtet.

Was ist der „Grüne Punkt“?

= eine vom DSD vergebene Markierung auf Verkaufspackungen, die gesammelt und der Verwertung zugeführt werden sollen.
Um die Kosten des Systems zu decken, entrichtet der Handel für jeden Grünen Punkt, den er vertreibt, eine Gebühr, die über den Preis der verpackten Ware auf die Verbraucher abgewälzt wird.

Wie werden einzelne Haushaltsabfälle ordnungsgemäß beseitigt?

Batterien, Akkus	Rückgabe im Handel, Problemmüll
Chemikalien, Gifte	Problemmüll
CDs	Wertstoffhöfe
Desinfektionsmittel	Problemmüll
Disketten, Druckerpatronen	Wertstoffhöfe (Grüne Umweltbox)
Dosen, Weißblech	Gelber Sack, Weißblechiglu
Glas, Flaschen, Glasbehälter	Glasiglu
Grünschnitt	Biotonne, Annahme Grünschnitt
Insektenbekämpfungs-, Pflanzenschutzmittel	Problemmüll
Farben, Lacke	Problemmüll
Haushaltsmaschinen/-gegenstände	Sperrmüll
Holzschutzmittel	Problemmüll
Küchen- und Gartenabfälle	Kompost, Bio-Tonne
Kühl-, Gefriergeräte	Wertstoffhöfe
Kunststoffe, Verpackungen	Wertstofftonne, gelber Sack
Leuchtstoffröhren	Problemmüll
Medikamente	Apotheken, Problemmüll
Metalle	Schrotthändler, Sperrmüll
Öl, ölhaltige + lösungsmittelhaltige Abfälle	Rückgabe bei Neukauf, Problemmüll
Reifen	Rückgabe Händler, Mülldeponie
Spraydosen	Problemmüll
Videokassetten	Restmülltonne

Was versteht man unter Ökobilanz?

Eine Ökobilanz ist das Umweltprotokoll des gesamten Lebensweges eines Produktes, von der Rohstoffgewinnung über Produktion und Gebrauch bis zur Beseitigung.

Ebenso erfasst werden Umwelteffekte der Vorprodukte, die Verwertung der Reststoffe, die Umweltbelastung durch Ablagerung der Abfälle auf Deponien oder ihre Verbrennung.

! Ökobilanzen ermöglichen einen Vergleich unterschiedlicher Produkte bezüglich ihrer Umweltqualität!

Verpackungen in der Diskussion – warum?

Verpackungen gehören zum täglichen Leben, es gibt eine Menge Verkaufsverpackungen, Transportverpackungen, Umverpackungen. Dem Anstieg der Verpackungsmengen wird seit Jahren entgegen gearbeitet, jetzt stehen die verwendeten Rohstoffe und die Wiederverwendung der Materialien in der Diskussion.

Die Verpackungsverordnung aus 1991 hat sich als wirksames Instrument der Regulierung im Sinne der Kreislaufwirtschaft und der Produktverantwortung erwiesen. Dennoch ergeben sich immer wieder neue Fragestellungen.

Die Verpackungsverordnung (1991 beschlossen, Novellierung 1998, eingegangen ist die EU-Richtlinie über Verpackungen 1994)

- Es sind nur Verpackungen erlaubt, die wieder verwendet oder wiederverwertet (recycled) werden können
- EU-weit wird ein freiwilliges Kennzeichnungssystem für V.-Materialien eingeführt
- Transportverpackungen muss der Erzeuger oder Vertreiber zurücknehmen und verwerten
- Verkaufsverpackungen darf der Käufer im Laden zurücklassen (z. B. Kartons, Tüten), der Handel muss sie zurücknehmen, wenn Abfallstoffe (Wertstoffe) nicht flächendeckend durch das Duale System erfasst werden
- Verpackungen aus biologisch abbaubaren Kunststoffen sind von der Rücknahme befreit, damit sie der Kompostierung zugeführt werden können
- Bier-, Mineralwasserflaschen u. a. sind von der Rücknahmepflicht ausgeschlossen, solange der Anteil der Pfandflaschen über 72% liegt*
- auch andere Sammler und Verwerter als das Duale System haben eine Wettbewerbchance

Die Verpackungs-Problematik

Der jährliche Verpackungsverbrauch ging zwischen 1991 und 1996 zurück. Von 1997 bis 2000 ist er wieder angestiegen, um wieder etwas zurückzugehen und in 2002 erneut anzusteigen.
2003: Da die Mehrwegquote bei den Verpackungen mehrmals überschritten wurde, soll ein Pflichtpfand eingeführt werden.
Der Absatz von Getränken in pfandpflichtigen Dosen geht daraufhin zurück, der in Mehrwegflaschen verkaufte Anteil stieg.
Die sog. Insellösung im Discounthandel führte dazu, dass Bierdosen und Standard-Einwegflaschen durch eigene PET Flaschen ersetzt.

* Die vorgeschriebene Mindestquote für die Rücknahme in Höhe von 72 % für Mehrweg-Getränkeverpackungen wird seit 1997 unterschritten (= 64 %).

Ende *2004:* das Zwangspfand für Getränkedosen sowie andere Einwegverpackungen – wie Glas- und Plastikflaschen – wird neu geregelt.

Was sagt die Fortschreibung der Verpackungsverordnung aus 2004 aus?

Ab Frühjahr 2005 beträgt das Dosenpfand einheitlich 25 Cent und gilt bei Bier, Wasser und Cola und anderen Erfrischungsgetränken mit Kohlensäure.
Die Abhängigkeit von der Mehrwegquote wird abgeschafft, damit bleiben Fruchtsäfte, Wein und Milch pfandfrei. Pfandfrei bleiben auch Einwegverpackungen, die ähnlich umweltfreundlich eingestuft sind.

Ab Frühjahr 2006 werden auch Erfrischungsgetränke ohne Kohlensäure wie Eistee und Energydrinks sowie Alcopops pfandpflichtig. Die „Insellösungen“ werden abgeschafft, das bedeutet eine allgemeine Rücknahmepflicht. Wer selbst Getränke in Dosen, Glas- und Plastikflaschen verkauft, muss auch entsprechende Verpackungen anderer Hersteller zurücknehmen.

Trends beim Aufkommen von Verpackungsabfällen

- *Papier-, Kunststoff- und Holzverpackungen haben deutlich zugenommen* (mehr bei Wellpappe, Karton, Vollpappe sowie Holz – Transportverpackungen, Einweg- und Kunststoffflaschen)
- *Glasverpackungen sind nachhaltig zurückgegangen* (weniger Einsatzgewichte, verdrängt durch Dosen, Getränkekartons, Kunststoffflaschen)

Das Umweltbundesamt sagt in seiner Ökobilanz 2002

- Mehrwegflaschen sind nach wie vor die umweltfreundlichsten V. für Getränke
- es folgen Getränkekartons, Einwegflaschen aus Kunststoff PET
- Glas und Dosen aus Weißblech oder Aluminium sind umweltschädlich, auch dann, wenn sie weitgehend wiederverwertet werden

Einwegpfand	Kein Pfand	
für	für	für
– Einwegverpackungen aus Metall (Dosen), Plastik, Glas	– ökologisch vorteilhafte Einwegverpackungen	– Milch
– Mineralwasser	– Getränkekartons (Tetrapack)	– Wein
– Erfrischungsgetränke	– Schlauchbeutel	– Spirituosen
– Bier	– Folien-Standbodenbeutel	– Fruchtsäfte
– Alcopops		
– Tee		

2002 wurden 76,7 kg pro Kopf an Verpackungen über Gelbe Tonnen/Gelbe Säcke eingesammelt. (2001: 76,6 kg)
84 % davon wurden tatsächlich wieder verwertet.

(Jahrbuch Aktuell 2004)

Wie sind die Recyclinganteile bei Verpackungen 2002 (Recyclingquote)?

Glas	85,0 %
Kunststoff	51,2 %
Weißblech	77,3 %
Getränkekarton	65,5 %
Papier und Karton	89,0 %
Aluminium	71,3 %
Verpackung insges.	80,4 %

(Gesellschaft für Verpackungsforschung 2003, Harenberg Aktuell 2005)

Wie verhalten sich Haushalte abfallbewusst? Es gibt viel zu tun!

- Beim Einkauf an den Abfall denken!
- Stoffbeutel und Korb beim Einkauf benutzen
- „lose“ Waren kaufen
- bevorzugt abfallarme und umweltverträgliche Produkte auswählen, auf Verpackungen weitgehend verzichten
- Verpackungen aus Materialgemischen, Aluminium, Kunststoffen meiden, ebenso unnötige Verpackungen, Luxus- und Mogelpackungen
- Großpackungen kleineren Packungen und Portionspackungen vorziehen
- Nachfüllpackungen und Konzentrate kaufen, z. B. bei Wasch- und Reinigungsmitteln
- Mehrwegverpackungen den Vorzug gegenüber Einwegverpackungen geben
- Einwegprodukte meiden, z. B. Einweggeschirr und -bestecke, Einmalbackformen, Einwegbehälter

- langlebige und reparaturfreundliche Produkte bevorzugen
- Papiererzeugnisse aus Recycling-Papier bevorzugt verwenden
- Kleinteile, z. B. Schreib- und Kurzwaren, ohne Umpackung kaufen
- Statt in Folien in Papier verpacken, Lebensmittel in verschließbare Gefäße geben und mit Deckel/Teller abdecken
- Obst und Gemüse der Saison lose kaufen!
- Waren mit Umweltzeichen beachten
- Küchen- und Gartenabfälle kompostieren
- Mengen an Farben und Lacken vor dem Einkauf berechnen, damit keine Reste anfallen
- umweltgefährdende Stoffe möglichst vermeiden, ggf. als Problemmüll beseitigen
- Abfälle sofort getrennt sammeln und der Wiederverwendung zuführen

**! Abfall weitgehend vermeiden!
Abfall getrennt sammeln und ordnungsgemäß entsorgen!
Bioabfall aus Haus und Garten kompostieren!
Umweltqualität von Produkten und Dienstleistungen berücksichtigen!**

www.blauer-engel.de; www.umweltbundesamt.de; www.agvu.de; www.abfallforum.de

Energie

! Ständig verfügbare Energie ist heute eine Selbstverständlichkeit. Aber die Energievorräte, die wir uns heute zu Nutzen machen, stehen nicht unbegrenzt zur Verfügung. Grund genug, sparsam damit umzugehen!

Nicht zu übersehen ist, dass mit der Nutzung der Energie häufig Eingriffe in den Naturhaushalt stattfinden und negative Auswirkungen auf das Klima nicht zu vermeiden sind.

Unser Energiebedarf kann von verschiedenen Energiepotenzialen gedeckt werden:

- den fossilen und nuklearen Primärenergieträgern, die nicht erneuerbar sind und deren Nutzung mit Umweltproblemen einhergehen, und
- den regenerativen Energieträgern, die nahezu unerschöpflich sind

Gut zu wissen

Die Bedürfnisse des Menschen wie Essen, Kleiden, Wohnen oder Reisen sind immer mit dem Einsatz von Energie verbunden.
Durch das rasche Wachstum der Weltbevölkerung wird der weltweite Primärenergieverbrauch steigen.

Wichtigster Energieträger bleibt das Erdöl mit etwa 40 %, wachsen wird der Anteil des Erdgases.

Was sind Primärenergieträger?

Alle natürlich vorkommenden Energieträger, aus denen direkt Energie gewonnen wird.
Dazu gehören:

- fossile Energieträger wie Kohle, Erdöl, Erdgas, Holz
- Kernenergieträger wie Uran
- regenerative Energieträger wie Wasser- und Windkraft, Gezeitenkraft, Sonnenenergie, Erdwärme, Biomasse

Was sind Sekundärenergieträger?

Alle Energieträger, die als Ergebnis eines Umwandlungsprozesses aus Primärenergieträgern entstehen (z. B. in Raffinerien oder Kraftwerken).
Dazu gehören:

- Kohleprodukte wie Koks, Briketts
- Mineralölprodukte wie Benzin, Heizöl
- Gasprodukte wie Stadtgas, Raffineriegas
- sonstige wie Strom und Fernwärme

Was versteht man unter End-Energie?

Sie ist die Energie, die vom Endverbraucher eingesetzt wird. Dazu gehören in der Regel die meis-

Energiefluss in Deutschland
(Zahlen abgerundet)

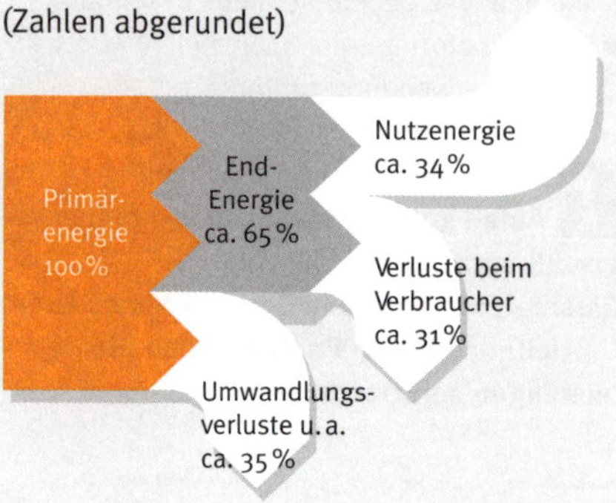

Primärenergieverbrauch nach Sektoren (2002)

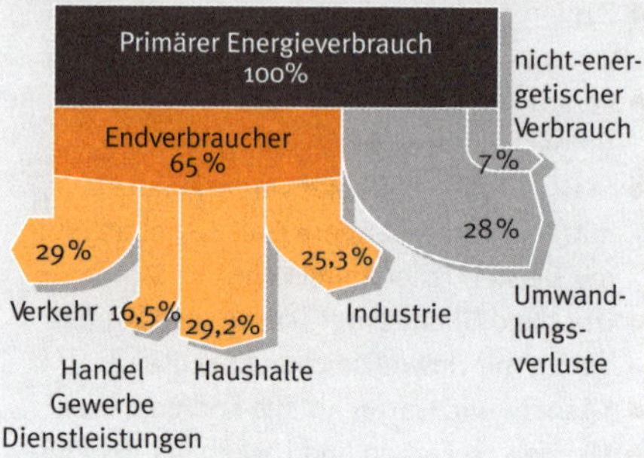

(Quelle: AG Energiebilanzen 8/2003)

ten Sekundärenergien wie Kohle-, Mineralöl-, Gasprodukte und auch direkt nutzbare Primärenergien wie Steinkohle, Erdgas, Sonnenenergie.

Was versteht man unter Nutzenergie?

Sie ist die Energie, die nach Umwandlungs- und Nutzungsverlusten tatsächlich beim Endverbraucher zur Verfügung steht, wie Licht, Wärme, Kraft.

Wie verläuft der Weg von der Primär- zur Nutzenergie?

Durch Umwandlungs- und Transportverluste geht ein beträchtlicher Anteil an Energie verloren!
In anbetracht der Knappheit an Energierohstoffen, den hohen Zuwachsraten beim Energieverbrauch und den Umweltbelastungen bei der Nutzung der herkömmlichen Energiequellen ist eine effiziente Nutzung der Energie angezeigt. Der Einsatz regenerativer (erneuerbaren) Energieträgern ist nicht – oder noch nicht – in der Lage, die Probleme der Energieerzeugung und -nutzung zu lösen, ohne jegliche Umweltbeeinträchtigungen geht es auch hier nicht.

Wie sieht der Primärenergieverbrauch in Deutschland aus?

Der Primärenergieverbrauch nahm in Deutschland 2002–2003 um 0,1% zu, im Vorjahr war noch ein leichter Verbrauchsanstieg zu verzeichnen. Insgesamt schwankt der Energieverbrauch seit den 90-er Jahren in relativ engem Rahmen, wobei die Witterung und eine schwache konjunkturelle Entwicklung die entscheidende Rolle spielen.

Veränderungen bei den Anteilen der Energieträgern 2002 gegenüber 2003	
Mineralölverbrauch	– 2,5%
Erdgas	– 3,6%
Steinkohle	+ 4,2%
Braunkohle	– 1,2%
Kernenergie	+ 0,2%
Wasserkraft	– 6,0%
Windkraft	+ 19,9%

(Fischer Weltalmanach 2005)

Energieträger in Deutschland – Anteile am Primärenergieverbrauch 2003

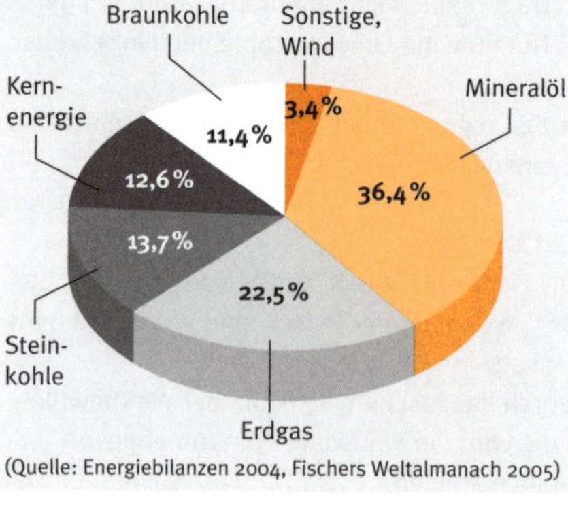

(Quelle: Energiebilanzen 2004, Fischers Weltalmanach 2005)

Veränderungen beim Endenergieverbrauch 1990–2002			
	1990	2002	
private Haushalte	25,1 %	29,2 %	**+ 4,1 %**
Verkehr	25,1 %	29,0 %	**+ 3,9 %**
Industrie	33 %	25,3 %	**– 7,7 %**

(Umweltdaten Deutschland online 2004)

Der Pro-Kopf-Verbrauch an Energie in Deutschland liegt im Vergleich mit dem Weltdurchschnitt sehr hoch, doch wird die End-Energie in Deutschland besonders effizient genutzt, verglichen mit globalen Maßstäben.
Deutschland gehört zu den Industrieländern mit hohem Energieverbrauch (weltweit 5. größter Energieverbraucher).

Wo wird Energie in privaten Haushalten genutzt?

(mehrjähriger Durchschnitt)

Raumheizung	52 %
Auto	31 %
Warmwasserbereitung	8 %
Hausgeräte	6 %
Information/Kommunikation	2 %
Beleuchtung	1 %

(Fischer Weltalmanach 2005)

! **Etwa 52 % der im Haushalt verbrauchten Energie wird zum Heizen benötigt.**

Welche Energieträger werden in der Raumheizung eingesetzt?

Erdgas	44 %
Heizöl	31 %
Kohle	7 %
Fernwärme	14 %
Strom	4 %

(Fischer Weltalmanach 2005)

Welche Energieträger werden 2003 bei der Stromerzeugung eingesetzt?

Kernenergie	27,6 %
Braunkohle	26,6 %
Steinkohle	24,5 %
Erdgas+ sonstige	9,6 %
Wasserkraft	4,2 %
Sonne, Biomasse, Müll	3,7 %
Wind	3,2 %
Mineralöl	0,6 %

(ET 2004, Fischers Almanach 2005)

Energieprognosen für Deutschland erwarten für die nächsten Jahre nur noch geringe Verbrauchszuwächse, eher -rückgänge. Vorausschätzungen für den künftigen Einsatz der einzelnen Energieträger sind weitaus aktueller, jedoch gibt es bis heute keinen Konsens einer künftigen Energiepolitik (Anteile der Stein- und Braunkohle, Erdgas, Erdöl, Kernkraftwerke).
Über den Anteil erneuerbarer Energien bestehen optimistische Schätzungen, er liegt heute bei 2,9 % der gesamten Energieerzeugung. Ziel der Bundesregierung ist es, diesen Anteil bis 2010 zu verdoppeln, bei realistischer Betrachtung wird er nicht über 7 % hinausgehen.

Bereits heute nimmt Deutschland im globalen Vergleich eine herausragende Position im Bereich der Technik zur Nutzung der regenerativen Energieträger ein.
(Umweltdaten Deutschland online 2004)

Einfluss auf die Energienutzung werden die wirtschaftliche Entwicklung, fortbestehende Umweltbelastungen, die Bereitstellung öffentlicher Subventionen für die Energiewirtschaft und auch die Liberalisierung der Energiemärkte nehmen.

Stromerzeugung aus erneuerbaren Energien in Deutschland – 2003		
in Mrd. kWh		
Sonne	0,3	0,6 %
Biomasse und Biomüll	5,3	11,8 %
Wind	19,2	42,6 %
Wasserkraft	20,2	44,9 %
insges.	45,0	100 %

(Fischer Weltalmanach 2005)

! Trends einer zukünftigen Energiewirtschaft sind:

- **Energieeinsparung bei Verbrauch und Produktion**
- **Energieträger-Mix aus erneuerbaren und fossilen Energieträgern, der die Nutzung letzterer einschränkt und zur Reduktion der CO_2-Emissionen beiträgt**
- **Einführung moderner Technologien für erneuerbare Energieträger mit öffentlichen Subventionen**
- **Ein neues Verständnis von Wohlstand, das angesichts des Klimaschutzes auch individuellen Verzicht bedeutet!**

Wie sieht die Energienutzung weltweit aus?

Erzeugung und Verbrauch an Energie hängen natürlich von der Zahl der Menschen auf der Erde und deren Zunahme ab. Mehr Menschen bedeuten tendenziell höhere Ansprüche an die Nutzung natürlicher Ressourcen und eine höhere Belastung der ökologischen Systeme.
Entscheidend für den Energieverbrauch ist jedoch in erster Linie die Wirtschaftsentwicklung und der Lebensstandard in den großen Industrieländern.
Der Energieverbrauch pro Einwohner in Industrie- und Entwicklungsländern unterscheidet sich extrem voneinander, enorme Unterschiede gibt es auch aufgrund wirtschaftlicher und technischer Entwicklungen der Staaten selbst.
Eine Entkoppelung von Wirtschaftsentwicklung einerseits und Ressourcenverbrauch und Umweltbelastung anderseits und vor allem Instrumente zur Abstimmung bzw. Steuerung der globalen Prozesse werden gefordert.

Der Weltverbrauch von Energie stieg

- 1970–1980 um 29,4 %
- 1980–1990 um 26,4 %
- 1990–2000 um 11,2 %

Der Verbrauchsanstieg hat sich also stark verlangsamt, sei es aufgrund eines sparsamen Umgangs mit Energie oder der schwachen wirtschaftlichen Konjunkturentwicklung.
(Fischer Weltalmanach 2005)

Einsatz von Energieträgern für den Welt-Energieverbrauch 2000	
Erdöl	35,5 %
Stein-/Braunkohle	26,5 %
Erdgas/Stadtgas	26,9 %
Kernenergie	7,8 %
Wasser-, Windkraft, Sonstige	3,3 %

(Fischer Weltalmanach 2005)

Wie wird der globale Einsatz von Energie in Zukunft aussehen?

Die internationale Energie-Agentur erwartet, dass der Weltenergiebedarf voraussichtlich noch auf Jahrzehnte hin ganz überwiegend von fossilen Energieträgern gedeckt wird.
Sie rechnet auch aufgrund des wachsenden Energiebedarfs mit einem Anstieg der globalen CO_2-Emissionen um weitere 36 % bis 2010 und bis 2030 gar um 70 %. Zweidrittel dieses Zuwachses werden in den Entwicklungsländern erwartet.
Die Pro-Kopf-Emissionen bleiben dort dennoch deutlich unter denen der Industriestaaten.
Bisher steht einer verstärkten Nutzung erneuerbarer Energien entgegen, dass

- die reichlichen Angebote der fossilen Energierohstoffe zunächst billig sind (die Neuentdeckungen übersteigen den Abbau)
- der technische und finanzielle Aufwand in ungünstigem Verhältnis zum Ertrag stehen

(Fischer Weltalmanach 2005)

Der globale Klimaschutz erfordert dennoch eine Reduktion der Verbrennung fossiler Brennstoffe. Als derzeit wirtschaftlichste Maßnahme ist die Einsparung beim Energieverbrauch zu sehen. Mittel- und langfristig wird der Übergang zu erneuerbaren Energien notwendig.

Die *Internationale Konferenz für erneuerbare Energien* (Renewables 2004, Bonn), zu der 154 Staaten Delegierte entsandt hatten, verpflichtet in einem Aktionsprogramm Regierungen und internationale Organisationen zu einer verstärkten Förderung der Nutzung von Sonnenenergie, Wind- und Wasserkraft, Erdwärme und Biomasse mit dem Ziel der Bekämpfung von Armut, dem globalen Klimaschutz und der Energiesicherheit.

Wo kann Energie in Haushalten eingespart werden?

Bereiche

Heizung und Warmwasser, Haustechnik, Beleuchtung, Kochen, PKW-Benutzung, Verminderung von Abfall/Recycling von Rohstoffen

bei Heizung und Warmwasser

- Heizungsanlagen mit energiesparender und emissionsarmer Heiztechnik einsetzen; Geräte, die älter als 10 Jahre sind, überprüfen
- Heizkörper mit Thermostatventilen ausrüsten und regelmäßig entlüften
- Heizkessel jährlich vor Beginn der Heizperiode reinigen und warten
- Raumtemperatur der Zimmer nach Nutzung einstellen
- Raumtemperaturen nachts absenken
- Speicherwärme ausnutzen
- auf Vorhänge und Heizkörperverkleidungen verzichten
- Rolladen und Klappladen nachts schließen
- Solarkollektoren zur Erwärmung des Gebrauchswassers einsetzen
- mit Wärmepumpen Abwärme und Umgebungswärme nutzen.
- Duschen statt baden (ein Vollbad kostet 3 x soviel Energie wie 6 Min. duschen!)

dabei an die Wärmedämmung denken

- zusätzliche Wärmedämmung bei Außenwänden, Decken und Dächern durchführen
- Fenster und Außentüren abdichten
- Heizkörpernischen isolieren (Reflexionsplatte, Folien)
- Isolierglasfenster mit niedrigen Wärmeverlusten überall einsetzen
- kurz und kräftig lüften (nicht länger als 10 Min.)

Zweckmäßige Raumtemperaturen	
Wohnzimmer	21 °C
Kinderzimmer	20 °C
Esszimmer	20 °C
Küche	18 °C
Schlafzimmer	16 °C
Bad	23 °C
Diele	15 °C
Garage	unbeheizt

1 °C weniger Raumtemperatur spart ca. 6 % Heizkosten!

7

bei Maschinen und Geräten

- Langlebige und reparaturfreundliche Produkte kaufen
- alte Maschinen und Geräte durch neue energiesparende ersetzen
- beim Kauf von Maschinen und Geräten auf „Energieetikett" achten
- Waschmaschine, Trockner, Geschirrspüler immer voll beladen
- Spartasten bei Wasch- und Spülmaschinen benutzen
- 60°-Waschprogramme ersparen im Vergleich zu 90°-Waschprogrammen Energie (bis zu 30 %)

Effizientere Elektrogeräte in Privathaushalten könnten wesentlich zur Reduzierung der Treibhausgase beitragen und dabei die Verbrauchskosten senken!

bei der Beleuchtung

- unnötige Beleuchtung ausschalten
- Energiesparlampen verwenden ($^1/_5$ der Energie gegenüber herkömmlichen Glühbirnen wird eingespart)
- Leerlaufverluste (Stand-by-Schaltung) an Fernsehgeräten, Stereoanlagen, Computern etc. vermeiden, Geräte ausschalten (etwa 11 % des Stroms von Privathaushalten beruhen auf Stand-by-Betrieb von Geräten!)

beim Kochen

- Kühlschrank nicht neben Herd oder Heizung aufstellen
- Lüftungsgitter der Kühlaggregate müssen frei sein
- Kühlschrank und Gefriergerät nicht unnötig und nicht lange öffnen
- Gefriergeräte regelmäßig abtauen (Reifschicht von 2 mm erhöht den Verbrauch um 15 %)
- Lebensmittel abgedeckt in den Kühlschrank stellen
- Größe von Kochtopf und Herdplatte übereinstimmen
- Töpfe mit plan geschliffenem Boden einsetzen
- Thermostat- und Ankochautomatik nutzen
- Topfdeckel geschlossen halten
- bei langen Garzeiten Schnellkochtopf benutzen
- Restwärme der Herdplatten nutzen
- Aufwärmen kleiner Mengen mit Mikrowellengerät
- Backofen nicht in jedem Fall vorheizen

Welche Umweltzeichen sind zu beachten?

Umweltzeichen Blauer Engel

- Kennzeichen für Produkte und Dienstleistungen, die im Vergleich zu anderen gleichen Nutzens umweltverträglicher sind
- seit 25 Jahren wird Umweltzeichen vergeben
- heute für Produkte aus den Bereichen Büro und Home Office, Renovieren und Bauen, Wohnen, Haushalt, Einrichten, Mobilität, Garten, Sonstige

Euro-Blume

Die Europäische Union verleiht die „Euro-Blume für Produkte, die in ihrer Gesamtheit umweltverträglich sind, u. a. Produktion, Verteilung, Verwendung und Entsorgung.

Energieetiketten

Kennzeichnungspflicht für Haushaltsgeräte nach einheitlichen EU-Richtlinien, sie informieren über den Energieverbrauch. (siehe Haushaltstechnik)

PR-Kampagne fürs richtige Waschen

Eine europaweite Kampagne „washright.com" von 180 Waschmittel-Herstellern will auf der Grundlage einer Ökobilanz die Umweltwirkungen von Waschmitteln deutlich senken. Sie richtet sich an private Haushalte und befasst sich mit Energieverbrauch, Waschmittelverbrauch, Verpackungsmaterial, Einsatz biologisch schwer abbaubarer Substanzen.

! Neues Verständnis gegenüber dem Verbrauch von Energie entwickeln! Energiesparen nützt der Umwelt, schont Ressourcen und bereichert den Geldbeutel!

www.umweltbundesamt.de; www.destatis.de; www.blauer-engel.de; www.dialog-nachhaltigkeit.de

Luft/Klima

Globale Erwärmung, Smog, zusätzlicher Treibhauseffekt, Ozonloch, Waldschäden sind Schlagworte, bei denen jeder aufhorcht und über Klimawandel nachdenkt. Die Häufigkeiten der Naturkatastrophen hat sich in den letzten Jahren verdoppelt und man vermutet, dass die meisten Katastrophen – mit Ausnahme der Erdbeben – wetterbedingt sind.

Gut zu wissen
Die Atmosphäre umgibt die Erde als gasförmige Hülle. Sie bildet gemeinsam mit den verschiedenen Oberflächen der Erde (Ozeane, vegetationsbestandene Landmassen und Eisflächen) das Klimasystem.
Die Biosphäre mit Pflanzen- und Tierarten ist durch die Stabilisierung des Naturhaushaltes und die Lieferung von Nahrungsmittel die weitere Grundlage für die menschliche Existenz. Zwischen beiden bestehen komplexe Wechselbeziehungen, Veränderungen in der Atmosphäre haben Folgen für die Natur und umgekehrt.

Wie entsteht Klima?
Klima entsteht durch hoch komplizierte Prozesse in der Atmosphäre im Wechselspiel mit den Sphären der Erde. Dabei ist die Energie der Sonne ganz wesentlich, ihre Strahlen erwärmen die Erdoberfläche und die Erdatmosphäre.

Einfluss auf das Klima nehmen insbesondere die in der untersten Schicht der Atmosphäre gebundenen Gase:
- 78 % Stickstoff
- 21 % Sauerstoff
- Spurengase

Neben Wasserdampf (H_2O) und Kohlendioxid (CO_2) sind die Spurengase Ozon (O_3), Distickstoffoxid (Lachgas N_2O), Methan (CH_4) besonders klimawirksam, obwohl sie nur in sehr geringen Konzentrationen vorkommen.

7

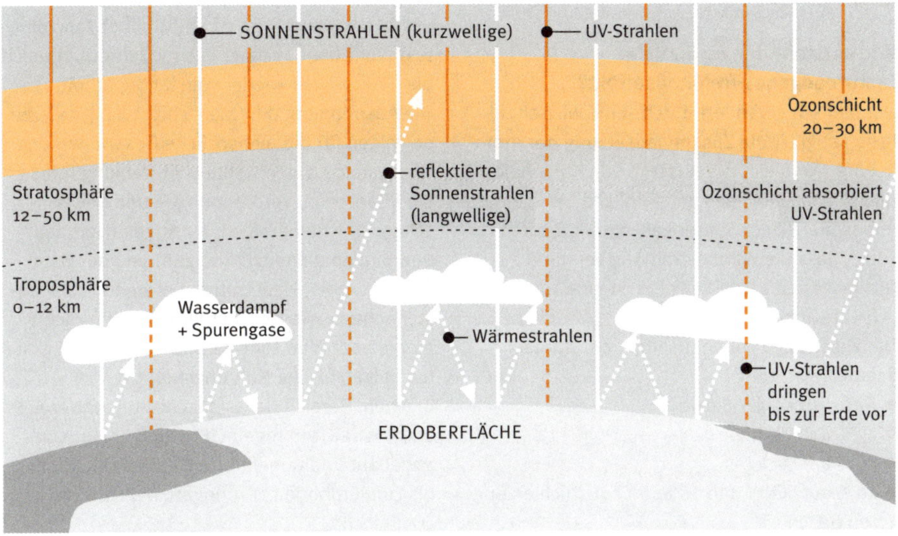

Wie entsteht der „natürliche Treibhauseffekt"?
Die Sonne schickt ihre Strahlen zur Erde, ein großer Teil davon gelangt fast vollständig bis zur Erdoberfläche, da die atmosphärischen Spurengase die Sonnenstrahlen passieren lassen. Dort wird diese Strahlung in Infrarotstrahlung umgesetzt, also in Wärme umgewandelt und reflektiert. Ein gewisser Teil dieser reflektierten Wärmstrahlung dringt dann durch die Lufthülle der Erde wieder in den Weltraum, ein bestimmter Teil wird von Wasserdampf und atmosphärische Spurengase reflektiert und wieder zur Erdoberfläche zurückgeworfen.
Das Ergebnis ist der „natürliche Treibhauseffekt", der für die Temperaturen auf der Erde verantwortlich ist. Ohne diesen Effekt würde die durchschnittliche Temperatur der Erdoberfläche von +15 °C auf −18 °C absinken.
Sowohl die atmosphärische Konzentration der Treibhausgase als auch die globale Mitteltemperatur unterliegen natürlichen Schwankungen, heute werden sie jedoch zunehmend mehr durch den Einfluss menschlicher Aktivitäten überlagert.

! Ohne den natürlichen Treibhauseffekt wäre kein Leben auf der Erde möglich!

Wie entsteht der zusätzliche (anthropogene) Treibhauseffekt?
Der Mensch verändert durch seine wirtschaftliche Tätigkeit die Zusammensetzung der Atmosphäre. Vor allem der Ausstoß von Kohlendioxid und Methan stört das empfindliche Gefüge der atmosphärischen Spurengase und hat zur Folge, dass die Wärmestrahlung verstärkt zurückgeworfen wird. Die Folge ist eine zusätzliche Erwärmung der Erde.
Der zusätzliche Treibhauseffekt beruht nach Schätzungen zu

- 63 % auf Kohlendioxid
- 17 % auf Methan
- 10 % auf Lachgas
- 10 % auf FCKW und anderen künstlich erzeugten Gasen

Die Konzentration der wichtigsten Treibhausgase nimmt von Jahr zu Jahr zu und lag 2003 um mehr als ein Drittel über dem vorindustriellen Wert.

! Eine weltweite Reduktion des Kohlendioxid-Ausstoßes ist unumgänglich!

Was weiß man vom Ozon in der höheren Atmosphäre?
Von der Sonne werden auch ultraviolette Strahlen abgegeben, das Ozon der Ozonschicht absorbiert diese UV-Strahlen der Sonne. Wird Ozon nun zerstört und dadurch die Ozonschicht ausgedünnt, können schädliche UV-Strahlen vermehrt bis zur Erde gelangen.
Für den Abbau des Ozons sind verschiedene von Menschen produzierte Gase verantwortlich, vor allem FCKW und Halone (in Treibgasen und Kühlmittel). Man hat festgestellt, dass in den letzten 30 Jahren der Gesamt-Ozongehalt in der Troposphäre und Stratosphäre um 10 % zurückgegangen ist, in den 90er Jahren hat er sich etwas verlangsamt, wobei zeitliche und räumliche Unterschiede bleiben.
Die Produktion und Verwendung von FCKW und weiterer ozonschädlicher Substanzen ist durch internationale Abkommen vermindert worden. Aufgrund der langen Verweildauer der Gase in der Atmosphäre, wird es jedoch noch Jahrzehnte dauern (man rechnet mit 100 Jahren), bis sich die Ozonschicht wieder vollständig erholt.
Die Ausdünnung der Ozonschicht hat gravierende Folgen für die menschliche Gesundheit und Ökosysteme. Die erhöhte UV-Strahlung führt bei Pflanzen zu Verbrennungen und bei Menschen zu Schädigungen der Augen (Hornhaut- und Bindehautzentzündungen) und der Haut (Hautalterung, Hautkrebs). Bei weiterer Zunahme rechnen Wissenschaftler mit Beeinträchtigungen der Pflanzenwelt und dadurch mit ernsten Folgen für die Nahrungskette.
In einem Bereich der Ozonschicht über der Antarktis wird Ozon regelmäßig im Frühjahr stark abgebaut und ungefilterte UV-Strahlen können bis zum Erdboden vordringen. Man spricht vom „Ozonloch".

Ozon (O_3) ist eines der wichtigsten Spurengase in der Atmosphäre, es entsteht aus Sauerstoff bei starker Einstrahlung von UV-Licht, vor allem in der Ozonschicht der Stratosphäre (bei 20–30 km Höhe) und in Bodennähe an sonnigen Sommertagen

FCKW: Fluor-Chlor-Kohlenwasserstoffe sind ungiftige Gase, die bis 1987 u. a. in Kühlschränken und Spraydosen eingesetzt wurden, sie zerstören die Ozonschicht.

Methan (CH_4) ist Hauptbestandteil von Erdgas und Biogas, ist ungiftig. Es entsteht bei Fäulnisprozessen, u. a. in Reisfeldern, beim Wiederkäuen der Rinder, in Mülldeponien und bei Klärschlämmen, trägt zum Treibhauseffekt bei.

Atmosphäre = Lufthülle der Erde bis zu einer Höhe von ca. 500km
Troposphäre = die unterste Schicht der Atmosphäre, 0–12 km Höhe
Stratosphäre = die darauf folgende Schicht, 12–50 km Höhe

Was weiß man vom Ozon in der unteren Atmosphäre?

In den unteren Schichten der Atmosphäre gibt es einen Sockelanteil natürlich vorhandenen Ozons. Zusätzliches Ozon bildet sich durch komplexe photochemische Reaktionen von Sauerstoff und Luftverunreinigungen bei intensiver Sonneneinstrahlung. Diese Luftverunreinigungen stammen zum großen Teil aus menschlicher Tätigkeit.
Seit der Industrialisierung hat sich der Ozongehalt in der bodennahen Atmosphäre gegenüber früheren Zeiten mehr als verdoppelt. Dieser Anstieg geht auf anthropogene Emissionen der Ozonvorläufergase Stickstoffoxide (NO_2), flüchtige organische Verbindungen (VOC), Methan (CH_4) und Kohlenmonoxid (CO) zurück, die durch die Verbrennung fossiler Energieträger (Industriestaaten) und Biomasse (in den Tropen) freigesetzt werden.
Zur Beurteilung der Ozonkonzentration in der Atemluft sowie zur Information und Warnung der Bevölkerung gibt es eine EU-Richtlinie.

Die Empfindlichkeit gegenüber Ozon ist von Mensch zu Mensch unterschiedlich. Bei besonders empfindliche Personen können Reizungen der Atemwege, Augenbrennen und Kopfschmerzen auftreten, entscheidend ist meist die Dauer des Aufenthaltes in der belasteten Außenluft.

Was versteht man unter „Sommersmog“?

Die Bezeichnung kommt aus dem Englischen: smog = Rauch.
Bei Sommersmog handelt es sich um ein Schadstoffgemisch in der unteren Atmosphäre, es entwickelt sich aus einer Vielzahl von Ozon-Vorläufersubstanzen in hoher Konzentration unter dem Einfluss des Sonnenlichtes. Ozon ist dabei die Leitsubtanz.
Bei intensiver Sonneneinstrahlung und andauernder Schönwetterlage ist die Gefahr des Sommersmogs gegeben.

! Umweltproblem Ozon: „Unten zuviel und oben zuwenig!“

Was sind Emissionen?

Freisetzung von gasförmigen Stoffen in die Atmosphäre ausgehend von Verunreinigungen, Geräuschen, Strahlen, Wärme, Licht, Erschütterungen oder ähnlichen Erscheinungen.

Welche Luftschadstoffemissionen werden in Deutschland registriert?

Kohlendioxid (CO_2)
Methan (CH_4)
Distickstoffoxid (N_2O)
Stickstoffoxide (NO_x)
Schwefeldioxid (SO_2)
Ammoniak (NH_4)
flüchtige organische Verbindungen (o. Methan)
FCKW + Halone
Kohlenmonoxid (CO)

Die meisten Luftschadstoffe entstehen bei der Energieerzeugung (auch private Haushalte!), im Verkehr und in der Landwirtschaft. Der Straßenverkehr verursacht mit Abstand die meisten Emissionen, die Mengen sind leicht rückläufig (Abnahme durch zulässige Abgaswerte, Drei-Wege-Katalysator, weniger Fahrleistungen; Zunahme durch mehr Transportleistungen).

Es gibt auch natürliche Emissionen bei Vulkanausbrüchen, Gewittern, dem Stoffwechsel der Lebewesen sowie Verwesung von Tier- und Pflanzenmaterial.

Was weiß man vom Kohlendioxid?
Kohlendioxid (CO_2) ist das wichtigste klimawirksame Gas. Sein Anteil am Treibhauseffekt wird auf ca. 63 % geschätzt.

Hauptverursacher für CO_2-Emissionen
- Verbrennung fossiler Energieträger
- chemische Industrie
- Abholzung und Brandrodung von Wäldern
- Landwirtschaft, Viehhaltung, Reisanbau, Mülldeponien (Methan)

Wer verursacht den zusätzlichen Treibhauseffekt?

Verbrennung fossiler Energie	ca. 50 %
Chemische Industrie (FCKW + Halone)	ca. 20 %
Abholzen und Brandrodung von Wäldern	ca. 15 %
Landwirtschaft + andere Bereiche	ca. 15 %

(Bundesumweltamt 2003)

Kohlendioxid-Ausstoß in Deutschland 2002

Verursacher	Anteil % 2002	(Veränderung 1990–2002)
Kraftwerke/Stromerzeugung	43,5	– 15,1
Verkehr	20,1	+ 8,7
Haushalte	14,1	– 7,1
Industrie	12,7	– 35,6
Gewerbe	6,9	– 34,8

(DWI Berlin-Aktuell 2005)

Wie kann dem zusätzlichen Treibhauseffekt entgegen gewirkt werden?
- Energie weitgehendst einsparen
- regenerative Energieträger verstärkt einsetzen
- auf Produktionsverfahren und Produkte, die Treibhausgase freisetzen, verzichten
- Naturkreisläufe, die für die Stabilität des Klimas von Bedeutung sind, funktionsfähig halten
- auf internationaler Ebene verbindliche Zeit- und Reduktionsziele vereinbaren

Die Emissionen werden über die Atmosphäre weltweit verteilt, es gibt keine lokalen oder nationalen Inseln des Wohlstands und der Sicherheit!

! Klimaschutz ist eine globale Herausforderung!

Was geschieht weltweit zur Verbesserung unseres Klimasystems?
Wiener Konvention zum Schutz der Ozonschicht 1985
befasste sich mit den ozonschädigenden Substanzen der Atmosphäre.
Im „Montrealer Protokoll" 1987 wurden schädigende Stoffe festgelegt und Produktion und Verwendung derselben langfristig verboten und Ausstiegsfristen festgelegt.

Klimarahmenkonvention 1992 Rio
beschließt die Treibgaskonzentrationen in der Atmosphäre auf einem Niveau zu stabilisieren, das eine gefährliche Störung des Klimasystems verhindert.

Klimarahmenkonvention 1997 Kyoto
entwickelt die Verpflichtungen zum Klimaschutz weiter. Das Kyoto-Protokoll konkretisiert die Maßnahmen zum Schutz des globalen Klimas durch eine überprüfbare Reduktion der Treibgasemissionen.

„... die Stabilisierung der Treibhausgaskonzentrationen in der Atmosphäre auf ein Niveau zu erreichen, auf dem eine gefährliche anthropo-

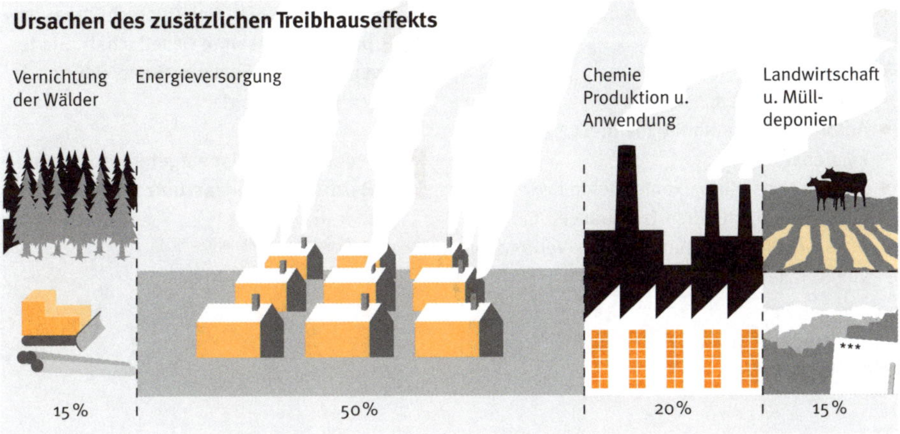

gene Störung des Klimasystems verhindert wird. Ein solches Niveau soll innerhalb eines Zeitraumes erreicht werden, der ausreicht, dass sich die Ökosysteme auf natürliche Weise den Klimaänderungen anpassen können, die Nahrungsmittelerzeugung nicht bedroht und die wirtschaftliche Entwicklung fortgeführt werden kann" (Rahmenkonvention, Art. 2).

Seit 1994 sind Produktion und Verwendung von Halonen und Fluorkohlenwasserstoffen (FCKW), seit 1996 Tetrachlorkohlenstoff und Methylchloroform verboten (1994 letzmalige Produktion in Deutschland), dennoch werden die „gestern" produzierten langlebigen Emissionen die Erholung der Ozonschicht noch für Jahrzehnte bestimmen.

Programm der *Bundesregierung* zur Minderung der Emissionen:

- die wichtigsten Treibgase (*6 Kyoto-Gase*) zwischen 2008 und 2012 um 21 % bezogen auf 1990 zu senken (2002 bereits um 19,4 %)
- die CO_2-Emissionen gegenüber 1990 bis 2005 um 25 % zu mindern (dürfte kaum erreichbar sein)
- den Anteil der erneuerbaren Energien an der Stromversorgung bis 2010 auf mindestens 12,5 % und bis 2020 auf mindestens 20 % anzuheben, bis zur Mitte des Jahrhunderts rd. 50 % des Energiebedarf decken (2003 = 2,9 %)
- den Anteil der erneuerbaren Energien am Primärenergieverbrauch auf 4,2 % bis zum Jahr 2010 bezogen auf 2000 zu verdoppeln
- Investitionen in den Schienenverkehr der Bahn
- Autobahnbenutzungsgebühr für schwere LKW (Maut ab 1. 1. 2005)
- Förderung verbrauchsarmer PKW

Verschiedene Aktionsprogramme bemühen sich um Umsetzung u. a.:
für Energieeinsparung und bessere Energienutzung, den Ausbau der Kraft-Wärme-Koppelung, die Reduzierung der CO_2-Emissionen im Straßenverkehr/Flugverkehr, nachwachsende Rohstoffe, Gesundheit und Umwelt, Strategie für eine nachhaltige Entwicklung.

Was können Haushalte für den Klimaschutz tun?

- Energie jeglicher Art einsparen
- umweltfreundliche Energieträger und energiefreundliche Heizungssysteme einsetzen
- Heizungsanlage regelmäßig warten (Abgase)
- Kraftfahrzeuge mit niedrigem Kraftstoffverbrauch bevorzugen und mit „umweltschonenden" Fahrstil steuern

7

- Bus oder Bahn und – wenn möglich – Fahrrad benutzen
- beim Neukauf eines Autos auf niedrigen Kraftstoffverbrauch achten.
- Automotor nicht unnötig laufen lassen, ggf. kurz abstellen
- Vergasereinstellung kontrollieren lassen
- Luftbelastungen durch Tabakrauch, Ausdünstungen von Lösungsmitteln, Verbrennen von Abfällen gering halten

! **Klimaschutz ist eine Querschnittsaufgabe für die gesamte Gesellschaft. Sie fordert vernetztes Handeln im Sinne einer nachhaltigen Entwicklung!**

! **Jeder einzelne ist aufgefordert, seinen Beitrag zum Klimaschutz zu leisten.**

www.diw.de; www.umweltbundesamt.de; www.oekorecherche.de

Wasser

Ohne Wasser gibt es kein Leben. Wasser ist ein kostbares, für den Menschen unentbehrliches Gut (Europäische Wassercharta)
Wasser ist Voraussetzung für das Leben auf der Erde!

Gut zu wissen
Die Erdoberfläche ist zu ²/₃ mit Wasser bedeckt, davon sind jedoch nur 3 % Süßwasser. Davon wiederum ist der weitgehend größte Teil in Eisschichten (70 %) gebunden, die verbleibenden 30 % sind als Bodenfeuchte oder in wasserführenden Schichten vorhanden. Letztlich ist 1 % des Süßwassers in Flüssen, Seen und Grundwasserreservoirs für den Menschen nutzbar.
Die Niederschläge füllen die Wasservorräte etwas auf, fallen jedoch zum großen Teil über Ozeanen und kaum besiedelten Gebieten oder fließen ungenutzt in die Meere.

Die nutzbaren Wasserreserven sind wiederum weltweit ungleich verteilt, Wasser ist in vielen Ländern von Natur aus knapp, es gibt vielerorts Gesundheitsprobleme, die in engem Zusammenhang mit Wasserknappheit stehen. Wasser ist zugleich für die Erzeugung von Nahrungsmittel erforderlich.
Die *Nutzung von Wasservorkommen* durch die Menschen haben in diesem Jahrhundert dramatisch zugenommen. Zwischen 1990 und 1995 hat sich die globale Wasserentnahme versechsfacht und ist damit mehr als doppelt so schnell gewachsen wie die Weltbevölkerung.
1995 litten mehr als 40 % der Weltbevölkerung unter Wasserknappheit. Die Wasserentnahme für die Landwirtschaft (Bewässerung) nimmt zu, negative Folgen gehen von der Entwaldungen in Wassereinzugsgebieten wichtiger Flüsse aus. Eingriffe in den Wasserhaushalt haben weitreichende Folgen, sie können das Klima global verändern, den Boden schädigen, den Grundwasserspiegel senken und die biologische Vielfalt beeinträchtigen. In den Industrieländern sind die chemische Gewässer- und Grundwasserverschmutzung und der hohe Wasserverbrauch häufig ein Problem.
Im Gegensatz zum globalen Klima handelt es sich bei den Süßwasserreserven um nationale oder regionale Güter. Zu ihrem Schutz bedarf es dennoch nationaler oder länderübergreifender Abmachungen; insbesondere dort, wo Wasserknappheit besteht und die Nutzung des Flusswassers geregelt werden muss.

Umweltgipfel Rio 1992. Das Leitbild einer nachhaltigen Entwicklung mit der Agenda 21 hat auch für die Wasserwirtschaft erhebliche Bedeutung.

Wasserkonvention 1992 – „Konvention zum Schutz und der Nutzung grenzüberschreitender Wasserwege und Seen“ Helsinki. Die Vertragsstaaten verpflichten sich darin zur Kontrolle und Reduktion der Gewässerverschmutzung und zur gegenseitigen Information, insbes. bei Unfällen.

2. Weltwasserforum 2000 Den Haag – Die Zahl der Menschen ohne Zugang zu sauberem Trinkwasser und sanitären Einrichtungen soll bis 2015 halbiert und bis 2025 auf Null gebracht werden.

! Der Mensch braucht täglich 2,5–3,5 Liter Wasser! Wasser ist wichtigstes Lebensmittel und zugleich Grundlage für die Erzeugung von Lebensmitteln!

Wie sieht die Wasserversorgung in Deutschland aus?

Deutschland zählt zu den begünstigten Gebieten, allerdings erweist sich regionaler Wasserbedarf mitunter problematisch. Wassermangelgebiete mit zu geringem Grundwasservorkommen gibt es vor allem in Ballungsgebieten. Der Wasserbedarf wurde in 2004 überwiegend aus Grundwasser (74 %) gedeckt, der Restbedarf aus Oberflächenwasser und Uferfiltrat.

Grundwasser = alles Wasser unterhalb der Erdoberfläche.
Oberflächenwasser = alle Wasservorkommen oberhalb der Erdoberfläche wie Flüsse, Seen, Talsperren.

Wir wissen, dass die Wasservorräte weder unerschöpflich noch gegen Umweltbelastungen gesichert sind. Der steigende Trinkwasserbedarf bereitet dort, wo der Bedarf am größten ist, bereits heute Probleme. Längst reicht das Grundwasser zur Trinkwasserversorgung nicht mehr aus und muss aus Oberflächenwasser gewonnen werden. Die Trinkwasseraufbereitung in Deutschland ist aufwendig und teuer.

Grundwasser ist die Ressource für unser Trinkwasser, daher ist seine Beschaffenheit von Bedeutung und ist Grund- und Oberflächenwasser vor Verunreinigungen zu schützen. Als Nahrungsmittel wird Trinkwasser in Deutschland nach den strengen Güteanforderungen überprüft (Trinkwasserverordnung), die Qualität ist gut bis sehr gut. Wichtig ist auch Flüsse, Seen und Meere vor schädlichen Eintragungen zu schützen und die Gewässerstrukturen zu verbessern. Die Gewässer sind auch Lebensraum für zahlreiche Tiere und Pflanzen.

! Grund- und Oberflächenwasser vor dem Eintrag unerwünschter Stoffe schützen!

Wer verbraucht Wasser in Deutschland?

- 69 % Wärmekraftwerke
- 16 % Industrie (beide vor allem für Kühlung und für Produktionsprozesse)
- 12 % privaten Haushalte
- 3 % Landwirtschaft

Doch auch da, wo ausreichend Wasser vorhanden ist, heißt es Wasser rationell einsetzen. Wasser sparen heißt Kosten sparen, für die Aufbereitung, für Förderung und Transport, bei Reinigung und Abwasserbeseitigung, Warmwasser sparen heißt Energie sparen und ist dann auch Klimaschutz.

Wie hoch ist der Wasserverbrauch in den Haushalten?

Der Wasserverbrauch der Bundesbürger ist von etwa 85 Liter im Jahr 1950 bis auf 147 Liter 1990 gestiegen. Seit 1990 ist der Verbrauch in privaten Haushalten deutlich gesunken und liegt heute bei etwa *116 Liter/Einwohner/Tag*.

Wie belasten die Haushalte den Wasserhaushalt?

- durch hohen Wasserverbrauch
- durch häusliche Abwässer
- durch Umweltchemikalien und sonstige Abfälle
- durch den Konsum von Produkten, die zur Herstellung mehr oder weniger viel Wasser verbrauchen

Fast jedes Produkt, das wir täglich benutzen oder aus dem Supermarkt nach Hause bringen, benötigt bei der Herstellung Wasser!

Wir benutzen also nicht nur Wasser in unserem eigenen, wasserreichen Land, sondern auch aus anderen, wasserärmeren Regionen über den Kauf der Produkte.

Wozu wird Wasser in den Haushalten verbraucht?

(Wasserverwendung in Haushalten und Kleingewerbe)	
Baden und Duschen	36 %
Toilettenspülung	27 %
Wäsche waschen	12 %
Geschirrspülen	6 %
Raumpflege, Auto, Garten	6 %
Essen und Trinken	4 %
(Kleingewerbe	9 %)

(Quelle: Bundesverband der deutschen Gas- u. Wasserwirtschaft)

Wieviel Liter Wasser werden je Tag und Person für die einzelnen Bereiche verbraucht?

Baden, Duschen	42
Toilettenspülung	31
Wäschewaschen	14
Geschirrspülen	7
Raumpflege, Auto, Garten	7
Essen und Trinken	5

Wie kann der Wasserverbrauch in den Haushalten gesenkt werden?

Körperpflege

- Duschen statt baden
- Toilette mit Wasserstopp-Spültaste verwenden, Wasserverluste bei Dichtungen vermeiden!
- Thermostate bei Dusche und Waschbecken bringen unmittelbar die richtige Wassertemperatur
- Einhebelbatterien und durchflußbegrenzende Perlatoren führen zu Wasserersparnis
- beim Kauf von Haushaltsgeräten auf Wasser- und Energieverbrauch (Energieetikett) achten!
- tropfende Armaturen sofort reparieren (1 Tropfen Wasser pro Sekunde ergibt 1 l Wasser pro Stunde!)

! Etwa ein Drittel des Wasserverbrauchs entfällt auf Körperpflege und ein weiteres Drittel auf Toilettenspülung- und dies alles in teurer Trinkwasserqualität!

Geschirrspülen

- Geschirrspülmaschine nur voll gefüllt einsetzen
- Sparprogramme nutzen, ggf. niedrige Wassertemperaturen einstellen
- grob verschmutztes Geschirr vorspülen
- sperriges Geschirr mit der Hand waschen
- Spülmittel richtig dosieren
- beim Kauf auf Wasser- und Energieverbrauch und das Umweltzeichen achten

! Geschirr mit der Hand spülen braucht oft mehr Wasser als mit der Maschine. Neue Geschirrspülmaschinen kommen mit weniger als 20 Liter aus.

Wäsche waschen

- Nur volle Waschmaschine einsetzen
- Sparprogramme nutzen, evtl. niedrige Wassertemperatur auswählen
- Waschmittel nach Wasserhärte dosieren
- beim Kauf auf Wasser- und Energieverbrauch und den Umweltengel achten
- Reinigungsansprüche überdenken! Nicht jedes Teil muss nach einmaliger Benutzung gewaschen werden

! Wassersparende Geräte und Maschinen einsetzen!

Sonstiges

- Regenwasser auffangen, für nicht Trinkwasser beanspruchende Zwecke einsetzen
- Garten mit Regenwasser bewässern, möglichst bei kühler Tageszeit
- Rasensprenger nur anstellen, wenn es wirklich nötig ist

! Trink- und Brauchwasser langfristig trennen, Wasserverluste in den Systemen verringern!

Wie kann die Abwasserbelastung durch Haushalte möglichst gering gehalten werden?

- Weitgehend „umweltfreundliche“ Wasch- und Reinigungsmittel in richtiger Dosierung verwenden
- Waschmittel nach Wasserhärte dosieren
- chemische Putz- und Reinigungsmittel – wenn überhaupt – gezielt und sparsam einsetzen
- keine lösungsmittelhaltigen Flüssigkeiten, Farben und Lacke, Ölreste, Medikamente in Abflüsse oder Toilette geben
- kein Müll in die Toilette werfen
- Vorsatzsiebe in Spülbecken und im Duschablauf beugen Verstopfungen vor
- bei Verstopfung der Toilette zuerst Saugglocke und mechanische Spirale anstatt ätzende chemische Rohreiniger einsetzen
- Toilettenpapier mit Umweltzeichen verwenden
- Duftsteine im WC und im Spülkasten belasten das Abwasser und sind überflüssig
- im Garten vorsichtig mit Düngemitteln und Pflanzenschutzmitteln umgehen

! Verschmutzungen des Abwassers unter allen Umständen vermeiden!

www.dialog-nachhaltigkeit.de; www.wasser-agenda.de

Lärm

Lärm ist unerwünschter Schall

Er ist ein Kennzeichen der modernen Industriegesellschaft und des Wunsches nach höchstmöglicher Mobilität. Bei vielen Lärmbelästigungen ist der Mensch Verursacher und Betroffener zugleich.

Lärm ist heute überall gegenwärtig und eine nicht abstellbare Umweltbelastung mit teilweise gravierenden Auswirkungen auf Gesundheit und Wohlbefinden.

Kaum ein Bürger bleibt in Deutschland von Lärm verschont. 60 % der Deutschen fühlen sich durch Lärm belästigt.

Gut zu wissen

Die Wirkung eines Geräusches hängt überwiegend ab von Lautstärke, Dauer, Zeitpunkt, Geräuschart, Häufigkeit sowie auch von Geräuschempfindlichkeit und Einstellung zur Geräuschquelle.

Die Wahrnehmung von Geräuschen ist individuell verschieden. Natürliche Schallquellen unserer Umwelt (z. B. Meeresrauschen, Wind, Vogelsang) werden im allgemeinen als angenehm empfunden, Geräuschquellen aus der technischen Umwelt (z. B. Straßen- und Flugverkehr) gelten als Belästigung. „Geräusche“ in Diskotheken und tragbaren Musikgeräten werden von vielen nicht als Lärm empfunden, obwohl ihre Lautstärke zur Belastung werden kann.

! Schall wird erst zu Lärm, wenn er bewusst oder unbewusst stört!

Gemessen wird Lärm in Dezibel dB(A). Die vom Menschen negativ empfundene Lärmbeeinträchtigung beginnt bei etwa 40 dB.

Stellenwert von Lärmbelästigung der Bevölkerung
(nach einer online-Umfrage 2002)

1. Straße
2. Nachbarn
3. Flugverkehr
4. Industrie und Gewerbe
5. Schiene
6. Sport

Schalldruckpegel bei Lärm dB(A)	
Düsenflugzeug	140
schwerer LKW	90
verkehrsreiche Straße	80
PKW	70
normales Geräusch	60
leise Musik	40
tropfender Wasserhahn	20
raschelnde Blätter	10
Hörschwelle	0

Das Grünbuch der Europäischen Union stellt fest, dass viele Menschen tagsüber hohem Lärm ausgesetzt sind

20 % der Menschen Lärm bis zu 65 dB(A)
50 % der Menschen Lärm bis zu 55 dB(A)

Eine dauerhafte Absenkung der Lärmbelastung, insbesondere in Wohnbereichen, wird gefordert, für die Tageszeit von 55 dB(A) und für die Nachtzeit von 45 dB(A).

Wie wirken sich Lärmbelästigungen aus?

Jedes Geräusch wird vom Ohr aufgenommen und an das Gehirn weitergeleitet, erst dort wird entschieden, ob das Geräusch wichtig ist und ob es Gefahr bedeutet. Das Ohr lässt sich auch nicht abschalten.
Lärm als ein Zeichen von Gefahr ruft beim Körper Veränderungen hervor, es treten Stresssymptome auf, die das Herz-Kreislaufsystem ansteigen (Durchblutung, Herzschlag, erhöhter Puls), die Muskelspannung ansteigen, die Atmung beschleunigen lassen u. a.
Geräuschbelastungen haben Auswirkungen auf das Wohlbefinden und können zu Krankheiten führen.

Physische Auswirkungen
- Störung der Nachtruhe, Minderung der Schlafqualität
- zeitweilige oder dauernde Hörschwellenverschiebung

Psychische Auswirkungen
- Stress und Nervosität
- üble Laune, Ärger
- Beeinträchtigung des Lebensgefühls
- Erhöhung des Medikamentenkonsums
- Zunahme von Fehlern
- Abnahme der Lernfähigkeit und Konzentration

Soziale Auswirkungen
- Beeinträchtigung von Gesprächen, Unterlassen von Kommunikation
- Veränderung der Nutzung von Wohnräumen, Terrassen, Garten
- Abnahme von Geselligkeit

Ökonomische Auswirkungen
- Erhöhung von Krankheitskosten, Berufsunfähigkeit
- Kosten für Schlafmittel, Arztbesuche
- Wertminderung von Grundstücken

Was können Haushalte zur Lärmverminderung tun?

- Lärm weitgehend vermeiden!
- Haushaltsgeräte mit niedrigem Lärmpegel kaufen
- Lärmquellen in der Wohnung möglichst beheben, Lautstärke der Radio- und Fernsehgeräte und anderer Musikwiedergabegeräte (Walkman) anpassen
- Schallschutz in Wohngebäuden bedenken, Dreifach-Isolierglasfenster vom Fachmann einbauen lassen
- leise laufende Rasenmäher und Gartenmaschinen einsetzen, nicht in der Zeit der Mittagsruhe Rasen mähen
- Kraftfahrzeuglärm durch diszipliniertes Fahren vermeiden (keine Motoren unnötig laufen lassen, Motorgeräusche durch unnötiges Beschleunigen vermeiden)

! Lärm vermeiden bringt mehr Lebensqualität für alle!

www.bmu.de; www.dalaerm.de; www.umweltbundesamt.de

Hausgarten

Was bedeutet „Garten als Lebensraum"?
Hausgärten sind vom Menschen geprägte Lebensräume, wo Pflanzen, Tiere und Mikroorganismen sich entfalten und vielfältige Funktionen innerhalb des Naturhaushaltes übernehmen können.
Eine fachgemäße Gartenbewirtschaftung kann durch artenreiche Pflanzungen und umweltschonende Pflege die unterschiedlichen Lebensgemeinschaften erhalten bzw. neu schaffen und weiterentwickeln. Dazu gehören gleichermaßen das Gemüsebeet, die Staudenrabatte, die frei wachsende Hecke sowie der ungestörte Feuchtbereich.
Wichtig ist, dass gesundes Pflanzenwachstum gesichert ist und dass jene Pflanzenarten angebaut werden, die den Anforderungen von Klima und Nutzung her gewachsen und hier heimisch oder heimisch geworden sind. Gleichzeitig erhalten Tiere und Mikroorganismen, die mit den Pflanzen zusammenleben, die Chance, hier im Garten heimisch zu werden.

! Ein vernünftiges Miteinander von gärtnerischem Tun und eigenständiger Entwicklung der Pflanzen- und Tierwelt im Garten ist gemeint!

Welche ökologische Ausgleichsfunktion können Haus- und Kleingärten für eine intakte Umwelt leisten?
In Deutschland sind Gärten mit ihrer biologischen Vielfalt und charakteristischen Pflanzen- und Tierwelt – auf rd. 60 000 ha kleinräumigen Flächen verteilt – wichtige ökologische Nischen, und sie stellen durchaus eine Ergänzung der Naturschutzgebiete dar. Bauerngärten, mit noch mehr extensiv genutzten Flächen, bieten Platz für Wildpflanzen, Kräuter und Staudenpflanzen und Hecken für Vögel, Insekten und weitere Wildtiere.

Rd. 20 Millionen Haushalte bewirtschaften ein Stück Garten!

Biomüll des Haushalts und Gartenabfälle können durch die Kompostwirtschaft dem Gartenboden wieder zugeführt werden und entlasten die öffentliche Müllabfuhr.

Kann Gartenbewirtschaftung zu Umweltbelastungen führen?
- Zu hohe Düngergaben können zu einer Nitratanreicherung in Gemüsen und zu Nitratauswaschungen aus dem Boden ins Grundwasser führen
- eine unsachgemäße Anwendung von Pflanzenschutzmitteln kann zu Rückständen in Obst und Gemüse führen und das biologische Gleichgewicht in der Tierwelt – bei Vögeln und Nützlingen – stören

! Naturnahe Gärten sind wertvolle ökologische Nischen, Gärtner sollten alles tun, um hier die Lebensräume von Pflanzen und Tiere zu erhalten!

Nahrungsbeziehungen in der Hecke

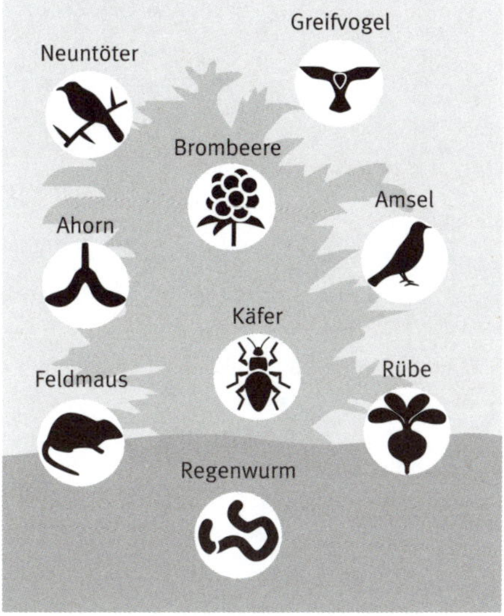

8 Textilien und Textilpflege

Schon sehr früh hat der Mensch begonnen, sich mit Kleidung vor den Widrigkeiten des Wetters zu schützen. Später lernte er mit den „Naturfasern“ Wolle, Seide und Baumwolle noch besser umzugehen – als weltweite Handelsware führten sie zu Macht und
Besitz, als Produkte wurden sie Grundlage einer weitreichenden ökonomischen Entwicklung in Landwirtschaft, Handwerk und Industrie. Parallel dazu stellten sich Herausforderungen in der Wissenschaft und hat Textiles durch Material, Farbe und Muster immer wieder bei Kunst und Mode eine Rolle gespielt.
Heute kennen wir eine große Anzahl von Fasern und Fäden, die sowohl aus Natur- als auch aus Chemiefasern bestehen. Mit den wachsenden Ansprüchen an die Textilien und deren Trage- und Pflegeeigenschaften seitens der Verbraucher haben die Hersteller textiler Produkte immer neue Fasern und Faserkombinationen mit neuen Eigenschaften auf den Markt gebracht. Der Textilmarkt bedarf daher der ständigen Beobachtung und Orientierung durch den Verbraucher.

Weltweite Märkte für Textilien

Der Welthandel mit Textilien ist seit 2005 weitgehend liberalisiert und die Bekleidungsindustrie wird häufig als Beispiel für die Globalisierung einer Branche genannt. Die Konkurrenz auf dem Textilmarkt und die Suche nach günstigen Preisbedingungen haben Textilunternehmen dazu veranlasst, ihre Produktionsstätten in Niedriglohnländer zu verlegen. Nicht selten werden Rohstoffe, Zwischen- und Endprodukte bei der Herstellung um die halbe Welt transportiert, ökologische Belastungen entlang der textilen Kette sind bekannt.

Vor dem Hintergrund einer nachhaltigen Entwicklung sind Textilunternehmen jedoch zukünftig gehalten, neben ihren wirtschaftlichen Interessen verstärkt ökologische und soziale Verantwortung für ihre Produkte zu übernehmen. Der Verbraucher hat heute ein großes Interesse an der Produktkontrolle und einer ganzheitlichen Betrachtung des Textilsektors, in die die Produktkennzeichnung eingeht und die Informationen über Herkunft und Verarbeitung der Textilien, über gesundheitliche Risiken und nicht zuletzt über ökologische und soziale Standards der Produktion ihn erreicht.

Nachhaltig Haushalten

Umweltprobleme entstehen weiterhin bei der Nutzung der Textilien im Haushalt, insbesondere bei der Pflege im Hinblick auf Energie- und Wasserverbrauch und Abwasserbelastung, auch beim Einkauf, wo schließlich mindere Qualitäten und frühzeitiger Verschleiß zu Umweltbelastungen führen. Eine bessere Gebrauchsqualität einerseits geht anderseits manchmal mit gesundheitlichen Risiken einher.

Textile Fasern

Naturfasern		
Pflanzliche Fasern	Baumwolle Leinen Hanf	Samenhaare von Baumwolle, Kapok Bastfasern von Flachs (Lein), Jute, Hanf Hartfasern wie Sisal, Kokos, Manil
Tierische Fasern	Wolle Seide	Haaren vom Fell der Schafe und Ziegen Fasern vom Kokon des Maulbeerspinners

Chemiefasern		
Zellulosische Fasern	Viskose Modal Acetat, Triacetat	Zellulose von Holz, Samenhaare der Baumwolle
Synthetische Fasern	Polyester (PES) Polyamid (PA) oder Nylon Polyacryl (PAC) Polypropylen (PP) Polyurethan (PUR)	Erdöl, Erdgas, Steinkohle, Chemikalien

Welche Eigenschaften haben die Fasern und wozu werden sie verwendet?
Pflanzliche Fasern bestehen in ihrer Grundstruktur aus Zellulose.

Baumwolle
- sehr saugfähig, knittert, strapazierfähig, luftdurchlässig, wenig wärmend, schlecht trocknend, beult aus, gut zu waschen/kochfest, kann einlaufen, langfristig nicht lichtbeständig, unempfindlich gegenüber Laugen (Waschlaugen), verträgt hohe Temperaturen beim Waschen/Bügeln, Feuchte führt zu Stockflecken
- Leib-, Bett-, Tisch- und Küchenwäsche, Hemden, Blusen, Kleider, Mäntel, Berufskleidung

Leinen
- sehr saugfähig, sehr reißfest, wenig wärmend, fühlt sich kühl an, wenig elastisch, flust nicht, knitteranfällig, kann einlaufen, wenig scheuerfest, kochbeständig, hohe Temperaturen beim Waschen/Bügeln
- Bett- und Tischwäsche, Blusen, Kleider, Dekorationsstoffe

Tierische Fasern bestehen aus Eiweiß und seinen Bausteinen, den Aminosäuren, sie reagieren sauer oder alkalisch

Wolle
- hält warm, ist saugfähig, formstabil, kaum knitteranfällig, verträgt nur geringe Temperaturen, filzt unter dem Einfluss von Wärme, verhältnismäßig unempfindlich gegenüber Säuren, empfindlich gegenüber Laugen, anfällig gegen Motten
- Oberbekleidung, Strickwaren, Teppiche

Seide
- hohe Feuchtigkeitsaufnahme, knitterarm, elastisch, reißfest, kühlt bei Hitze und wärmt bei Kälte, scheuer- und schweißempfindlich, laugen- und säureempfindlich, aufwendig in der Pflege, i. d. Regel nur Handwäsche bei geringen Temperaturen, ggf. chemisch-reinigen
- hochwertige Oberbekleidung, Krawatten, Schals, Wäsche

Zellulosische Fasern bestehen aus Zellulose, je nach Verarbeitungsverfahren entstehen unterschiedliche Fasern

Viskose – meist aus Holz hergestellt, über aufwendige Verfahren mit einem großen Einsatz von Energie und Chemie
- saugfähig, weich, geschmeidig, baumwoll-, woll-, seideähnlich, hitzeempfindlich, stark knitteranfällig, geringe Reißfestigkeit – bes. im nassen Zustand, kann beim Waschen einlaufen
- Heimtextilien, Futterstoffe, in Mischungen bei Teppichen, Oberbekleidung

Modal – eine Viskosespezialfaser
- baumwollähnlich, wesentlich reißfester und strapazierfähiger als Viskose, formbeständig
- Oberbekleidung, Bett-, Tischwäsche, häufig in Mischungen

Acetat/Triacetat
- ähneln in ihren Eigenschaften mehr den synthetischen Fasern, gering saugfähig, knitterarm, pflegeleicht, hitzeempfindlich, waschen nur bei niedrigen Temperaturen, schnell trocknend, elastisch
- Oberbekleidung, Futterstoffe, Schals, Krawatten, Plüsch, Samt

Cupro aus Zellstoff, der aus Holz und Baumwollabfällen hergestellt wird, in Deutschland nicht mehr vertreten, kann allerdings in importierten Textilien auftreten.

Synthetische Fasern werden aus den Rohstoffen Kohle und Erdöl hergestellt (auch Synthetics genannt). Polyamid war die erste synthetische Faser und leitete eine geradezu revolutionäre Entwicklung auf dem Textilmarkt ein.

Alle gebräuchlichen Synthetics weisen gleiche oder ähnliche Eigenschaften auf: sie sind strapazierfähig, reißfest, leicht, geschmeidig, knitterarm, hitzeempfindlich, leicht zu waschen, einlaufsicher, rasch trocknend, Neigung zu elektrostatischer Aufladung, verrottungsfrei, mottensicher

Polyester (Diolen, Trevira, Tergal, Dacron u. a.)
- nicht saugfähig, reiß- und scheuerfest, knitterarm, nicht einlaufend, schnell trocknend, können im Aussehen baumwoll-, woll- oder seidenähnlich hergestellt werden, verhältnismäßig hitzebeständig, formstabil (Bügel- und Plisseefalten halten auch in nassem Zustand)
- Oberbekleidung, Schals, Krawatten, Heimtextilien, Füllmaterial in Steppbetten und Schlafsäcken, in Mischungen, auch als Mikrofaser

Polyamid (Nylon, Enkalon, Tactel u. a.)
- wie zuvor, sehr glatt, reiß- und scheuerfest, knitterarm, schnell trocknend, hitzeempfindlich, nicht heiß bügeln
- Damenstrümpfe, Unterwäsche, Futter-, Blusen- und Kleiderstoffe, Anoraks, Schirmstoffe

Polyacryl (Dralon, Orlon, Dolan u. a.)
- wollähnlich, knitterarm, wenig saugfähig, schnell trocknend, mäßig reiß- und scheuerfest, nicht einlaufend, kann durch Kräuselung bes. füllig und wärmend sein, empfindlich gegenüber Hitze, Vorsicht beim Dampfbügeln
- Strickwaren, Rheumaunterwäsche, Heimtextilien, Teppichen

Polypropylen (Merkalon)
- nimmt keine Feuchtigkeit auf, leicht, hohes Isoliervermögen, gute Wärmehaltung
- Sportunterwäsche

Polyurethan (Alcantara, Bellsame)
- festes Material, Faserbündel auf Gewebe verfilzt oder verklebt, begrenzt einsatzbar bei Lederimitaten wie Alcantara u. a., Beschichtungen
- Leder-, Lack- und Wetterbekleidung

Textilfasern und Textilmarkt weltweit – was sollte man wissen?

Weltweit nahm die Herstellung von Fasern zu. Mehr als die Hälfte der Textilfasern der Welt bestehen heute aus Chemiefasern.
Die Produktion von Chemiefasern hat sich in den letzten Jahren mehr und mehr nach Asien verlagert, heute werden 2/3 der Produktion in China, Taiwan, Südkorea und Indien hergestellt (Westeuropa – 4 %, USA – 2 %, Japan – 5 %).
Der Zuwachs bei Pflanzenfasern resultiert vor allem aus der gestiegenen Nachfrage nach Baumwolle und diese wiederum aus den gestiegenen Ölpreisen, die synthetische Fasern verteuern.
Bei den Naturfasern wird der Weltmarkt mit rd. 80 % von Baumwolle bestimmt.
(Fischer Weltalmanach 2005)

Die Rohstoffe durchlaufen bis zum fertigen Textil vielstufige Herstellungsprozesse und Transportverfahren, bei denen weltweit in Anbau, Produktion und Handel sehr unterschiedliche Bedingungen gelten und viele Akteure beteiligt sind.
Rund 90 % der in Deutschland verkauften Textilien werden aus dem Ausland importiert, die in Deutschland produzierten Textilien werden zu ca. 66 % exportiert.
2003 bezog die deutsche Textil- und Bekleidungswirtschaft große Teile ihres Bedarfs aus dem Ausland und setzte damit den langjährigen Trend der abnehmenden Produktion fort:
- 2/3 des Umsatzes ging auf Fertigung bzw. Veredlung im Ausland zurück*
- von in Deutschland verkauften Blusen und Sakkos kamen 85 % aus dem Ausland
- die Miederwarenproduktion deutscher Hersteller findet fast zu 100 % im Ausland statt
- 75 % aller in Deutschland getragenen Hosen stammen aus ausländischer Produktion

(Fischer Weltalmanach 2005)

* Neben den Ländern Ostasiens zunehmend mehr osteuropäische Länder, an der Spitze Polen, Rumänien, Ungarn und die Anrainerländer des Mittelmeeres wie Tunesien, Marokko, Türkei.

Weltproduktion von Textilrohfasen in 1000 t	1997	2000	2003	2003 Anteil %
Wolle	1.484	1.380	1.274	2,0
Baumwolle	19.849	21.237	21.270	33,5
Chemiefasern	27.915	33.102	36.428	57,5
Sonstige (Jute, Seide, Flachs u. a.)	4.676	4.125	4.525	7,0
Insgesamt	53.924	57.508	63.498	100

(Jahrbuch der Textil- und Modeindustrie 2004)

Im Kauf und Verbrauch von Textilien sind deutsche Konsumenten Weltmeister, 1991 wurde ein jährlicher Pro-Kopf-Verbrauch von 11 kg Bekleidungstextilien ermittelt. Bei den Zahlenangaben von bis zu 23 kg pro Kopf sind auch Heimtextilien und technische Textilien einbezogen.

(Umweltberatung Bayern 2002)

Kennzeichnung von Textilien

Warum Textilkennzeichnung?

Sowohl in Produktion und Verarbeitung der textilen Rohstoffe als auch in der Abfolge der textilen Kette hat der Konsument heute kaum den Überblick, den er zur Bewertung von Produktqualität und Umweltrelevanz braucht.
Er fragt daher nach mehr Transparenz bei der Produktion, mehr Informationen über Herkunft der Rohstoffe, über Verarbeitung und Veredlung der Fasern, über ökologische und soziale Standards. Noch sind die Aussagen von Gütesiegel und Label unzureichend, die Kriterien schwer vergleichbar und noch ist eine internationale Zertifizierung der Textilprodukte nicht in Sicht.

Einkauf von Textilien – worum geht es?

- Gebrauchseigenschaften (Trage-, Pflege- und Haltbarkeitseigenschaften)
- gesundheitliche Verträglichkeit
- Umwelt- und Sozialverträglichkeit
- Preiswürdigkeit

! Eine erste Orientierungshilfe stellt die gesetzlich vorgeschriebene Textilkennzeichnung dar.

Was regelt das Textilkennzeichnungsgesetz (TKG)?

Textilerzeugnisse, die in den Verkehr gebracht oder an den Verbraucher abgegeben werden, müssen eine Angabe über Art und Gewichtsanteil des verwendeten textilen Rohstoffs machen.

Das Deutsche Textilkennzeichnungsgesetz (1972) ist mit den entsprechenden EU-Textilkennzeichnungsrichtlinien abgestimmt. (Internationale Organisation für Textilpflegekennzeichen GINETEX-Groupement International d'Etiquetage pour l'Entretien des Textiles – mit Sitz in Paris 1995). Sie sind für alle europäischen EU-Länder verbindlich.

8

Was muss gekennzeichnet sein?

Alle Waren, die zu mindestens 80 % ihres Gewichts aus textilen Rohstoffen hergestellt sind. Dazu gehören auch Bezugsstoffe von Möbeln und Schirmen, Teile von Matratzen und Campingartikeln sowie textile Bodenbeläge.

Wo ist die Kennzeichnung zu finden?

Die Kennzeichnung erfolgt *an der Ware selbst*. Sie muss leicht lesbar sein:

- deutlich erkennbar eingewebt oder
- auf eingenähten oder angehängten Etikett oder
- auf der Verpackung angebracht

Bei mehrteiligen Artikeln, die gleiche Rohstoffgehalte haben (z. B. Jacke und Hose), genügt ein Etikett.
Bei Meterware muss der Rohstoffgehalt zumindest auf dem Wickelbrett angegeben sein. Sammelkennzeichnung, z. B. mit einem Schild über dem Verkaufstisch, gibt es bei Scheuer- und Putztücher, Bänder, Taschentücher u. a.

Welche Angaben zu Rohstoffherkunft sind wichtig?

- Baumwolle: Faser aus den Samen der Baumwollpflanze
- Leinen: Bastfaser aus den Stengeln des Flachses
- Wolle: Faser vom Fell des Schafes, auch für Gemische aus Fasern der Schafschur und aus Haaren von Kamel, Lama, Mohair-, Kaschmir-/Angoraziege, Angorakaninchen u. a.
- Seide: Faser, die ausschließlich aus Kokons seidenspinnender Insekten gewonnen wird
- Chemiefasern: Fasern „aus der Retorte“ wie Viskose, Polyester, Polyamid u. a., die im Einzelnen benannt sind

! Das Textilkennzeichnungsgesetz behandelt „Pflanzliche Fasern“, „Tierische Fasern“, „Chemiefasern“ und „Weitere Fasern“.

Welche Angaben zum Rohstoff-Anteil sind wichtig?

Die Gewichtsanteile der verwendeten Rohstoffe werden in Prozentsätzen des sogenannten Nettotextilgewichts angegeben. Das Nettotextilgewicht ist das Gesamtgewicht des Textilerzeugnisses abzüglich der Zahlen für Versteifungen, Verstärkungen, Einlagen, Etiketten, Nähmittel u. a.

Textilien aus einem Rohstoff

„100 % Baumwolle“ oder „reine Baumwolle“
oder „ganz Baumwolle“

Die Bezeichnung „100 %“ kann auch durch „rein“ oder „ganz“ ersetzt werden.

Textilien aus mehreren Rohstoffen

65 % Baumwolle 25 % Polyester 10 % Leinen	oder	65 % Baumwolle Polyester Leinen

Besteht ein Textilerzeugnis aus mehreren Rohstoffen, so sind die Gewichtsanteile in absteigender Reihenfolge anzugeben.

83 % Wolle 9 % Polyamid 8 % Viskose	oder	83 % Wolle 17 % sonstige Fasern

Sind Fasern unter einem 10 % Anteil vertreten, kann die Prozentanteile im einzelnen oder als sonstige Fasern angegeben werden.

85 % Baumwolle Mindestgehalt	oder	90 % Baumwolle

Wenn eine Faser mindestens 85 % des Gesamtgewichts erreicht, können die restlichen Faseranteile ungenannt bleiben.
Die Sammelbezeichnung „Synthetics“ für die vielen synthetischen Fasern ist nicht mehr gestattet. Erlaubt sind nur noch Fasergruppennamen wie Polyester, Polyacryl, Polyamid, Polyurethan.

Textilverarbeitung und -veredelung

! Die Deklaration der Rohstoffe des Textils lässt nur im geringen Umfang Rückschlüsse auf die weiteren Eigenschaften des Textils zu. Die Vorschriften sagen nichts über die bei der Produktion eingesetzten Hilfsstoffe und Verfahren aus.

Textilherstellung – was ist wichtig?

Warum gibt es Fasermischungen?

Um den Gebrauchswert der Textilien zu verbessern, werden Fasern gezielt gemischt, wobei die gewünschten Gebrauchseigenschaften genutzt und die unerwünschten vernachlässigt werden. Manchmal werden Mischungen auch wegen des günstigeren Preises der einen oder anderen Faser hergestellt.
Darüber hinaus werden Textilien eigentlich nur noch selten aus den natürlichen bzw. unveränderten Rohstoffen hergestellt, durch spezielle Verfahren der Textilverarbeitung und -veredlung werden die Rohfasern bearbeitet und ausgerüstet.

Was geschieht bei der Textilverarbeitung?

Natur- und Chemiefasern werden abhängig von ihren Eigenschaften als Rohfaser (Filamente) entsprechend dem vorgesehenen Verwendungszweck durch verschiedene Verfahren zu unterschiedlichen Garnen und Flächengebilden verarbeitet.

Was sind Garne?

Sind Einzel- oder Endlosfasern, die durch Spinnen miteinander verbunden werden.
Baumwolle, Wolle und Leinen werden als kurz- oder langstapelige Fasern gewonnen und in der Spinnerei zu Garnen verarbeitet.
Seide wird vom Seidenkokon an einem Stück abgehaspelt, die äußeren und inneren Schichten des Seidenkokons werden als Bruchstücke abgezogen und versponnen.
Chemiefasern werden entweder als viskose Spinnmasse durch Düsen gepresst und geschnitten, es entstehen Spinnfasern, oder es entstehen endlose Fasern (Filamentgarne) auf eine Spule gewickelt und dann jeweils weiter verarbeitet.
Aufgrund ihrer thermoplastischen Eigenschaften werden Chemiefasern auch verformt (texturiert) und erhalten eine dauerhafte Kräuselung (Stretchgarne u. a.).

Was sind Zwirne?

Zwirne werden aus zwei oder mehreren Garnen zusammengedreht, sie zeichnen sich durch mehr Gleichmäßigkeit und gleichzeitig größerer Reißfestigkeit als Garne aus.

Was sind Kammgarne und Streichgarne?

Die Begriffe beziehen sich auf das Spinnverfahren, nicht auf die verwendeten Fasern.
Beim Kammgarnverfahren werden längere, beim Streichgarnverfahren kürzere Fasern verdreht. Kammgarne sind feine, feste Garne mit glatter Oberfläche und daher strapazierfähig und nicht so schmutzempfindlich. Streichgarne sind dicker und weniger fest, wegen des guten Warmhaltevermögens sind sie für die Wintergarderobe geeignet.

Was sind texturierte Garne?

Durch Kräuselung werden bei gleichzeitiger Hitzeeinwirkung thermoplastische Rohstoffe (häufig Polyamid, Polyester) texturiert. Die vormals glatten Filamentgarne werden bauschig und hochelastisch. Handelsnamen sind u. a. Doilen loft, Trevira 2000.

Was sind Gewebe?

Ein Gewebe entsteht durch kreuzweise oder rechtwinklige Verflechtung von mindestens zwei Fadensystemen, in Längsrichtung die sogenannten Kettgarne, in Querbindung die sogenannten Schussgarne. Die Art der Kreuzung ist die Bindung.

Grundbindungen sind:

- *Leinwandbindung*
  ein Kettfaden kreuzt einen Schussfaden
- *Köperbindung*
  die Bindungspunkte sind seitlich und nach oben um einen Punkt versetzt, sie stoßen übereck an
- *Atlasbindung*
  es gibt wenig Bindungspunkte, sie stoßen niemals wie beim Köper aneinander, zwischen den Bindungspunkten liegen die Fäden über längere Strecken frei

Was sind Maschenwaren?

Bei Maschenwaren werden mit Hilfe von Nadeln die Garne durch ineinander greifende Fadenschlaufen (Maschen) verbunden.
Maschenwaren haben eine größere Elastizität als Webwaren.

Was sind Vliesstoffe?

Sie bestehen aus mehreren Vlieslagen (dünne, gleichmäßige Faserschichten), die durch verschiedene Verfahren verfestigt werden

- mechanisch durch kleine mit Widerhaken versehene Nadeln, z. B. Nadelfilz
- chemisch durch Klebe- und Bindemittel, bei synthetischem Material auch durch Anschmelzen bei hoher Temperatur

Was sind Tufting- oder Nadelflorwaren?

Sie entstehen, wenn in ein Grundgewebe oder Vliesstoff mit Hilfe von Nadeln das Flormaterial als Schlingen eingearbeitet wird. Werden die Schlingen aufgeschnitten, so entsteht Velourware.

Was geschieht bei der Textilveredlung?

Textilveredlung umfasst die Vorbehandlung, das Färben, Drucken, Ausrüsten. Das Ausrüsten kann mechanisch oder mit Hilfe von Chemikalien erfolgen und hat das Ziel, Textilien entsprechend ihrem Verwendungszweck und den Anforderungen hinsichtlich Griff, Aussehen und Gebrauchsverhalten mit den gewünschten Eigenschaften zu versehen.

Die Anforderungen und Wünsche der Konsumenten an die Textilien gehen heute weit über das Bedürfnis nach Schutz vor Kälte, Wärme, Niederschlag und Strahlung hinaus, Kleidung soll zu allen Gelegenheiten passend sein, auch bei körperlicher Anstrengung und bei Ruhe und Freizeit; bei der Arbeit und bei unterschiedlicher sportlicher Betätigung. Darüber hinaus hat Kleidung Schmuckfunktion und unterliegt der Mode. Die „ursprünglichen“ Fasern werden daher häufig durch die Veredlung mit zusätzlichen Eigenschaften ausgestattet.

Welche Ausrüstungen sind bei Fasern pflanzlicher Herkunft gängig?

- *Mercerisieren*
  Behandlung mit Natronlauge, um dauerhaften Glanz zu erhalten, Baumwolle wird glatter, glänzender, reißfester, besser färbbar.
  Kennzeichnung „mercerisiert“
- *Hochveredelt-Ausrüstung*
  Durch die Einlagerung von Kunstharzen in das Gewebe werden die Fasern stabilisiert, der Pflegeaufwand wird verringert, weniger Bügeln ist erforderlich. Bei Baumwolle, Leinen und Viskose wird die Knitterneigung herabgesetzt, sie werden formbeständiger, weniger einlaufend, schneller trocknend
  Kennzeichnung „pflegeleicht“, „bügelfrei“, „wash and wear“, knitterfrei, easy care
- *Sanforisieren*
  mechanisches Vorschrumpfen des Gewebes bei Baumwolle, Leinen, auf Zellulose-Basis, die von Natur aus zum Einlaufen neigen, werden krumpfarm ausgerüstet.
  Bei sanforisierter Ware beträgt die Maßänderung +/– 1 %.
  Kennzeichnung „Sanfor“, „Sanforisiert“
- *Stone wash, Moon-Wash*
  Vorwaschen von Jeans mit Bimssteinen und Bleichmitteln
  Effekt: ausgeblichenes, gealtertes Aussehen

Welche Ausrüstungen sind bei wollhaltigen Textilien gängig?

- *Filzfreiausrüstung*
  Behandlung mit Kunstharzen, dadurch Kappen der für die Verfilzung verantwortlichen Schuppen, die Wolle wird maschinenwaschbar Kennzeichnung „filzfrei“, „waschmaschinenfest“, „superwasch“
- *Mottenschutzausrüstung*
  Behandeln von Teppichen, Decken (nicht Bekleidung) mit Chemikalien, die einen Befall von Schädlingen verhindern
  Kennzeichnung „Eulan“, „eulanisiert“, „Mitin“

Welche Ausrüstungen sind bei synthetischen Fasern gängig?

- *Antistatische Ausrüstung*
  Überziehen der Faseroberfläche mit tensidähnlichen Substanzen, die elektrostatische Aufladung wird vermindert, insbesondere bei Teppichen, meist nicht waschbeständig und nicht reinigungsbeständig.
- *Antipilling-Ausrüstung*
  Überziehen der Faseroberfläche mit filmbildenden Substanzen, Knötchenbildung, Fadenziehen wird vermindert, insbesondere bei Maschenwaren eingesetzt.

Welche Ausrüstungen sind für spezielle Artikelgruppen gängig?

- *Wasser- und schmutzabweisende Ausrüstung, Fleckschutz*
  Überziehen der Faseroberfläche mit Substanzen, die wasser- und schmutzabweisend wirken, Ausrüstung geht bei Waschen und Chemischreinigung verloren.
  Kennzeichnung „Scotchgard“, „Teflon“ u. a.
- *Antimikrobielle Ausrüstung*
  Ausrüstung, die gegen Geruch, Bakterien, Schimmel- und Fußpilz wirkt, insbesondere bei Socken, Strümpfen, Wolldecken, Schuhfutter, Autopolster, Matratzenbezügen, alle Fasern Kennzeichnung „fußpilzhemmend“, „antibakteriell“, „Sanitized“, „Sanigard“, „Actifresh“ „Durafresh“ u.a.); besser Textilien aus Baumwolle verwenden!
- *Mikrofasern*
  ist der Sammelbegriff für feinst ausgesponnene Chemiefasern, meistens aus Polyester oder Polyamid.
  Sie werden heute auch als Folie oder Membrane in Sportkleidung eingezogen, hemmen den Feuchtigkeitstransport von außen, lassen aber die Verdunstung der Körperfeuchte zu (www = winddicht, wasserabweisend, atmungsaktiv), Probleme gibt es bei der Entsorgung!

- *Fleece*
  Mikrofaser-Fleece ist ein einseitig oder beidseitig aufgerauhtes Gestrick aus Mikrofasergarn (meist Polyester) für Sweatshirts, Westen, Jacken u.a. Es ist besonders leicht, elastisch und pflegeleicht, durch Faserknötchen (Pilling) kann die Oberfläche leicht unansehlich werden.

! Beim Einkauf sind Textilien mit Textilausrüstungen im Hinblick auf den tatsächlichen Gebrauchswert, die individuelle Nutzung, sowie gesundheitliche Verträglichkeit und Umweltfreundlichkeit zu bewerten!

Die wichtigsten Rohstoff-Kennzeichen bei Textilien – welche sind gemeint?

100% BAUMWOLLE
100% COTTON
100% COTON

- *Baumwollzeichen:* Kennzeichen für Erzeugnisse aus reiner Baumwolle

Rein Leinen

- *Leinenzeichen:* geschützte Gütezeichen für Artikel aus Reinleinen (Kette und Schuss Leinen)

Halb Leinen

aus Leinen mit Baumwolle (Kette Baumwolle, Schuss Leinen)

- *Wollsiegel:* geschütztes Gütezeichen, setzt Schurwollqualität voraus

- *Combi-Wollsiegel:* geschütztes Gütezeichen für Waren aus Schurwolle mit Beimischung, nur in Zusammenhang mit Rohstoffzusammensetzung

- *Waschmaschinenfest-Wollsiegel* mit Wollwaschprogramm in der Waschmaschine waschbar

- *„Reine Schurwolle"* garantiert, dass das Kleidungsstück aus neuer Wolle besteht, die niemals vorher in einem Fertigungserzeugnis verarbeitet war.

- *„Reine Wolle"* besteht meistens aus Reißwolle, die aus Stoffabfällen und alten Wolltextilien gewonnen wird.

- *Merinowolle:* sehr fein, weich und stark gekräuselt, für leichte Kleidung
  Crossbredwolle: gröber, weniger gekräuselt, für rustikale Artikel
  Lambswool: die Haare der ersten Schur, bes. fein und weich
  Cool wool: sommerlich leichte Kleidung aus Schurwolle mit Wollsiegelqualität

- Seidezeichen: Zeichen für Erzeugnisse aus reiner Seide
  Das Signet „S" bürgt für reine Seide (International Silk Association)
  Maulbeerseide oder Zuchtseide gewinnt man durch Abspinnen der Kokons gezüchteter Seidenraupen
  Wildseide oder Tussahseide gewinnt man aus Kokons wildlebender Raupen
  Bourettseide gewinnt man aus Bruchstücken der inneren und äußeren Kokonschicht der Zuchtseide (unregelmäßige Struktur)

Was besagt die Pflegekennzeichnung?

Pflegekennzeichen geben Empfehlungen zur sachgemäßen Pflege. Bei entsprechender Behandlung nimmt das Textil keinen Schaden.

Die Pflegekennzeichnung wird von den Herstellern freiwillig durchgeführt, sie erfolgt international nach einheitlichen Symbolen. Wenn Pflegekennzeichen eingesetzt werden, sind die Richtlinien der Arbeitsgemeinschaft „Pflegekennzeichen für Textilien" verbindlich.

Wichtig: Voraussetzung für die Pflegekennzeichnung ist die richtige Kennzeichnung der Textilfasern. Bei Fasermischungen richtet sich die Pflege nach dem schwächsten Glied der Kette. Andererseits wird häufig zu vorsichtig gekennzeichnet, um späteren Reklamationen aus dem Weg zu gehen. Bei der Empfehlung „chemisch-reinigen" ist manchmal auch waschen möglich!

Beim Einkauf auf das Etikett mit Pflegekennzeichnung achten! Etiketten nicht aus dem Textil heraustrennen!

Pflegehinweise

	Koch- bzw. Weißwäsche	Heißwäsche (Buntwäsche)	Feinwäsche	Feinwäsche
Waschen	95° 85° Normalwaschgang	60° Normalwaschgang	40° Normalwaschgang (reduzierte Mechanik)	nicht waschen
	95° 85° Schonwaschgang (reduzierte Mechanik)	60° Schonwaschgang (reduzierte Mechanik)	40° Schonwaschgang (stark reduzierte Mechanik)	
			30° Schonwaschgang (stark reduzierte Mechanik) z. B. Polyacryl, PVC	
Chloren	Cl chloren möglich			nicht chloren
Trocknen	im Tumbler trocknen			nicht im Tumbler trocknen
Bügeln	starke Einstellung	mittlere Einstellung	schwache Einstellung	nicht bügeln
Chem. Reinigen	A	P P	F F	nicht chemisch reinigen

Der Kreis sagt, ob in organischen Lösungsmitteln gereinigt werden kann oder nicht. Die Buchstaben im Kreis sind ein Hinweis für die Chemische Reinigung.

Anmerkung: Die Ergänzung der Symbole für das Waschen und Chemischreinigen durch den darunter gesetzten Strich kennzeichnet die wasch- bzw. chemisch-reinigungstechnisch mildere Behandlung bestimmter Textilien.

Erstellt von der Arbeitsgemeinschaft Pflegekennzeichen für Textilien, Schaumainkai 87, 60596 Frankfurt/M.

8

Öko-Textilien

Warum Öko-Textilien?

Viele Verbraucher wollen heute „Öko"-Kleidung kaufen, Berichte über tatsächliche oder vermeintliche Gesundheitsgefährdungen verunsichern beim Kauf. Sie bevorzugen weitgehend Textilien aus Naturfasern und gehen davon aus, dass diese unbehandelt und nicht oder wenig ausgerüstet sind. Dennoch durchlaufen auch Naturfasern aufwändige Produktionsprozesse mit dem Einsatz von Chemie.
Richtig ist: Textilien aus Naturfasern haben durchweg gute Trageeigenschaften für Kleidung, ihre Ausrüstungen sind allerdings nicht weniger aufmerksam zu betrachten.
Auch „unbehandelte" Naturfasern können zu Hautunverträglichkeiten führen, denn die Feinheit der Garne oder die Haarigkeit der Oberfläche können „Empfindlichkeiten"/Allergien zur Folge haben.
Nach dem Lebensmittel- und Bedarfsgegenstände-Gesetz dürfen Hersteller in Deutschland keine Produkte in den Verkehr bringen, welche die Gesundheit schädigen können, eine spezielle Überprüfung und Deklaration von Textilhilfsstoffen gibt es jedoch nicht.
Die Textilkennzeichnung gibt Informationen über die Rohstoffe, nicht erkennen kann man, ob Textilien mit Umweltbelastungen produziert oder mit Schadstoffen belastet sind.

Gut zu wissen

Die Herkunft der Textilien ist für den Käufer schon wichtig, denn bekanntlich werden wesentliche Teile der Textilproduktion in Entwicklungs- und Schwellenländern abgewickelt, wo die Anforderungen an Qualität, Arbeits- und Umweltschutzmaßnahmen nicht oder nur zum Teil Anwendung finden.
Weiterhin ist Textilerzeugung und -veredlung mit hohem Wasser- und Energiebedarf und großem Abfallausstoß verbunden. Die Produktion erfolgt meist in umweltoffenen Verfahren; die Entsorgung der Abfälle ist wenig geregelt. Die textile Kette führt zu einem immensen Transportaufkommen, häufig durch unterschiedliche Länder und Kontinente.

Welche Ansätze für eine nachhaltige Entwicklung von Textilien gibt es?

Seit den 90er Jahren bemüht sich die internationale Textilwirtschaft durch eine abgestimmte freiwillige Kennzeichnung mehr über ihre Produkte auszusagen. Einzelne Hersteller gewährleisten geprüfte Qualität nach festgelegten Maßstäben.
Die Palette der Labels reicht von selbst entwickelten Hersteller-Labels bis hin zu überwachten Qualitätszeichen und umfasst Eigenmarken, Gütezeichen, Prüfzeichen, Herkunftszeichen, Umweltzeichen.
Ziel ist, dem Kunden mehr Transparenz über die Eigenschaften der Textilien zu vermitteln, man spricht von Öko-Labels, Schadstoff-Labels, Umwelt-Labels, Sozial-Labels, Nachhaltigkeits-Labels.

Für die Deklaration der Öko-Textilien wurden Kriterienkataloge für schadstoffarme Textilien aufgestellt, sie bewerten, dass die genannten

- möglichst umweltfreundlich bei Anbau, Be- und Verarbeitung produziert sind (Herstellungsökologie)
- weitgehend schadstofffrei und hautfreundlich sind (Humanökologie)
- auch umweltfreundlich entsorgt bzw. wiederverwertbar sind (Entsorgungsökologie)

In Deutschland nehmen die Aktivitäten um „Nachhaltige Produkt- und Konsummuster" zu. Auch im Textilbereich spricht man von „Integrierter Produktpolitik (IPP)" und schließt den gesamten Lebensweg eines Textils von der Rohstoffgewinnung über die Verarbeitung bis hin zur Entsorgung in die Betrachtungen ein.
Seit der UN-Konferenz in Rio laufen Bemühungen, zunächst die Produktions- und Verbrau-

chergewohnheiten zu erfassen, um dann gezielt bestehende Muster zu verändern. Die internationale Verflechtung der Textilwirtschaft kann ohne internationale Ansätze nichts verändern.

Wie sieht die „Öko-Bilanz“ bei Baumwolle aus?

Baumwolle wird weitgehend in Monokulturen angebaut, großer Einsatz von Düngemittel und Pestiziden gehen häufig einher. Dort wo Erntemaschinen zum Einsatz kommen, werden die Pflanzen häufig mit Entlaubungsmitteln besprüht. Jedoch legen Hersteller inzwischen behördliche Bescheinigungen über eine ökologische Baumwollerzeugung in Anbauländern vor. Textilerzeugnisse aus Baumwolle werden weitgehend veredelt, d. h. gefärbt, optisch aufgehellt, pflegeleicht ausgerüstet u. a., bügelfreie Ware ist meist mit formaldehydhaltigen Kunstharzen behandelt. Wer sensibel reagiert, sollte auf eine mechanische Ausrüstung achten, gerade wegen der natürlichen Herkunft ist eine „allergene“ Wirkung möglich!

Wie sieht die „Öko-Bilanz“ bei Leinen aus?

Baumwolle verdrängte Leinen in den letzten Jahren, weil seine Verarbeitung nicht gleich gut mechanisiert werden konnte. Mit dem Bio-Trend hat Leinen eine „Renaissance“ erlebt, allerdings sind Sensibilitäten auch hier nicht auszuschließen.

Wie sieht die „Öko-Bilanz“ bei Wolle aus?

Verschieden Chemikalien, die Schafe und Wolle vor Schädlingen schützen sollen, können noch in den Wollwaren stecken. Wolle und Haare sind anfällig für Mottenbefall und neigen zum Filzen, deshalb werden sie häufig behandelt und mit Kunstharzen überzogen. Für manchen Allergiker kann der Kunststoffilm sogar von Vorteil sein, denn durch Wollflusen kann es zu allergischen Reaktionen kommen. Manche Menschen vertragen keine Wolle auf der Haut. Nach den derzeitigen Erkenntnissen wird eine Wolle-Intoleranz als Faser bedingt angesehen.

Um Textilien die gewünschten Pflege- und Trageeigenschaften zu verleihen, kann auf eine Veredlung kaum ganz verzichtet werden. Hinsichtlich der Art und Menge der dafür eingesetzten chemischen Substanzen gibt es allerdings Unterschiede.

Öko-Labels – was ist gemeint?!

- *„Naturtextil“*
  Das Qualitätszeichen des Internationalen Verbandes der Naturtextilwirtschaft (IVN) kennzeichnet Textilien, die vollständig aus Naturstoffen bestehen. Die Anforderungen – mit Bezeichnung „better“ und „best“ – erstrecken sich auch auf Umweltauswirkungen entlang des gesamten Produktionsprozesses sowie die Einhaltung von sozialen Standards. Die Kriterien werden von unabhängiger Stelle überprüft.

- *„Öko-Tex Standard 100“*
  Das Öko-Tex-Siegel „Textiles Vertrauen – schadstoffgeprüft nach Öko-Tex 100“ wird weltweit vergeben und kennzeichnet Textilien, die keine gesundheitlich bedenklichen Schadstoffkonzentrationen enthalten.
  Zertifikate gelten für 1 Jahr und nur für die geprüfte Warengruppe, Verlängerung ist möglich. Sie machen keinerlei Aussagen über andere Eigenschaften des Produkts.
  Das Label wurde weiter entwickelt und wird nun durch Öko-Tex 1000 und Öko-Tex 100 plus ergänzt.

- *Europäisches Umweltzeichen*
  Die Europäische Kommission kennzeichnet Textilprodukte, die im Vergleich zu herkömmlichen Produkten mit dem gleichen Gebrauchswert in allen Phasen des Lebenszyklus geringere Umweltauswirkungen haben, insbesondere werden Aspekte des Energieverbrauchs, der Wasser- und Luftverschmutzung sowie der Abfallvermeidung berücksichtigt.

Wie können Belastungen des Textils seitens des Verbrauchers eingeschränkt werden?

- Zunächst Textilien mit wenig Ausrüstung kaufen
- auf „hochveredelte" Textilienvöllig verzichten, besser solche mit mechanischer Ausrüstung wählen
- auf Kleidung, die nur chemisch gereinigt werden kann, weitgehend verzichten
- gebügelte und chemisch gereinigte Textilien gut lüften
- Kleidung und Wäsche vor dem Erstgebrauch waschen
- bei allergischen Reaktionen an den Hautarzt wenden

! Textilien nach Rohstoff, Herkunft, Veredlungsverfahren und Pflegeangaben auswählen!
Textilien aus Naturfasern im allgemeinen bevorzugen!

www.textil-online.de; www.naturtextil.com; www.oeko-tex.de

Textilpflege

Die Pflege der Textilien hängt eng mit den Ansprüchen an Hygiene und Werterhaltung, dem sparsamen und richtigen Einsatz von Wasser, Energie sowie Waschchemikalien und der Forderung nach Arbeitserleichterung zusammen.

Welche Möglichkeiten der Textilpflege gibt es?

- *Trockenreinigung*
  Ausbürsten, Lüften und Aushängen
- *Fleckentfernung*
  Säubern mit wasserlöslichen und chemischen Mitteln
- *Chemische Reinigung*
  Säubern durch Behandlung in Chemisch-Reinigung
- *Waschen*
  Säubern durch Nasswäsche in Maschinen- oder Handwaschverfahren

! Umweltfreundliche Textilpflege gibt es nicht! Nur wer Kenntnisse über Textilien, Schmutz und Waschchemie hat, kann optimal pflegen und die Umwelt schonen!

Waschen bedeutet
- Verbrauch an Wasser
- Verbrauch an Energie
- Belastung der Gewässer durch nicht abbaubare Waschchemikalien
- Gefährdung der Trinkwasserversorgung
- Überbelastung der Kläranlagen

! Belastungen der Umwelt weitgehend vermeiden, zumindest gering halten!

Waschen

Welche Faktoren sind am Waschvorgang beteiligt?

Wasser und vier weitere Faktoren wirken beim Waschvorgang zusammen.

Wasser

- benetzt Fasern und Schmutz
- löst Waschmittel auf
- transportiert den Schmutz

Waschmittel (Chemie)

- setzt die Oberflächenspannung des Wassers herab
- bindet die Wasserhärte
- trägt den Schmutz

Waschtemperatur

- unterstützt die Wirkung der Waschmittel

Waschmechanik

- durchflutet die Wäsche
- lockert und transportiert den Schmutz

Waschzeit

- entfaltet alle Waschfaktoren

! Beim Waschvorgang erzielen die Waschfaktoren zusammen das Waschergebnis. Der Einsatz wird in den einzelnen Waschprogrammen nach den Eigenschaften des Textils und der Verschmutzung unterschiedlich gesteuert, dabei wird der Verbrauch an Wasser, Waschmittel und Energie berücksichtigt.

Waschfaktor Wasser – was ist wichtig?

Was versteht man unter Wasserhärte?

Maßstab für den Gehalt an gelösten Salzen (insbesondere Calcium und Magnesium) im Wasser.
Die Maßeinheit für die Härte des Wassers ist heute Millimol (mmol) = 56 mg CaO Calciumoxid (Kalk) in 1 l Wasser
Früher wurde sie in Härtegraden (dH = deutsche Härte) angegeben, 1 Grad für 10 mg Calciumoxid pro 1 l Wasser

! Die örtlichen Wasserversorgungsunternehmen geben die jeweiligen Härtebereiche an:

Härtebereich	*mmol*	*mg CaO/l*	*dH*
1 weich	bis 1,3	bis 73	bis 7°
2 mittelhart	1,3–2,5	73–140	7°–14°
3 hart	2,5–3,8	140–213	14°–21°
4 sehr hart	über 3,8	über 213	über 21°

Wie wirkt sich die Wasserhärte beim Waschen aus?

Die Härtebildner im Wasser binden waschaktive Substanzen, dadurch

- Minderung der Waschwirkung und unzureichendes Waschergebnis
- Kalkablagerungen auf Textilien und Heizstäben der Waschmaschine

! Die Waschmittel müssen nach den Härtebereichen dosiert werden.

Welche Bedeutung hat die Oberflächenspannung des Wassers beim Waschen?

Sie verhindert das Benetzen der Wäsche durch das Wasser. Die waschaktiven Substanzen setzen die Oberflächenspannung des Wassers herab.

Waschfaktor Waschmittel – was ist wichtig?

Waschmittel nennt man die handelsübliche Erzeugnisse, die mit dem Wasser zusammen Verschmutzungen an Textilien beseitigen.

Seit 30 Jahren gibt es in Deutschland eine Umweltschutzgesetzgebung für Waschmittel. Das Wasch- und Reinigungsmittelgesetz (1987) regelt den Einsatz der Wasch- und Reinigungsmittel, damit negative Beeinträchtigungen der Gewässer und des Betriebs von Abwasseranlagen unterbleiben.
Beim Umweltbundesamt muss jede Rahmenrezeptur für Wasch- und Reinigungsmittel angemeldet werden, Angaben zur Umweltverträglichkeit müssen mitgeteilt werden.

Welche Schmutzarten sind beim Waschen zu entfernen?

- wasserlöslicher Schmutz wie Salz, Zucker, Harnstoff
- fetthaltiger Schmutz wie Haut- und Speisefette, Öle
- fester Schmutz wie Sand, Staub, Ruß
- eiweißhaltiger Schmutz wie Blut, Schweiß, Mehl, Milch
- bleichbarer Schmutz wie Obst- und Gemüsesäfte, Wein, Kaffee, Tee

Wie wirken die wichtigsten Inhaltsstoffe der Waschmittel?

1907 kam das erste „selbsttätige“ Waschmittel auf den Markt, eine Mischung aus PERborat, SILikat, Soda und Wasser. Heutige Wasch- und Reinigungsmittel sind viel komplexer, fast 400 Substanzen können in die Rezepturen eingehen.

Waschmittel können je nach Verwendungszweck enthalten

- Tenside
- Seifen
- Enthärter
- Phosphatersatzstoffe
- Bleichmittel
- Enzyme
- Optische Aufheller
- Vergrauungsinhibitoren
- Sonstige: Schaumregulatoren, Korrisionsinhibitoren, Vergrauungshemmer
- Duft- u. Farbstoffe, Weichspüler, Füllstoffe u. a.

Tenside

- sind die wichtigsten waschaktiven Substanzen der Waschmittel
- sie werden teils auf petrochemischer Basis (aus Erdöl oder Kohle), teils aus nachwachsenden Rohstoffen (Fette, Öle, Kohlenhydrate) hergestellt
- sie setzen die Oberflächenspannung des Wassers herab, sorgen für die Benetzung von Textil und Schmutz und heben den Schmutz von der Faser ab
- sie wirken als Lösungsvermittler zwischen hydrophilen (von Wasser benetzbaren) und hydrophoben (von Wasser nicht benetzbaren) Teilchen; letztere binden sich an den Schmutz, der dadurch in der Waschlauge in der Schwebe bleibt
- heute sind weitgehend anionische Tenside in Waschmitteln eingesetzt, sie bewirken in der Waschlauge den alkalischen pH-Wert und sind weitgehend (95 %) biologisch abbaubar

Tenside	
anionische	in den Wasch- und Reinigungsmitteln (Hauptkomponente)
nichtionische	bei synthetischen Fasern, mit niedrigen Temperaturen
kationische	in Weichspülern, Wollwaschmitteln, u. a. in Desinfektionsmitteln
amphotere	gute Wascheigenschaften, gute Hautverträglichkeit, in Kosmetikprodukten, in Spezialwaschmitteln der Chemischen Reinigung

Enzyme	*Eigenschaft*	*entfernen Verschmutzungen aus*
Proteasen	spalten Eiweiß	Blut, Ei, Milch, Kakao, Gras
Lipasen	spalten Fett	Bratfett, Soßen, Öl, Körperfett Öle
Amylasen	spalten Stärke	Schokolade, Kartoffeln, Nudeln, Reis
Cellulasen	trennen Fuseln ab	bei Baumwollfasern und damit Schmutz

Die Eigenschaften der Tenside sind dann problematisch, wenn sie unkontrolliert in die Umwelt gelangen; sie zerstören dann bei Gewässern die „Wasserhaut", so dass zahlreiche Insektenarten bedroht werden, in bestimmten Konzentrationen wirken sie toxisch auf Wasserorganismen.

Seifen

- sind die ältesten bekannten Tenside, sie gehören auch zu den anionischen Tensiden
- sie besitzen eine gute Waschkraft und schäumen normalerweise stark
- mit den Härtebildnern des Wassers und den Schmutzbestandteilen bilden sie Kalkseife, die als unlösliche Bestandteile aus dem Wasser ausfallen und sich auf Textilien und Waschmaschine absetzen
- sie werden heute als Schaumregulatoren eingesetzt
- sie werden biologisch gut abgebaut

Neutralseife reagiert neutral und ist keine Seife.

Enthärter/Komplexbildner

- binden die Härtebestandteile im Wasser
- gewährleisten den pH-Wert für den Waschvorgang und unterstützen die Tenside in ihrer Waschkraft
- Phosphate sind seit 1986 nicht mehr in Waschmitteln, da sie als Pflanzennährstoffe zur Euthrophierung der Gewässer beigetragen haben
- Phosphat-Ersatzstoffe (Zeolith A) übernehmen heute die Aufgabe der Phosphate, nach bisherigen Untersuchungen haben sie keine negativen Einflüsse auf die Ökosysteme

Bleichmittel

- werden zur Entfernung von Flecken und zur Vorbeugung gegen Vergilben der Wäsche eingesetzt
- Perborat, besser Percarbonat, spaltet bei höheren Temperaturen bleichaktiven Sauerstoff ab
- Bleichaktivatoren wirken schon bei niedrigen Temperaturen, unter 60 °C (wichtigster TAED)

Enzyme

- sind Proteine, die zur Fleckbehandlung eingesetzt werden
- sind hochwirksam bei niedrigeren Temperaturen, so dass Waschtemperatur und somit der Energieverbrauch deutlich gesenkt werden kann
- sind natürliche Verbindungen, die biologisch gut abbaubar sind
- können allergieauslösend sein

! **Die Wirkung der Enzyme ist bei 40–60 °C optimal.**

Optische Aufheller

- lassen die Wäsche weiß erscheinen, mit Hilfe von optischen Aufhellern wird UV-Licht in sichtbares Licht umgewandelt
- sie sind biologisch schwer abbaubar

Sonstige Stoffe

wie Verfärbungsinhibitoren, Schaumregulatoren, Korrossionsinhibitoren, Schmutzträger, Vergrauungshemmer, Duft- und Farbstoffe, Weichspüler, Füllstoffe u. a.

8

Welche Waschmittelarten gibt es?

Herkömmliche Pulver-Vollwaschmittel (30–95 °C)
für alle Textilien und alle Waschtemperaturen ausgelegt – besser nur für weiße – verfleckte oder stark verschmutzte Wäsche einsetzen, von 60–95°C, enthalten Bleichmittel und Enzyme; sie sind nicht für pH-empfindliche Textilien, z. B. Wolle, Seide, geeignet.

Kompakte Vollwaschmittel
sind eine „neue" Generation der Vollwaschmittel für überwiegend weiße, stark verschmutzte Wäsche, als Konzentrate/Superkonzentrate mit einem höheren Anteil an waschaktiven Substanzen, wenigen/keinen Füllstoffen und leistungsfähigen Enzymen, sie werden niedriger dosiert und sind verpackungsfreundlich.

Baukastensystem-Waschmittel
Die Waschkomponenten sind nach Inhaltsstoffen getrennt
- *Basis-Waschmittel* (Tenside)
  Dosierung nach Verschmutzung
- *Enthärter*
  Dosierung nach Wasserhärte
- *Fleckensalz*
  Zugabe nur bei Flecken

Konkrete Kenntnisse über die Wirkung der einzelnen Komponenten sind unabdingbar.

Fein- und Buntwaschmittel (40–60 °C)
- für bunte Textilien geeignet; haben die Waschkraft wie Vollwaschmittel
- im Allgemeinen keine Bleichmittel und optische Aufheller, mit Wirkstoff gegen Abfärben
- Gehalt an Alkalien ist gegenüber Vollwaschmitteln deutlich geringer

Spezialwaschmittel
- sind auf Reinigungs- und Pflegeansprüche bestimmter Textilien abgestimmt, von 30–40 °C, maximal bis 60 °C
- Feinwaschmittel für die Feinwäsche, keine Bleichmittel, keine optischen Aufheller
- Wollwaschmittel für Wolle und Seide, gering alkalisch, keine Enzyme, häufig mit Weichspülern
- Gardinenwaschmittel für weiße Gardinen/synthetische Fasern, mit Vergrauungsinhibatoren, oft auch mit Bleichmitteln und optischen Aufhellern

Flüssigwaschmittel
- haben ganz überwiegend hohen Tensidgehalt, keine Bleichmittel
- sind nur als Spezialwaschmittel bei synthetischen Fasern und fetthaltigen Anschmutzungen anzusehen, bis 60 °C
- als Vollwaschmittel und Feinwaschmittel angeboten
- der hohe Tensidanteil macht sie beim Gewässerschutz problematisch

„Alternative" Waschmittel
- pulverförmige oder flüssige Produkte, bei denen Einzelkomponenten ersetzt oder weggelassen werden
- überwiegend auf Seifenbasis, ohne Bleichmittel, ohne optische Aufheller und Enzyme, häufig auch ohne Phosphate
- sind kritisch zu prüfen, da die geringere Waschkraft evtl. nicht richtig wäscht und dann, um ein brauchbares Ergebnis zu erreichen, ein erhöhter Einsatz von Waschmittel erfolgt

Vorwasch- und Einweichmittel
- für stark verschmutzte Wäsche/Berufskleidung, sodahaltig und enzymhaltig

Wasserenthärtungsmittel
- für das Waschen bei Wasser über dem Härtebereich 1

Wäschenachbehandlungsstoffe – was muss sein?

Stärken, Appreturen, Steifen
- Naturstärken als Heiß- und Kaltstärken, heute meist als stärkehaltige Feinappreturen im Einsatz

- Steifen (meist flüssige Kunststoffteilchen) wirken als Dauerappreturen, sind verhältnismäßig waschpermanent, es können Vergrauungen entstehen

Formspüler
- ziehen auf die Faser auf, festigen innerlich, Atmungs- und Saugfähigkeit bleibt erhalten

Weichspüler
- ziehen auf die Faser auf, verhindern Trockenstarre und antistatische Aufladung, vermindern Saugfähigkeit
- begünstigen Hautreizung, Allergien
- enthalten kationische Tenside, die nur zum Teil biologisch abbaubar sind

! Auf den Einsatz von Weichspülmitteln möglichst verzichten.

Fleckensalze
- wirken auf bleichbare Verschmutzungen
- eignen sich bei Materialien, die nicht heiß gewaschen werden dürfen
- mit bleichmittelfreien Waschmitteln verwenden

Welche Angaben enthalten Waschmittelpackungen nach dem Waschmittelgesetz?

- Handelsname und Anmeldenummer (UBA-Nummer beim Umweltbundesamt)
- Name und Ort des Herstellers bzw. Vertriebunternehmers
- Wirkstoffgruppen und Inhaltsstoffe, weitgehend mit %-Angaben
- Angaben zur Dosierung (abgestufte Dosierungsempfehlung für die Härtebereiche 1–4 bei phosphat- und härtebindenden Stoffen)
- Angaben zur Ergiebigkeit (kg-Trockenwäsche, die mit 1 kg Waschmittel im Hauptwaschgang gewaschen werden kann)
- Angaben zur Verpackungsgröße und Füllmengen
- freiwillige Angaben des Herstellers

Inhaltsstoffe in Waschmitteln

	Tenside	Enthärter	Bleichmittel	Anmerkungen
Baukastensystem				
Basiswaschmittel	x			Dosierung nach Schmutz
Enthärter		x		Dosierung nach Wasserhärte
Fleckensalz			x	nur bei hartnäckigen Flecken
Tandemsystem				Überdosierung von Enthärter bei weichem Wasser
Vollwaschmittel	x	x	x	
Buntwaschmittel	x	x		Vorteil: Einsparung von Bleichmitteln
Entkalker		x		verhindert Verkalkung der Heizstäbe, dabei Waschmittelmenge reduzieren (nach geringster Härtestufe)
Fein-, Wollwaschmittel, Weichspüler	x	x		auf Weichspüler sollte verzichtet werden
Flüssigwaschmittel	x	x	x	sehr hoher Tensidanteil

(Umweltbundesamt 1999, 2004)

! Etwa 630.000 Tonnen Waschmittel werden jährlich in bundesdeutschen Haushalten zum Waschen verschiedenster Textilien eingesetzt. Umgerechnet bedeutet dies: Jeder Einwohner verbraucht 8 kg Waschmittel im Jahr. Hinzu kommen Weichspüler und Spezialwaschmittel.

(Umweltbundesamt 2004)

Was heißt Waschmittel nach Inhaltsstoffen auswählen und dosieren?

- Waschmittel auf Textilfaser/n, Farbe, Schmutzart und Schmutzmenge abgestimmt auswählen
- Waschmittelmenge für weiches Wasser (Härtebereich 1) bemessen und entsprechend den Härtegraden des Wassers Enthärtungsmittel zugeben
- Waschmittel genau dosieren, unterschiedliche Verdichtung bei Standard- und Kompakt-Waschmitteln beachten

Nach welchen Kriterien wird das Waschergebnis beurteilt?

- Schmutzentfernung
- Fleckentfernung
- Weißgrad
- Farbtonerhaltung
- Geruch
- Griff

Was versteht man unter Flottenverhältnis?

Verhältnis von Trockenwäsche zu Wassermenge mit Wirkung auf den Wasser- und Waschmittelverbrauch.
Der Wasserstand wird in modernen Waschmaschinen durch das Waschprogramm bestimmt, Normalwaschgang, Pflegeleichtwaschgang, Schonwaschgang, Wollwaschgang, Miniwaschprogramm, Spülprogramm.

! Je höher der Wasserstand, umso sanfter ist die Wäschebewegung!

Was versteht man unter Restfeuchte?

Feuchtigkeit, die nach dem Schleudern noch in der Wäsche verbleibt.
Moderne Waschmaschinen haben Schleuderzahlen zwischen 800 – 1600 U/min.
Auswahl zwischen Weichschleudern und Trockenschleudern (für Wäschetrockner).

Umweltbewusst waschen – was heißt das?

- Waschmaschine voll beladen
- auf Vorwäsche verzichten, da Wäsche meist nur leicht verschmutzt ist
- Flecken unverzüglich und gezielt vorbehandeln
- Sparprogramme zur Einsparung von Energie- und Wasserverbrauch nutzen
- möglichst Nutzung der Waschprogramme mit 40 °C bzw. 60 °C, anstelle von 90 °C
- Waschmittel nach Inhaltsstoffe auswählen
- am besten Baukastensystem verwenden
- Wasch- und Enthärtungsmittel nach Wasserhärte dosieren
- Bezeichnungen wie „Bio“ oder „Öko“ sind Aussagen der Hersteller
- auf optische Aufheller und Weichspüler verzichten
- Waschmittelmenge exakt vornehmen, besonders bei Konzentraten
- Messbecher nicht randvoll füllen, auf Messstriche achten
- bei nur einem Waschgang kann die Waschmittelmenge reduziert werden
- geringe Restfeuchte der Wäsche spart Energie beim Trocknen (mind. 1200 U/min)
- Nachfüllpackungen bei Waschmittel kaufen

! Es gibt keine umweltfreundlichen Waschmittel, jedes Waschmittel enthält Stoffe, die biologisch nicht oder nicht leicht oder nicht vollständig abbaubar sind!

www.waesche-waschen.de; www.waschsymbole.de

Vorbereitung der Wäsche – was ist wichtig?

Richtige Vorbereitung der Wäsche spart Zeit und Ärger!

- Sortieren nach Fasern, Farben, Verarbeitung, Verschmutzung
- abklären der Pflegekennzeichen
- prüfen der Farbechtheit
- vorbehandeln von besonders verschmutzten Stellen
- entleeren von Taschen
- ausbürsten von Nähten, Ecken, Taschen
- zuziehen der Reißverschlüsse
- verknoten von Trägern und Bändern
- öffnen der Knöpfe (Knopflöcher verformen sich
- Jeans, Cordhosen auf die linke Seite ziehen

Waschen mit der Hand – was ist zu beachten?

- Bei leicht verschmutzen Sachen, Wolle und Seide zu empfehlen
- Temperatur der Waschlauge sorgfältig einrichten (Handwärme bis 40 °C)
- Waschmittel genau dosieren und vollständig im Wasser auflösen
- Wäsche leicht drücken
- helle Textilien vor dunklen waschen
- empfindliche Teile nur leicht durchdrücken, nicht reiben
- ausreichend ausspülen
- liegend auf Tüchern oder auf Spezialbügel trocknen
- ggf. anschleudern und bei niedriger Temperatur im Wäschetrockner trocknen
- bei empfindlicher Haut Handschuhe verwenden.

Waschen mit der Maschine – was ist zu beachten?

- Bedienungsanleitung lesen
- Waschmaschine entsprechend dem Fassungsvermögen füllen
- Waschprogramm wählen
- Waschmittel sachgemäß dosieren
- Waschmaschine völlig entleeren
- Waschmaschine säubern, ggf. Flusensieb reinigen

Wäschetrocknen im Freien – was ist zu beachten?

- Leinen säubern, saubere Klammern verwenden
- Wäsche sortieren (gleiche Stücke zueinander)
- Wäsche ausschütteln
- Nähte, Webkanten, Bänder ausstreichen
- gleiche Stücke zusammenhängen
- Oberbekleidung auf Bügel hängen
- Wäscheteile fadengerade im Längsfaden aufhängen und etwa 1/3 überschlagen (Verziehen)
- Trikotwaren zur Hälfte über die Leine hängen, leicht anschieben
- Wäschekorb möglichst auf Wagen fortbewegen

Wäscheabnehmen – was ist zu beachten?

- Gleichartige Stücke nacheinander möglichst knitterfrei in den Korb legen
- Bügel- oder Mangelwäsche bügelfeucht, andere Wäsche gänzlich trocken abnehmen
- beschädigte Stücke aussortieren
- möglichst bald bügeln

Einsatz des Wäschetrockners – was ist zu beachten?

- Sehr empfindliche Stücke nicht im Tumbler trocknen (Wolle, Synthetiks, Mikrofasern)
- Füllmenge beachten, häufig kann nur die Hälfte der Waschmaschinenfüllung getrocknet werden
- die Wäsche sollte möglichst bei 1200 U/min geschleudert sein (Energieersparnis)
- Programmsteuerung entsprechend Trockenstufen auswählen
- Empfindliche Textilien mit geringer Heizleistung trocknen
- nach jedem Trockenvorgang Flusensieb reinigen (behindern den Trockenvorgang und erhöhen den Stromverbrauch)
- Auf Weichspüler verzichten
- Wäsche nach der Entnahme sogleich aufhängen bzw. knitterfrei ausbreiten

Bügeln

! Mit Sachkenntnis geht's schneller

Wäsche bügeln – warum?

Beim Bügeln wird mit Hilfe von Druck, Temperatur und Feuchtigkeit auf das textile Gewebe eingewirkt, um es zu glätten und zu formen und ihm das entsprechende Aussehen zu verleihen. Bügeln macht Wäsche keimfrei.

Wovon hängt das Bügelverhalten eines Textils ab?

Von den verarbeiteten Fasern, deren thermischem Verhalten und eventueller Ausrüstung. Bei Mischgeweben richtet sich die Temperatur nach der Faserart mit der geringsten Temperaturbeständigkeit. Textilien, die pflegeleicht ausgerüstet sind, werden nicht gebügelt.

Bügeln bei Hand – was braucht man dazu?

- höhenverstellbares Bügelbrett (evtl. Bügeltisch) mit weicher Unterlage und waschbarem Überzug
- höhenverstellbarer Arbeitsstuhl
- Reglerbügeleisen/Dampfbügeleisen
- Wäscheablage oder Aufhängevorrichtung (Stuhl)
- Wäschekorb auf Hocker
- Schälchen mit Wasser und Schwamm
- Ärmelbrett

Wie wird der „Arbeitsplatz Bügeln" vorbereitet?

- Alle Gegenstände im Greifraum anordnen
- Arbeitsgeräte von rechts nach links anordnen
- Lichteinfall von vorne oder links sicherstellen
- im Sitzen arbeiten
- Bügelbrett und Arbeitsstuhl in entsprechende Arbeitshöhe einstellen
- Hilfsmittel seitlich abstellen
- Arbeitsplatz Platzbedarf 1,40 m

Welche Bügelregeln helfen gut und schnell zu bügeln?

- Wäsche sortieren (nach Pflegesymbolen), viele Textilien müssen nicht gebügelt werden
- Wäsche nach Bedarf einsprengen und abdecken
- Wäsche sachgemäß vorbereiten (kurz ausschlagen, auf richtige Seite ziehen, Ränder + Bänder glatt ziehen, Knöpfe schließen, Tischwäsche längs halbieren)
- Wäsche mit niedriger Bügeltemperatur zuerst bügeln
- gesamte Wäsche ohne Unterbrechung bügeln
- parallel zur Bügelbrettkante bügeln
- vom Körper weg bügeln
- ohne unnötiges Umlegen und Wenden bügeln
- Bügeltechniken richtig ausführen
  - möglichst fadengerade bügeln
  - vom Weiten ins Enge bügeln
  - zuerst alle abstehenden und weghängenden Teile bügeln (Bänder, Kragen, Manschetten)
  - doppelte Teile zuerst von links und dann von rechts bügeln
  - Stickereien zuerst von rechts und dann von links bügeln
  - gestärkte Wäsche von rechts bügeln (Glanzeffekt)
- zuerst alle Teile bügeln, dann alle Teile zusammenlegen
- Wäsche vor dem Einräumen ausdünsten lassen
- Energie sparend bügeln

Bügeln mit der Bügelmaschine – was ist zu beachten?

- Wäscheteile angemessen einfeuchten
- sortierte Wäscheteile arbeitsgerecht legen und nacheinander bügeln
- glatte Wäscheteile fadengerade und faltenlos in die Walze einlaufen lassen
- bei großen Wäscheteilen zuerst die Mittelbahn bügeln, nach der Länge zusammenlegen, Seitenteile bügeln

- geformte Wäscheteile möglichst glatt durch die Maschine laufen lassen, nicht glatte Teile seitlich außerhalb der Walze führen
- durch Anheben der Heizmulde und erneutes Einlegen des Wäscheteils möglichst formgerecht bügeln
- Knöpfe sollen sich in die Polsterung eindrücken oder die Wange leicht anheben

Wie wird gebügelte Wäsche zusammengelegt?

- nur trockene Wäsche zusammenlegen
- keine unnötigen Falten legen
- rechte obere Ecke offen lassen (Monogramm)
- möglichst keine Webkanten knicken
- gleichartige Teile gleich zusammenlegen
- Größe und Form der gefalteten Teile richten sich nach dem Schrankraum
- die Wäscheteile werden von unten nach oben (halbiert, gedrittelt, geviertelt), dann von links nach rechts, mit dem Bruch nach vorn und die offene Seite rechts gefaltet

Was ist beim Einräumen der Wäsche wichtig?

- Wäsche nachtrocknen lassen, dann erst einräumen
- geschlossene Wäschekante nach vorn legen (leichtes Nachzählen, gutes Bild)
- beim Einlegen und Wegnehmen auf umlaufenden Wechsel achten.

! Durch sachgemäßes Waschen und Trocknen der Wäsche wird manche Bügelarbeit überflüssig. Energie sparend bügeln!

Pflege von Oberbekleidung

Was ist wichtig?

- Kleidungsstücke stets auf Bügel hängen
- Nach dem Tragen Kleidung baldigst überprüfen, ggf. ausbürsten
- Flecken sofort entfernen
- Schadhafte Stellen ausbessern (z. B. Knopf annähen)
- Kleidungsstücke lüften
- Kleidung nach Bedarf auffrischen und dämpfen
- Stark verschmutze Kleidung waschen oder chemisch reinigen

Fleckentfernung – was ist zu beachten?

- Je jünger der Fleck ist, um so leichter lässt er sich beseitigen
- Art des Flecks und Eigenschaften des Textils feststellen
- zunächst auf die „weiche Tour" versuchen, mit lauwarmem Wasser und weißem Tuch
- viele Flecke lassen sich durch Waschmittellösung bzw. durch Waschen entfernen
- es gibt kein Universalmittel zur Fleckentfernung
- einfache Hausmittel starken Fleckentfernern vorziehen
- Fleckentfernung an unsichtbarer Stelle ausprobieren
- Fleckentfernungsmittel vorsichtig mit Tuch auf saugfähiger Unterlage auftragen, heftiges Reiben vermeiden

Häufige Fleckarten:
Verunreinigungen durch Gerbstoffe, Eiweißstoffe, Kohlehydrate (Zucker- und Stärkeflecken), Fette oder Öle und Farbmittel (Pigment- oder Farbstoff-Flecken).

! Bei schwierigen Flecken auf empfindlichen Textilien empfiehlt sich die Dienstleistung des Textilreinigers in Anspruch zu nehmen!

Wie können folgende Flecken entfernt werden?	
Blut, Ei	mit kaltem Wasser, ggf mit enzymhaltigen Waschmitteln
Filzstift/ Kugelschreiber	mit Spiritus/Essig-Mischung auf Tuch vorsichtig bearbeiten
Kalk	mit lauwarmem Essigwasser auswaschen
Lippenstift	mit Alkohol auf Tuch abtupfen
Obstfleck	mit Wasser u. Waschmittellösung, ggf mit Zitronensaft beträufeln
Ölfarben/Lacke	mit Terpentin auf Tuch behandeln, auswaschen
Öl/Fett	mit heißem Wasser und Waschmittel auswaschen, ggf mit Alkohol auf Tuch behandeln
Rost	mit Zitronensaft beträufeln, auswaschen
Rotwein	mit Salz bestreuen, auswaschen
Schuhcreme	mit Terpentin auf Tuch betupfen, auswaschen
Tinte	1–2 Std. in Buttermilch legen, auswaschen
Wachs	mit Löschpapier abbügeln, als Fettfleck weiter behandeln

Was ist bei der Chemisch-Reinigung von Textilien zu beachten?

Das Chemisch-Reinigen richtet sich nach internationalen Symbolen, sie geben einen Hinweis für die infrage kommenden Reinigungsverfahren und Lösemittel.

Sind die Buchstaben unterstrichen, muss das Textil besonders schonend behandelt werden.

Es bedeuten

(A) intensive Behandlung mit allen erlaubten Lösemitteln

(P) mittlere Behandlung mit Perchlorethylen, Kohlenwasserstoffen (Schwerbenzin)

(F) Behandlung mit FCKW 113 oder Schwerbenzin*

(X) keine chemische Reinigung empfohlen

* Seit dem 1. 1. 1993 darf das Lösemittel FCKW 113 nicht mehr eingesetzt werden, das Gleiche gilt – in der EG – für Schwerbenzin, es gibt jedoch anders entwickelte Verfahren und Lösemittel, so dass bei diesem Symbol auch gereinigt werden kann

Das *Umweltzeichen „Blauer Engel“* kann seit 2002 an Textilreiniger vergeben werden, wenn sie Textilien nass reinigen und auf Lösungsmittel verzichten. Zur Fleckentfernung ist der Einsatz von kohlenwasserstoffhaltigen und weiteren halogenfreien Lösungsmitteln gestattet.
www.blauer-engel.de

Ansonsten gilt

- manche Kleidungsstücke können nicht gewaschen werden, sie würden Form und Aussehen verlieren, sie werden daher chemisch gereinigt
- Pflegekennzeichen im Etikett überprüfen
- verfleckte Kleidung sofort zur Reinigung bringen, nicht vorbehandeln
- mehrteilige Garderobe immer zusammen reinigen lassen
- empfindliche Schnallen, Knöpfe, Gürtel vorher abtrennen
- auf Flecken hinweisen, möglichst Art der Verfleckung angeben
- Taschen entleeren
- Leder bedarf stets einer Spezialreinigung
- Kleidung anschließend ohne Schutzfolie bei geöffnetem Fenster lüften (1–2 Tage)!

Wie ist Chemisch-Reinigen unter Umweltgesichtspunkten zu sehen?

- Waschen ist immer Chemisch-Reinigen vorzuziehen!
- Erkundigen Sie sich beim Fachbetrieb nach weitgehend schonenden Verfahren!

9 Haushaltspflege

Haushaltspflege leistet einen wichtigen und unverzichtbaren Beitrag zum Wohlbefinden und zur Gesunderhaltung der Haushaltsmitglieder. Sie sorgt für Hygiene in den Haushalten: Dies ist für Privathaushalte und in besonderem Maße für Großhaushalte von Bedeutung.

Haushaltspflege trägt zur Verbesserung der Gebrauchseigenschaften und zugleich zur Werterhaltung der Gegenstände bei, dies wiederum wirkt sich günstig auf das Haushaltsbudget aus und schont die Umwelt.

Bei hauswirtschaftlichen Dienstleistungen ist Haushaltspflege ein wesentlicher Teilbereich und wird heute verstärkt im Service-Bereich nachgefragt.

Immer wiederkehrende Routinearbeiten sind in diesem Arbeitsbereich eher typisch, umso wichtiger erscheint es, hier auf die Bedeutung von rationellem und systematischem Arbeiten und auf die so wichtige Sachkenntnis im Umweltschutz hinzuweisen.

Grundlagen der Reinigung

Was versteht man unter Reinigung?

Reinigung bezeichnet alle Tätigkeiten, die der Entfernung von Schmutz an Gegenständen und Materialien dienen.

Im Unterschied dazu steht die Desinfektion, die das Abtöten von Mikroorganismen zum Ziel hat.

Was versteht man unter Pflege?

Pflege bedeutet das Behandeln der Gegenstände und Materialien mit geeigneten Mitteln zur Verzögerung der Wiederverschmutzung und zum Schutz des Materials.

! Die regelmäßige Reinigung und Pflege von Räumen, Einrichtungsgegenständen und Arbeitsgeräten gehört zu den notwendig an Maßnahmen der Betriebshygiene.

Was ist Schmutz?

Schmutz ist immer unästhetisch und unhygienisch. Schmutz bietet Mikroorganismen Nahrung und fördert deren Vermehrung, somit wird er zur Ursache für die Übertragung von Krankheiten.
Reinigung ist zur Vermeidung von Krankheiten (Infektionen) unabdingbar und verbessert bei gesundheitlichen Belastungen (Allergien) das Wohlbefinden.

Wo und wie stellen sich Gefährdungen der Gesundheit durch Schmutz im Haushalt ein?

- bei der Verarbeitung und Verteilung von Lebensmitteln
- in der Nutzung der Wohn- und Funktionsräume

Die Gefährdungen können unterschiedlicher Art sein:	
biologisch	durch Mikroorganismen, Schädlinge
chemisch	durch Reinigungsmittel/Reinigungsmittelrückstände, gefährliche Stoffe
physikalisch	durch groben Schmutz, Unfälle infolge von Verschmutzungen, Kontakte

Kontrollen müssen sich auf Gefährdungspotenziale insbesondere in folgenden Bereichen richten:

- Raumhygiene
  Fußböden, Wände, Wasserabläufe
- Gerätehygiene
  Arbeitsflächen, Geräte, Maschinen
- Sanitärhygiene
  WC, Türklinken, Fußböden
- Personalhygiene
  Hände, Kleidung, Haare
- Lebensmittelhygiene
  LM-Verarbeitung, -Lagerung

Die Betriebshygiene ist durch gesetzliche Vorschriften geregelt. In Großhaushalten wird häufig das Kontrollsystem „HACCP-Konzept“ (nach § 4 LMHV) zur Bewertung von Risiken und Gefährdungen eingesetzt.

Welche Kriterien sind für die Durchführung des einzelnen Reinigungsvorgang von Bedeutung?

- Oberflächenmaterial
- Verschmutzung
- Reinigungsmittel
- Reinigungsverfahren

Welche Faktoren bestimmen den Reinigungsvorgang?

- Wasser
- Mechanik
- Chemie
- Temperatur
- Zeit

Die einzelnen Faktoren wirken beim Reinigungsvorgang zusammen, ihre Gewichtung ist unterschiedlich (vergleichbar Waschvorgang).

Aufgabe des Wassers

- benetzt Schmutz und Material
- bringt den Schmutz zum Quellen
- löst Schmutz von der Fläche, übernimmt den Abtransport
- ist Träger der Inhaltsstoffe der Reinigungsmittel

! Aus Gründen des Umweltschutzes soll der Aufwand an Chemie möglichst gering sein.

Welche Arten von Schmutz unterscheidet man?

nach Haftung

- lose aufliegend
  Feinstaub bei Staub, Flusen
  Grobstaub bei Sand, Laub
- fest haftend
  Lebensmittelreste, Fette, Kalkverschmutzungen, Farben, Lacke, Pflegefilme

nach Löslichkeit

- mit Wasser zu lösen
  bei zucker-, salzhaltigem Schmutz
- mit Lösemitteln zu entfernen
  bei Wachs, Farben, Lacke

Was versteht man unter Unterhaltsreinigung?

Sie dient der Entfernung der laufend anfallenden Verschmutzungen,
sie erfolgt täglich oder nach Bedarf.

- Aufräumen der herumliegenden Gegenstände
- lüften
- leeren und säubern von Aschenbechern
- abstauben
- Fußboden reinigen

Was versteht man unter Grundreinigung?

Sie dient der Entfernung von Schmutz- und Pflegemittelresten, der Reinigung schwer zugänglicher Stellen,
sie erfolgt nach Bedarf.

- Gardinen und Wandschmuck abnehmen
- bewegliche Einrichtungsgegenstände und Dekorationen aus dem Raum bringen und reinigen
- Decken und Wände säubern
- nichtbewegliche Einrichtungsgegenstände reinigen
- Fenster, Heizkörper, Lampen, Türen sachgemäß reinigen
- Grundreinigung des Fußbodens
- Gardinen waschen und aufhängen
- Raum wieder einräumen

Arbeitsabläufe, Einwirkungszeiten von Reinigungsmitteln und Wartezeiten sind entsprechend zu berücksichtigen.

Eigenschaften von Reinigungs- und Pflegemitteln

Reinigungs- und Pflegemittel sind aus den aushalten nicht mehr fortzudenken. Über den vielfältigen Nutzen von Reinigung und Sauberkeit der Räume und Materialien hinaus, sind ihre Umweltbelastungen heute jedoch nicht mehr zu übersehen.
Die Supermärkte bieten heute eine unübersehbare Vielfalt an Mitteln an. Es gibt kaum ein Reinigungsproblem, für das nicht ein spezielles Mittel angeboten wird. Dabei sind die Reinigungsaufgaben in der Regel ähnlich, denn die Anschmutzungen sind häufig die selben, einzig die zu reinigenden Oberflächen unterscheiden sich erheblich.

Welche Inhaltstoffe enthalten Reinigungsmittel?

Reinigungsmittel können je nach Verwendungszweck enthalten

- Tenside
- Enthärter
- Säuren bzw. saure Salze
- Alkalien bzw. alkalische Salze
- organische Lösemittel
- Bleichmittel
- Enzyme
- Abrasivstoffe

! Gebrauchsanweisung lesen!

Es gibt Allzweckreiniger und Reiniger für bestimmte Aufgaben. Je nach Reinigungsziel sind die Inhaltsstoffe in den Reinigungsmitteln zusammengestellt.

mechanisch wirkende Reinigungsmittel

- durch mechanische Bearbeitung mit Abrasivstoffen (wasserunlösliche Mineralmehle) wird der Schmutz abgerieben

polierende Mittel: Materialoberfläche bleibt erhalten
Scheuermilch, Schlämmkreide, weiche Pads, u. a.

Scheuermittel: Materialoberfläche wird aufgerauht
Scheuerpulver, Stahlwolle, Harte Pads, Vliesschwämme, u. a.

chemisch wirkende Reinigungsmittel

- durch die Inhaltsstoffe wird der Schmutz vom Material abgelöst

Tenside und Enthärter sind in fast allen Reinigungsmitteln enthalten, sie lösen den Schmutz (siehe Waschmittel)

Säuren sind in Reinigungsmitteln zum Entfernen von Kalk, Rost, Urinstein enthalten.
Organische Säuren, wie Essigsäure und Zitronensäure, sind schwache Säuren und vollständig biologisch abbaubar.
Anorganische Säuren, wie Salzsäure, Schwefelsäure, sind starke Säuren und umweltbelastend.

Alkalien sind basische Salze, sie entfernen Fette, Öle und eiweißhaltigen Schmutz, je nach pH-Wert können sie die Oberflächen schädigen.

Organische Lösemittel entfernen wasserunlösliche Verschmutzungen wie Öle, Fette, Wachse, Pflegemittelreste, sie werden häufig in lösemittelhaltigen Reinigern eingesetzt.
Es gibt dabei

- wasserlösliche Lösemittel wie z. B. Alkohol, sie haben keine starke Reinigungswirkung – lösen Verschmutzungen an –, sind aber vollständig abbaubar
- wasserunlösliche Lösemittel wie z. B. Terpentin, sie haben eine bessere Reinigungswirkung, sind aber stark umweltbelastend

(lösemittelfrei sind wässrige Lösungen mit Tensiden)

Hartnäckig haftender, fetthaltiger Schmutz (wie Öle, Fett, Wachs, Teer, bestimmte Kunststoffe, Farben, Lacke) kann häufig nicht durch Wasser und waschaktive Substanzen allein gesäubert werden, sondern muss durch Reiniger, die organische Lösemittel enthalten, entfernt werden. Spezieller Schmutz kann meist nur gezielt mit ganz bestimmten Inhaltsstoffen entfernt werden, z. B. bleichen, desinfizieren.

Bleichmittel dienen der Fleckentfernung, sie zerstören Farbpigmente.

Enzyme können Verschmutzungen von Eiweiß, Kohlenhydraten und Fett abbauen und entfernen.

pH-Wert

- *alkalisch 11–14*
  Schmierseife, Sanitärreiniger, Salmiakgeist, Backofenreiniger
- *neutral 6–10*
  Alkoholreiniger, Neutralreiniger, Allzweckreiniger, Seifenreiniger
- *sauer 1–5*
  Sanitärreiniger, Essigsäure, Zitronensäure

! Die Verträglichkeit des Reinigungsmittels hängt vom pH-Wert ab.

Der pH-Wert – 7 – steht für neutral, oberhalb des Wertes werden die Lösungen zunehmend alkalischer, unterhalb zunehmend saurer. Mit neutralen Reinigungsmitteln können fast alle Reinigungsarbeiten im Haushalt durchgeführt werden.

! Es gibt Reinigungsmittel, Pflegemittel und kombinierte Reinigungs- und Pflegemittel!

Welche besonderen Inhaltstoffe enthalten Pflegemittel?

Sie pflegen durch

- Öle und Fette
  in Möbelpolituren
- Wachse
  - in natürlichen Wachsen wie Bienenwachs, Glycerin, Wachse von Pflanzen (lösemittelfrei)
  - in synthetischen Wachsen wie Silikonwachs (lösemittelhaltig)
- Polymere
  bilden einen Schmutzfilm, der die spätere Reinigung erleichtert

9

Durchführung von Reinigungsarbeiten

Welche Grundregeln gelten für das Putzen im Haushalt?

Vorbeugen	beim Kauf von Ausstattung und Einrichtungen an Gebrauchseigenschaften denken regelmäßige Säuberung durch Reinigungspläne absichern Verstopfungen durch den Einsatz von Sieben verhindern, keine Abfälle ins WC werfen
rasch handeln	Anschmutzungen sofort behandeln, möglichst umgehend entfernen eingetrockneter Schmutz ist schwieriger zu entfernen, reiben schadet der Materialoberfläche
vorbehandeln	hartnäckige Verschmutzungen werden durch Einweichen leichter entfernt

! Häufiges Reinigen ist wirksamer und schneller als die Verwendung von scharfen und desinfizierenden Mitteln!

Welche Grundsätze gelten für den Einsatz von Reinigungs- und Pflegemitteln?

- Art des Schmutzes und Empfindlichkeit der Oberfläche abstimmen
- mit Reinigungsmitteln aus dem neutralen Bereich können fast alle Reinigungsarbeiten durchgeführt werden
- erst wenn ein mildes Mittel nicht wirkt, soll ein schärferes zum Einsatz kommen
- viele Reinigungs- und Pflegemittel eignen sich für mehrere Zwecke
- Mittel nach Gebrauchsanweisung einsetzen
- nur in der Originalverpackung aufbewahren
- alkalisch und sauer reagierende Mittel nicht gleichzeitig verwenden
- während des Arbeitend mit stark riechenden Mitteln für Frischluftzufuhr sorgen
- für Kinder unerreichbar aufbewahren

! In Bereichen, wo größere gesundheitliche Gefährdungen bzw. Risiken bestehen, sind individuelle Reinigungspläne aufzustellen und entsprechende Reinigungs- und Desinfektionsmittel einzusetzen. (siehe Lebensmittelhygiene-Verordnung!)

Welche Anforderungen stellen Sie generell an den Gebrauchswert der Mittel?

- Vielseitig einsetzbar
- schonende Reinigung
- gesundheitlich unbedenklich (hautschonend, geruchsneutral)
- Angabe der Inhaltsstoffe und Gebrauchsanweisung
- Angabe der Gefahrensymbole
- nutzerfreundlich (leicht anzuwenden, gebrauchsfreundliche Behälter)
- umweltverträglich
- sparsam dosierbar
- ergiebig und damit preisgünstig

! Für die Reinigung im Privathaushalt genügen meist neutrale bzw. herkömmliche Reinigungsmittel!
Chemisch wirkende Reinigungsmittel auf die Fälle beschränken, wo keine andere Säuberung möglich ist!

Wie kann ein Sortiment von Reinigungs- und Pflegemitteln für Öko-Putzschrank im Privathaushalt aussehen?

- milder Allzweckreiniger, für die meisten Reinigungsarbeiten geeignet
- essighaltiger, besser zitronensäurehaltiger Reiniger für Kalk-Verschmutzungen
- Scheuermilch, für kratzfeste Oberflächen
- mildes Handspülmittel
- phosphat- und chlorfreier Maschinengeschirrspül-Reiniger
- mechanische Hilfen wie Haarsiebe, Bürsten, Saugglocke

! Ein abgestimmtes Sortiment an Reinigungsmitteln ist ökonomisch sinnvoll und umweltschonend!

Einsatz von unterschiedlichen Reinigungs- und Pflegemitteln

Bereich Fußboden – was muss man wissen?

Fußbodengruppen

- Steinfußboden wie Natursteine, Kunststein, keramische Platten und Fliesen
- Holz, Kork, Linoleum, Gummi
- Kunststoffe wie PVC-Weichbeläge, PVC-Hartbeläge, Laminat

Die Fußbodenbeläge reagieren unterschiedlich in Bezug auf Säuren, Alkalien und Lösemittel, dringend beachten!

Grundreiniger

- zur Entfernung von Pflegemittelrückständen, aber auch fest haftenden Verschmutzungen
- meist alkalisch
- enthalten Lösemittel, Tenside und Alkalien
- hohe Konzentration beim Einsatz
- die hohe Alkalität belastet unter Umständen das Abwasser

Lösemittelreiniger

- zur Reinigung und/oder Pflege von meist wasserempfindlichen Materialien
- enthalten fast ausschließlich Benzine

Seifenreiniger

- enthalten hohen Kernseifenanteil, auch weitere Tenside
- wirken reinigend und pflegend
- bei hartem Wasser ausfallende Kalkseife, kann ggf. aufpoliert werden
- Schmierseife wirkt alkalisch und kann scharf sein, Vorsicht bei Linoleum

Wischpflegemittel

- enthalten meist Tenside, organische Lösemittel und Wachse und/oder Polymere
- wirken reinigend und pflegend
- werden dem Wischwasser zugesetzt
- Pflegefilm muss von Zeit zu Zeit entfernt werden

Reine Pflegemittel

es gibt wässrige und lösemittelhaltige Produkte

wässrige Produkte

Selbstglanzemulsionen

- enthalten meist pflegende Komponente wie Polymere, Wachse und Lösungsvermittler
- sind mit Grundreiniger zu entfernen

lösemittelhaltige Produkte

Bohnerwachse

- sind Wachse mit Terpentin-Ersatz
- Lösemittel reinigen, Wachse schützen den Boden
- aufpolieren, sind umständlicher zu handhaben als Selbstglanzemulsionen
- sind beste Pflegemittel für unversiegelten Holz- bzw. Parkettfußböden

flüssige Polymere-Produkte

- enthalten Wachse, Harze und Kunststoffdispersionen
- geben strapazierfähigen, schmutzabweisenden Film

! Für die Reinigung von Fußböden mit normalen Verschmutzungen genügt weitgehend Wasser und Allzweckreiniger.
In Privathaushalten kann meist auf Pflegefilme verzichtet werden, bei nicht versiegelten Holz- und Steinfußböden sind sie allerdings sinnvoll.
Pflegefilme müssen grundsätzlich von Zeit zu Zeit entfernt und erneuert werden.

Bereich Küche – was muss man wissen?

Hand-Geschirrspülmittel

- enthalten hohen Anteil an Tensiden, zusätzlich hautschützende Zusätze, Duftstoffe
- wegen der Tenside mit klarem Wasser nachspülen

! Richtig dosieren, Dosierpumpen helfen dabei!

Maschinen-Geschirrspülmittel
- beseitigen hartnäckige Verkrustungen mit Wasserdruck und „mehr“ Chemikalien
- Reiniger: zum Schmutzablösen, basisch eingestellt, leicht ätzend, meist mit Bleichmittel
- Klarspüler: als Trockenhilfe, sauer eingestellt

! Maschinen-Geschirrspülmittel möglichst ohne Phosphate und Chlorabspalter verwenden, angemessen dosieren!

Herdputzmittel
- zur Reinigung von Kochplatten, -mulden und Glaskeramikkochfeldern
- Spezialmittel mit Tensiden, Säuren, zusätzlich Öle und Pflegezusätze

! Lösemittelfreie Herdputzmittel unterscheiden sich kaum von Allzweckreinigern Allzweckreiniger, Scheuermilch und Schlämmkreide sind umweltfreundliche Alternativen.

Bereich Sanitär – was muss man wissen?

Alkalische Sanitärreiniger auf Chlorbasis
- gut reinigend und desinfizierend, teilweise ätzend
- gegen Verunreinigungen von Fett und Eiweiß

saure Sanitärreiniger
- zur Entfernung von Kalk- und Urinsteinablagerungen auf säurebeständigen Materialien
- teilweise ätzend
- pulverförmig und flüssig

! Alkalische und saure Sanitärreiniger nicht zusammen verwenden, es können giftige Chlorgase entstehen!
Weniger Chemie tut es auch!

Abfluss- und Rohrreiniger
- sollen Verstopfungen in Abwasserrohren in Küche und Bad chemisch auflösen
- wirken basisch, ätzend, wie Sanitärreiniger

! Verstopfungen beseitigt man besser mechanisch mit Saugglocke, Spirale oder Saugpumpe, nicht-chemische Rohrreiniger werden mit Umweltzeichen ausgezeichnet!

Bad- und Wannenreiniger
- sollen Kalkflecken auf Fliesen und Armaturen lösen
- können Säuren, Lösemittel, Treibgase enthalten und sogar Desinfektionsmittel
- können Fliesen und Armaturen angreifen
- flüssig oder als Spray

! Allzweckreiniger, Scheuerpulver und Essig sind bessere Alternativen!

WC-Reiniger
- enthalten saure Salze bzw. Säuren, manchmal Lösemittel und desinfizierende Wirkstoffe
- pulverförmige Reiniger enthalten meist Natron, das Kohlensäure freisetzt

! Auftretende Verschmutzungen sofort mechanisch entfernen!
Allzweckreiniger und Scheuerpulver, ergänzt durch Essigreiniger, gegen Kalkreste verwenden!

Scheuermittel
- zur mechanischen Reinigung hartnäckiger Verschmutzungen bei widerstandsfähigen Oberflächen, insbes. für keramische Oberflächen, Steine, Metalle in Küche und Bad
- enthalten Putz- und Polierkörper, zusätzlich Tenside oder Seifen
- es gibt Scheuerpulver (bleichend und nicht bleichend) und flüssige Scheuermittel
- Scheuerpulver enthält fein gemahlenes Quarzmehl, Scheuermilch Marmormehl oder Kreide für empfindlichere Oberflächen

! Bei kratzfesten Oberflächen im Sanitärbereich Scheuerpulver bevorzugen!

Allgemeiner Bereich – was muss man wissen?

Glas- und Fensterreiniger

- enthalten wenig Tenside, mit wasserverdünnten Alkoholen oder Glykolen
- weniger umweltbelastend sind Spiritus und Zeitungspapier oder Wasser mit Spülmittel bzw. Essig

! Wasser mit Spülmittel, ggf. Essig oder Spiritus verwenden, die Reinigung kann mit mechanischen Hilfsmitteln wie Schwamm, Bürste, Gummiabzieher und Lederlappen unterstützt werden!

Möbelpflegemittel

- enthalten organische Lösemittel sowie Öle, Wachse und Harze, reinigen und pflegen
- entfernen Verschmutzungen und Pflegefilme, überdecken Kratzer, frischen Farben auf

! Oft reicht es aus, mit einem feuchten, weichen Tuch Staub abzuwischen, ggf. mildes Handpülmittel einsetzen!

Polster- und Teppichreiniger

- lösen Staub und Verschmutzungen
- enthalten meist Tenside und organische Lösemittel
- werden in zu reinigende Materialien eingearbeitet und abgesaugt
- meist als Schaum verwendet, auch in Pulverform
- bei der Grundreinigung können spezielle Verfahren eingesetzt werden

! Polster und Teppiche nach Bedarf klopfen, saugen und bürsten!
Flecken laufend mit Seifenschaum (Feinwaschmittellösung) entfernen!
Vorsicht bei der Anwendung von Fleckenwassern!

Allzweckreiniger

- sind Reiniger für viele Zwecke
- eignen sich für alle mit Wasser abwaschbaren Flächen
- pulverförmig oder flüssig
- es gibt flüssige Allzweckreiniger, mit und ohne organische Lösemittel, auch mit Desinfektionswirkstoffen

! Bei normalen Verschmutzungen mit Wasser verdünnt anwenden, ohne Nachwischen!
Bei stärkeren Verschmutzungen unverdünnt anwenden, mit Nachwischen!
Bei Farb- oder Lackresten oder fettigen Verschmutzungen mit Amoniak (Salmiakgeist) und/oder einem wasserlöslichen organischen Lösemittel (z. B. Alkohol).

Schmierseife

- nicht alle dickflüssigen oder pastenförmige Reinigungsmittel – unabhängig vom pH-Wert – sind Schmierseife
- echte Schmierseifen sind Kaliseifen
- bei entsprechender Verdünnung im Wischwasser haben sie einen pH-Wert von 11
- bei hartem Wasser fällt Schmierseife als Kalkseife aus, bildet Pflegefilm

! Statt Schmierseife andere Allzweckreiniger und Spülmittel verwenden!
Die als Seifenreiniger bezeichneten Mittel zeigen wesentlich günstigere Eigenschaften, sie sind auch hautfreundlicher!

Arbeitsplanung in der Haushaltspflege

Gut zu wissen
In Privathaushalten wird für die Reinigung häufig die gleiche Zeit aufgewandt wie für die Nahrungszubereitung.
Daher ist zu überlegen, wie auch hier die Arbeiten mit geringstmöglichen Mitteln zum Ziel bzw. zum besten Ergebnis führen können.
Das gilt für Privathaushalte und ebenso für Großhaushalte, wo die Reinigung durch einen hohen Personaleinsatz erhebliche Kosten verursacht.
Arbeitsplanung erleichtert das Arbeiten nach diesem Prinzip.

Was versteht man unter Arbeitsplanung?

Arbeitsplanung besteht in der Organisation von Arbeitsabläufen unter Berücksichtigung der Grundsätze der Arbeitsgestaltung.

Was versteht man unter Arbeitsablauf?

Der Arbeitsablauf ist der Prozess, der sich von der Eingabe bis zur Ausgabe einer Arbeitsaufgabe abspielt.
Die Ausführung eines Arbeitsablaufes wird durch Arbeitsverfahren und Arbeitsmethoden gestaltet. Der Arbeitsablaufplan erleichtert rationelles Arbeiten.

Was versteht man unter einer Arbeitsbeschreibung?

Sie ist *der erste Schritt in der Arbeitsplanung*
- Nennen der Arbeitsaufgabe
- Überprüfen des Reinigungsobjektes
- Beschreibung des Arbeitsablaufes

Arbeitsablauf festlegen heißt
- in Arbeitsschritte gliedern
- die Reihenfolge festlegen
- Vorarbeiten – Hauptarbeiten – Nacharbeiten zuordnen
- Arbeitsverfahren und Arbeitsmethoden bestimmen

Beispiele für Arbeitsaufgaben in der Haushaltspflege

Bereich Reinigung

Bei der Arbeitsplanung ist zunächst das Reinigungsobjekt zu betrachten: Art und Menge der Verschmutzung, Schwierigkeitsgrad der Schmutzentfernung, Material.
Nach Dringlichkeit und Umfang der Reinigungsarbeiten oder aufgrund einer längerfristigen Reinigungsplanung wird entschieden, welche Arbeiten jetzt oder später und wie sie zu erledigen sind.

Was heißt Unterhalts- und Grundreinigung bei nichttextilen Fußbodenbelägen durchführen?

Unterhaltsreinigung – täglich oder bei Bedarf kehren/saugen oder feucht wischen, ggf. mit Pflegezusatz

Grundreinigung – nach Bedarf
- mit Wasser und Reinigungsmittel gründlich säubern
- alle Schmutz- und Pflegemittelschichten/-filme entfernen
- ggf. Pflegefilme neu auftragen

Was heißt Unterhalts- und Grundreinigung bei textilen Fußbodenbelägen durchführen?

Unterhaltsreinigung – täglich oder nach Bedarf gründlich saugen, ggf. bürstensaugen, Flecken stets sofort entfernen (lauwarmes Wasser und Feinwaschmittellösung)

Grundreinigung – nach Bedarf
- Verschmutzungen und Flecken entfernen, ggf. auch Shamponrückstände (Auswahl des Arbeitsverfahrens: manuelles Verfahren mit Schaum aus Spraydose)
- Gründlich saugen/bürstensaugen
- Flecken entfernen

- Verschmutzungen durch Auftragen von Trockenschaum ganzflächig entfernen
- angefeuchteten Teppich nicht begehen
- Reinigungsmittelrückstände gründlich absaugen
- Zu späte und unsachgemäße Reinigung schadet dem Teppich!
- bei Auswahl des Reinigungsverfahrens Beschaffenheit des Teppichs (Anschmutzung, Unterboden, Verlegung) beachten!
- Verfahren zur Auswahl: Schaumreiniger, Reinigungspulver, Sprühextraktion, Chemisch-Reinigung bei losen Teppichen
- ggf. gewerbliche Reinigungsunternehmen einsetzen

! Bei der Arbeitsaufgabe „Reinigungsarbeiten in Räumen" werden Arbeitsschritte festgelegt. Sie werden in der Regel in „Rüsten und Ausführen" unterteilt.

Welche Arbeitsschritte sind bei Vor-, Haupt- und Nacharbeiten gemeint?

Vorarbeiten

- Arbeitsgeräte und Arbeitsmittel herrichten
- Arbeitsplatz vorbereiten, u. a. alle beweglichen Teile hochstellen oder aus dem Zimmer räumen
- Raum aufräumen, u. a. Zeitung wegräumen, benutzte Gläser, Flaschen und Geschirr hinaustragen
- Türen schließen, Fenster öffnen

Hauptarbeiten

Reinigung durchführen, Arbeitsschritte benennen

Nacharbeiten

- Arbeitsgeräte und Arbeitsmittel aufräumen
- Arbeitsplatz in Ordnung bringen
- leichtbewegliche Gegenstände zurückräumen
- Fenster schließen

! Bei der Durchführung der Reinigungsarbeiten sind Grundsätze der Arbeitsgestaltung zu beachten.

Welche häufig wiederkehrenden Tätigkeiten bedürfen der besonderen Aufmerksamkeit im Hinblick auf die richtige Körperhaltung?

Sitzen und Stehen

- Im Stehen Schultergürtel entlasten
- Oberarm locker hängend, Unterarm im Winkel größer als 90°
- Sitzen wird weniger belastend empfunden
- Arbeitshöhe/Sitzhöhe beachten, in ungebeugter Haltung arbeiten
- gut gestalteten Arbeitsstuhl einsetzen
- viele Arbeiten können im Sitzen und im Stehen gearbeitet werden, Wechsel anstreben

Bücken

- Arbeitsgeräte mit ausreichend langem Stiel verwenden
- Putzeimer – wenn möglich – auf Hocker stellen
- mit geradem Rücken in die Hocke gehen
- Schalter am Bodenstaubsauger mit dem Fuß bedienen

Heben und Tragen

- Aufheben von Gegenständen aus der Beinmuskulatur, nicht Rückenmuskulatur
- Wagen jeglicher Art und Gegenstände mit Rollen beim Bewegen benutzen

! Die Durchführung von Reinigungsarbeiten wird vom Einsatz der richtigen Arbeitsverfahren bzw. Arbeitsmethoden wesentlich bestimmt.

Wie werden folgende Arbeitsaufgaben richtig ausgeführt?

Arbeitsaufgabe „Fenster nass reinigen"

Arbeitsverfahren: Fenster mit Fensterwischer und Schwammtuch reinigen

Arbeitsablauf

- Arbeitsgeräte und Reinigungsmittel auswählen
- Arbeitsplatz vorbereiten
- Fensterrahmen reinigen
- Fensterscheibe reinigen

- Fensterbank reinigen
- Arbeitsgeräte und Reinigungsmittel wegräumen

Arbeitsgeräte und Reinigungsmittel
Eimer mit Allzweckreiniger, Eimer mit Spirituswasser, Einwaschfell, Fensterwischer Schwammtuch, Fensterleder, flusenfreies Tuch, Handfeger und Schaufel nach Bedarf

Arbeitsmethode
- Fensterrahmen mit Allzweckreiniger innen und außen abwaschen, mit Tuch nachreiben
- Fensterscheibe mit Einwaschfell und Spirituswasser in schlangenförmigen Bewegungen von linker Ecke nach rechts und reihenweise von oben nach unten bearbeiten
- Fensterscheibe mit Fensterwischer senkrecht von oben nach unten – überlappend – abziehen, Wassertropfen mit Schwammtuch aufnehmen; mit Tuch am Scheibenrand entlangfahren

Arbeitsaufgabe „Fußboden im Trockenreinigungsverfahren reinigen"
Kehren mit Besen

Arbeitsmittel
Besen, Handfeger, Kehrschaufel

Arbeitsmethode
- Zum Entfernen von grobem, lose aufliegendem Schmutz, dabei wird Staub aufgewirbelt
- von den Ecken her und vom Rand zur Mitte – zur Person hin – arbeiten
- dann von sich weg zur Türe hin kehren
- den zusammengefegten Schmutz mit Kehrblech und Handfeger aufnehmen

Kehren mit Besen

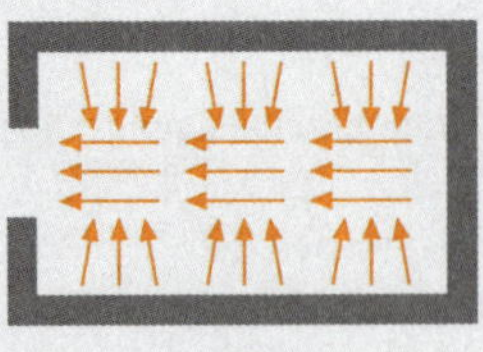

Arbeitsaufgabe „Fußboden im Trockenreinigungsverfahren reinigen"
Staubsaugen

Arbeitsmittel
Staubsauger

Arbeitsmethode
- Zum Entfernen von mittelgroßem bis feinem, lose aufliegendem Schmutz
- Staubsauger mit entsprechender Düse langsam über die Fläche bewegen
- die Fläche in Abschnitten (Inselflächen), nach Reichweite der Arme, in ungebückter Stellung fächerförmig bearbeiten
- die Fläche lückenlos bearbeiten

Staubsaugen

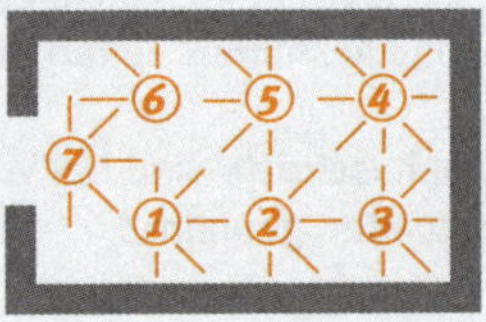

Arbeitsaufgabe „Fußboden im Feuchtwischverfahren reinigen"
Arbeitsmittel
Wischgerät, Wischbezug, Wischtücher

Arbeitsmethode
- Zum Aufnehmen von feinem, staubähnlichem bzw. lose anhaftenden Schmutz
- mit Feuchtwischgerät (breit), möglichst in aufrechter Haltung, geordnet vor sich her wischen

Feuchtwischen

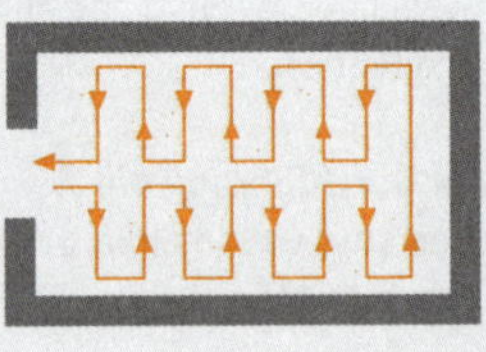

- Gerät nicht vom Boden aufnehmen, flache Gelenkhalterung ermöglicht, Ecken und Flächen unter den Möbeln einzubeziehen
- in schlangenförmigen Bewegungen Bodenfläche von einer Seite zur anderen hin bearbeiten

Arbeitsaufgabe „Fußboden im Nasswischverfahren reinigen“

Arbeitsmittel

Wischgerät, Wischbezug,, (Fahr-)Eimer und Presse, Reinigungsmittel, evtl. Pflegemittel

Arbeitsmethode

- Zum Nassreinigen von stark verschmutzten Flächen
- mit Schrubber und Bodentuch Fußboden nass wischen, ggf. schrubben

Nasswischen

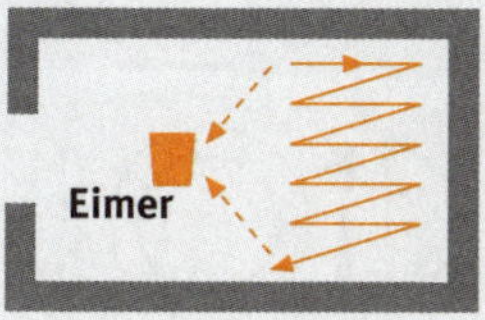

- danach Feuchtigkeit mit Schrubber und ausgewrungenem Bodentuch aufnehmen
- in aufrechter Haltung abschnittsweise vorgehen
- in einer Raumecke anfangen und zur Tür hin arbeiten, Eimer nahe beim zu reinigenden Abschnitt platzieren

Service-Bereich

Arbeitsaufgabe „Tisch decken und Servieren“

Arbeitsmittel

Tablett oder Geschirrwagen, Tischdecke (ggf. Unterdecke), Servietten, Geschirr, Gläser, Bestecke, Blumenvase mit Blumen, sonstige Dekorationsmaterialien, Geschirrhandtücher (zum Ausreiben), Menükarte, Tischkarten, Schreibmaterial

Tisch decken – was ist zu beachten?

Vorarbeiten

- Arbeitsmittel bereitstellen
- auf Tablett oder Geschirrwagen
- Tischdecke (Tischgröße feststellen), Servietten
- Geschirr, Bestecke, Gläser bereitlegen
- in der Reihenfolge des Einsetzen gestapelt, ineinander gestellt oder nebeneinander gelegt vorbereiten

Hauptarbeiten

Tischdecke auflegen

- Unterdecke (Molton) zum Schutz der Tischoberfläche auflegen
- Tischdecke auflegen
  - alle Seiten sollen mindestens 20 cm überhängen
  - die Mittelbrüche sollen aneinander anschließen
- Servietten falten

Geschirr, Bestecke, Gläser, Servietten anordnen

- Teller in der Platzmitte einstellen, ca. 1 cm von der Tischkante entfernt
- Gabel links, Messer rechts vom Teller, Suppenlöffel und kleiner Löffel oberhalb anordnen
- Bestecke nach der Speisenfolge exakt von außen nach innen anordnen
- Salatteller links neben den Teller (zur Gabel) stellen
- Glas/Gläser rechts vom Teller einstellen (über der Messerspitze), von rechts nach links in der Getränkefolge
- Serviette auf den Teller oder links daneben legen
- Vorlegebestecke griffbereit neben den Platz der Hausfrau oder auf den Serviertisch in der Reihenfolge des Gebrauchs legen

9

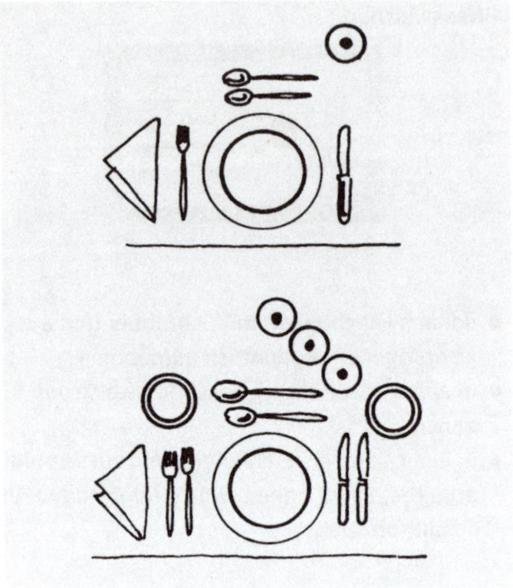

Tischdekoration gestalten und einsetzen
(Blumen, Kerzen, Menükarte, Tischkarten u. a.)

Nacharbeiten
- alle Gegenstände abraümen
- Abfälle sachgemäß entsorgen
- Tischutensilien spülen bzw. waschen
- Räumlichkeiten reinigen
- alle Gegenstände wieder einräumen

Servieren – was ist zu beachten?
- Möglichst Servierwagen benutzen
- mit beiden Händen arbeiten
- je nach Größe des Tisches von einem Standpunkt an der Längsseite des Tisches arbeiten oder mit dem Servierwagen um den Tisch herumfahren
- Speisen und Getränke
  - von links anreichen, vorwärts gehen, entgegen dem Uhrzeiger
  - von rechts einsetzen, vorwärts gehen, mit dem Uhrzeiger

Arbeitsablauf
- Speisen von links anreichen
- zuerst der Hausfrau bzw. dem Gast/ dem ranghöchsten Gast anreichen, bei festlichen Anlässen jedem Gast einzeln anreichen
- Schüsseln auf der flachen Hand tragen, ggf. mit Wärmeschutz
- fertig portionierte Speisen, Suppentassen von rechts einstellen, dabei Tablett oder Servierwagen benutzen
- Getränke von rechts einschenken, bei Wein, Sekt, Saft, Mineralwasser bleibt das Glas stehen, bei Bier nimmt man das Glas in die Hand
- beim Kaffeeeingießen Tasse mit Untertasse in die linke Hand nehmen, rechte Hand hält die Kaffeekanne und gießt ein
- beim Abdecken zuerst Platten, Schüsseln, Kannen wegtragen
- Teller und Bestecke zusammen abnehmen, rechte Hand nimmt benutzte Teller mit Bestecken von rechts zurück, linke Hand trägt Tellerstoß (Handballen) und Besteckteller, vorwärts gehen

Arbeitsaufgabe „Fest-/Feierveranstaltungen für Personengruppen planen“

Sie sollen ein Konzept für das jährliche Event mit potenziellen Kunden auf dem Hof planen (wie Kunden-Einladung, „Tag der offenen Tür“ u. a.)
Überlegen Sie, wie Sie das Fest planen und dabei den Anforderungen von Produkt- und Service-Qualität gerecht werden können?

Rahmen und Programm bearbeiten
- Anlass bestimmen und Ideen für die Gestaltung finden
- Zielgruppe bestimmen (Ziel, Personenzahl, Alter)
- Richtiges Thema finden, vielleicht mit Werbe-Botschaft
- Räumlichkeiten (auch Garten) und Einrichtung (Tische, Stühle) erfassen
- Jahreszeit/Woche/Tageszeit eingrenzen
- Speisen und Getränke zu Anlass/Thema/Zeit auswählen (neue Produkte, Produkte der Region!)
- Darbietung der Gerichte überlegen (Tischanordnung, Büfett, Service, Selbstbedienung)

- Hygienesicherung bedenken*
- Raum- und Tischdekoration mit Akzenten andenken, nach Werbemittel sehen, mit Geschirr mit Thema abstimmen
- Mitarbeiter/Team überlegen
- Arbeitsverteilung andenken (Gästebetreuung, Servieren, Einsetzen, Abräumen u. a.)
- Kleidung im Servicebereich mit Thema abstimmen
- Einladung „mit Akzent“ zum Thema gestalten, frühzeitig fertig stellen und verschicken
- ggf. Übernachtungsmöglichkeit für Gäste vorsehen, anfragen
- Sitzordnung überlegen und System für Platzzuweisung entwickeln
- Rahmenprogramm vorsehen, ggf. Informationsstand, Produktausstellung, Produktverkauf, neues Produkt vorstellen
- Gastgeschenke überlegen
- Arbeitsplan erstellen, zeitliche Umsetzung planen
- Kostenrahmen bestimmen
- Checkliste erstellen

Überlegungen zum Einkauf anstellen

- Einkaufsliste erstellen (Nahrungs- und Service-Bereich)
- unterschiedliche Angebote besorgen
- Sonderangebote berücksichtigen
- saisonale und frische Produkte vorsehen
- Einsatz von Rohprodukte bzw. Halbfertig/Fertigprodukte überlegen
- auf Güte- und Handelsklassen achten
- umweltbewusst vorgehen
- Preise vergleichen

Einladungskarten gestalten

- Anlass der Einladung/Thema
- wer erhält eine Einladung? Person/Personen?
- Datum und Uhrzeit der Einladung
- Einladung zu welcher/welchen Mahlzeiten
- Veranstaltungsort, Straße, Hausnummer angeben
- Anfahrt beschreiben, Ortsplan beilegen
- Abholmöglichkeit an Bahnhof oder Bushaltestelle anbieten
- Rückantwort zu einem Datum erbitten
- Gastgeber mit Anschrift/Telefon/Fax
- besondere Wünsche/Bemerkungen

Planung absichern

- wichtige Fakten wie Räumlichkeiten, Mitarbeiter, Termine unverbindlich abklären
- erste Besprechungstermine mit anderen vereinbaren
- die erste Planungsphase ist abgeschlossen

! **Planung ist die Basis zum Erfolg!**

9

* Auch für die gelegentliche Bearbeitung von Lebensmittel ist die Küche Betriebsstätte im Sinne der LMHV und sind entsprechende Hygienevorschriften zu beachten.

10 Haushaltstechnik

Technische Geräte im Haushalt sollen die Arbeit erleichtern.
Das Marktangebot ist hierzu beinahe unübersehbar geworden.
Vielfach wird der Kauf von Haushaltsgeräten als Statussymbol gewertet. Um Fehlinvestition zu vermeiden ist deren Notwendigkeit zu prüfen.
Eine sorgfältige Planung der Haushaltstechnik kann Übermechanisierung vermeiden.
Eine kritische Auswahl und ein kostenbewusster Kauf sowie der sinnvolle Einsatz der Technik spart Energie, Geld, Arbeit und schont die Umwelt.

Die Ausstattung der privaten Haushalte mit Haushaltsgeräten

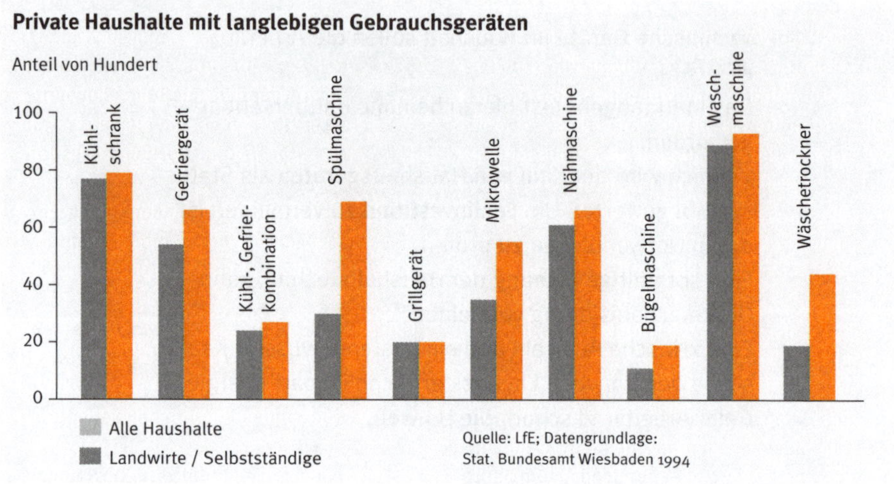

Wann ist ein Technisierungsplan empfehlenswert?

- bei Haushaltsgründung
- bei Ersatzbeschaffungen
- bei Zusatzbeschaffungen
- bei Engpässen von Zeit und Arbeitskraft

Was sagt ein Technisierungsplan aus?

- die Reihenfolge der notwendigen Anschaffungen
- ein Überblick über Kapitalbedarf und Folgekosten
- der Istzustand und die Planung des Sollzustandes

Was versteht man unter Technisierungsstufen?

Um eine zweckmäßige Reihenfolge bei der Anschaffung von elektrischen Haushaltsgeräten zu ermitteln, wird die Technisierung stufenweise geplant:

- zuerst die Grundausstattung
- dann die Folgeausstattung
- zuletzt die Volltechnisierung

Welche Geräte zählen zur Grundausstattung?

- Herd
- Kühlschrank
- Gefriergerät
- Handrührgerät
- Waschmaschine
- Bügeleisen
- Staubsauger
- Nähmaschine

Was wird bei einer Kostenkalkulation berechnet?

Nach Kauf eines Gerätes werden die Folgekosten pro Jahr oder pro Vorgang anhand einer Kostenkalkulation ermittelt: z. B. pro Spülgang.

- *Kapitalkosten:*
  - Abschreibung (je nach Nutzungsdauer)
  - Zinsanspruch (2–3 % vom Anschaffungswert)
- *Betriebskosten:*
  - Instandhaltung (2–4 % vom Anschaffungswert)

- Energie, Hilfsstoffe
- Wasser
- Waschmittel

Was kann man vom Typenschild ablesen?

- Typ- und Gerätenummer (für Kundendienst)
- Anschlusswert, Spannung, Absicherung
- Kurzbetriebszeit
- Schutz- und Prüfzeichen

Was ist das Energielabel?

Es handelt sich um eine gesetzlich vorgeschriebene (ab 1. 1. 1998) Verbraucherinformation über Elektrogeräte und deren energie- und umweltrelevanten Daten. Bisher sind lediglich Kühl- und Gefriergeräte, Geschirrspüler, Elektrobacköfen, Waschmaschinen, Wäschetrockner und Waschtrockner mit dem Energielabel ausgestattet. Gemeinsames Merkmal ist die Klassifizierung des Energieverbrauchs in den sieben Klassen A bis G, die auch durch farblich abgesetzte Balken von grün bis rot gekennzeichnet sind, wobei immer A für „besser/effizient" und G für „schlechter/ineffizient" steht.
(Siehe Abbildung)

Welches Ziel hat das Energielabel?

Der Verbraucher soll so informiert werden, dass er energiesparende Geräte auswählen kann.
Der Energie- oder Wasserverbrauch in den Haushalten soll durch den Kauf und Einsatz entsprechender Gerätearten reduziert werden.
Darüber hinaus sind z. B. Nutzinhalt, bzw. Fassungsvermögen, Waschwirkung und anderes angegeben, so dass die jährlichen Betriebskosten errechnet werden können.

Was ist bei der Technisierung des Haushalts zu überlegen?

- Die Situation des jeweiligen Haushalts, z. B. Zahl und Lebensgewohnheiten der Familienmitglieder, Lebensalter und Einstellung zur Technik
- Die Arbeitssituation, z. B. besondere Arbeitsbelastungen, Arbeitsverteilung, Schwere und Beliebtheit der Arbeiten, eventuelle Verpflichtungen außerhalb des Haushalts
- Die Arbeitsräume und Arbeitsplätze, z. B. arbeitstechnisch richtige Aufstellung, zukunftssichere Installation von Wasser und Energie, Belichtung und Beleuchtung, Belüftung
- Den finanziellen Aufand mit den Vorteilen, die ein Gerät bringen kann, vergleichen

Energielabel für Kühl- und Gefriergeräte

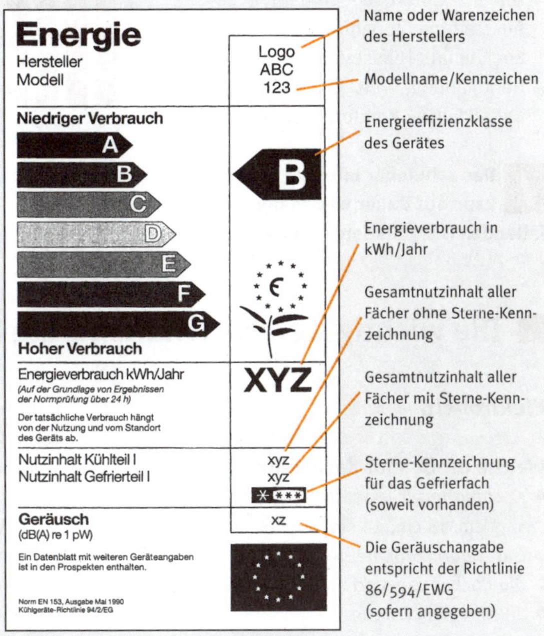

Berechnung der Gesamtkosten von Haushaltsgeräten (am Beispiel Gefrierschrank)				
Gefrierschrank 220 l	Neupreis (€)	Norm-Strom-Verbrauch im Jahr (kWh)	Stromkosten in 1 Jahr (€)*	Gesamtkosten bei 13 Jahren Lebensdauer (€)*
A (A++)	800,00	185	27,50	466,29
B (A)	740,00	280	42,00	651,54

* 1 kWh = 0,15 € angesetzt

Welche Nutzungsdauer haben Haushaltsgeräte?
Im Durchschnitt rechnet man 10 Jahre, bei Herd und Dunstabzug 15 Jahre, bei Nähmaschinen 20 Jahre.

Was ist beim Kauf zu beachten?
- Über Marktangebote informieren
- produktneutral beraten lassen
- Preisvergleiche anstellen
- Standort bzw. Unterbringung des Gerätes überlegen
- Auswahl der Geräte nach: Bauform (Stand – Unterbau – Einbau), Größe, Ausstattung, Zubehör, Verbrauch an Energie und Hilfsstoffen, Sicherheit, Handhabung, Preisklasse (Einfach-, Mittelklasse-, Komfort-Modell)

! Das scheinbar billigste Gerät kann auf Dauer wegen der anfallenden Gesamtkosten das teuerste sein.

Wie haben sich die Verbrauchswerte bei den Haushaltsgeräten entwickelt?
Die Entwicklung der Geräte wird ständig verbessert. Bei anstehenden Reparaturen ist dies zu berücksichtigen.

Entwicklung der Verbrauchswerte am Beispiel eines Geschirrspülers

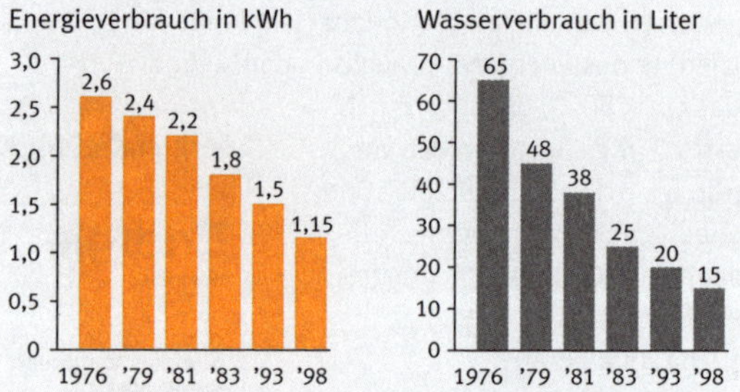

Quelle: AEG, 1998

Die wichtigsten Haushaltsgeräte im Überblick

Elektroherd

Welche Größen für Kochstellen gibt es?
- *Kochplatten (Gussstahl)*
  14,5 cm, 18 cm, 22 cm
- *Glaskeramikkochfelder*
  die Kochzonen sind nicht genormt
- *Zweikreiskochstelle*
  rund von 11 cm auf 21 cm veränderbar, rund von 14,5 cm bis auf oval, 29 cm veränderbar
- *Warmhaltezone*

Welche Vorteile hat ein Glaskeramikkochfeld?
- ebene Kochfläche
- geeignet als Abstell- und Arbeitsfläche
- leichte Reinigung, bedingt kratzfest

- Kochstellen in der Größe veränderbar
- energiesparend
- ansprechende Optik
- Möglichkeit der Sensorautomatik
- Topfgrößenerkennung

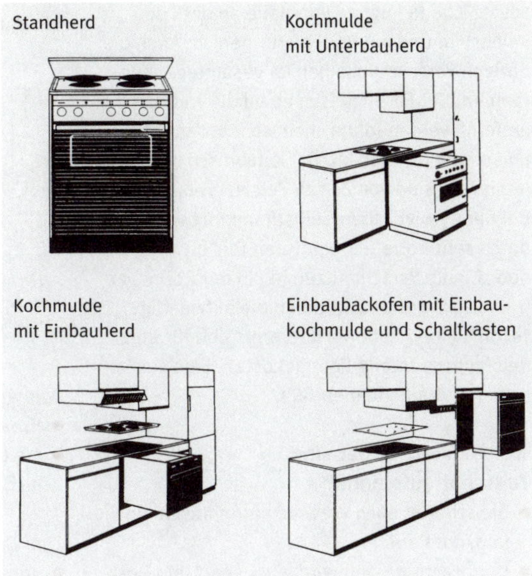

Welche Vorteile haben Induktions-Kochstellen?

Sie entwickeln die Wärme direkt im Topf durch magnetische Wirbelströme. Dazu sind Töpfe mit magnetisierbaren Böden notwendig.

- gut regelbar
- leicht zu reinigen
- Sicherheit
- energiesparend
- Topfgröße unerheblich

Wann ist die Verwendung von Heißluft zu empfehlen?

- bei großen Mengen zum Backen und Braten (Garen in mehreren Ebenen)
- wenn gleichmäßige Bräune rundum erwünscht wird
- wenn Energie gespart werden soll (kein Vorheizen; niedrige Back- und Brattemperatur)
- geringe Verschmutzung, leichtere Reinigung

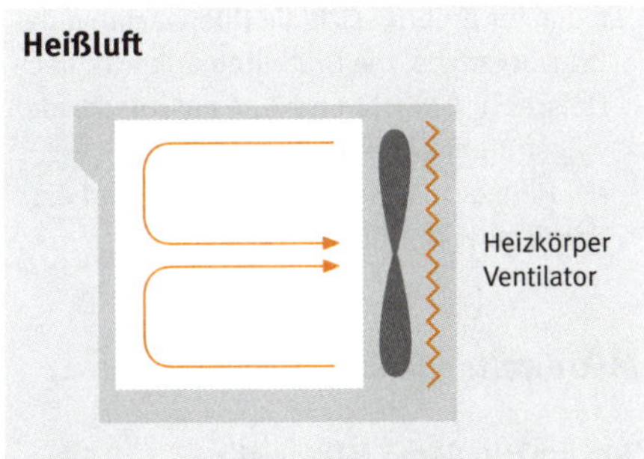

Wann wird Ober- und Unterhitze in der Backröhre verwendet?

- wenn eine kräftige Bräunung gewünscht wird
- wenn unterschiedliche Temperaturen benötigt werden
- wenn Ober- und Unterhitze getrennt schaltbar sein sollen (nur teilweise in Geräten)
- Backröhren werden mit kombinierter Beheizung (Ober-/Unterhitze – Heißluft) angeboten

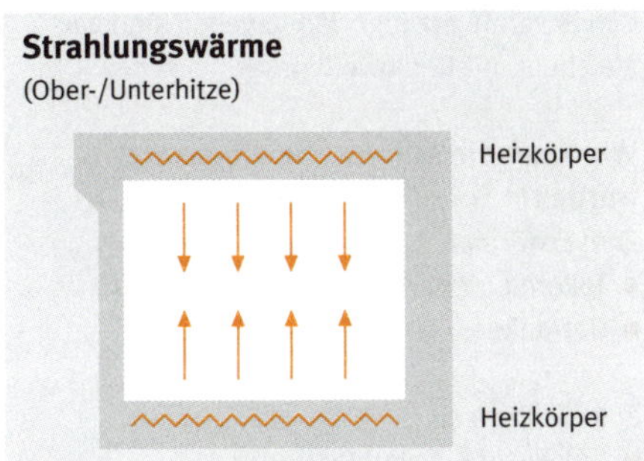

Welche Selbstreinigung wird in der Backröhre angeboten?

- Die katalytische Reinigung
- die pyrolytische Selbstreinigung

Bei der katalytischen Reinigungshilfe werden nur Fettspritzer entfernt; sie führt zu keiner vollständigen Reinigung. Es ist in jedem Fall eine zusätzliche Reinigung von Hand an der Türinnenseite und am Boden erforderlich. Auch die übrigen Verschmutzungen im gesamten Innenraum (außer Fett) müssen ebenfalls von Hand entfernt werden (ohne chemische Hilfsstoffe und starke Mechanik!). Die katalytisch beschichteten Teile sind von Zeit zu Zeit zu erneuern. Bei der pyrolytischen Selbstreinigung werden durch sehr hohe Temperaturen (bis etwa 500 °C) alle Verschmutzungen in der Röhre verbrannt. Sie verursacht durch die aufwendige Technik einen höheren Kaufpreis und für den Reinigungsvorgang Energiekosten. Eine zusätzliche Handreinigung entfällt.

Welche Vorteile hat eine Zeitschaltautomatik?

- Sie schaltet nach Vorwahl automatisch ein und/oder aus
- Überwachungszeit wird eingespart und Restwärme genutzt
- mit der Bratautomatik oder dem Fleischthermometer erübrigt sich die Überwachung des Bratvorganges. Die Bratautomatik wird nach Fleischart, Gewicht und Zustand (frisch oder eingefroren) eingestellt.
  Mit Hilfe des Fleischthermometers wird die Kerntemperatur überwacht

Mikrowellengerät

Wie funktionieren Mikrowellen?

Die Mikrowellen setzen die Moleküle der Lebensmittel in Schwingungen; dabei wird Reibungswärme erzeugt. Mikrowellen sind vergleichbar mit Radiowellen.

Wie kann die Mikrowelle eingesetzt werden?

Zum Erwärmen

- Tellermenü bzw. Einzelportionen
- Getränke

Zum Schmelzen

- Couvertüre, Gelatine, Butter

Funktionsweise von Mikrowellengeräten

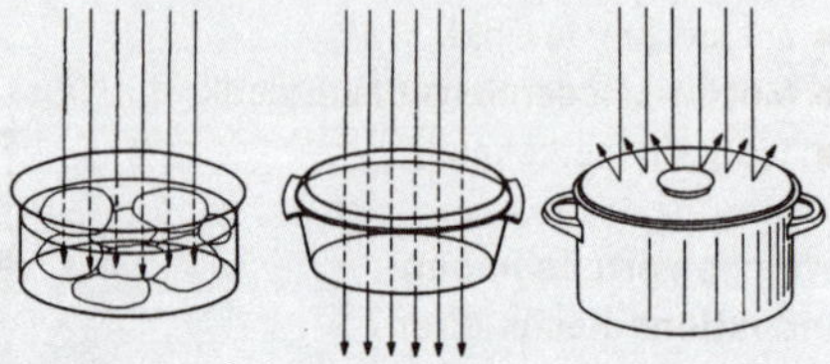

Die Mikrowelle erzeugt Reibungswärme in Lebensmitteln, geht durch Glas, Porzellan u. ä. nahezu verlustlos hindurch, wird von Metallen reflektiert

Zum Auftauen

- Brot, Fleisch, Gemüse, Obst etc.
- die Lebensmittel werden nur aufgetaut, aber nicht erwärmt

Zum Garen

- nur für Einzelportionen, wenn keine Bräunung erfolgen soll, besonders für Gemüse, Kartoffeln, Fisch, Eintopf, für spezielle Kostformen, da ohne Fett und Bräunung gegart werden kann.

Zum Auftauen und Erhitzen

- Fertiggerichte aus dem Gefriergerät werden in einem Arbeitsgang aufgetaut und tischfertig erhitzt

Mikrowellen-Grill-Kombinationen eignen sich auch zum Garen mit Bräunung z. B. für Aufläufe. Mikrowellen-Grill-Heißluft-Kombinationen ersetzen im Kleinhaushalt die Backröhre.

Küchenmaschinen, Kleingeräte

Welche Überlegungen beim Kauf sind wichtig?

- Bedarf nach Art und Größe des Haushalts
- Platz, stets betriebsbereit
- Handhabung
- Reinigungsaufwand
- Laufgeräuschentwicklung
- Sicherheit

- Größe und Zusatzgeräte
- Anschaffungskosten

Welche Bauformen werden angeboten?

- Standküchenmaschine
- Kompaktküchenmaschine
- Handrührgerät

Wann ist der Kauf einer Standküchenmaschine richtig?

- bei Verarbeitung größerer Lebensmittelmengen, z. B. Hausschlachtung, Vorratshaltung, Hausgarten, größeren Haushalten
- Zeit- und Kraftersparnis
- Fassungsvermögen 1,5 – 6,0 kg Teig

Wie sind „Kompakt-Küchenmaschinen" einzusetzen?

- Fassungsvermögen 0,5 – 1 kg Teigmenge
- gute Eignung zur Herstellung von Rohkost
- Schüsseln haben Mittelzapfen, Entnahme des Teiges erschwert

Wann wird ein Handrührgerät bevorzugt?

- für kleine Mengen bis 1,0 kg
- geringer Platzbedarf
- kurze Rüstzeiten
- geringer Reinigungsaufwand

Welche Kleingeräte sind für einen Haushalt zweckmäßig?

- Wasserkocher
- Kaffeemaschine
- Handrührgerät
- Eierkocher
- Folienschweißgerät

Kühlgeräte

Was ist beim Kauf zu überlegen?

- Bauart: Stand-, Unterbau-, Einbaugerät
- ca. 120 l für einen 2-Personen-Haushalt, 30 l für jede weitere Person
- Ausstattung
- Energieverbrauch
- Kühlschrank mit Gefrierfach

Was ist beim Aufstellen der Geräte zu beachten?

- Aufstellort: Klimaklasse – Umgebungstemperatur, Wegstrecken – Arbeitswirtschaft
- Luftzirkulation
- bei Neukauf, Umzug 1 – 2 Tage stehen lassen
- Bauform

Was ist beim Einräumen der Lebensmittel in den Kühlschrank zu beachten?

- Luftumwälzung gewährleisten
- Tauwasserrinne nicht bedecken
- Temperaturen unterschiedlich – Kälte fällt nach unten
- Mehrzonengeräte
- neue Lebensmittel nach hinten
- Geräte mit Umluftkühlung

Welche Temperaturbereiche sind möglich?

- *Kühlzone*
  von ca. + 2 °C bis + 8 °C
- *Kellerzone*
  bis ca. 12 °C, meist kombiniert mit Kühlzone
- *Frischezone:*
  etwas über 0 °C mit Trocken- und Feuchtlagerbereich für längere Haltbarkeitsdauer der Lebensmittel
- *Tiefkühlzone*
  mit Temperaturen unter 0 °C ist mit Sternen gekennzeichnet (Sternefächer). Das bedeutet, dass nach einer DIN-Norm bestimmte Mindesttemperaturen herrschen müssen

Bauformen und Ausstattung von Kühlgeräten

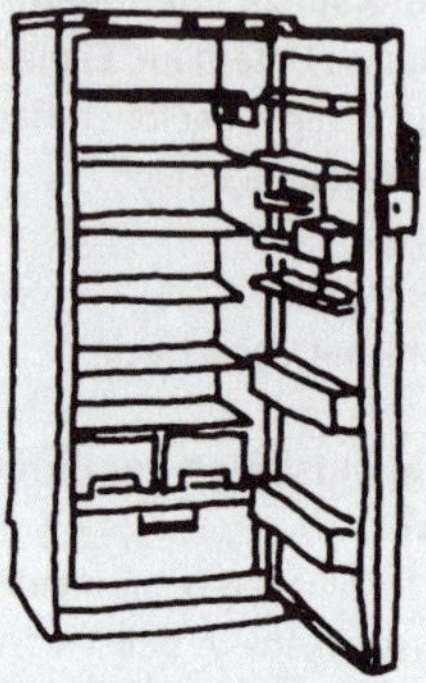

Standgerät mit vollautomatischer Abtauvorrichtung

Tischgerät mit Drei-Sterne-Tiefkühlfach

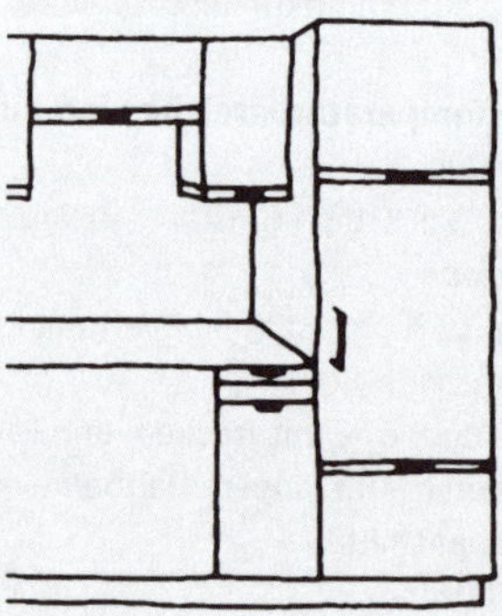

Einbaugerät

! Kühlschränke sind heute i. d. R. mit vollautomatischen Abtauverfahren ausgestattet. Das Tiefkühlfach ist davon ausgenommen und muss von Hand abgetaut werden.

Temperaturbereiche bei Kühlgeräten mit Sternefach	
* −6 °C	kurzfristige Aufbewahrung (1 Tag) von Tiefkühlkost möglich
** −12 °C	für längere Lagerung (1 Monat) von Tiefkühlkost geeignet
*** −18 °C	langfristige Lagerung von Tiefkühlkost möglich (18 Monate)
* *** −18 °C	zum langfristigen Lagern von Tiefkühlkost und zum Einfrieren von Frischware geeignet (entspricht einem Gefriergerät)

Gefriergeräte

Welche Gerätearten werden angeboten?

- *Gefriertruhe*
  Nutzinhalt von ca. 150–550 l. Vergleich zum Gefrierschrank: 10–20 % höherer Nutzraum, Anschaffungspreis und Stromverbrauch niedriger, aber mehr Platzbedarf und bei Bedienung und Beschickung etwas schwieriger
- *Gefrierschrank*
  Nutzinhalt von ca. 60–450 l. Vergleich zur Gefriertruhe siehe oben
- *Kühl-/Gefrierkombination*
  Nutzinhalt „gefrieren" von ca. 50–130 l. Auf getrennte Schaltung von Kühl- bzw. Gefrierteil achten!

Welche Größe wird empfohlen?

Nutzinhalt je Person bei Einlagerung von:	
Fertiggerichten	20 l
Gemüse, Obst und Fertiggerichten	60 l
Gemüse, Obst, Fleisch und Fertiggerichten	80–120 l

Fassungsvermögen
In je 100 l Nutzinhalt kann etwa 40 kg im Schrank oder 50 kg in der Truhe ohne Körbe gemischtes Gefriergut untergebracht werden.

! Gerät nicht zu groß wählen, da sich der Anschaffungspreis und die Energiekosten pro kg Gefriergut erhöhen.

Was versteht man unter Gefriervermögen?
Man versteht darunter die Menge an Lebensmitteln in kg, die in 24 Stunden von +25 °C auf −18 °C eingefroren werden kann.

Was ist beim Einräumen der Lebensmittel in das Gefrierfach zu beachten?
- Verpacken
- Vorgefrierfach – jedes Fach (Allfrosttechnik)
- flach einlagern
- nicht auf eingefrorenes Gut legen
- Superfrostschaltung
- Gefriervermögen

Welche Bedeutung haben die Kälteakkus?
- Kältereserve (Lagerzeit bei Störung beachten)

Wie gehen Sie beim Abtauen eines Gefriergerätes vor?
- Superfrost einschalten – Kältereserve schaffen
- Gefriergut verpacken oder in ein anderes Gerät legen
- Abtauen beschleunigen durch warmes Wasser
- Gerät saubermachen und gut austrocknen
- Superfrost einschalten – einräumen ab −15 °C

Die rote Kontrolllampe leuchtet, was ist zu tun?
Der Tonwarner ertönt, was ist zu tun?
- Türe schließen falls geöffnet, ansonsten keinesfalls öffnen
- Ursache ergründen, z. B. Stromausfall, Gerät defekt, danach entsprechend handeln, evt. höchste Lagertemperatur abrufen

! Die maximale Lagerzeit bei Störungen hängt ab von Größe, Wärmedämmung und Füllmenge des Gefriergerätes. Gerät nicht öffnen, in kleinen Geräten bleiben die Lebensmittel bis zu 24 Stunden gefroren, in größeren sogar ein bis zwei Tage. Bei Innentemperaturen über plus 6 °C wird empfohlen, die Lebensmittel nicht mehr zu verwenden.

Welcher Standort ist für Gefriergeräte geeignet?
Standort nicht unmittelbar neben einer Wärmequelle aufstellen. Unbeheizten, gut lüftbaren Raum wählen (Energieeinsparung).
Auf waagrechte Aufstellung achten.
Standort in der Nähe der Speisenherstellung (z. B. Küche)
Klimaklasse „N“ oder „SN“ im Prospekt beachten.
Gibt an, für welche Umgebungstemperatur das Gefriergerät vorgesehen ist.
N = +16 °C bis +32 °C
SN = +10 °C bis +32 °C

Welche Ausstattungsmerkmale von Gefriergeräten gibt es?
- No-frost-Geräte (Abtauen der Gefrierschränke erübrigt sich)
- Low-frost (wesentlich verringerter Reifansatz)
- Spezialisolierung (enrgiesparend)
- optimierter Kältekreislauf
- elektronische Steuerung
- Frostmatic (selbständiges Abschalten nach Superfrosteinstellung)
- Sicherheitseinrichtung (optisch und akustisch)

Geschirrspülmaschine

Welche Vorteile hat sie?
- Arbeits- und Zeiteinsparung (keine zeitliche Bindung)
- gutes Spülergebnis (Hygiene)
- mehr Ordnung in der Küche
- Energie- und Wasserersparnis

Welche Auswahlkriterien werden beim Kauf berücksichtigt?

- Energie- und Wasserverbrauch
- Fassungsvermögen
- Zahl der Spülprogramme
- variable Geschirrkörbe
- Betriebsgeräusch
- Elektronik:
  Sie ermöglicht eine sehr genaue Regelung des Programmablaufs, dadurch Energie- und Wassereinsparung. Geringer Verschleiß der Schaltelemente, Kundendienstfreundlich, viele Funktionen können eingespeichert werden, die Anschaffung ist aber teuer

! Gebrauchsanweisung aufmerksam lesen. Richtiges Einräumen, richtige Dosierung von Reiniger, Klarspüler, Salz und richtige Programmwahl bringen optimales Ergebnis und schonen die Umwelt. Beim Kauf von Geschirr auf Spülmaschineneignung achten.

Waschmaschinen

Was ist beim Kauf zu beachten?

- Energielabel beachten
- Wasserschutzsystem (Aqua-Stop)
- Fassungsvermögen:
  ca. 4,5 kg – 8 kg Wäsche, bei Feinwäsche etwa $^1/_3$ davon
- Schleuderdrehzahl: ca. 500 – 1800 U/min
- Mengenautomatik:
  Wasserverbrauch reduziert sich automatisch bei kleineren Wäschemengen
- Elektronikschaltung ermöglicht sehr exakten Programmablauf, genaue Einhaltung der Temperatur und Servicefreundlichkeit

Welche Grundregeln gelten für die Wartung und Pflege?

- Wasserhahn nach dem Waschen zudrehen. Bei Aquastop nur bei längerer Abwesenheit nötig
- Programmwähler auf „Aus“ stellen
- Säubern von Einspülkammern, Bullauge, Gummidichtung und Flusensieb (flusenfreie Laugenpumpe kontrollieren)
- Gummischläuche von Zeit zu Zeit überprüfen

Welche Schleuderdrehzahl sollte ein Vollautomat haben?

Wird die Wäsche anschließend im Wäschetrockner getrocknet, sollte die Waschmaschine mindestens 1200 besser 1400 U/min haben (Energieersparnis beim Trocknen).

Wäschetrockner

Welche Vorteile bringt er?

- Wetterunabhängigkeit
- Zeit- und Arbeitsersparnis (Kraft und Wege)
- weniger Bügelarbeit
- flauschige Wäsche auch ohne Weichspüler
- Trocknungsgrad kann vorgewählt werden (z. B. bügelfeucht bei elektronischer Steuerung)
- Wäsche steht sofort wieder zur Verfügung

Welche Arten von Wäschetrocknern gibt es?

- *Ablufttrockner*
  Die feuchte Luft wird an den Raum abgegeben; sie muss über eine Abluftleitung nach außen geführt werden
- *Kondensationstrockner*
  Der Wasserdampf wird innerhalb des Gerätes abgekühlt, das Kondenswasser in einem Behälter aufgefangen; ca. 8 – 10 % mehr Energieverbrauch als der Ablufttrockner; höherer Anschaffungspreis; keine feuchte Luft im Aufstellungsraum
- *Waschtrockner*
  Waschmaschine und Trockner in einem Gerät. Zum Trocknen darf nur die Hälfte der gewaschenen Wäsche iin der Trommel sein. Der Wasserdampf wird durch kaltes Wasser kondensiert

Energielabel für Wäschetrockner

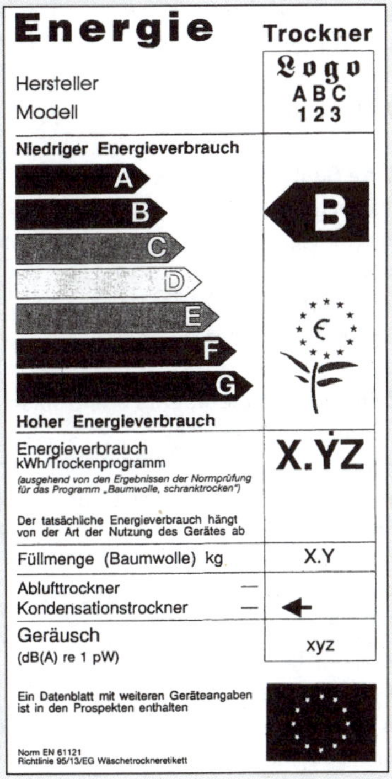

Welche Steuerungen des Trockenvorganges unterscheidet man?

- *Zeitsteuerung*
  Der Trockner schaltet nach der eingestellten Zeit ab. Überwachung notwendig
- *Elektroniksteuerung*
  Fühler tasten die Wäsche ab. Der Trocknungsgrad, z. B. bügelfeucht, schranktrocken, wird vorgewählt, der Trockner schaltet selbsttätig ab

Was versteht man unter Restfeuchte?

Das ist die Wassermenge in %, die nach dem Schleudern in der Wäsche verbleibt.

Beispiel
500 U/min Restfeuchte 100 % = 4,5 l Wasser in einer Maschinenfüllung, benötigt für „Schranktrocken" ca. 4,5 kWh.
1000 U/min Restfeuchte 60 % = ca. 2,7 l Wasser, für „Schranktrocken" werden 2,6 kWh verbraucht.

! **Wäschetrockner nur dann kaufen, wenn das Schleuderergebnis der Waschmaschine gut ist. Wasser ausschleudern ist billiger als es heraustrocknen.**

Bügelgeräte

Welche technische Ausstattung bestimmt den Gebrauchswert einer Bügelmaschine?

- Stand- oder Klappmodell
- Walzenbreite (meist 85 cm)
- Heizleistung
- Regulierung der Walzendrehgeschwindigkeit und damit der Bügelgeschwindigkeit (Elektronik)
- Dampfzuschaltung

Welche Ausstattungen gibt es beim Dampfbügeleisen?

- Gewicht (1000–1700 g)
- Sohlenmaterial
- Leitungswassereignung (Wasserhärte)
- Füllanzeige, Einfüllöffnung
- Entkalkungseinrichtung
- Sprühdüse
- Dampfmengenregulierung
- vertikales Dämpfen
- abnehmbarer Wassertank
- kabelloses Bügeln (Aufheizschuh)
- Abschaltautomatik
- Druckdampf

Wie werden Bügeleisen gepflegt?

- Die Wasserzugabe nach Gebrauchsanweisung vornehmen. I. d. R. ist Mischwasser vorgesehen (Leitungswasser/enthärtetes Wasser)

- Restwasser aus dem Tank nach Gebrauchsanweisung handhaben
- Bügelsohle sauber und gleitfähig halten
- Kunststoffbeschichtete Bügelsohlen sind kratzempfindlich

Welche Arten von Dampfbügelstationen sind im Handel?

- *Dampfbügeleisen mit externem Tank*
  Der Dampf wird im Bügeleisen erzeugt. Kurze Aufheizzeit, Zuleitung bleibt kalt, Pumpgeräusch
- *Dampfbügeleisen mit externem drucklosen Dampferzeuger*
  Der Dampf wird ohne Druck im Wasserbehälter erzeugt. Kurze Aufheizzeit, größere Dampfmenge, mittlere Dampfqualität, Nachfüllen jederzeit möglich
- *Dampfbügeleisen mit externem Druckdampferzeuger*
  Der Dampf wird in einem Druckbehälter erzeugt. Aufheizzeit ca. 8–12 Minuten, Wartezeiten beim Nachfüllen möglich, intensiver Druckdampf. Zwei-Tank-Geräte können jederzeit nachgefüllt werden

Welche Ausstattungsmerkmale muss ein Bügeltisch für eine Dampfbügelstation erfüllen?

- dampfdurchlässig
- Tischflächenbeheizung
- Gebläse zum Absaugen der Feuchtigkeit, eventuell auch Anblasen (Naht drückt sich nicht durch)
- genügend große und stabile Abstellfläche für die Station
- höhenverstellbar

Nähmaschinen

Welche Bauformen werden angeboten?

- *Flachbett-Maschine*
  Für große glatte Nähstücke mit Anschiebetisch
- *Freiarm-Maschine*
  Für alle Näharbeiten geeignet

Welche Vorteile bietet eine elektronische Steuerung?

- *Motor*
  volle Durchstichkraft der Nadel auch bei dicken Stofflagen und langsamer Geschwindigkeit
- *Geschwindigkeit*
  Höchstgeschwindigkeit wird begrenzt
- *Nadelstop*
  oben und unten
- *Unterfadenüberwachung*
  es erfolgt rechtzeitige Anzeige zum Spulen
- *Fadenspannung*
  Anpassung an den Stoff und Stich
- *Stichwahl und -ausführung*
  durch Mikrocomputer

Wie pflegt man die Nähmaschine?

- Vor Feuchtigkeit, Kälte und Staub schützen
- Von Zeit zu Zeit den Greifer ölen (siehe Gebrauchsanweisung)

Flachbett-Maschine

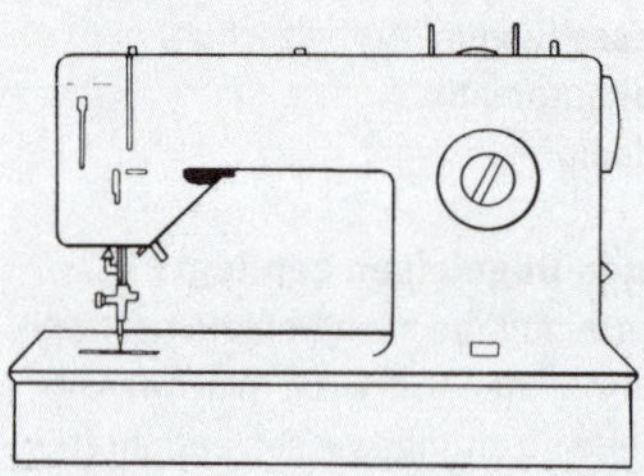

Freiarm-Maschine

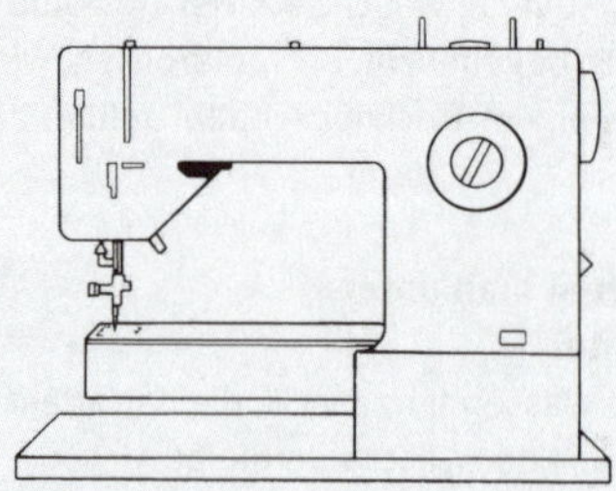

- Regelmäßig mit Pinsel Gerät gründlich reinigen (Stichplatte, Transporteur, Greifer)
- Alle 5–8 Jahre ist eine Kundendienstwartung notwendig

Staubsauger

Welche Modelle bietet der Handel an?

Bodenstaubsauger
1300 – 1700 Watt

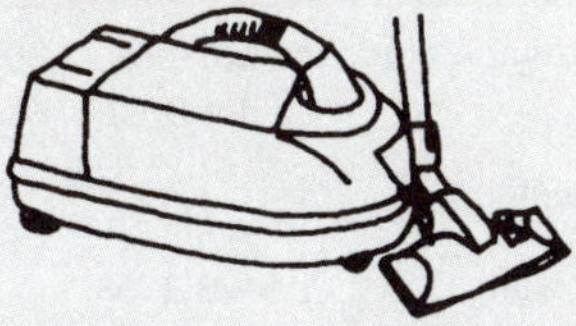

Handstaubsauger
1000 – 1200 Watt

Bürstenstaubsauger
600 – 1200 Watt

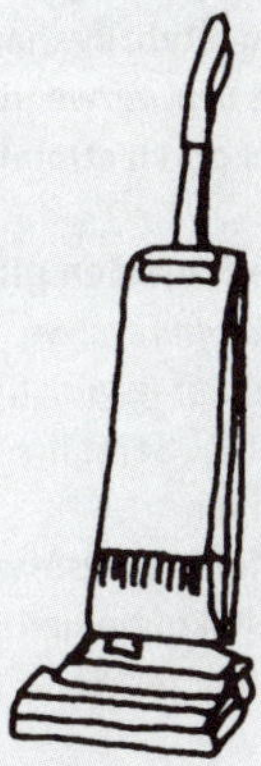

Mehrzweckstaubsauger
1200 – 1400 Watt

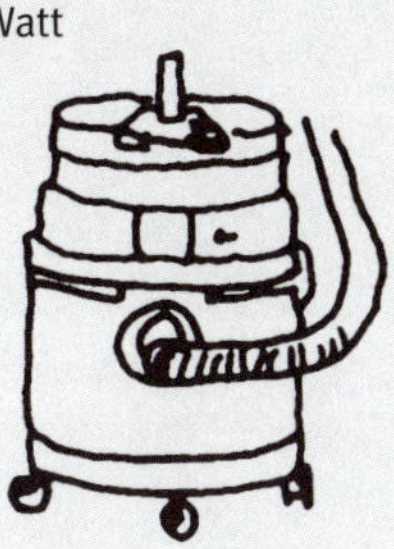

Welche Bauform eignet sich für welchen Einsatzbereich?

- *Bodenstaubsauger*
  Für die größere Wohnung, gut unter Möbeln, leichtes Handhaben und Umrüsten
- *Handstaubsauger*
  Für die kleine Wohnung, kleinere Filtertüten, größere körperliche Belastung beim Saugen, sicheres Absaugen von Treppen
- *Bürstensauger*
  Für große Textilbodenflächen vorwiegend aus synthetischen Chemiefasern, bei Haustieren. Nicht alle Geräte haben Zubehör für andere Saugarbeiten, Zweitgerät erforderlich
- *Kleinstaubsauger*
  Akkubetrieben, netzunabhängig, Betriebszeit ca. 15 Min.

Welche Eigenschaften haben Bodenstaubsauger?

- Durch beweglichen Schlauch gut zu handhaben
- unabhängig vom Schlitten leicht zu führen
- große Reichweite von der Steckdose
- große Füllmenge im Staubbeutel
- starke Saugleistung

Welche Eigenschaften haben Handstaubsauger?

- Platzsparend
- stets einsatzbereit
- größeres Gewicht beim Einsatz
- größerer Kraftaufwand bei der Handhabung
- kleinere Papierfilter (Staubbeutel)

Wie kann die Saugleistung reguliert werden?

- *mit Nebenluft*
  Durch Öffnen eines Luftschlitzes am Gehäuse oder Handgriff wird die Saugkraft vermindert
- *Elektronisch*
  Die Drehzahl des Motors wird reguliert (stufenlos oder mit Stufenschaltung)

10

- *Automatisch*
  Die Motor- und Gebläseleistung passt sich automatisch den verschiedenen Bodenbelägen und Textilien und/oder dem Füllgrad des Staubbeutels an

Welche Vorteile hat eine zentrale Staubsaugeranlage?
- Das Saugen ist wesentlich leiser (Zentralgerät mit Motor und Filter abseits und mit Lärmschutz installiert)
- geringe Staubaufwirbelung (Allergiker)
- Filterwechsel zwei- bis viermal pro Jahr
- Einwegfilter entfallen
- geringes Gewicht des Saugschlauches

Was ist bei einer zentralen Staubsaugeranlage zu beachten?
- Bei Neubau oder Renovierung zum empfehlen
- Kostenangebot einholen
- Kehrrichtschlucker unter Sockelleiste vorsehen
- Anordnung der Vakuumsteckdosen – Länge des Saugschlauches beachten (5 – 10 m)
- Rohrleitungen zum Zentralgerät werden in den Wänden unter den Putz gelegt

Dampfreiniger

Wo ist der Einsatz sinnvoll?
- Steinböden
- Keramische Fliesen
- PVC ungewachst
- Teppichböden
- Waschbecken, Armaturen
- Duschabtrennungen
- Gartenmöbel (Kunststoff)

Leistungsmerkmale von Dampfreinigern		
Dampftemperatur	im Kessel	80 – 90 °C
	an der Düse	65 – 80 °C
Kesselvolumen	1,3 – 1,5 l	
Heizleistung	1,5 – 3,2 kW	
Kesseldruck	3 – 4 bar	

! Dampfreiniger nicht für Backröhren, Dunstabzugshauben, Mikrowellengeräten u. a. verwenden. Gefahr eines Stromunfalles durch stromführende Bauteile!

Welche Bauarten gibt es?
- *Einkammersystem*
  Vorteil: preisgünstig
  Nachteil: Gerät muss zum Nachfüllen abkühlen
- *Zweikammersystem*
  Vorteil: kontinuierliches Arbeiten möglich
  Nachteil: teurer

11 Hausgarten

Traditionelle Bauerngärten prägten früher das Gesicht der Dörfer. Sie dienten der Familie fast ausschließlich als Lebensunterhalt und zeichneten sich durch vielfältige Nutzung und Artenreichtum bei Pflanzen und Tieren aus. Heute sieht man den Garten anders. Man möchte einen Garten – einen Garten am Haus – als Erlebnisraum besitzen, wo Erwachsene und Kinder täglich mit der Natur in Berührung kommen und wo man selbst aktiv ein Stück Natur gestalten kann. Gärten bieten auch vielfältige Möglichkeiten zur Entspannung und Erholung, ohne die Umwelt zu belasten.

Viele Gartenbesitzer legen Wert auf selbst erzeugtes, frisches Gemüse und Obst und sind verständlicherweise stolz auf die eigenen Erzeugnisse.

Jeder Gartenliebhaber wird also seine persönlichen Vorstellungen und Wünsche in Bezug auf den Garten klären und wird sich dann überlegen, wie er ein Stück Lebensraum für Menschen und für Pflanzen und Tiere mit guten Lebensbedingungen schaffen kann. Ohne Kenntnisse geht dies natürlich nicht!

Welche Bedeutung haben Wohn- und Nutzgarten?

Ideeller Wert

Begrünung des Wohnhauses und des Umfeldes, Freude an der Natur und eigner Gestaltung, Erholung und Freizeit für Erwachsene und Kinder, Möglichkeit körperlicher Betätigung, Erhaltung naturnaher Lebensräume mit Rückzugsgebieten für Pflanzen und Tiere, Blumen und Pflanzen zur eigenen Dekoration.

Gesundheitlicher Wert

Erzeugung von frischem, gesunden Gemüse, Obst und Kräutern nach eigenen Anbaumethoden.

Wirtschaftlicher Wert

Erzeugung von preiswerten Gartenprodukten, ggf. von Hofprodukten für „Urlaub auf dem Bauernhof".

! Will man den Garten als naturnahen Lebensraum gestalten, so muss man zunächst verstehen, welche Voraussetzungen dem Wachsen und Gedeihen der Pflanzen im Garten zugrunde liegen.

Leben und Wachsen der Pflanze

Was muss man über die Lebensbedingungen der Pflanze wissen?

Die Pflanzen brauchen zum Wachstum Nährstoffe, Licht, Luft, Wärme und Wasser.

Sie nehmen

- aus der Luft
  Kohlendioxid (CO_2) und Sauerstoff (O)
- aus dem Boden
  Wasser (H_2O) und gelöste Nährsalze

Was geschieht bei der Assimilation (Photosynthese)?

Die Pflanze nimmt mit den Blättern aus der Luft Kohlendioxid (CO_2) auf und verwandelt es mit Hilfe des Blattgrüns (Chlorophyll), zusammen mit Wasser und den darin gelösten Nährsalzen bei Einwirkung von Licht (am Tage), in organische Substanz; sie gibt Sauerstoff (O) an die Luft ab.

Was geschieht bei der Atmung?

Die Pflanze nimmt bei der Atmung aus der Luft (am Tage und in der Nacht) Sauerstoff (O) auf und gibt Kohlendioxid (CO_2) ab.
Die Atmung der Pflanze findet in jeder Zelle statt, in Blättern, Stengeln und auch in den Wurzeln.

Was geschieht bei der Osmose?

Die Wurzelhaare der Pflanze nehmen aus dem Boden durch den osmotischen Druck Wasser und die darin gelösten Nährsalze auf, indem die weniger konzentrierte Nährlösung des Bodens von der hoch konzentrierten Lösung in den Zellen angesaugt wird. Diese Sogwirkung von den Wurzeln bis zu den Blättern wird über die Verdunstung erreicht.

Was geschieht bei der Verdunstung?

Bei der Verdunstung – vor allem über die Blätter – gibt die Pflanze Wasser an die Luft ab.

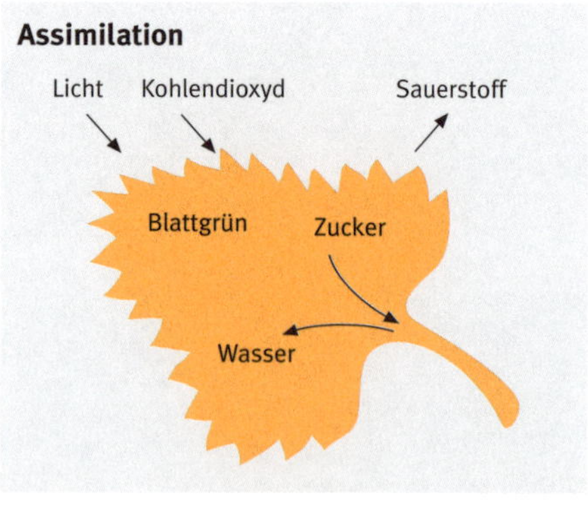

Aufbau durch Photosynthese
Assimilation

Energie ↓↓↓↓

Kohlendioxyd + Wasser ⟶ Assimilate + Sauerstoff

$$6\,CO_2 + 6\,H_2O + 2822\,kJ \longrightarrow C_6H_{12}O_6 + 6\,O_2$$

Abbau durch Atmung
Dissimilation

Energie ↑↑↑↑

Assimilate + Sauerstoff ⟶ Kohlendioxyd + Wasser

$$C_6H_{12}O_6 + 6\,O_2 \longrightarrow 2822\,kJ + 6\,CO_2 + 6\,H_2O$$

Wasser wird fortwährend von den Wurzeln über die Leitungsbahnen bis zu den Blättern nachgeliefert. Mit dem Wasser werden die gelösten Nährstoffe aus dem Boden aufgenommen und für die Lebensvorgänge in der Pflanze zur Verfügung gestellt.
Über 95 % des von der Pflanze aufgenommenen Wassers wird durch Verdunstung wieder an die Luft abgegeben.

! Wasser ist für die Pflanze im Hinblick auf den Nährstofftransport und die Verdunstung unentbehrlich!

Welche Vorgänge in der Pflanze sind für den Kreislauf der Natur so bedeutsam?

Ohne Pflanzen ist auf der Erde kein menschliches und tierisches Leben möglich!
Nur die grünen Pflanzen sind in der Lage mit Hilfe der Photosynthese aus anorganischen Stoffen unter Nutzung der Sonnenenergie organische Substanzen aufzubauen.
Bei der Assimilation wird von der Pflanze Traubenzucker gebildet, der zu weiteren Kohlenhydraten (Rohrzucker, Stärke, Zellulose) aufgebaut und zu Eiweiß, Fett und anderen organische Substanzen umgewandelt wird.

Durch die Freisetzung von Sauerstoff bei der Assimilation wird für die Atmung aller Lebewesen eine lebensnotwendige Voraussetzung geschaffen („grüne Lungen“ der Erde).
Pflanzen nehmen bei der Assimilation Kohlendioxid (CO_2) aus der Luft auf, das bei der Atmung von Mensch, Tier und Pflanze und durch die Zersetzung organischer Substanzen freigesetzt wird.
Stickstoff ist wesentliches Element im Körper aller Lebewesen (Aminosäuren/Proteine) und ist mit 78 % der Hauptbestandteil der uns umgebenden Luft. Der Luftstickstoff kann von den Lebewesen jedoch nicht aufgenommen und verwertet werden. Eine Ausnahme bilden Mikroorganismen, die den Luftstickstoff binden können.
Pflanzen dienen der menschlichen und tierischen Ernährung. Sie nehmen Stickstoff in Form von Amoniak (NH_4)- und Nitrat (NO_3)-Ionen aus dem Boden auf und bauen damit ihr körpereigenes Eiweiß auf. Tiere und Menschen nehmen mit der Nahrung Pflanzeneiweiß auf und wandeln es jeweils in ihr körpereigenes Eiweiß um.
Stirbt die Pflanze ab oder werden Pflanzenteile abgeworfen, so werden diese von den Mikro-

organismen zersetzt, und Stickstoff wird in chemisch gebundener Form der nächsten Pflanzengeneration wieder zugeführt.

! Die Pflanze ist im Kreislauf der Stoffe für das Leben auf der Erde unentbehrlich!

Der Mensch soll möglichst wenig in den Kreislauf des Naturhaushaltes eingreifen!

Welche Nährstoffe braucht die Pflanze?
Für das normale Pflanzenwachstum sind bestimmte Nährstoffe (Nährelemente) *lebensnotwendig*:

die nicht mineralischen Elemente:	
Kohlenstoff	C
Wasserstoff	H
Sauerstoff	O

die mineralischen Elemente = Mineralstoffe:	
Hauptnährstoffe (Makroelemente)	
Stickstoff	N
Phosphor	P
Kalium	K
Magnesium	Mg
Calcium	Ca
Schwefel	S
Spurennährstoffe (Mikroelemente)	
Bor	B
Eisen	Fe
Mangan	Mn
Kupfer	Cu
Molybdän	Mo
Zink	Zn

! Die Einteilung der Mineralstoffe beruht auf der Bedarfsmenge, alle sind lebensnotwendig, sie können sich gegenseitig nicht ersetzen!

Welche Wirkung haben folgende Nährstoffe?

Stickstoff (N)	Aufbau von Eiweiß und Chlorophyll, fördert die Blattbildung
Phosphor (P)	Aufbau von Eiweiß, fördert Blüten- und Fruchtbildung, unterstützt die Krümelbildung im Boden
Kalium (K)	Regulierung des Wasserhaushaltes, fördert die Bildung der Kohlehydrate, wichtig für Knollenbildung, Standfestigkeit und Haltbarkeit
Calcium (Ca)	fördert das Pflanzenwachstum allgemein und die Krümelbildung des Bodens
Magnesium (Mg)	Baustein für das Chlorophyll

Boden und Bodenbearbeitung

Welche Bodenarten gibt es?

Bodengruppe	*Bodenart*	*Zeichen*
Sandböden	Sand anlehmiger Sand lehmiger Sand	S Sl lS
Lehmböden	stark lehmiger Sand sandiger Lehm Lehm	SL sl L
Tonböden	schwerer Lehm Ton	LT T
Humusböden	Moor	Mo

Welche Bodenbestandteile sind wichtig?

Bodenmasse = feste Bestandteile des Bodens

mineralische (anorganischen) Bestandteile, die durch Verwitterung entstanden sind

- Grobboden = Steine, Kies, bilden das Bodenskelett
- Feinboden = Sand, Schluff, Ton, bilden die Feinerde

organische Bestandteile, die durch Verrottung von Pflanzen und die Verwesung von Tieren entstanden sind

- Humus
- Bodenlebewesen

Bodenwasser = das insgesamt im Boden vorhandene Wasser

- Sickerwasser, das im Grundwasser versickert
- Haftwasser, das teils von den Bodenteilchen, teils in den Haarröhrchen (Kapillaren) festgehalten wird

Bodenluft = die in größeren, nicht mit Wasser gefüllten Hohlräumen, enthalten ist.

Welche Bedeutung haben die Bodenlebewesen?

Ein aktives Bodenleben ist Voraussetzung für die Bodenfruchtbarkeit und deren Erhalt!

Bodenflora

dazu zählen Bakterien, Strahlenpilze, Pilze, Algen und Flechten, auch stickstoffbindene Bakterien

- sie bauen die organischen Substanz im Boden ab
- dabei entsteht Humus und Nährstoffe werden freigesetzt (mineralisiert) und damit pflanzenverfügbar
- stickstoffbindende Bakterien sind in der Lage, Stickstoff aus der Luft zu binden
- zum Leben brauchen die Mikroorganismen ausreichend Luftsauerstoff, Feuchtigkeit, Wärme, Nährstoffe (besonders aus organischen Stoffen) und schwach-saure bis alkalische Böden

Bodenfauna

dazu zählen Regenwürmer, Käfer und Käferlarven, Wimperntierchen, Springschwänze, Milben, Asseln, Ameisen, Spinnen

- sie zerkleinern organische Substanz und schaffen gute Angriffsmöglichkeiten für die

Mikroorganismen, sie tragen wesentlich zur Lockerung und Durchlüftung des Bodens bei

! Die Bodenlebewesen bewirken durch die so genannte Lebendverbauung das stabile Krümelgefüge des Bodens. Man versteht darunter das Verkleben und Verbinden kleinster Bodenteilchen durch Schleimstoffe und Pilzfäden.

Was ist Humus?

Als Humus bezeichnet man die abgestorbene und mehr oder weniger zersetzte organische Substanz eines Bodens.
Leicht zersetzbare organische Substanz (Nährhumus) wird schnell abgebaut (mineralisiert) und dient der Pflanze als Nährstoff, schwer zersetzbare organische Substanz (Dauerhumus) hat eine längere Verweildauer im Boden, die entstehenden Humusteilchen (Huminstoffe), verbessern vor allem das Bodengefüge.

Welche Bedeutung hat Humus?

- tonige Böden lockerer und sandige Böden bindiger
- verbessert den Wasser- und Lufthaushalt des Bodens, insb. das Wasserspeichervermögen
- verbessert zusammen mit Ton die Krümelbildung

Humus

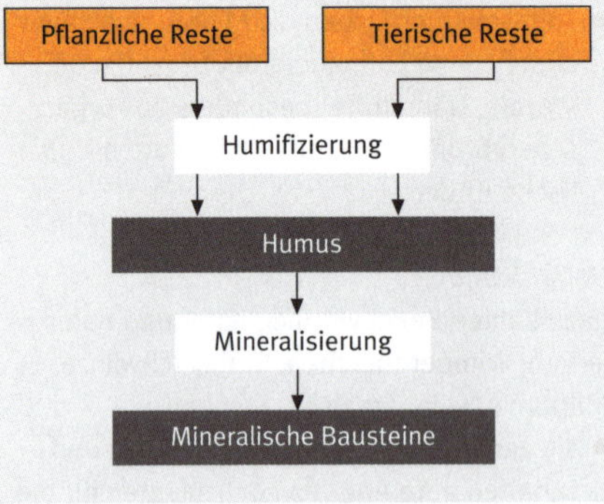

- ist ein Reservoir des Bodens, aus dem Nährstoffe nur langsam wieder freigesetzt werden (u. a. abhängig von Bodenlebewesen)
- enthält Pflanzennährstoffe

Was versteht man unter Bodengefüge (Bodenstruktur)?

ist die räumliche Anordnung der mineralischen und organischen Bestandteile im Boden, die Hohlräume dazwischen, die Poren, sind unterschiedlich groß und mit Wasser und Luft gefüllt. Günstig ist eine lockere Aneinanderreihung von mineralischen und organischen Bestandteilen (etwa 50 % feste Substanz, 30 % Wasser, 20 % Luft) und die Verklebung derselben durch die Tätigkeit der Bodenlebewesen zu einem Krümelgefüge.
Vom Bodengefüge hängen Wasser-, Luft-, Nährstoff-, Wärmehaushalt ab und ebenso Durchwurzelbarkeit, davon bestimmt werden Bearbeitung und Eignung als Lebensraum für die Bodenorganismen.

Was versteht man unter Bodenreaktion?

Die Bodenreaktion zeigt den Basen- und Säuregehalt des Bodens an. Sie wird vom Kalkgehalt wesentlich beeinflusst und in pH-Werten ausgedrückt.

pH 3,0–3,9	sehr stark sauer
pH 4,0–4,9	stark sauer
pH 5,0–5,9	mäßig sauer
pH 6,0–6,9	schwach sauer
pH 7,0	neutral
pH 7,1–8,0	alkalisch

Bodenuntersuchung – warum ist sie notwendig?

Die Bodenuntersuchung ist Grundlage für erfolgreiches Gärtnern, insbesondere für die richtig bemessene Düngung. Erfahrungsgemäß sind heute viele Gartenböden überdüngt.

Die Bodenuntersuchung überprüft Bodenart, pH-Wert, pflanzenverfügbare Nährstoffe wie Phosphor, Kalium, Magnesium und auch Stick-

stoff, (Bodenprobe muss auf dem Weg zwischen Garten und Labor auf Kühlschranktemperatur gehalten werden).
Sie gibt Düngeempfehlungen aufgrund des Befunds für den richtigen Dünger und die notwendigen Düngermengen.
Sie soll möglichst alle 2–3 Jahre angestellt werden, bei Neuanlagen des Gartens ist sie empfehlenswert. Bester Zeitpunkt: Herbst, nach der Ernte, die letzte Düngung soll mindestens 4 Wochen zurückliegen.

! Um den Bodenvorrat an Nährstoffen abzuschätzen, kann auf die Bodenuntersuchung nicht verzichtet werden!

Die *Nährstoffgehaltzahlen werden Versorgungs- bzw. Gehaltsklassen* zugeordnet. Die *Gehaltsklasse C* entspricht einer optimalen Versorgung.

Versorgungsstufen	
E	sehr hoch
D	hoch
C	*optimal*
B	niedrig
A	sehr niedrig

Wie nimmt man eine Bodenprobe?
Termin zur Entnahme ist Herbst bis Frühjahr, nach der Ernte, vor der Düngung.
Man sticht an 10–15 verschiedenen Stellen der genutzten Gartenfläche mit dem Spaten Scheiben ab (0–30 cm tief) und nimmt von den Schnittstellen einige Esslöffel Erde, mischt die Einzelproben zur Sammelprobe von etwa 300 g Erde (Plastikbeutel) und schickt diese mit Außenetikett unverzüglich zur Untersuchung.
Die Probeentnahme mit einem Bohrstock (für 30 cm Tiefe) ist einfacher.
Der Beizettel zur Bodenprobe soll folgende Angaben enthalten: Hausgarten, Kulturpflanzen vor der Probeentnahme (Gemüse, Rasen, Obst, Blumen, Moorbeetpflanzen), Besonderheiten zum Standort und zum Anbau, Düngung im letzten Jahr, Angabe der zu untersuchenden Nährstoffe, Name, Anschrift.

Wer macht Bodenuntersuchungen?
Bodenlabors/Bodenuntersuchungsinstitute, auch bei Landwirtschaftlichen Forschungs- und Untersuchungsanstalten (LUFA).
Auskünfte geben Landwirtschaftskammern, Landesanstalten für Landwirtschaft, landwirtschaftliche und gärtnerische Beratungsstellen, der Verband Deutscher Landwirtschaftlichen Untersuchungs- und Forschungsanstalten www.vdlufa.de

Bodenbearbeitung – warum?
- Den Boden zu lockern
- die Durchlüftung zu verbessern
- Wärme und Feuchtigkeit zu regulieren
- die Gare zu fördern und zu erhalten
- das Unkraut zu jäten
- Pflanzenrückstände und Düngemittel einzuharken

Was versteht man unter Bodengare?

Ein „garer“ Boden hat eine stabile Krümelstruktur, ein reges Bodenleben und einen ausgeglichenen Nährstoffgehalt.

Welche Maßnahmen fördern und erhalten die Bodengare?
- Bodenverbesserung durch Humus- und Kalkgaben
- angemessene Nährstoffversorgung
- Bodenbedeckung
- Bodenbearbeitung
- Bewässerung

Welche Gartengeräte braucht man zur Bodenbearbeitung?
Spaten, Grabegabel, Kultivator, Grubber, Hacken, Rechen, Gartenschnur, Pflanzholz, Pflanzschaufel, Schubkarre, Beregner, Wasserschlauch, Gartenbesen, Gartenschere, Gärtnermesser, Baumsäge, Körbe, Gießkannen, Spritze.

Worauf kommt es bei der Bodenbearbeitung an?

Graben: mit Spaten oder Grabegabel nach der Ernte Boden lockern (ca. 25 cm tief), früher hat man die Scholle gewendet, heute verzichtet man zur Erhaltung der Krume weitgehend darauf.

Saat- und Pflanzbeet herrichten: mit Kultivator, Kralle oder Grubber Boden lockern (ca. 10 cm tief) und einebnen, mit Rechen feinkrümelig bearbeiten.

Hacken: mit Ziehhacke Boden lockern (ca. 5 cm tief), verhindert Wasserverluste, gleichzeitig wird das Unkraut gejätet, laufend während der Vegetationszeit vornehmen.

Häufeln: mit Blatthacke oder Häufler, bei Tomaten, Gurken, Kohl (außer Kohlrabi, Chinakohl), Erbsen, Bohnen, Lauch.

Warum gießen?

Eine gleichmäßige und ausreichende Wasserversorgung ist für Qualität und Ertrag von Gemüse verantwortlich. Höhere Wassergaben veranlassen die Pflanzen tiefer in den Boden einzudringen, bei häufigen und geringen Wassergaben bleiben die Pflanzen mehr an der Bodenoberfläche, was sie gegen Trockenheit anfälliger macht.

Welche Gießregeln sind zu beachten?

Kein allabendliches, oberflächliches Befeuchten, besser am Morgen bewässern, die Pflanzen sollen abgetrocknet in die Nacht gehen.

Durchdringendes Bewässern:
etwa 2–3 Mal die Woche je 15–20 l Wasser je m^2, das Wasser muss einsickern können.

Möglichst an die Pflanzen gießen, die Blätter sollen weitgehend trocken bleiben (kulturabhängig).

Hacken der abgetrockneten Beete und Mulchen hilft zusätzlich Wasser sparen.

Was versteht man unter Mulchen?

Mulchen ist die Abdeckung der Bodenoberfläche mit zerkleinertem organischen Material (3–5 cm dick, wie Gras, Blätter, Stroh; Rindenmulch)

Warum Mulchen?

- den Boden vor Austrocknen und Verkrusten zu schützen
- dem Boden Humus und den Bodenlebewesen Nahrung zu zuführen
- das Keimen von Wildkräutern zu verhindern

Mulchen hat sich bei Gemüsearten mit langer Standzeit (z. B. Tomaten) und unter Zier- und Obstgehölzen bewährt, Zeitpunkt: Frühjahr bis Herbst
Folien und Vlies sind auch als Abdeckung geeignet, schwarze Mulchfolie bei wärmeliebenden Gemüsearten (Gurken, Kürbis) beliebt.

Düngung im Hausgarten

Düngung – was versteht man darunter?

Zufuhr von Nährstoffen in den Boden, um Pflanzenwachstum und damit Pflanzenerträge zu erreichen.
Zufuhr von Humus in den Boden, um Fruchtbarkeit und Garezustand zu erhalten und zu verbessern.

Warum düngen?

Nur wenige Böden der Erde sind so gut mit Nährstoffen versorgt, dass die Pflanzen über längere Zeit ohne Düngung auskommen.
Die Pflanze entzieht dem Boden beim Wachstum Nährstoffe, diese müssen wieder ersetzt werden, wenn der Boden nicht an Nährstoffen verarmen und die Pflanze erneut Nährstoffe vorfinden soll.
Düngung besteht in erster Linie darin, die natürlichen Kreisläufe durch Humus- und Mineralstoffzufuhr wieder zuschließen.

! Düngen mit guter fachlicher Praxis hat keine schädlichen Auswirkungen auf Nahrung und Umwelt.

Die Düngerverordnung (26.1.1996) mit den „Grundsätzen der guten fachlichen Praxis beim Düngen" hat Haus- und Nutzgärten nicht in den Anwendungsbereich aufgenommen, dennoch sind diese Grundsätze von jedem Gärtner zu beachten!

Wie viel düngen?

Nur soviel, wie aufgrund der Bodenverhältnisse und des Bedarfs der Pflanzen nötig ist!

Was sagt das Gesetz vom Minimum (Justus von Liebig)?

Das Pflanzenwachstum richtet sich nach dem Nährstoff im Boden, der in geringem Umfang vorhanden ist.
Alle Nährstoffe müssen daher in einem harmonischen Verhältnis im Boden vorhanden sein.

Folgerung: Einseitige und zu hohe Düngergaben können von der Pflanze nicht genutzt werden, überschüssige Nährstoffe sind nicht erwünscht.

Was sagt das Gesetz vom abnehmenden Ertragszuwachs (Mitscherlich)?

Eine Ertragssteigerung durch Förderung des Wachstums ist nur bis zu einer gewissen Grenze möglich. Ist das Optimum erreicht, so lassen sich durch erhöhte Düngergaben keine weiteren Ertragssteigerungen mehr erreichen.

Gesetz vom Minimum

Hier ist Kali im Minimum und begrenzt die Ertragssteigerung

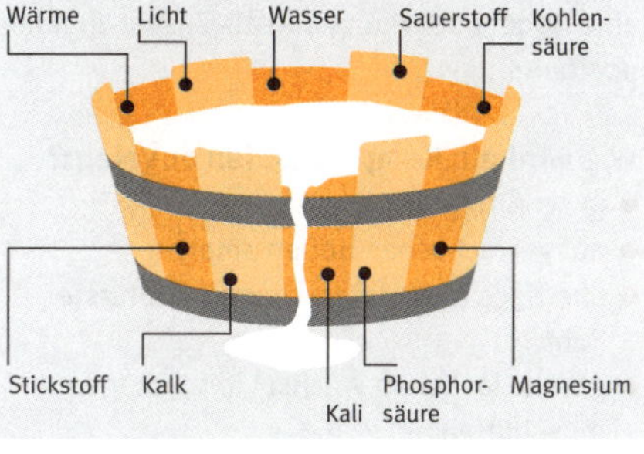

Gesetz vom abnehmenden Ertragszuwachs

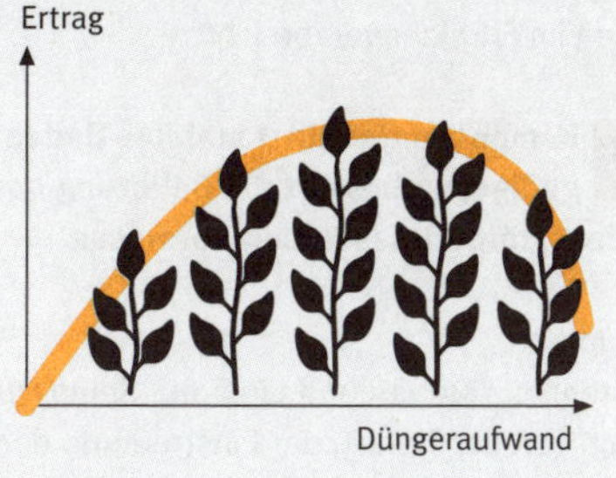

Welche Düngemittel eignen sich für den Garten?

Humusdünger (organische Dünger)	*Mineraldünger (anorganische Dünger)*
Komposterde Mistkompost Gründünger Rindenprodukte	Stickstoffdünger Phosphordünger Kalidünger Kalkdünger Magnesiumdünger Mehrnährstoffdünger

! Für die richtige Auswahl der Düngemittel sind Kenntnisse über deren Zusammensetzung notwendig!

Humusdünger/Organische Dünger – was versteht man darunter?

Organische Dünger enthalten Humus (organische Substanz) und Nährstoffe in gebundener Form. Ihre Bedeutung liegt in der bodenverbessernden Wirkung, der Gehalt an Nährstoffen ist eher gering und schwer abzuschätzen, sie stehen der Pflanze erst nach und nach zur Verfügung und wirken daher lang anhaltend.

Organische Dünger – was muss man wissen?

Kompost
besteht aus verrottbaren Abfällen aus Haus und Garten, die nach etwa sechs Monaten halb verrottet (Frischkompost) oder nach einem Jahr ganz verrottet (Reifekompost) sind. Komposterde enthält – je nach Bestandteilen – Humus und Stickstoff, Phosphor, Kalk, Kali, Magnesium, Spurenelemente. Kompost wird im Wesentlichen im Frühjahr verabreicht.

! Kompost unterstützt stabiles Bodengefüge, verbessert die Belüftung des Bodens, fördert das Bodenlebewesen.

Stallmist
besteht aus Tierkot und Einstreu. Seine Qualität hängt von der Tierart, der Einstreu und dem Grad der Verrottung ab. Stallmist enthält Humus und je nach Rottegrad Stickstoff, Phosphor, Kali und Kalk. Im Garten am besten zu Mistkompost (mit Erdlagen) verarbeiten.

Gründüngung
besteht aus grünen Pflanzenteilen, die in den Boden eingearbeitet werden, die organische Substanz wird zu Humus und wirkt bodenverbessernd.
Geeignet sind Phacelia, Leguminosen (Lupinen, Erbsen, Wicken, Serradella), weniger geeignet sind Senf, Raps, Kresse (wegen der Zugehörigkeit zu den Kreuzblütler!).

Torf
besteht zu einem großen Teil aus Dauerhumus und ist geeignet, leichte und harte sowie nasse und klebrige Böden zu verbessern. Auf die Verwendung soll verzichtet werden, da der Abtrag von Torf in naturbedingte Lebensräume eingreift.

Rindenmulch
besteht aus zerkleinerter und fraktionierter Baumrinde ohne Zusätze und eignet sich gut für eine Bodenabdeckung und als Zusatz zu Kompostbereitung.

Wie wird ein Komposthaufen angelegt?

- in schattiger Lage
- auf gewachsenen Boden anlegen
- sperriges Material zerkleinern (unterste Schicht)
- Abfälle locker im Wechsel mit Erdlagen aufschütten

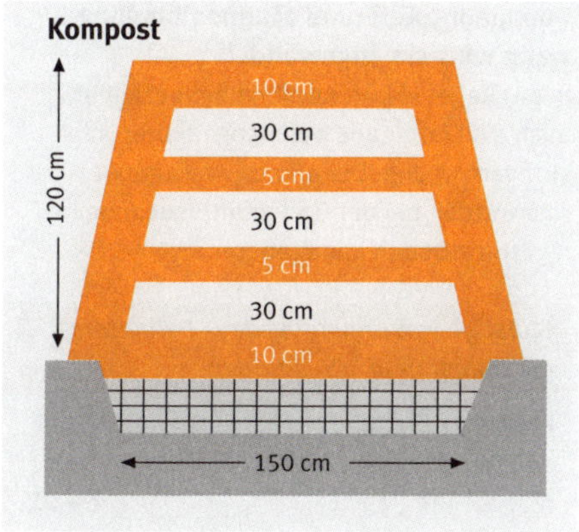

- für gleichmäßige Feuchtigkeit sorgen, ggf. wässern
- in warmer Jahreszeit anlegen
- nach 3 Monaten umsetzen

Welche Abfälle werden kompostiert?

Geeignet sind

Gemüse- und Obstabfälle, Pflanzenreste, Grasschnitt, samenlose Wildkräuter, abgeblühte Pflanzen, Laub. Kaffeesatz, Teeblätter, zerdrückte Eierschalen, Holzasche, gehäckselte Äste, Mist.

Ungeeignet sind

Speisereste (Rattengefahr), Fäkalien, Pflanzenteile, die mit schwer bekämpfbaren Krankheiten wie Kohlhernie, Rutenkrankheit, Welkekrankheiten befallen sind, Wurzel- und Samenunkräuter.

Kompostgaben pro m²/Kultur/Jahr	
Starkzehrer	ca. 4 kg
Schwachzehrer	ca. 2–1 kg

1 kg Kompost enthält etwa 1 g verfügbarer Stickstoff

Mineraldünger/Anorganische Dünger – was versteht man darunter?

Mineralische Dünger enthalten die Nährstoffe in Salzform (anorganischer Form), die sich im Bodenwasser lösen, so dass sie umgehend der Pflanze zur Verfügung stehen. Mineralische Dünger sind schnell wirksam, sie können dem Nährstoffbedarf der Pflanzen entsprechend genau dosiert werden.

Mineraldünger – was muss man wissen?

- Ihre Ausgangsprodukte sind auf der Erde in natürlichen Stoffen wie Gesteine, Salze, Erze, Meeresablagerungen enthalten oder werden – bei Stickstoffdünger – aus der Luft gewonnen
- es gibt wasserlösliche und daher schnell wirkende Dünger und solche mit langsamer und nachhaltiger Wirkung; erstere sind als Kopfdünger, die anderen als Grunddünger geeignet, wobei es auch Kombinationen von beiden gibt. Wasserlösliche Dünger unterliegen der Gefahr der Auswaschung
- aufgrund der Nährstoffgehalte gibt es Einnährstoff- und Mehrnährstoffdünger
- mit Einzeldünger können spezielle Nährstoffansprüche besser bedient werden (siehe Düngeempfehlung der Bodenuntersuchung)
- Mehrnährstoff- und Volldünger enthalten mehrere Nährstoffe, wobei Volldünger die Nährstoffe bereits in pflanzengerechtem Verhältnis einbringen, allerdings können unterschiedliche Nährstoffgehalte im Boden kaum berücksichtigt werden

11

Nährstoffgehalte von gebräuchlichen organischen Düngemitteln

	% N	% P_2O_5	% K_2O	Spurenelemente/Einfluss auf pH
Kompost	0,3	0,1	0,3	reich/alkalisch
Stallmist	0,4	0,2	0,5	mittel/neutral
Hornmehl	10–14	1,5	0,8	reich/neutral

! Auf der Verpackung von Düngern sind im „Deklarationsfeld“ die Inhaltsstoffe angegeben! Anwendungshinweise und Düngeempfehlungen sind auf optimal versorgte Böden ausgerichtet. Die empfohlenen Düngermengen sollen nun entsprechend der Bodenuntersuchung (Versorgungsstufen) und dem Nährstoffbedarf der Kulturen (+/–) verändert werden.

Mineraldünger – wie werden sie angewendet?

- die Menge nach Bedarf der einzelnen Kulturen exakt festlegen, Teilgaben vorsehen
- bei der Mengeberechnung verabreichte organische Dünger berücksichtigen
- Düngermengen genau abwiegen
- über die ganze Fläche gleichmäßig verteilen
- darf nicht an den Pflanzen haften
- feste Dünger in den Boden einarbeiten
- flüssige Dünger nur auf feuchten Boden geben, die Pflanzen danach mit Wasser abbrausen

Kalkdüngung – was ist wichtig?

Kalk ist für den pH-Wert des Bodens wichtig!

Anzustrebende pH-Werte im Gemüsegarten
Sand- und Moorboden: 5,5–6,0
sandiger humoser Lehmboden: 6,0–6,5
bei zu hohen pH-Werten: keine Kalkung, keine Dünger mit Kalkanteilen
bei zu niedrigen pH-Werten: Kalkung

Was ist bei der Anwendung zu beachten?

- Kalk ist als Nebenbestandteil in einigen Düngemitteln enthalten, eine ausgesprochene Kalkdüngung erfolgt nur nach Bedarf
- Branntkalk wirkt sehr rasch, ätzend, ist für schwere Böden geeignet, nicht in bestehende Bestände geben
- Kohlensaurer Kalk wirkt langsam, ist mild und für leichte Böden geeignet, flach einarbeiten
- Man unterscheidet Erhaltungskalkung und Gesundungskalkung, bei großem Kalkbedarf die Mengen in zwei Gaben verabreichen

Phosphor-, Kali- und Magnesiumdüngung – wann wird sie angewandt?

In der Regel als Grunddüngung, gezielt aber auch als Einzelgabe bei mangelhafter Nährstoffversorgung. Die pflanzenverfügbaren Vorräte werden bei der Bodenuntersuchung in mg/100 g Boden angegeben.

Günstige Versorgungsstufe = Gehaltsstufe C mg Nährstoff in 100 g Boden	
Phosphor (P_2O_5)	12–20
Kali (K_2O)	12–20
Magnesium (MgO)	6–10

Was ist bei der Anwendung zu beachten?

- Phosphat ist in verschiedenen Düngemitteln unterschiedlich löslich
- Superphosphat ist am leichtesten löslich und schnell wirksam, Thomasphosphat wirkt langsamer
- Manche Gemüsearten sind chlorempfindlich, Kaliumsulfat für empfindliche (Tomatem, Gurken, Zwiebel, Radis, Lauch Beerenobst), Kaliumchlorid für chlorverträgliche (Kohl, Sellerie, Spinat, Salat) verwenden
- Kalimagnesia (Patentkali) ist ein recht „praktischer“ Dünger, weil mit ihm bei der üblichen K-Düngung in der Regel der Mg-Bedarf gedeckt wird
- ein Überangebot führt zur Auswaschung ins Grundwasser

Stickstoffdüngung – wann wird sie angewandt?

als Grunddüngung (vor Aussaat/Pflanzung) und als Ergänzungsdüngung gezielt in 2–3 Gaben während der Vegetationszeit.

Was ist bei der Anwendung zu beachten?

- Stickstoff ist in hohem Maß auswaschungsgefährdet, daher nur nach dem Bedarf der Pflanzen düngen und dabei die Vorräte im Boden beachten; eine Überdüngung führt zur Auswaschung ins Grundwasser und zu überhöhten Nitratgehalten im Gemüse

N-Nährstoffbedarf der Gemüsekulturen (Reinnährstoff N in g/m² Boden)		
gering	> 8 g N/m²	Chicoree, Radis, Erbsen
mittel	> 12 g N/m²	Buschbohnen, Endivien, Feldsalat, Kopfsalat, Spargel
hoch	> 18 g N/m²	Fenchel, Grünkohl, Gurken, Kohlabi, Mais, Möhren, Petersilie, Rettich, Rhabarber, Rote Rüben, Sellerie, Schwarzwurzeln, Stangenbohnen, Zwiebeln, Spinat
sehr hoch	> 25 g N/m²	Blumenkohl, Chinakohl, Kohlkopf, Lauch, Rosenkohl, Schnittlauch, Tomaten, Zucchini

- Salpeter ist rasch wirksam, Ammoniak wirkt etwas langsamer
- Kalkstickstoff nur im Herbst oder im zeitigen Frühjahr bis zwei Wochen vor der Bestellung geben, ist zur Unkrautbekämpfung geeignet
- Kompost und Mulchmaterial können etwa ein Drittel bis zur Hälfte der Stickstoffdüngung einsparen
- Besonders problematische Gemüsearten, die leicht zu hohe Nitratwerte im Erntegut aufweisen, sind Salat, Feldsalat, Endivien, Spinat, Radis, Rote Rüben
- Zwiebel- und Wurzelgemüse nicht auf frischen Kompost anbauen (Gemüsefliegen)

Tipp Stickstoffdüngung

- Fläche ausmessen und Menge berechnen
- max. 10 g Dünger/m² (eine Teilgabe) ausbringen
- N-Lieferung organischer Dünger einrechnen
- stark humose Böden bekommen im Sommer keine N-Düngung
- Folgekulturen nach Leguminosen nur 50 % des berechneten N-Bedarfs geben
- nur Volldünger einsetzen
- N-Düngung am besten verabreichen als
  - Punktdüngung: in Gießwasser gelöst in den Wurzelbereich ausbringen
  - Banddüngung: im Pflanzenbereich schmal ausstreuen

Wie können Belastungen durch Nitrate vermieden werden?

- Stickstoffvorrat im Boden (Bodenuntersuchung) und Stickstoffbedarf der Kulturen abstimmen
- N-Dünger nur ausbringen, wenn die Pflanzen ihn aufnehmen können
- Kompost erst im Frühjahr ausbringen, Stallmist immer kompostieren, im Herbst grundsätzlich keine Stickstoffdüngung vornehmen
- mineralischer N-Dünger während der Vegetationszeit in Teilgaben verabreichen
- für Pflanzenbewuchs in der Vegetationszeit sorgen (auch durch Zwischenkulturen und mit Gründüngungspflanzen)
- Gemüse 4 Wochen vor der Ernte nicht mehr düngen
- letzte Düngung im September
- Stickstoffdüngung so gering halten, dass der Nährstoff zu Winterbeginn aufgebraucht ist
- immer für Bewuchs auf den Beeten sorgen (Zwischenkulturen, Gründüngung), Gründüngungspflanzen nicht im Herbst einarbeiten
- erst spät im Herbst abernten und reduziert bearbeiten, wenn die Bodenlebewesen die Mineralisierung organischer Stoffe eingeschränkt haben

Beispiele gebräuchlicher mineralischer Dünger		
Stickstoffdünger	Kalkammonsalpeter Ammonsulfatsalpeter Kalkstickstoff	27 % N 21 % N 21 % N
Phosphoreinzeldünger	Thomasphosphat Superphosphat	15 % P 18 % P
Kali- u. Magnesiumdünger	Kalimagnesia (Patentkali) Bittersalz	30 % K 10 % Mg 16 % Mg
Mehrnährstoffdünger	Nitrophoska perfekt	15 % N 5 % P 20 % K 2 % Mg

Wie wirkt sich ein Nährstoff-Überangebot aus?

- Wachstumsstörungen der Pflanzen
- Minderung der Lebensmittelqualität
- Auswaschverluste
- bei oberflächlichem Bodenabtrag Gewässereutrophierung
- Verschwendung natürlicher Rohstoffe

! Düngen soviel wie nötig und so wenig wie möglich!
Sachgerechte Düngung ist ein MUSS für jeden Gärtner! Sie meint bedarfsgerechte Pflanzenernährung auf der Grundlage von Bodenuntersuchungen.

Pflanzengesundheit

Im Garten bestehen natürliche Lebensgemeinschaften von Pflanzen und Tieren. Die beste Pflege des Gartens besteht in der Erhaltung dieser Wechselbeziehungen und in der Schaffung guter Voraussetzungen für wüchsige und gesunde Kulturpflanzen.
Allerdings sind die Kulturpflanzen auch Witterungseinflüssen, Schädlingen, Krankheiten und Wildkräutern ausgesetzt, die Gedeihen und Wachstum stören oder verhindern.
Es können quantitative Schäden auftreten, d. h. die Ernte wird vermindert oder entfällt oder qualitative Schäden, d. h. die Pflanzen werden unansehlich, verunreinigt (wie bei Maden, Raupen) oder sogar ungenießbar (durch Pilzgifte – Mykotoxine).

! Pflanzenschutz ist nötig!
Besser Pflanzengesundheit fördern statt Schädlinge bekämpfen!

Pflanzenschutzmaßnahmen – was versteht man darunter?

Pflanzenschutzmaßnahmen sind alle Maßnahmen, die dazu dienen, Schäden an Kulturpflanzen durch Schädlinge, Krankheiten und Unkräuter sowie nicht parasitäre Beeinträchtigungen abzuwehren.

Integrierter Pflanzenschutz im Garten – was heißt das?

Zur Abwehr oder zur Eindämmung von Schadorganismen werden Maßnahmen ergriffen, die einen ökosystemschonenden und naturnahen, d. h. integrierten Pflanzenbau, gewährleisten und gleichzeitig Pflanzenerträge sichern und hochwertige, toxikologisch unbedenkliche Nahrungsmittel liefern.

! Pflanzenschutz darf nicht erst mit dem Auftreten von Schädlingen beginnen! Vorbeugende Maßnahmen, insbesondere Kulturmaßnahmen, sind notwendig!

Welche Maßnahmen werden für den Hausgarten empfohlen?

Kulturmaßnahmen für gute Wachstumsbedingungen der Pflanzen mit natürlicher Resistenz gegen Krankheiten und Schädlinge

- Anbau passender Arten und Sorten – auf Boden und Klima abgestimmt
- Verwendung von hochwertigem Saat- und Pflanzgut
- bodenschonende Bearbeitung und pflanzengerechte Pflege
- Düngung auf der Grundlage von Bodenanalysen
- Recycling organischer Stoffe durch Kompostierung
- Einhaltung des Fruchtwechsels
- Anbau von Mischkulturen
- richtige Saat- und Pflanztermine
- fachgerechte Saat- und Pflanztechnik, (kein dichter Pflanzenstand)
- Unkräuter als Wildkräuter betrachten und aushacken
- mechanischer Schutz vor Schädlingen
- Schutz und Einsatz von Nützlingen
- chemischen Pflanzenschutz nach ökologischen Gesichtspunkten betreiben

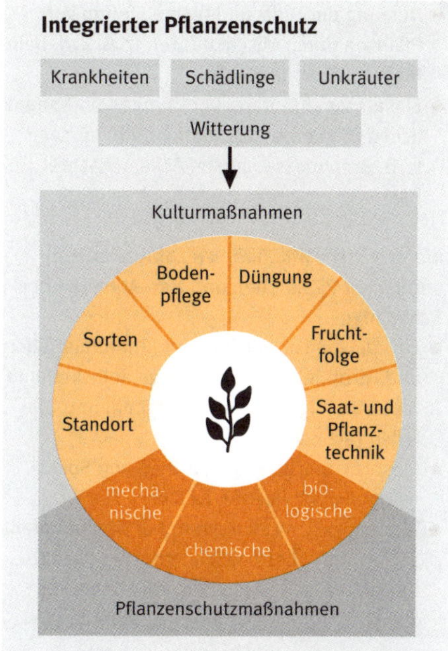

Pflanzenschutzmaßnahmen als direkte Maßnahmen der Schädlingsbekämpfung

mechanische Maßnahmen zur direkten Beseitigung von Schadensursachen

- Pflegemaßnahmen bei den Kulturen, wie Ausbrechen von Seitentrieben bei Tomaten, Auslichten von Trieben bei Gurken
- Aushacken oder Ausziehen der Wildkräutern
- Abschneiden befallener Pflanzenteile und Äste (u. a. Triebspitzen mit Mehltau)
- Einsammeln oder Fangen von Schädlingen (u. a. Schnecken, Eier und Larven bei Kohl)/ Aufstellen von Fallen
- Auslegen von Netzen zum Abhalten von Schädlingen (nach der Saat)

biologische Maßnahmen zur Aktivierung von Nützlingen und natürlicher Substanzen

- Schonung und Förderung von Vögeln und Nützlingen wie Marienkäfer, Florfliegen, Schwebfliegen u. a., Igeln, Maulwürfen, Kröten, Laufkäfer

- Nutzung der Duft- und Wurzelstoffen von Pflanzen durch Mischkulturen (z. B. Zwiebeln/Möhren, Sellerie/Kohl)
- Einsatz von Kräuterzubereitungen und pflanzlichen Präparaten wie Brühen und Jauchen (z. B. Brennnesseljauche, Ackerschachtelhalm)

biotechnische Maßnahmen zur Ausnutzung natürlicher Reaktionen und zum Abhalten der Schädlinge

- Einsatz von Lockstoff-Fallen (Pheromonfallen) und Farbtafeln, die Schädlinge anlocken und durch klebrige Flächen festhalten, und Bierfallen (Schnecken)
- Einsatz von Nützlingen, z. B. gegen Spinnmilben Raubmilben einsetzen
- Anbringen von Leimringen (bei Obstbäumen), Schutzmanschetten/Schutznetzen (Gemüsefliegen, Vögel), Aufstellen von Schneckenzaun

chemische Maßnahmen zur gezielten und unumgänglichen Bekämpfung

- Einsatz selektiv wirkender, nützlingschonender Mittel (keine herkömmlichen breitenwirksamen Präparate), nur im notwendigen Umfang

! Möglichst unbedenkliche und umweltfreundliche Maßnahmen ergreifen! Chemische Pflanzenschutzmittel nur im Notfall und dann sachkundig einsetzen!

Was sind Pflanzenschutzmittel?

Pflanzenschutzmittel sind Stoffe, die Pflanzen oder Pflanzenerzeugnisse vor Tieren, Pflanzen, Mikroorganismen oder Krankheiten schützen sollen. Auch Stoffe, die Pflanzen abtöten, das Wachstum regulieren oder die Keimung hemmen, gelten als Pflanzenschutzmittel.

Welche Arten von Pflanzenschutzmittel unterscheidet man?

(häufig auch „Pestizide“ genannt, Pest engl. = Schädling, Plage)

Mittel gegen Schädlinge	
Insekten (Kerbtiere)	Insektizide
Milben, Spinnmilben	Akarizide
Nagetiere (Mäuse, Ratten)	Rodentizide
Schnecken	Molluskizide
Nematoden (Fadenwürmer)	Nematizide

Mittel gegen Pflanzenkrankheiten	
Pilze	Fungizide
Bakterien	Bakterizide

Mittel gegen Schadpflanzen	
Wildkräuter	Herbizide

Welche Vorschriften sind für den Einsatz von Pflanzenschutzmittel (PSM) wichtig?

! Pflanzenschutzmittel dürfen in Deutschland nur vertrieben und angewendet werden, wenn sie zugelassen sind.

Die Zulassungsbehörde in Deutschland ist das Bundesamt für Verbraucherschutz und Lebensmittelsicherheit. Es arbeitet dabei mit der Biologischen Bundesanstalt für Land- und Forstwirtschaft, dem Bundesamt für Risikobewertung und dem Bundesumweltamt zusammen.
Pflanzenschutzmittel unterliegen in der EU einem einheitlichen Regelwerk.

Pflanzenschutzmittel, die im Hausgarten eingesetzt werden, müssen speziell für den Bereich zugelassen sein. Die Verpackungen enthalten die Aufschrift „Anwendung im Haus- und Kleingartenbereich zulässig“.

BBA-Zulassungszeichen

BBA-Anerkennungszeichen

Seit dem 1. 7. 2001 schreibt das Pflanzenschutzgesetz mit der „Indikationszulassung“ vor, dass Pflanzenschutzmittel nur noch in den zugelassenen Anwendungsgebieten ausgebracht werden dürfen.
Die Biologische Bundesanstalt hat eine Liste für die im Bereich Haus- und Kleingarten zugelassenen Mittel veröffentlicht.
Die Anwendung erfolgt nach den Grundsätzen der guten fachlichen Praxis und den Prinzipien des Integrierten Pflanzenschutzes.

Bei der Anwendung sind die Angaben in der Gebrauchsanweisung, besonders die zum Schutz von Mensch und Tier sowie der Umwelt, einzuhalten.
Pflanzenschutzmittel sind nach dem Abfallbeseitigungsgesetz so zu entsorgen, dass von ihnen keine Gefährdung für Mensch, Tier und Umwelt entsteht!

Wie werden Pflanzenschutzmittel im Hausgarten angewendet?

- in trockener Form als Stäubemittel, Streumittel
- in aufgelöster Form als Spritz- bzw. Sprühmittel, Gießmittel

Welche Pflanzenschutz-Geräte stehen für den Einsatz im Hausgarten zur Verfügung?

- Gießkanne
- Handspritzgeräte (für kleine Gärten, Balkon- und Zimmerpflanzen)
- Rückenspritze (in vielen Ausführungen, größeres Fassungsvermögen, bessere Ausrüstung, bequeme Handhabung)

Die Geräte müssen nach der Arbeit gründlich gereinigt und trocken aufbewahrt werden.

BBA-anerkannte Pflanzenschutzgeräte tragen das Anerkennungszeichen mit Geräteprüfnummer!

Worauf ist bei der sachgerechten Anwendung von Pflanzenschutzmittel zu achten?

Grundsätzlich

- Hinweise auf der Verpackung bzw. in der Gebrauchsanweisung genau beachten
- Mittelaufwand und Wassermenge exakt berechnen (keine Reste)
- Spritzflüssigkeit im Freien mit empfohlenen Eimern und Geräten ansetzen
- nur geprüfte und anerkannte Pflanzenschutzgeräte einsetzen
- Pflanzenschutzmittelreste sowie leere Behälter fachgerecht entsorgen (Problemmüll)

zum Schutz des Wassers

- Anwendungsbeschränkungen zum Schutz des Wassers (Grundwassers) beachten
- besondere Vorsicht an offenen Gewässern walten lassen

! Liegt der Garten in einem Wasserschutzgebiet, dürfen gewisse Präparate nicht zur Anwendung kommen.

zum Schutz des Anwenders

- beim Umgang mit PSM schützende Kleidung tragen, Gummihandschuhe, Arbeitsanzug, festes Schuhwerk/Gummistiefel, ggf. auch Schutzbrille, Atemschutz sofern angegeben
- bei Pflanzenschutzmaßnahmen nicht essen, trinken oder rauchen
- bei Anzeichen von Unwohlsein Arbeit sofort beenden und Arzt aufsuchen
- bei akuten Vergiftungen Giftnotruf einschalten
- PSM immer in der Originalverpackung gut verschlossen aufbewahren

zum Schutz des Verbrauchers

- Notwendigkeit des Einsatzes überhaupt und Anwendungszeitpunkt überprüfen
- nur für den bestimmten Zweck zugelassene Pflanzenschutzmittel verwenden
- Pflanzenschutzmittel nach Gebrauchsanweisung anwenden
- Wartezeit zwischen Anwendung und Ernte immer überprüfen und beachten

zum Schutz der Kulturpflanzen

- nur Mittel für speziellen Anwendungszweck einsetzen
- Mittel genau dosieren und verteilen, keine Doppelbehandlung
- nicht spritzen bei Wind (Abdrift), vor Regen (Abschwemmung), bei Temperaturen < 25 °C (Verbreitung durch Thermik)

zum Schutz der Haustiere

- bei Ansetzen und Ausbringen der Spritzmittel Haustiere fernhalten
- Köder, Granulat oder Streupulver möglichst verdeckt ausbringen
- Restmengen vorschriftsmäßig entsorgen

zum Schutz von Vögel, Bienen und nützlicher Insekten

- nur selektiv wirkende Pflanzenschutzmittel verwenden
- möglichst keine bienengefährlichen Mittel einsetzen
- bienengefährliche Mittel nicht auf blühende Pflanzen ausbringen
- nur schonende Pflanzenschutzmittel mit kurzer Wirkungsdauer anwenden
- Anwendungsvorschriften und -fristen strikt einhalten
- keine „Bienen- und Vogeltränken“ mit Pflanzenschutzmittel entstehen lassen
- Granulate und Köder so einarbeiten, dass Vögel diese nicht fressen können

Der Besitzer bzw. Anwender von PSM hat sicher zu stellen, dass keine Gefährdung für Dritte und die Umwelt besteht (andere Personen, Haustiere, Wild, Vögel, Fische, Bienen).

Pflanzenschutzmittel- und Spritzflüssigkeitsaufwand für Gemüse

Konzentrationsangaben in %	g bzw. ml Pflanzenschutzmittel in 10 l Wasser	Mittelaufwand g bzw. ml/10 m² für Kulturen mit einer Bestandshöhe von		
		50 cm (0,6 l Wasser/10 m²)	50 cm – 125 cm (0,9 l Wasser/10 m²)	über 125 cm (1,2 l Wasser/10 m²)
0,05	5	0,3	0,45	0,6
0,1	10	0,6	0,9	1,2
0,15	15	0,9	1,4	1,8
0,2	20	1,2	1,8	2,4
0,25	25	1,5	2,25	3,0
0,5	50	3,0	4,5	6,0
1,0	100	6,0	9,0	12,0

Gefahrenzeichen

Wie werden Pflanzenschutzmittel für den Einsatz aufbereitet?

Wichtigste Voraussetzung für eine richtige Dosierung der Mittel ist das richtige Werkzeug. Firmen bieten entsprechende Sets mit Waage, Messbecher, Spachtel, Dosierspitze und Mischtabelle an.

Wartezeit – was versteht man darunter?

Die Wartezeit ist der Zeitraum zwischen der letzten Anwendung eines Pflanzenschutzmittels und der Ernte. Diese wird vom BBA festgesetzt und ist einzuhalten, damit die zulässigen Rückstände von PSM an Lebensmitteln nicht überschritten werden.

Worauf ist bei Einkauf und Lagerung von chemischen Pflanzenschutzmitteln zu achten?

- Im Pflanzenschutzgesetz werden Regelungen zum Verkauf und zur Anwendung von PSM getroffen
- auf Vermerk „Anwendung im Haus- und Kleingartenbereich zulässig“ achten
- sachkundig informieren und weniger gefährliche Präparate vorziehen! Verkäufer von PSM sind gehalten den Erwerber über die korrekte Anwendung von PSM zu informieren
- viele zugelassene Pflanzenschutzmittel sind nach der Gefahrenstoffverordnung nicht kennzeichnungspflichtig. Gefährliche Stoffe sind an Gefahrensymbolen zu erkennen (schwarzer Aufdruck auf orangegelben Grund)

- nach der „neuen" Zulassungsrichtlinie sind alle Produkte, die für Gewässerorganismen als „sehr giftig" oder „giftig" zu betrachten sind, als „umweltgefährlich" eingestuft
- Pflanzenschutzmittel, die mit dem Kennbuchstaben „T" gekennzeichnet sind, dürfen nur gegen Giftempfangsschein mit Unterschrift des Erwerbers bzw. Abholenden abgegeben werden. Die Abgabe ist außerdem vom Abgebenden sofort in das „Giftbuch" einzutragen und vom Empfänger gegenzeichnen zu lassen
- nur Originalverpackungen kaufen!
- nur im Originalbehältnis unter Verschluss („Pflanzenschutz-Apotheke"), abgesondert von Lebens- und Futtermittel, aufbewahren. Auf keinen Fall Pflanzenschutzmittel in Flaschen und andere Behälter umfüllen!

! Auskunft über Fragen des Pflanzenschutzes geben die Pflanzenschutzdienste in den Ländern

(aid-Informationen (www.aid.de)
www.giftnotruf.de

Bewirtschaftung des Gartens

Welche Gestaltungselemente sind bei der Anlage eines naturnahen Gartens zu berücksichtigen?

- Wohngarten mit Sitzplatz
- Blumenrabatten
- Nutzgarten mit Obst und Gemüse
- Kräuterbeet
- Blumen- oder Kräuterwiese (soll Rasen ersetzen)
- Gartenteich (Feuchtgebiet für Tiere)
- frei wachsende Hecke (mit einheimischen Sträuchern und Bäumen)
- Wildkräuterecke (Ecke, die man sich selbst überlässt)
- Trockenmauer (Unterschlupf für Tiere)
- Kompostplatz

Nutzgarten – welche Gesichtspunkte sind für seine Anlage wichtig?

- *Lage:* möglichst windgeschützt in der Nähe des Wohnhauses
- *Größe:* entsprechend der Anzahl der Verpflegungspersonen, den Verzehrsgewohnheiten, den Standortverhältnissen (Klima, Lage, Boden), der verfügbaren Arbeitszeit, der Verkehrslage, den Einkaufsmöglichkeiten, den Gefrier- und Lagermöglichkeiten. Größe ggf. im Hinblick auf eigene, frische Bauernhofprodukte für die Urlaubsgäste erweitern
- *Anlage und Einteilung:* erfolgt in der Regel für mehrere Jahre, u. a. Hauptweg: Breite ca. 1 m, mit Schubkarre befahrbar; Beetbreite: 1,10 m; Beetwege: 0,30 m; die Zahl der Reihen je Beet richtet sich nach dem Platzbedarf der Kultur

Welche Faustzahlen stehen bei einer Planung zur Verfügung?

Bedarf/Tag/Person/Rohware	
Gemüse ungeputzt/geputzt	320 g/250 g
Obst	320 g/200 g
(Kinder bis zu 10 Jahren 50 % der Menge weniger)	

Bedarf/Jahr/Person/Rohware	
Gemüse	110–120 kg (ungeputzt)
Obst	30 kg (ungeputzt)

Anbaufläche Gemüse
100 % Selbstversorgung
bei 40%iger Doppelnutzung/Pers.: = 40 m^2

Anbaufläche Beerenobst
100 % Selbstversorgung/Pers.: = 30 m^2

Ertrag m^2 = Gemüse durchschnittlich 3 kg,
Beerenobst durchschnittlich 1 kg

Arbeitszeitbedarf	
Gemüse	10 m^2/Jahr: 4,2 AKh
Beerenobst	10 m^2/Jahr: 4,2 AKh

(KTBL-Datensammlung Haushalt, 4. Auflage 1991)

Beispiel für die Größe des Nutzgartens eines 6-Personen-Haushaltes (100 % Eigenerzeugung)

240 m^2 Gemüse	40 m^2/Pers.
36 m^2 Erdbeeren	6 m^2/Pers.
146 m^2 Beerensträucher	24 m^2/Pers.
10 m^2 Rhabarber	1,5 m^2/Pers.
432 m^2 Nutzfläche insges.	72 m^2/Pers.
56 m^2 Wege	
12 m^2 Kompost	
500 m^2 Gesamtfläche	rd. 83 m^2/Pers.

(KTBL-Datensammlung für die Kalkulation der Kosten und des Arbeitszeitbedarfs)

Fruchtfolge – was ist das?

Unter Fruchtfolge versteht man die Aufeinanderfolge von Gemüsearten im Laufe von mehreren Jahren.
Fruchtwechsel ist eine vorbeugende Maßnahme, damit das Pflanzenwachstum nicht durch den Anbau gleicher oder verwandter Pflanzen beeinträchtigt wird und der Ertrag zurückgeht.

Was geschieht ohne Beachtung des Fruchtwechsels im Garten?

Bei einseitigem Anbau gleicher oder verwandter Pflanzen ergeben sich Vorgänge im Boden, die sich meist wachstumshemmend oder ertragsmindernd auswirken.

biologische Veränderungen
- Verringerung der Artenvielfalt im Boden
- Anreicherung von Krankheiten und Schädlingen

physikalische Veränderungen
- Bodenverdichtungen
- Gareschwund
- einseitige Durchwurzelungstiefe

chemische Veränderungen
- einseitiger Nährstoffentzug
- Anreicherung von wuchshemmenden Stoffen

Welches Fruchtfolge-System bietet sich an?

Wechsel Starkzehrer – Schwachzehrer
(manchmal auch Unterscheidung in Stark-, Mittel- und Schwachzehrer)

Starkzehrer sind Blattgemüse (1. Tracht = nach Mistkompost oder Kompost)
- Tomaten, Gurken, Kürbis, Salat, Stangenbohnen, Dicke Bohnen, Lauch, Sellerie, Kohlgewächse
- Lauch und Sellerie werden auf vielen Böden in der 2. Tracht angebaut, weil sie bei Mist unter Schädlingen leiden

Schwachzehrer sind Wurzelgemüse und Hülsenfrüchte (2. Tracht)
- Schwarzwurzeln, Möhren, Rote Rüben, Rettich, Radis, Zwiebeln
- Erbsen, Buschbohnen

11

! Fruchtfolge-Reihenfolge:
Blattgemüse – Wurzelgemüse – Hülsenfrüchte.
In keinem Beet darf zwei Jahre hintereinander die gleiche Gemüseart angebaut werden!

Wechsel der Pflanzenfamilie
Die gleiche Gemüseart soll etwa nach 4–5 Jahren wieder auf die gleiche Stelle kommen.

Welche Pflanzenfamilien sind beim Anbau im Hausgarten zu unterscheiden?

- *Kreuzblütler*
  Meerrettich, alle Kohlarten, Kohlrübe, Kresse, Roadies, Rettich
  Gründüngungspflanzen: Gelbsenf, Ölrettich, Raps
- *Kürbisgewächse*
  Gurken, Kürbis, Melone, Zucchini
- *Nachtschattengewächse*
  Aubergine, Kartoffel, Paprika, Tomate
- *Gänsefußgewächse*
  Rote Rüben, Spinat, Mangold
- *Doldengewächse*
  Dill, Fenchel, Kerbel, Liebstöckel, Möhren, Petersilie, Sellerie
- *Liliengewächse*
  Lauch (Porree), Knoblauch, Schnittlauch Spargel, Zwiebeln
- *Baldriangewächse*
  Feldsalat
- *Korbblütler*
  Artischocke, Endivie, Kopfsalat, Schwarzwurzeln
  Gründüngungspflanzen: Sonnenblume
- *Schmetterlingsblütler*
  Bohnen, Erbsen
  Gründüngungspflanzen: Klee, Lupine, Wicke

! Bei den Hauptkulturen sollten Pflanzenarten der gleichen Familie frühesten im dreijährigen Abstand folgen.

Kulturfolge – was ist das?

Unter Kulturfolge versteht man die intensive Nutzung eines Gartenstückes im Laufe eines Jahres durch Haupt-, Vor-, Zwischen- und Nachkulturen. Dabei hat die Hauptkultur den Vorrang vor den anderen Kulturen.

- Hauptkulturen sind Tomaten, Gurken, Sellerie, Kohlarten, Stangenbohnen u. a.
- Vorkulturen sind Spinat, Kohlrabi, Kopfsalat, Radieschen, Rettich u. a.
- Nachkulturen sind insbesondere Feldsalat, Winterspinat, Endivie, Chinakohl, Fenchel, Buschbohnen, Winterrettich
- Zwischenkulturen können sein Radis, Schnittsalat, Gartenkresse, Spinat, Kopfsalat

Welche Gemüse können nacheinander angebaut werden?

Kulturen, die sich gut miteinander vertragen:

- *Möhren* und Zwiebeln, Tomaten, Rettich, Mangold, Lauch, Erbsen, Knoblauch, Salat, Dill
- *Pflücksalat* und Tomaten, Spargel, Rote Bete, Rettich, Kohlrabi, Fenchel, Bohnen
- *Rettich* und Tomaten, Spinat, Pflücksalat, Möhren, Mangold, Kopfsalat, Kohlrabi, versch. Kohlarten, Erdbeeren, Erbsen, Bohnen
- *Rote Bete* und Zwiebeln, Pflücksalat, versch. Kohlarten, Gurken, Fenchel, Bohnen
- *Sellerie* und Tomaten, Spinat, Lauch, Kopfsalat, Kohlrabi, versch. Kohlarten, Gurken, Bohnen
- *Spinat* und Tomaten, Sellerie, Rettich, Kohlrabi, versch. Kohlarten, Kartoffeln, Erdbeeren
- *Tomaten* und Spinat, Rettich, Pflücksalat, Möhren, Lauch, Kopfsalat, Kohlrabi, versch. Kohlarten, Bohnen, Petersilie, Kapuzinerkresse
- *Zwiebeln* und Zucchini, Rote Bete, Möhren, Kopfsalat, Gurken, Erdbeeren, Bohnenkraut, Dill

Kulturen, die sich schlecht miteinander vertragen

- *Bohnen* und Zwiebeln, Lauch, Fenchel, Erbsen, Knoblauch
- *Erbsen* und Tomaten, Lauch, Kartoffeln, Bohnen, Zwiebeln
- *Gurken* und Rettich, Tomaten
- *Kartoffeln* und Tomaten, Sellerie, Rote Bete, Kohlrabi, Gurken, Erbsen
- *Kohlarten* und Zwiebeln, Kohlrabi, Kartoffeln, Erdbeeren, Knoblauch

- *Rettich* und Gurken
- *Rote Bete* und Lauch, Kartoffeln
- *Tomaten* und Kartoffeln, Gurken, Fenchel, Erbsen
- *Zwiebeln* und Kohlrabi, Bohnen, Erbsen, versch. Kohlarten

Was sind Mischkulturen?

Gemüsearten mit unterschiedlichen Erntezeiten und unterschiedlichem Wuchs werden gemeinsam angebaut, dadurch gute Raumnutzung, optimale Bodenbeschattung, bessere Ausnutzung der Nährstoffe und geringerer Schädlingsbefall.

Welche günstigen Mischkulturen werden im Hinblick auf den Pflanzenschutz empfohlen?

Verschiedene Pflanzenarten scheiden an Wurzeln und Blättern Stoffwechselprodukte aus, die fördernd oder hemmend auf die Nachbarpflanzen wirken können.

- *Möhren mit Zwiebeln*
  gegen Möhren- bzw. Zwiebelfliege
- *Sellerie mit Blumenkohl*
  gegen Sellerierost und Raupen
- *Tomaten mit Kohl*
  gegen Kohlweißling-Raupe
- *Bohnenkraut zw. Bohnen*
  gegen schwarze Bohnenlaus
- *Ringelblume, Tagetes*
  gegen Nematoden

Saat und Pflanzung

Was ist beim Sameneinkauf zu beachten?

- Jedes Jahr anhand eines Anbauplanes Samen einkaufen, nicht auf Vorrat kaufen
- Qualitätssaatgut, geeignete Sorten im Hinblick auf regionales Klima und vorgesehenen Saattermin auswählen
- im Samenfachhandel kaufen (bewährte und neue, robustere Sorten)

Saatgutarten sind beim Einkauf zu berücksichtigen:

- Normalsaatgut (alle Korngrößen)
- kalibriertes Saatgut (ausgesiebtes Saatgut in größerer Korngröße)
- piliertes Saatgut (kalibriertes Saatgut mit einer Hüllmasse)

Samen werden meist in Portionstüten und auch in Saatbändern und als Samenteppich angeboten. Letztere enthalten piliertes Saatgut (in ein Gewebe eingearbeitet).

Was ist beim Säen zu beachten?

- Nicht zu dicht säen, feines Saatgut mit Sand mischen
- nicht zu tief säen, Samen bis zur dreifachen Dicke mit Erde bedecken (Ausnahme Erbsen)
- bei langsam keimenden Samen eine Markiersaat beimischen
- Samen nach dem Schließen der Saatrille andrücken
- nicht zu früh säen, in kaltem Boden keimen Aussaaten recht langsam
- Aussaaten frühzeitig vereinzeln

Verschiedene Saatmethoden können angewendet werden:

- Reihensaat (meistens angewandt)
- Breitsaat (erschwert frühzeitige Pflegearbeiten)
- Tellersaat (Samen werden in Gruppen ausgelegt, z. B. Stangenbohnen)
- Markiersaat (bei langsam keimenden Samen)

Was ist beim Pflanzen zu beachten?

- Nur gesunde Jungpflanzen mit gedrungenem Wuchs und kräftigen Wurzeln verwenden
- Pikieren fördert die Ausbildung von guten Wurzelballen
- insbesondere im zeitigen Frühjahr Pflanzen zweckmäßig beim Gärtner kaufen
- Sellerie und Salat sind sehr flach, Kohl und Porree sehr tief, Tomaten nicht zu tief und nicht zu flach zu pflanzen!

Wie kann Ernteverfrühung erreicht werden?

Frühe Saaten in Schalen, Kisten, im Frühbeet oder auch Kleingewächshaus vorkultivieren, am besten Substrat verwenden, feucht halten und mit Vlies abdecken. Sämlinge rechtzeitig in Pikierplatten oder auch Eierpaletten vereinzeln. Direktaussaaten und Pflanzung mit Flachabdeckung durch Folien und Vlies oder durch Folientunnel und bewegliche Frühbeetelemente

Welche Arten von Folien und Vliesen kommen infrage?

- Folien und Vlies als Flachabdeckung zur Vorverlegung des Bestelltermins im Frühjahr und Verlängerung der Erntezeit im Herbst
- Mulchvlies zur Unkrautbekämpfung und zur besseren Erwärmung des Bodens
- Schattierungsnetze zum Abdunkeln bei Frühbeet und Gewächshaus, Sichtschutz
- Gemüseschutznetze gegen Ungeziefer (u. a. Gemüsefliegen, sorgen für madenfreie Rettiche und Möhren)
- Vogelschutznetze gegen diebische Vögel (Kirschen, Trauben)

Was muss man über den Einsatz von Folien und Vliesen wissen?

- Loch- und Schlitzfolien (umweltfreundliche Polyäthylen-PE-Folie) und Vlies (spinnwebartig vernetztes Kunststoffmaterial) schützten die Kulturen vor Frost, sind licht-, wasser- und luftdurchlässig, Vlies ist weniger lichtdurchlässig und besser wasserdurchlässig als Folien
- sofort nach dem Säen oder Pflanzen auflegen! Locker über die Beete legen, Ränder eingraben
- Schlitzfolie kann bis zur Ernte liegen bleiben, die Schlitze öffnen sich mit zunehmenden Höhenwachstum, Lochfolie und Vlies werden früher entsprechend dem Wachstum entfernt
- Abnehmen von Folien/Vliesen bei bedecktem Wetter, sonst Gefahr von Blattflecken durch Sonnenbrand
- bei schonender Behandlung sind alle Materialien wieder zu verwenden

Gemüsearten

Blattgemüse – welche Gemüse gehören dazu?

Kopfsalat, Schnittsalat, Pflücksalat, Zichorie, Endivie, Radicchio, Lolosalat, Chicoree, Feldsalat, Spinat, Neuseeländer Spinat, Mangold

Was ist beim Anbau zu beachten?

- Blattgemüse sind schnell wachsend und eignen sich (Ausnahme Chicoree, Neuseeländer Spinat) als Vor-, Zwischen- und Nachkulturen
- entsprechend dem Zeitpunkt der Aussaat jeweils geeignete Sorten auszuwählen
- sie gedeihen besonders gut auf kräftigen, humusreichen Böden, sie sind insbesondere N-bedürftig
- Stickstoffdünger soll gezielt in mehreren Gaben verabreicht werden (Nitratgehalt!)
- Kopfsalat flach pflanzen

Kohlgemüse – welche Gemüse gehören dazu?

Weißkohl, Rotkohl, Wirsing, Blumenkohl, Kohlrabi, Rosenkohl, Grünkohl, Chinakohl, Brokkoli

Was ist beim Anbau zu beachten?

- Frühe, mittelfrühe und späte Sorten beim Anbau berücksichtigen
- einige Kohlgemüse eignen sich als Vor- und Nachkulturen
- Kohlgemüse brauchen nährstoffreichen Boden, neben der Grunddüngung sollen sie 1–2 Kopfdüngungen in der Hauptwachstumszeit erhalten
- Kohlpflanzen (mit Ausnahme von Kohlrabi und Chinakohl) 4–6 Wochen nach der Pflanzung anhäufeln
- Pflanzenbestände laufend in Bezug auf Schädlinge beobachten und angemessene Maßnahmen ergreifen

Fruchtgemüse – welche Gemüse gehören dazu?

Gurken, Melonen, Kürbis, Zucchini, Tomaten, Paprika, Zuckermais

Was ist beim Anbau zu beachten?

- Fruchtgemüse sind besonders wärmebedürftig
- sie lieben humosen, nährstoffreichen Boden, Kompostgaben (evtl. Mistkompost) sind begehrt, zusätzliche Kopfdüngung ist angezeigt
- Gurkenpflanzen anhäufeln, zu viele Triebe auslichten
- Tomatenpflanzen am besten eintriebig ziehen, „Geize" in den Blattachsen laufend auszubrechen

Wurzelgemüse – welche Gemüse gehören dazu?

Möhren (Karotten, Gelbe Rüben), Rote Rüben (Rote Bete), Sellerie, Schwarzwurzeln, Rettiche, Radis, Meerrettich

Was ist beim Anbau zu beachten?

- Wurzelgemüse gedeihen in tiefgründigen, humosen, kalkhaltigen Böden
- sie dürfen (außer Sellerie) nur in der 2. Tracht angebaut werden, nicht auf frisch mit Kompost gedüngten Boden (Gemüsefliege)
- der Anbauerfolg hängt häufig von der richtigen Sorte und dem dazu passenden Saattermin ab (Möhren, Rettiche, Radis)

Zwiebelgemüse – welche Gemüse gehören dazu?

Speisezwiebeln, Lauch (Porree), Schalotten

Was ist beim Anbau zu beachten?

- Zwiebeln verlangen warme, humusreiche und tiefgründige Böden
- frische Stallmistgaben, Salpeterdüngung und chlorhaltige Düngemittel sind nicht bekömmlich
- es können Steck- und Säzwiebeln angebaut werden
- Porree ist ein Starkzehrer und liebt humusreichen Boden und zusätzliche Düngergaben, tief pflanzen

Hülsenfrüchte – welche Gemüse gehören dazu?

Buschbohnen, Stangenbohnen, Feuerbohnen, Dicke Bohnen, Erbsen

Was ist beim Anbau zu beachten?

- Hülsenfrüchte brauchen kaum Stickstoffgaben, sie leben mit den sogenannten Knöllchenbakterien in Symbiose, die Stickstoff binden können
- Hülsenfrüchte vor der Aussaat beizen
- Bohnen flach legen (müssen die Glocken läuten hören)
- Erbsen und Buschbohnen können in Folgesaaten ausgebracht werden

Dauergemüse – welche Gemüse zählt man dazu?

Rhabarber, Spargel, Artischocken

Was ist beim Anbau zu beachten?

- Rhabarber ist mehrjährig und gehört in das Dauerquartier, er liebt Kompost und zusätzliche Düngergaben
- Spargel bevorzugt warmes Klima und den sonnigsten Platz im Garten, der Anbau erfolgt in Dämmen
- Artischocken sind mehrjährig und überstehen meist nur bei Weinbergsklima den Winter, sehr wichtig ist der Winterschutz. Boden mit Kompost verbessern, die Mineraldüngung muss aus einer chlorfreien Grunddüngung und zusätzlichen Kopfdüngungen bestehen

Beerenobst – welche Arten sind interessant?

Erdbeeren, Johannisbeeren, Stachelbeeren, Brombeeren, Himbeeren

Was ist beim Anbau zu beachten?

- *Erdbeeren* lieben einen mittelschweren bis leichten nährstoffreichen Boden
- die Erdbeeranlage soll höchstens bis 3 Jahre alt werden, sie wandert zweckmäßig durch das ganze Gemüsequartier

- Jungpflanzen können durch Ausläufer (ab Juni von gut tragenden Pflanzen) gewonnen werden
- die beste Pflanzzeit ist Mitte Juli bis Mitte August

- *Strauchbeerenobst* wird am besten in einem Dauerquartier zusammengefasst
- die Lebensdauer beträgt etwa 15 Jahre
- Johannisbeeren und Stachelbeeren werden überwiegend in Strauchform gezogen
- jedes Jahr schneiden, auslichten und befallene Triebspitzen abschneiden

- *Himbeeren* werden in Reihen gepflanzt und brauchen ein Drahtgerüst
- nach der Ernte die zweijährigen Ruten entfernen, 8–10 Ruten der neu gewachsenen, gesunden Ruten stehen lassen und diese im Frühjahr auf 1,70 m einkürzen
- Pflanzgut nur in Qualitätsbaumschulen kaufen

Gartenkräuter

Kein Garten ohne Kräuter – warum?

- Kräuter blühen, duften und schmecken
- sie schmücken den Garten und können zu Blumendekorationen verwendet werden
- sie sind frohwüchsig und kaum krankheitsanfällig
- sie würzen Speisen und sind reich an Vitaminen und appetitanregenden Geschmacksstoffen
- sie haben heilende Wirkungen im Körper
- ihre Blätter, Blüten, Wurzeln werden vielfältig als Kräuter, Tees und Duft-Kräuter verwendet

Welche Arten von Kräutern werden „landläufig“ im Garten kultiviert?

- *Einjährige Kräuter*

Basilikum, Bohnenkraut, Borretsch, Dill, Gartenkresse, Kerbel, Majoran
(sie werden im Frühjahr gesät, im gleichen Jahr geerntet und sterben ab)

- *Zweijährige Kräuter*

Barbarakraut, Eiskraut, Engelwurz, Kümmel, Löffelkraut, Petersilie
(sie werden Ende Juli gesät, bilden im 1. Jahr Blätter und Triebe, im 2. Jahr Blüten und Samen)

- *Mehrjährige Kräuter/Stauden*

Beifuß, Bohnenkraut, Eberraute, Estragon, Fenchel, Lavendel, Liebstöckel, Meerrettich, Pfefferminze, Pimpinelle, Portulack, Origano, Rosmarin, Salbei, Schnittlauch, Thymian, Waldmeister, Weinraute, Ysop, Zitronenmelisse
(die oberirdischen Pflanzenteile sterben im Winter ab, der Wurzelstock schlägt im Frühjahr erneut aus)

Welche Gesichtspunkte sind bei der Anlage eines Kräuterbeetes zu beachten?

- 10–12 m^2 Fläche für 4 Personen
- an einem sonnigen Standort (Licht und Wärme) in der Nähe des Hauses
- auf humosem Gartenboden, schwachsauer (pH-Gehalt 6,5) nicht mit Stickstoff überversorgt
- gute Bodenvorbereitung mit Komposterde, ggf. Kalk (Thymian, Rosmarin, Petersilie sind Kalk liebend), ggf. Sand einbringen
- höherwachsende Arten in die Mitte des Beetes, niedrige und einjährige an den Rand pflanzen

Was ist bei Anbau und Pflege zu beachten?

- Kräuter können ausgesät, als Jung-Pflanzen gekauft oder durch Wurzelteilung vermehrt werden

- Boden locker halten, mit Kompost verbessern (ca. alle 2 Wochen als Kopfdüngung), mit Rindenmulch abdecken, vertrocknete, abgestorbene Pflanzenteile abschneiden, gut gießen
- Gartenkresse kann das ganze Jahr in Schalen herangezogen werden (alle 2–3 Wochen neu aussäen)
- keine Schädlingsbekämpfungsmittel einsetzen, da ständig geerntet wird, Blätter ggf. zurückschneiden (z. B. bei Mehltau), evtl. Brennnesseljauche einsetzen, Nützlinge pflegen
- Kräuter frisch ernten, d. h. laufend, frühmorgens, tautrocken
- mit Flachfolien/Folientunnel kann man die Erntezeit bis spät in den Herbst verlängern
- in Töpfen (Schnittlauch, Rosmarin u. a.) verpflanzt und in frostfreien Räumen aufgestellt braucht man auch im Winter auf Kräuter nicht verzichten
- vor dem Winter Beet grob säubern und lockern, mit Rindenmulch, Laub oder Tannenzweigen, abdecken

Wie werden Kräuter konserviert bzw. aufbewahrt?

- frisch eingefroren (in Portionswürfeln, Schnittlauch, Petersilie, Thymian, Dill, Estragon, u. a.) oder
- getrocknet (im Schatten, kopfunter in Bündel hängend oder auf Horden)
- getrocknete Kräuter in dunklen, gut verschließbaren Gläsern jeweils für ein Jahr

Welche Kräuter verwendet man in der „Frankfurter Grünen Soße"?

Borretsch, Kerbel, Kresse, Petersilie, Pimpinelle, Sauerampfer, Schnittlauch

! Kräuter gibt es in Hülle und Fülle, sie sind faszinierende und mannigfaltige Pflanzen. Am besten Sie fangen mit einem kleinen Grundstock an und erweitern Ihre Kenntnisse im Hinblick auf traditionelle Kräutergärten, die Kräutervielfalt aus heimischen und mediterranen Pflanzen und gewinnen Freude beim Gestalten mit Kräutern und Blumen.

(aid-Information)
www.stmlf.bayern.de/garten

12 Einkommensalternativen aus dem Unternehmen Haushalt

Unsere Zeit ist geprägt durch grundlegende wirtschaftliche und gesellschaftspolitische Veränderungen.
Auch die Familien- und Haushaltsstrukturen haben sich verändert.
Die Nachfrage nach hauswirtschaftlichen Dienstleistungen steigt, so dass der „Arbeitsplatz Haushalt“ ein Wachstumsmarkt der Zukunft ist.
Das Unternehmen Haushalt muss der vorhandenen Nachfrage ein professionelles Angebot unterbreiten.
Chancen erkennen und nutzen ist Aufgabe unternehmerischer Haushalte zum Aufbau alternativer Einkommensquellen.
Aber auch Mut zu Veränderungen ist notwendig, um den Mitbewerbern den entscheidenden Schritt voraus zu sein.

Hauswirtschaftsnahe Dienstleistungen			
Freizeit/Tourismus	Gastronomie/Essen	Versorgung/Betreuung	Bildung/Beratung
– Urlaub auf dem Bauernhof – Raumvermietung – Führungen – Schlafen im Heu – Spielscheune – Labyrinth – Kindergeburtstag – Blumen zum Selbstpflücken u. a.	– Bauernhofcafé und -gastronomie – Direktvermarktung – Schmankerlservice – Backservice – Gästeverpflegung – Mittagstisch – Logistik- und Vermittlungsdienste – Servicedienste u. a.	– Haushaltsleistungen – Ersatz der Kinderfrau – Kinderbetreuung, Schulabschlussbetreuung – Betreutes Wohnen – Kurzzeitpflege – Tierpension – Hausgartenpflege – Logistik-, Agentur- und Vermittlungsdienste u. a.	– Referenten- und Seminartätigkeit – Organisation und Gestaltung von Events – Erstellung von Kochbüchern – Schulbauernhöfe u. a.

Quelle: Bayerische Landesanstalt für Landwirtschaft, Institut für Ländliche Strukturentwicklung, Betriebswirtschaft und Agrarinformatik, München; Antonie Huber

Welche Leistungen erbringen hauswirtschaftliche Einkommensalternativen für die Landwirtschaft?

- Nutzung von Synergieeffekten im Betrieb durch die Kombination mehrerer Erwerbsalternativen (Mehrfachkombination)
- bessere Marktstellung des eigenen landwirtschaftlichen Betriebes und kooperierender Betriebe durch den Aufbau regionaler Netzwerke
- Aufrechterhaltung und Intensivierung eines Erzeuger-Verbraucher-Dialogs
- Kontaktpflege mit Menschen, die keinen Bezug zur Landwirtschaft, Natur und zu Tieren haben (Bewusstseinsbildung, Verhaltensänderungen)
- Imagepflege für die einheimische Landwirtschaft und Produkte aus der Region
- Öffentlichkeitsarbeit für eine Aus- und Fortbildung im Berufsfeld Hauswirtschaft
- Schaffung und Sicherstellung von Ausbildungsplätzen

Welche Leistungen erbringen haushaltsnahe Einkommensalternativen für den ländlichen Raum?

- Die Entwicklung regionaler Vermarktungsstrukturen
- die Stärkung der regionalen Wirtschaftskraft (Schaffung von Arbeitsplätzen in vor- und nachgelagerten Produktions- und Dienstleistungsbereichen)
- einen sozialverträglichen Strukturwandel in der Landwirtschaft
- das vielfältige Produkt- und Dienstleistungsangebot aus der Region mit einem daraus resultierenden attraktiveren Wohnumfeld
- Steigerung der Lebensqualität durch die Beseitigung von Engpass-Situationen (Haushaltsführung, Betreuung von Kindern, älteren Menschen)
- die Erhaltung und Pflege einer regionaltypischen Esskultur

Welche gesellschaftlichen Entwicklungen bringen Marktchancen im Bereich der Einkommensalternativen?

- Sinkende Arbeitszeiten, Zunahme an Urlaub und Freizeit
- Steigende Lebenserwartung, Zunahme an Senioren, Nachfrage nach Möglichkeiten lange selbständig zu wohnen
- Steigende Berufstätigkeit und höhere berufliche Qualifikation der Frauen
- Zunahme an Ein- und Zweipersonenhaushalten und Haushalten mit zwei Einkommen
- Steigendes Gesundheits- und Umweltbewusstsein, Nachfrage nach der Herkunft der Produkte und deren gesundheitlichem Wert, Ablehnung des Massenprodukts
- Besinnung auf Tradition und Kultur (Feste im Jahresablauf, Traditionsfeste)

In welchen haushaltsnahen Unternehmensbereichen können sich Einkommensalternativen ergeben?

- Ländlicher Tourismus
- Direktvermarktung
- Schmankerl- und Backservice
- Bauernhofgastronomie
- Hauswirtschaftliche Dienstleistungen
- Regionale Geschenkkörbe
- Naturbotschafter der Region
- Gesundheitswochen auf dem Bauernhof

Welche Überlegungen müssen für den Aufbau haushaltsnaher Unternehmensbereiche vorangehen?

Voraussetzung ist eine Analyse der Ist-Situation:

Persönliche und familiäre Situation

- Lebensalter, Familienzyklus
- Berufliche Qualifikation
- Fähigkeiten und Fertigkeiten
- Soziale und kommunikative Kompetenz
- Persönliche Neigungen, Zielvorstellungen
- Arbeitswirtschaftliche Situation
- Unternehmerische Handlungskompetenzen

Finanzielle Situation

- Höhe der Lebenshaltungskosten
- Derzeitige Einkommens- und Vermögenslage
- Kapitaldienst bei Fremdkapitalaufnahmen
- Umnutzung vorhandener Gebäude

Arbeits- und Absatzmarkt

- Standort des Betriebes/Haushalts
- Verdienstmöglichkeiten außerhalb landwirtschaftlicher und/oder haushaltsnaher Unternehmensbereiche
- Infrastruktur der Region
- Entfernungen zu Ballungszentren
- Konkurrenzsituation
- Kooperationsmöglichkeiten
- Nähe zu Natur- oder Kulturdenkmälern
- Kundenwünsche (Marktanalyse)

Wann empfiehlt sich der Aufbau haushaltsnaher Unternehmensbereiche als Einkommensalternative?

- Wenn die Arbeitszeit besser als in der bisherigen Verwendung entlohnt wird und die geplanten Investitionen die Zahlungsfähigkeit der Unternehmerfamilie nicht gefährdet.
- Wenn Mut zum zukunftsorientierten und unternehmerischen Handeln, entsprechende fachliche und persönliche Qualifikationen vorhanden sind.
- Wenn ein ausreichendes Marktpotenzial vorhanden ist
- Wenn die Ausgangssituation genau erfasst ist und das Vorhaben anhand von eigenen Daten bzw. mit Orientierungswerten (z. B. KTBL-Datensammlungen) nach arbeits- und geldwirtschaftlichen Gesichtspunkten exakt geplant ist
- Wenn rechtliche und steuerliche Konsequenzen geprüft sind
- Wenn die Suche nach Partnern zur Vermeidung von Arbeitsüberlastung und Risiken erfolgt ist

Welches Anforderungsprofil hat ein/e Unternehmer/in?

- Marktposition kennen und nutzen
- Analytisches Denkvermögen und Kombinationsfähigkeit
- Selbstkritisch (eigene Schwächen und Stärken erkennen)
- Eigeninitiative (Pioniergeist, Risikobereitschaft und -bewusstsein)
- Innovationsbereitschaft (Kreativität, Lern- und Fortbildungsbereitschaft)
- Kontaktfreudigkeit (Freude am Umgang mit Menschen)
- Mobilität (geistig und räumlich)
- Entschlusskraft (Entscheidungsfähigkeit)
- Fachkompetenz (hauswirtschaftliche Qualifikation, Verhandlungsstärke, kaufmännische Fähigkeiten, Kenntnisse in Rechts- und Steuerfragen)
- Kooperationsbereitschaft (Organisations- und Delegationstalent)

Ländlicher Tourismus

Welche Trends sind im Tourismusmarkt zu beobachten?

- Die Gästewünsche unterliegen einem ständigen Wandel
- Dieser Markt ist besonders „trend-sensibel"!
- Ein zunehmendes Umwelt- und Gesundheitsbewusstsein ist zu beobachten
- Die Qualitätsansprüche steigen
- Spezialangebote zur Ausübung von Hobbys werden gesucht
- Preis-Leistungs-Vergleiche nehmen zu
- Kurzurlaub und Urlaubssplitting nehmen zu

Wie sind Gästebedürfnisse und Wirtschaftlichkeit zu ermitteln?

- Gästebefragungen bzw. -gespräche führen
- Wirtschaftlichkeit von Spezialangeboten überprüfen
- Werbemaßnahmen und deren Wirkung beobachten
- Vernetzung von Marketingmaßnahmen anstreben
- Ergebnisse schriftlich festhalten

Welche infrastrukturellen Voraussetzungen sind für den Erfolg von Urlaub auf dem Bauernhof entscheidend?

- Bäuerlich geprägte Dorfstruktur bzw. Einzelhoflage
- Gepflegte Kulturlandschaft
- Touristisch erschlossene Infrastruktur (Banken, Einkaufsmöglichkeiten, Post, öffentliche Verkehrsmittel, Wander-, Rad- und Reitwege, Bademöglichkeiten)
- Brauchtums- und Kulturangebote (Museen, Lehrpfade, Baudenkmäler, kulturelle Veranstaltungen)
- Regionaltypische Gastronomie
- Zielgruppenorientierte Sportmöglichkeiten (Tennis, Golf, Squashplätze, Kegelbahnen)
- Kooperationen zwischen den am Tourismus Beteiligten

Welches sind die persönlichen und familiären Voraussetzungen für die Gästebeherbergung?

- Unternehmerisches Denken und Handeln
- Identifikation mit der Aufgabe

- Kontaktfreudigkeit
- Dienstleistungsbereitschaft
- Situation im Familienzyklus
- Fachkompetenz
- Kooperationsbereitschaft
- Selbstbewusstsein

Welche Einkommensmöglichkeiten bieten sich im ländlichen Tourismus an?

Gäste auf dem Bauernhof

- Gästebeherbergung +/– Frühstück
- mit zielgruppenorientierten Angeboten:
  - für Babies, Kinder, Senioren, Behinderte
  - Gesundheitsurlaub
  - Natur- und Umwelturlaub
  - Wochenend-Pakete
  - Fahrrad- und Bootsverleihe
  - Haustiere erwünscht
  - „Heuhotel" u. a.

Gäste auf dem Bauernhof und Direktvermarktung

Produkte zum Verzehr vor Ort und/oder als Souvenir vom Urlaub:

- Selbstgebackenes Brot
- Milchprodukte
- Produkte aus der Hausschlachtung
- Obst- und Gemüseprodukte
- Spirituosen
- Geschenkkörbe

Gäste auf dem Bauernhof mit Verpflegungsangebot

- Teil- oder Vollverpflegung:
  Bei Seminaren, Tagungen, Freizeiten
- Für Tagesgäste:
  - Feiern
  - Jubiläen
  - Bauernhofcafé
  - Brotzeitstuben
- Bei einmaligen Festen:
  - Hoffest
  - Schlachtfest
  - Jagdfest
  - Gartenfest
  - Feste im Jahresablauf

Nutzung von Wissen und Können zur Weitergabe an den Gast

- Nutzung zur Erhaltung des Wohlbefindens und der Gesundheit:
  - Massagen
  - Naturkosmetik
  - Kräuterheilkunde
  - Kneipp-Anwendungen
  - Hauswirtschaftliche Kenntnisse
  - Naturführungen
- Nutzung von handwerklichen und künstlerischen Talenten:
  Sticken, Stricken, Schnitzen, Basteln, Töpfern, Kochen, Nähen, Klöppeln, Darbietung von Musik, Gesang, Tanz, Theater
- Nutzung sportlicher Begabung:
  Lehrer für Ski, Segeln, Surfen, Tennis, Golf, Reiten
- Nutzung von Wissen über Natur, Landwirtschaft, Hausgarten, Kräuter, Dorf, Kultur sowie Schulung der Sinne:
  Vorträge, Seminare, Führungen, Wanderungen

Bereitstellen von Unterstellplätzen für:
Wohnwagen, Boote, Surfbretter

Bereitstellen und/oder Bewirtschaften von Sport- und Freizeitanlagen:
Golfplätze, Minigolfanlagen, Tennisplätze, Campingplätze, Kleingartenanlagen

Tierhaltung im Freizeitbereich:
Pensionspferdehaltung, Haustierpensionen, Reiterhof, Vermietung eigener Reitpferde, Wildgehege, Streichelzoo

! Trends und Gästebedürfnisse sind ständig zu beobachten.

Wovon hängt der wirtschaftliche Erfolg in der Gästebeherbergung ab?

- Erzielter Preis/Person und Übernachtung
- Anzahl der Übernachtungen/Jahr
- Höhe der festen (fixen) Kosten
- Höhe der veränderlichen (variablen) Kosten

Wie sollte die Einrichtung und Ausstattung von Gästezimmern und Ferienwohnungen sein?

- Größe eines Einbettzimmers mit Nasszelle 18 bis 26 m^2
- Größe eines Gästezimmers mit Nasszelle (2 Schlafplätze) 24 bis 32 m^2
- Größe einer Ferienwohnung mit Schlafraum (2 Schlafplätze) 44 bis 56 m^2
- Barrierefreie Einbettzimmer 30 bis 38 m^2
- Barrierefreie Zweibettzimmer 34 bis 44 m^2

! Modische Effekte kosten Geld und nützen wenig!

Einzeilige Küche

(Siehe S. 28)

Sie ist für eine Ferienwohnung ausreichend; Raumbreite mindestens 1,80 m; Arbeitsfläche zwischen Herd und Spüle mindestens 0,60 m.

Ess- und Spielbereich

(Siehe S. 29)

Der *Tisch* ist Ess-, Spiel- und Schreibplatz. Größe und Form des Tisches ist entsprechend der Personenzahl und der verfügbaren Stellfläche zu wählen. Vorteilhaft ist es, die Tischfläche durch Ausziehen oder Ausklappen vergrößern zu können.

- Tischhöhe: ca. 70–72 cm
- Tischlänge pro Person: ca. 55 cm

Die *Sitzmöbel* können sowohl eingebaut als auch beweglich sein.

- Sitzhöhe: ca. 45 cm
- Sitzfläche: ca. 50 x 50 cm
- Bankplatz pro Person: ca. 60 x 60 cm (Eckplatz schlecht nutzbar)

Ein Platz für Reservestühle ist einzuplanen. Zur Unterbringung der in diesem Bereich benötigten Gegenstände werden vor allem Regale empfohlen (leichte Reinigung und Übersicht). Der Platzbedarf für Geschirr, Bestecke, Gläser ist nach der Größe der Ferienwohnung zu bemessen.

Schlafbereich

Bei der Planung der Einrichtung ist zu klären, ob der Raum nur zum Schlafen oder als zusätzlicher Wohnraum genutzt werden soll. Einzelbetten sind variabler zu nutzen als Doppel- oder Französische Betten. Betten mit geschlossenem Fußsockel verringern den Reinigungsaufwand erheblich.

- Mindestabstand zwischen Wand und Bettlängsseite ca. 75 cm
- zwischen Schrank und Bettseite mit seitlicher Ablage ca. 100 cm
- mind. 55 cm Betthöhe und verstellbarem Lattenrost für Senioren
- Bettwäschegröße: 155 x 220 cm
- Ablageborde am Bett sind praktisch
- Im Schlaf- oder Eingangsbereich ausreichend Platz zur Ablage der Garderobe und zum Abstellen des Reisegepäcks vorsehen

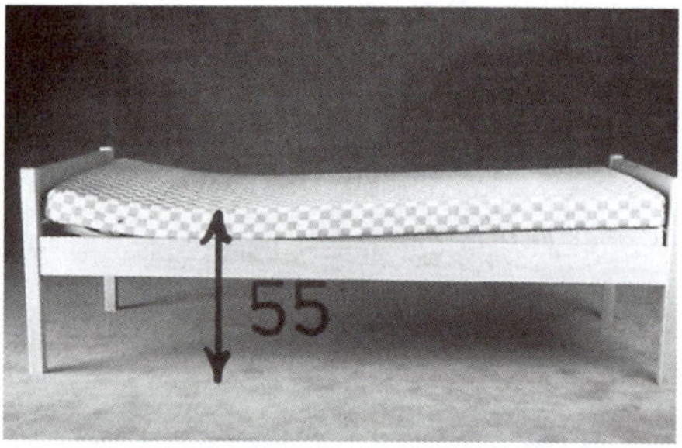

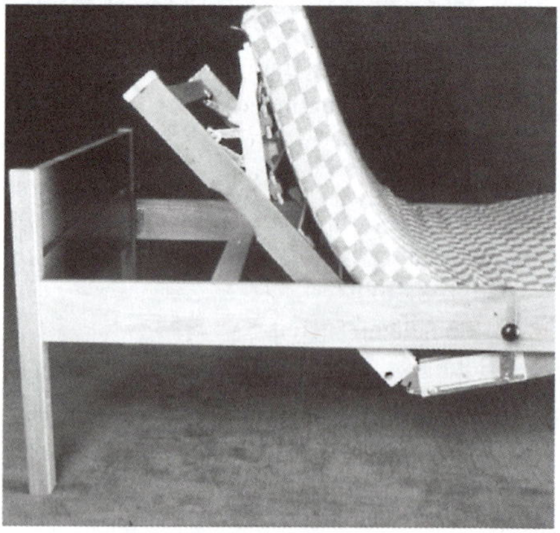

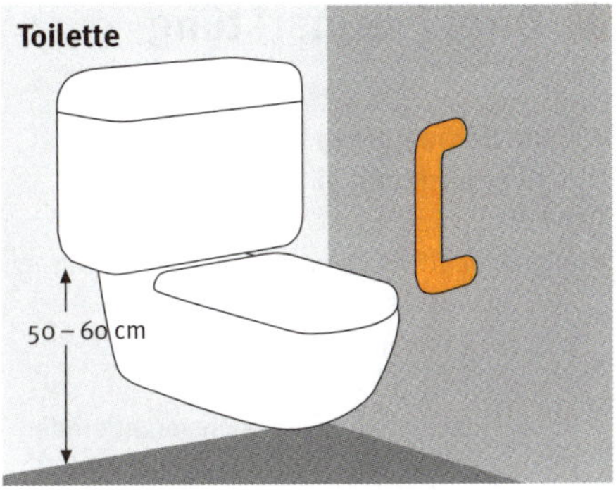

Sanitärbereich

Der Sanitärbereich bestimmt den Wert der Zimmer bzw. Wohnungen entscheidend mit. Er sollte deshalb besonders gut geplant werden. Raum, Ausstattung und Einrichtung sollen

- dem Zweck, Bedarf für Körper- und Gesundheitspflege entsprechen
- unfallsichere, ungestörte Nutzung ermöglichen
- Entspannung und Wohlbefinden vermitteln,
- einen geringen Pflegeaufwand verursachen

Waschbecken sind der meistgenutzte „Arbeitsplatz" im Sanitärbereich mit viel Abstellbedarf.

- gutbemessener Standort, zweckmäßiges, leicht zu reinigendes Becken mit Ablagefläche und wahlweise Schubladen neben/unter dem Becken
- Mischbatterie mit Schwenkhahn, mechanischem Beckenverschluss
- zweckmäßige Installationshöhe und Anordnung für Zubehör-Ablage unter dem Spiegel
- von beiden Seiten gut beleuchteter Spiegel
- Platz für Seifenschalen und Zahnputzbecher
- Handtuchhalter
- Haken für Kleinzeug

Die *Toilette* sollte genügend Bewegungsfreiheit bieten.

- WC-Höhe mind. 46 cm, besser 50 bis 60 cm
- Für Senioren sind beidseitig Haltegriffe anzubringen
- Wünschenswert ist ein separates WC mit normal großem Waschbecken in der Ferienwohnung
- Stärke der Geräusch- und Geruchsbelästigung und Menge des Wasserverbrauches sind abhängig von der Beckenform, Spülungsart und dem Rohrquerschnitt
- Tiefspül- oder Absaugklosettbecken sind hygienischer und weniger geruchsbelästigend als Flachspülklosetts
- Bei bodenfrei installiertem WC ergibt sich eine leichtere Fußbodenreinigung
- Auf handlich angebrachte Papierrollenhalter achten

Dusche

- Anstatt Duschbecken ein Duschplatz mit Fußbodeneinlauf
- regulierbare Brause mit Stange und Halterung für stufenlose Höheneinstellung möglichst seitlich angebracht
- Thermomischbatterie mit Sicherheitssperre
- waschbarer Vorhang als Spritzschutz
- Seifenkachel oder Ablagennische
- Sicherheitsgriffe
- festinstallierter Wandklappsitz in Kunststoff mit Stahlkern für behinderte Gäste
- Kleiderablage und Aufhänge, rutschsicherer Bodenbelag

12

Direktvermarktung

Welche Bedingungen für die Direktvermarktung sind Voraussetzung?

Familiäre und persönliche Voraussetzungen

- Ausreichend verfügbarer Arbeitskräftebesatz:
  - in Anzahl
  - in Arbeitsstunden
  - stetig bzw. saisonal

  unter Einbeziehung einer sich verändernden Familienstruktur und der betrieblichen Arbeitsplanung
- Abdeckung des Arbeitskräftebedarfes möglichst durch Familienmitglieder
- Freude am Umgang mit Menschen (Kontaktfreudigkeit)
- Selbstbewusstes Auftreten
- Verkaufs- und Verhandlungsgeschick, kaufmännische Fähigkeiten
- Unternehmerisches Denken (Risiko- und Einsatzbereitschaft)
- Organisationstalent, Flexibilität
- Kreativität, Pioniergeist
- Bereitschaft aller Familienmitglieder hinter der Direktvermarktung zu stehen, insbesondere der Bäuerin
- Produktionstechnisches Können bei der Aufbereitung und Verarbeitung der Produkte
- Gute Erreichbarkeit (Telefon, Fax, Anrufbeantworter)

Betriebliche Voraussetzungen für den Standort

- Nähe zu potenziellen Kunden (abhängig von der Art des DV-Produkts und der Vermarktungsform)
- Optimales Erscheinungsbild des Betriebes und der Verkaufseinrichtung
- Hoher Erlebniswert des Betriebes und der Umgebung
- Gute Verkehrsanbindung und Zufahrtswege
- Nähe zu Beschaffungsmärkten (Ergänzungsprodukten, Produktionsmitteln)

Marktpotenzial

- Hohe Einwohnerzahl am Vermarktungsort
- Ausreichende Verbraucherzahl, die Direktvermarkter-Produkte wertschätzt
- Geringe Konkurrenz durch andere DV-Betriebe mit vergleichbarem Sortiment im Umkreis
- Eigenes Angebot muss in Qualität, Preis und Service gezielt abgegrenzt werden zum Angebot übriger Anbieter

Produktionsschwerpunkte und -bedingungen

- Erzeugung geeigneter Produkte (Marktlücken!)
- Erzeugung einwandfreier Produkte in hoher Qualität (Qualitätsprogramme, -marken, ökologischer Landbau)
- Gewährleistung eines kontinuierlichen Angebotes (Wahl der Vermarktungsform je nachdem, ob ein breites oder spezialisiertes eigenerzeugtes Sortiment gegeben ist)
- Geeignete Räumlichkeiten für Verarbeitung, Verkauf

Was erwartet der Kunde von einem Produkt?

Qualitätskriterien werden je nach Lebensmittel unterschiedlich gestellt. Grundsätzlich gelten:

- Gesundheitswert (Hygiene, Gehalt an wertgebenden Inhaltsstoffen)
- Nährwert (ernährungsphysiologische Bedeutung)
- Eignungs- und Gebrauchswert (schnelle Zubereitung, Vorratshaltung, Bequemlichkeit)
- Genusswert (Geschmackserlebnis, Ästhetik)
- Erlebniswert (Selbstbestätigung, Image, Freude bereiten)
- Nutzwert (Vielseitigkeit, Verbrauchswert, Convenience, Fast-Food)
- Ideelle Werte (Öko-Trend, artgerechte Tierhaltung, Herkunft)

Welche Faktoren bestimmen den Wirtschaftserfolg?

Bestimmungsfaktoren des Wirtschaftserfolges sind:

- Preis
- Umsatz
- Kosten

Gewinne bei der Direktvermarktung können liegen in der/im

- Menge
- Besonderheit des Produktes
- Höheren Qualitätsniveau
- Veredelung
- Ökoproduktion
- Kooperation von Unternehmen

Welcher Weg der vorteilhafteste ist, muss einzelbetrieblich kalkuliert und entschieden werden.
In jedem Fall sollten keine üblichen Einkaufsmöglichkeiten kopiert werden.

Die Frage, ob der Unternehmensbereich „Direktvermarktung" wirtschaftlich ist, sollte man sich nicht nur vor dem Einstieg in die Direktvermarktung stellen, sondern auch danach in regelmäßigen Zeitabständen überprüfen.

Wie verläuft der Lebenszyklus eines Produktes?

Von der Entwicklung und Einführung eines Produktes bis zum Verkauf durchläuft jedes Produkt einen Prozess, den man als Lebenszyklus bezeichnen kann.

Die Einführungsphase
Das neue Produkt bedarf einer gezielten Werbung, um in einen gesättigten Markt Eingang zu finden.

Die Wachstumsphase
Das Produkt wird auf breiter Basis akzeptiert, positive Gewinnentwicklung zieht die Konkurrenz an, die Pionierleistung findet Nachahmer.

Lebenszyklus von Produkten

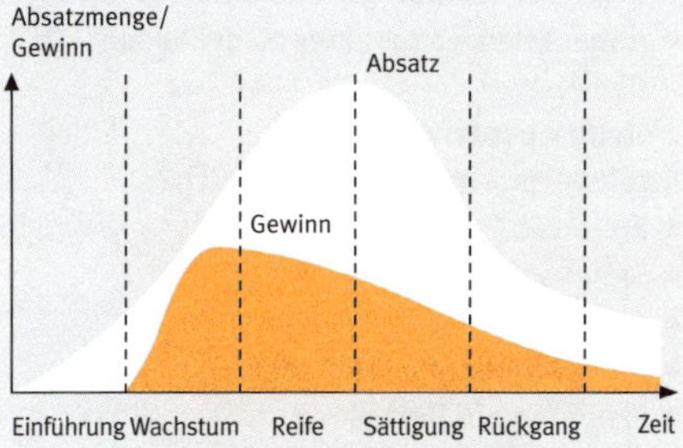

Die Reifephase
Neue Käufer werden gewonnen und der Umsatz steigt noch an. Wachsender Konkurrenzdruck vermindert aber die Gewinnspanne, da alle Rationalisierungsmöglichkeiten ausgereizt sind. Spätestens hier muss das Produkt neu konzipiert und dem Markt angepasst werden.

Die Sättigungsphase
Das Marktpotenzial ist ausgeschöpft, neue Produkte ziehen die bisherigen Kunden ab.

Der Rückgang
Die Kunden verlieren das Interesse am „alten Produkt".

Womit können sich Direktvermarkter profilieren?

Je origineller, ideenreicher und einmaliger die Produkte angeboten werden, desto größer sind die Absatzchancen, z. B.:

- Individuelle, traditionelle Gebäcke und Speisen nach Hausrezepten
- Garantierte Herkunft (Produkte aus der Region)
- Verbrauchernahe Absatzform
- Erntefrische und saisonale Angebote
- Spezialitäten im Bereich Fleisch, Fisch, Eier, Getreide, Obst, Gemüse, Spirituosen, u. a.
- Besondere Haltungs- und Anbauformen
- Bäuerliche Atmosphäre im Verkaufsladen
- Kurze Transportwege, wenig Verpackung
- Individuelle Präsentation

12

- Produktinformation einschließlich Zubereitungs-, Bevorratungs- und Servierratschlägen
- Hoher Erlebnischarakter beim Einkauf

Welche Absatzwege in der Direktvermarktung sind möglich?

- Ernten ab Feld
- Stand an Straßen
- Ab Hof-Verkauf
- Ab Hof-Verkauf im Hofladen
- Lieferung auf Bestellung
- Versand
- Verkauf aus Verkaufsfahrzeugen
- Bauernmarkt
- Bauernladen in der City
- Brotzeitstuben, Bauernhofcafés
- Schmankerl-Service für Feste und Konferenzen
- Kooperation mit der Gastronomie und Großküchen

Die Vermarktungsformen haben sehr unterschiedliche Vor- und Nachteile für den direktvermarktenden Betrieb. Die Absatzformen sollten deshalb gezielt nach dem Standort des Unternehmens, den persönlichen, familiären, finanziellen und betrieblichen Gegebenheiten sowie der vorgesehenen Produktpalette und Absatzmenge ausgewählt werden.

Welche rechtlichen und steuerlichen Bestimmungen sind zu beachten?

Wichtig im Unternehmensbereich Direktvermarktung ist die Einhaltung der verschiedenen rechtlichen und steuerlichen Bestimmungen.

Gesetze und Verordnungen, die dabei zum Tragen kommen, sind u. a.:

- Lebensmittel- und Bedarfsgegenständegesetz
- Produkthaftungsgesetz
- Eichgesetz
- Ladenschlussgesetz
- Lebensmittelhygiene-VO
- Lebensmittelkennzeichnungs-VO
- Preisangaben-VO
- Fertigpackungs-VO
- Handwerks- und Gewerbeordnung
- Straßenverkehrsordnung
- Bauordnung

Bauernmarkt

Wie unterscheidet sich der Bauernmarkt von einem Wochenmarkt?

- Anbieter sind Landwirte/Bäuerinnen (auf dem Wochenmarkt i. d. R. Händler)
- Selbsterzeugte und individuelle Produkte (auf dem Wochenmarkt i. d. R. standardisierte Handelsware)
- Regionale Erzeugnisse (auf dem Wochenmarkt ggf. weltweite Handelsware)
- einheitliche Elemente (bei z. B. Verkaufsständen, Verkaufskleidung, Werbung i. d. R. nur auf dem Bauernmarkt)
- individuelle Darstellung des Erzeugerbetriebes
- Dekoration und Aktionen mit Bezug zur Landwirtschaft

Welche Regelwerke empfehlen sich für das Betreiben eines Bauernmarktes?

- Marktordnung des Bauernmarktes (regelt das Marktgeschehen)
- Satzung des Bauernmarktes (regelt z. B. die Mitgliedschaft und den Verkauf der Erzeugnisse)

Was muss bei einem ordnungsgemäßen Verkaufsstand beachtet werden?

- ebene Verkaufsfläche
- abwaschbare Verkaufsfläche
- geeignete Lagerbereiche
- empfindliche bzw. sensible Ware entsprechend geschützt
- ausreichende Beleuchtung
- getrennte Warengruppen
- sauberer Stand
- Taschenablage
- fester Grund
- fließend Wasser beim Verkauf von sensiblen unverpackten Produkten

Welche allgemeinen Elemente der Lebensmittelkennzeichnung müssen bei Fertigpackungen zu ersehen sein?

- Verkehrsbezeichnung
- Mengenangabe
- Mindesthaltbarkeitsdatum
- Name und Anschrift des Herstellers
- Zutatenverzeichnis
- Loskennzeichnung

Welche Kriterien sind Inhalte einer Stärken-Schwächenanalyse von Bauernmärkten?

- Marktrhythmus
- Standverteilung
- gemeinsame Merkmale
- Sortiment
- Öffentlichkeitsarbeit und Werbung
- Gesamteindrücke
- Standmaterial und -aufbau
- Warenkennzeichnung
- Qualität der Ware
- Verkaufspersonal

Hofladen

Welche Grundsätze gelten für einen Hofladen?

- Gesamterscheinungbild aus einem Guss (Außenfassade, Farbgestaltung, Verkaufsnähe)
- ein persönliches, unverwechselbares Profil zeigen (kein Lebensmitteleinzelhandelsgeschäft!)
- Verkaufsräume, Führung des Kunden rechtsherum anlegen, an den Regalen vorbei oder freistehende Warenträger einplanen (Truhen, Tische u. a.)
- Saisonangebote sollten in der Mitte stehen
- Impulsartikel auf die Bedienunsgstheke stellen (z. B. Schneidemesser, Senf, Eier)
- „Massenplatzierungen“, z. B. ein Turm aus Honig- oder Marmeladengläsern regen zum Kauf an
- Licht führt Kunden und kann zum Kauf verführen
- leere Regale vermeiden
- möglichst viel Ware zeigen oder wenigstens die Ware zusammenrücken, halb leere Regale vermitteln den Eindruck „übrig geblieben“
- Regalmitte und rechte Seite für teure Produkte vorsehen
- zum Angebot der Woche Rezept oder Verkostung anbieten
- Fotos aus der Produktion vermitteln Vertrauen und füllen kahle Wände
- Dekoration sollte zur Ware passen
- weiße Wände und Decken wirken frisch und sauber, Raum erscheint größer und Ware sowie Einrichtung kommen besser zur Geltung
- dunkle Decken wirken erdrückend
- Fußboden rutschsicher, pflegeleicht und strapazierfähig (Fliesen)
- gut sichtbare, große Eingangstüre, die gut ausgeleuchtet ist

12

Wie führt ein Verkaufsgespräch zum Erfolg?

- Mit freundlichem Gesichtsausdruck den Kunden begrüßen
- den Kunden beim Gruß ansehen
- Kunden evt. mit Namen ansprechen
- freundliche Atmosphäre schaffen durch Kontaktfragen, z. B. „Hat Ihnen die Marmelade geschmeckt?“
- Unstimmigkeiten dem Kunden nicht anmerken lassen
- den Preis eines Produktes nicht in den Mittelpunkt stellen
- positive Informationen des Produktes nennen (Anbau, Inhaltsstoffe, Verwendung, Rezepte u. a.)
- sachlich über das Produkt informieren
- dem Kunden keine Meinung aufdrängen

Womit kann man den Absatz fördern?

- Hoffeste (Weihnachtsmarkt, Adventsaktion u. a.) mit Partnern organisieren
- Informationsblätter auslegen
- Werbeprämie für Kunden, die neue Kunden vermitteln
- Direkt-Mailing an Stammkunden senden
- Kooperativ mit Landfrauenverbänden u. a.
- Rezepte bei Infoveranstaltungen verteilen
- Gastronomen zur Hofbesichtigung einladen
- Werbung im Lokalfunk
- Kunden mit W-Fragen zum Kauf anregen (was, welche, wozu, wer, wann, wieviel, womit)

Brotzeitstube und Hofcafé

Welche Bedeutung haben landwirtschaftliche Nebenbetriebe?

- Bewältigung veränderter Familien- und Haushaltsstrukturen
- Direktabsatz landwirtschaftlicher Produkte
- Standbein außerhalb der Landwirtschaft
- Zusatzeinkommen für die Familie
- Erhaltung denkmalgeschützter Bausubstanz
- Nutzung vorhandener Gebäude
- Erwerbsalternative für Frauen (evt. Teilzeitarbeitsplatz)
- Einsatz von Fachwissen und -können
- Selbstverwirklichung/kreative Ideen
- Attraktivität des ländlichen Raumes erhöhen

Welche Erfolgsfaktoren sind zu prüfen?

Voraussetzung sind die drei K's:

- Kompetenz
- Kapital
- Kontakte

Welche Ziele erfüllt die Werbung für Brotzeitstuben bzw. Cafés?

- Umsatzsteigerung, höhere Gewinne, Auslastung erzielen und Bekanntheitsgrad steigern
- Informationen über Produkte und Dienstleistungen
- Bekanntmachung von Aktionen und Veranstaltungen
- „Einmaligkeits-Ansprüche“ vermitteln

Welche Zielgruppe wird beworben?

- Multiplikatoren
- Busunternehmen und Betriebsräte
- Wanderer und Naturliebhaber
- Familien
- Vereine und Verbände

Welche Werbemittel sind empfehlenswert?

- Mund-zu-Mund-Werbung
- Prospekte je nach Zielgruppe
- Visitenkarte mit Signet
- Briefkopf mit Signet
- Internet
- Werbebriefe an spezielle Zielgruppen
- Anzeigenschaltung mit Antwortcoupon
- Kundenbefragung
- Werbung mit Tourismusprospekt der Region

Welche Grundregeln gelten für die Werbemittel?

- Beständigkeit/kontinuierliche Werbung
- klar strukturierte Werbelinie planen
- einheitliches, prägnantes Erscheinungsbild (corporate Identity)

Wieviel kostet die Werbung?

- 1–2 % des Umsatzes (laufend)
- 5–10 % des Umsatzes (Beginn des Projekts)

Wie lässt sich der Erfolg von Werbemaßnahmen prüfen?

- Aufschreibungen (Gästezahl, Umsatz und Speisenwahl)
- Tagebuch (Wetter, Anlässe der Gästebesuche, Ferien- und Feiertage)
- Direktbefragung (Zufriedenheit, Anlass des Besuches, woher Kenntnis des Unternehmens, Adresse des Gastes)
- Auswertung von Registrierkassen

Hauswirtschaftlicher Fachservice

Warum etablieren sich hauswirtschaftliche Dienstleistungen auf dem Markt?
In eine Marktlücke sind in den letzten Jahren die hauswirtschaftlichen Dienstleistungsservices gestoßen. Immer mehr private Haushalte, aber auch Firmen und Vereine fragen hauswirtschaftliche Dienstleistungen nach. Besonders im Einzugsgebiet von Groß- und Mittelzentren sind sie zu einer lukrativen Einkommensalternative geworden.

Welche Dienstleistungen bieten hauswirtschaftlichen Fachservice an?

- Vorbereitung und Durchführung von Festen
- Zubereitung von Mahlzeiten
- Angebot von bäuerlichen Schmankerln und Backwaren
- Wohnungs- und Hausreinigung
- Wäschepflege und -instandhaltung
- Umfassender Ersatz der Hausfrau bei Krankheit oder Abwesenheit
- Kinder- und Seniorenbetreuung
- Urlaubsvertretung, Versorgung von Pflanzen und Haustieren
- Garten- und Grabpflege
- Einkaufen, Behördengänge, Fahrdienste, Schriftverkehr u. ä.

Zunehmend bieten die hauswirtschaftlichen Fachservices auch Servicepakete (Pauschalangebote, Kompaktangebote) an. Dabei werden verschiedene Dienstleistungen miteinander kombiniert und als Paket dem Kunden offeriert. Einerseits können verschiedene hauswirtschaftliche Dienstleistungen zu einem Paket verschnürt werden, andererseits werden hauswirtschaftliche Dienstleistungen mit Dienstleistungen im Bereich Tourismus, Volkskunde, Brauchtum, Landwirtschaft und Ökologie etc. verknüpft,

z. B.: Kindergeburtstag auf dem Bauernhof, Gutscheine für verschiedene Dienstleistungen, Besichtigung örtlicher Attraktionen kombiniert mit Backvorführungen und Verköstigung.

Welche Zukunftsperspektiven haben Einkommensalternativen aus dem Unternehmen Haushalt?
Die Einkommensalternativen sind „hoffähig" geworden. Qualifizierte Unternehmerinnen im Bereich haushaltsnaher Dienstleistungen werden ihr „Know-how" nutzen, neue Märkte zu erobern und zum Unterhalt der Familie bzw. zur Existenzsicherung ihres landwirtschaftlichen Betriebes beitragen.
Soweit ein ausreichendes Marktpotenzial für haushaltsnahe Unternehmensbereiche vorhanden ist, werden sich Unternehmerinnen in ihrem Dienstleistungsangebot weiter kundenorientiert spezialisieren in

- touristisch interessante und infrastrukturell erschlossene Regionen
- Gebiete mit hohem Erholungs- und Freizeitwert
- Einzugsgebiet von Groß- und Mittelzentren
- Regionen mit mittleren bis hohem Einkommensniveau und hohem Anteil von Ein- bis Zweipersonenhaushalten

Der Trend zur Vernetzung verschiedener haushaltsnaher Dienstleistungsangebote sowie die Bildung unterschiedlichster Kooperationen wird sich vermutlich noch verstärken.
Die Unternehmerinnen nutzen dabei ihre in Aus- und Fortbildung erworbene hauswirtschaftliche Fachkompetenz, unternehmerische Handlungskompetenz, sowie Sozialkompetenz. Schließen durch die Entwicklung von zielgruppenorientierten, regionaltypischen und originellen Angeboten eine vielversprechende Marktlücke bei der Entwicklung hin zur Dienstleistungsgesellschaft, sowie zur Entwicklung ländlicher Räume.

Der eine wartet, dass die Welt sich wandelt,
der andere packt sie an und handelt.
Dante

Lernort Bauernhof – pädagogische Angebote auf dem Bauernhof für Kinder und Jugendliche

Warum etablieren sich diese pädagogischen Angebote auf dem Markt?
Gründe für die Nachfrage
Kinder und Jugendliche sollen bzw. wollen

- einen Bezug zur Landwirtschaft bekommen
- Kontakt mit Tieren, Pflanzen, Maschinen haben
- praktische Natur- und Umwelterfahrungen sammeln
- Schlüsselqualifikationen erwerben
- soziales Lernen ermöglichen
- den Ursprung und die Verarbeitung von Lebensmitteln kennen lernen
- Anregungen für die Freizeitgestaltung erhalten

Gründe für das Angebot
Anbieter wollen

- Imagepflege bzw. Öffentlichkeitsarbeit für die Landwirtschaft betreiben
- für den eigenen Betrieb werben (z. B. in Verbindung mit Direktvermarktung)
- pädagogisch ideelle Ziel erreichen
- sich eine Einkommensalternative schaffen

Welche pädagogischen Angebote kann ein Bauernhof anbieten?

- Lernangebote, z. B.
  - Lernprogramme auf Schulbauernhöfen, im Hausgarten und in den Schulen
  - Führungen durch Hof, Flur und Wald
  - (Ferien-)praktika
- Events/Aktionen, z. B.
  - Kindergeburtstag auf dem Bauernhof
  - Aktionen in der Spielscheune
  - Labyrinth
  - Museumstage
- Betreuungsdienst, z. B.
  - Schulanschluss-Betreuung
  - Bauernhof-Kindergarten
  - Ferienfreizeiten

Wie sind die Entwicklungsperspektiven als Einkommensquelle zu beurteilen?

Grundvoraussetzungen für den wirtschaftlichen Erfolg sind

- ein professionelles erlebnispädagogisch ausgerichtetes Angebot (nicht nur Hofführungen)
- pädagogisches Talent und Qualifizierung
- günstiger Standort (gute Verkehrsanbindung, Kooperationspartner, Infrastruktur)
- vielseitige landwirtschaftliche Produktionsschwerpunkte
- gezielte Nutzung vorhandener Betriebsstrukturen und Ressourcen
- ein ausgefeiltes Marketing

Bei gleichem Angebot ist die Preisakzeptanz der Zielgruppen im Freizeitbereich wesentlich höher als bei Schulveranstaltungen. Verdienstmöglichkeiten ergeben sich vorrangig durch ein ansprechendes Programm, Verpflegung und Unterkunft. Jedoch erfordert das Bereitstellen von Verpflegung und Unterkunft hohe Investitionskosten (Nutzung von Synergieeffekten mit anderen Betriebszweigen!) und eine erhebliche freie Arbeitskapazität.

Kontaktstellen – wo sind Informationen erhältlich?

- Bundesiniative Lernen auf dem Bauernhof 2001 bis 2003 (Modellvorhaben des Bundesministeriums für Verbraucherschutz, Ernährung und Landwirtschaft); www.lernenaufdembauernhof.de
- informations.medien.agrar e.V., Konstantinstr. 90, 53179 Bonn; www.ima-agrar.de
- Bundesarbeitsgemeinschaft Lernort Bauernhof e.V.; www.baglob.de
- Evangelische Landjugendakademie Altenkirchen, Dieperzbergweg 13–17, 57610 Altenkirchen/Ww.; www.lja.de
- Bayerische Landesanstalt für Landwirtschaft, Institut für Ländliche Strukturentwicklung, Betriebswirtschaft und Agrarinformatik, Menzinger Str. 54, 80638 München; www.lfl.bayern.de

Geschenkkörbe aus der Region

Was muss einer Idee vorausgehen?

- Marktanalyse (Was lässt sich vermarkten?)
- Angebotsbeschreibung (Was ist typisch für unsere Region?)
- Finanzplan erstellen
- Rechtliche, steuerliche und versicherungsrechtliche Fragen klären
- Rentabilität prüfen
- Marketingkonzept entwickeln (Wie und wo lässt sich unser Produkt verkaufen?)
- Qualifizierungsmaßnahmen wahrnehmen (Was können wir?)
- Kooperationen prüfen/effiziente Teamarbeit

Wie muss sich ein Regionalkorb präsentieren?

- Nur typische Produkte aus der Region und bäuerlicher Herkunft
- Produktherkunft muss nachvollziehbar sein

- Alle Produkte sollten das gleiche Logo/Marke des regionalen Geschenkkorbes haben (siehe Schweizer Geschenkbeutel) und preisgünstig sein
- Korb sollte immer gleich aussehen

Wie wird ein Regionalkorb wirtschaftlich geführt?

- eine Interessengemeinschaft mit einer zentralen Herstellung des Korbes und Vermarktung hat sich bewährt
- die gewählte Geschäftsführerin bestellt, nimmt die Ware und Rechnungen entgegen
- die Kassenleiterin erhält die Rechnungen und bezahlt die Produktrechnungen der Mitglieder

Wodurch lässt sich die Vermarktung steigern?

- Visitenkarten und Werbematerial gezielt einsetzen (z. B. Behörden)
- Internetauftritt
- Überregionale Zusammenarbeit im Qualitätszirkel
- Zertifizierung (QMS Zertifikat)
- fachliche Aus- und Weiterbildung
- besonders hohe, gleichmäßige Qualität liefern (Mund-zu-Mund-Werbung)

Geschenkkörbe aus der Region
Gefüllt mit besten Qualitätswaren aus bäuerlichen Betrieben

Kräuterpädagogin

Welche Aufgaben übernehmen Kräuterpädagoginnen?

- Sie schaffen Arbeitsplätze im ländlichen Raum
- Sie sind Naturbotschafter ihrer Heimatregion und der Landwirtschaft
- erklären die Abläufe der Natur bei Führungen und Veranstaltungen
- sammeln, verarbeiten und bauen Kräuter und Wildfrüchte an
- erhalten und vertiefen biologisches Detailwissen an interessierte Laien
- steigern die Wertschöpfung in der Region

Wie wird das Wissen der Kräuterpädagogin genutzt?

- Bei Gesundheitsbauernhöfen, Erweiterung des Angebots „Urlaub auf dem Bauernhof“

- Führung im Rahmen des „Grünen Klassenzimmers“
- Anlage von Kräutergärten bei „Unser Dorf soll schöner werden“
- Kräuterwanderungen und Wildkräuterwochenenden im Rahmen der Tourismusangebote
- Zusammenarbeit mit regionaler Gastronomie, z. B. Löwenzahnfrühling, Delikatessen am Wegesrand
- Anbau und Verkauf von Kräutern

Welche wirtschaftlichen Ziele werden verfolgt?

- Einkommensverbesserung
- Angebotserweiterung (Kräutermarkt)
- Wertsteigerung touristischer Angebote
- Saisonverlängerung
- Qualitätssteigerung (Naturfloristik)
- Produktaufwertung (Stoffdrucke)

Welche Werbemaßnahmen sind möglich?

- Kräuterkistchen als Urlaubsandenken
- Kräuterliköre
- Kräuterkissen
- Kräuterwochen in der Gastronomie
- Kräuterkörbe
- Pflanzendruck mit Wildkräutern
- Garten- und Unkrautseminare
- das „Grüne Klassenzimmer“
- Kräuterfestival
- Kräuterstationen
- Kräuterkosmetik (z. B. Seifen)
- Kräuterkränzchen

Was vermittelt die Qualifizierung zur Kräuterpädagogin?

- Biologische Grundkenntnisse
- Einblicke in biologische Zusammenhänge
- Einblicke in Vielfalt und Schönheit der Natur
- behutsamen, liebevollen Umgang mit der Natur
- praktische Anleitung zum Sammeln, Verarbeiten und Anwendungen von Kräutern, Heilkräutern, Wildgemüse, Wildfrüchten

Welche Voraussetzung zur Ausbildung „Kräuterpädagogin“?

- Abgeschlossene Berufsausbildung, z. B. ländliche Hauswirtschaft u. a.
- 3 Jahre Erfahrung als Bäuerin oder Nachweis einer pädagogischen Qualifikation (Ausbildungseignungsprüfung, Hauswirtschaftsmeisterin o. ä.)

Weitere Informationen auf der Homepage unter www.un-kraut.de

KRÄUTER PÄDAGOGE TM

13 Berufsbildung

Chancen mit hauswirtschaftlicher Ausbildung

Die Bedeutung hauswirtschaftlicher Leistungen für die Lebensqualität der Menschen war schon immer unbestritten, heute dringt dies deutlicher als bisher in das gesellschaftliche Bewusstsein vor. Durch Veränderungen im Bereich der Familienstruktur ist die Nachfrage nach hauswirtschaftlichen und haushaltsnahen Dienstleistungen gestiegen.

Günstige Rahmenbedingungen eröffnen zunehmend mehr Chancen für hauswirtschaftliche Tätigkeiten, insbesondere in den Versorgungs- und Dienstleistungsbereichen. Hier können Arbeitnehmerinnen/Arbeitnehmer in vielfältiger Weise verantwortlich tätig werden und hier können Unternehmerinnen/Unternehmer mit einem spezialisierten Angebot Einkommen erzielen. Hauswirtschaftliche Berufe sind heute ein interessantes Berufsfeld für Frauen und Männer gleichermaßen.

Eine hauswirtschaftliche Ausbildung ist für Berufseinsteiger, für Aus- und Fortzubildende, für die Zweitqualifikation durch Lehrgänge und für jedermann, der Haushalte oder Teilbereiche von Haushalten rationell und professionell betreiben möchte, interessant.
Die Ausbildung zum Hauswirtschafter/zur Hauswirtschafterin ist der Einstieg zu den Erwerbsberufen in der Hauswirtschaft.

Qualifizierung in der Hauswirtschaft

Wie ist die Ausbildung geregelt?

Die Ausbildung zum Hauswirtschafter/zur Hauswirtschafterin wurde durch die Ausbildungsverordnung Hauswirtschafter/Hauswirtschafterin vom 30.6.1999 neu geregelt, um die Ausbildung an der gegenwärtigen Berufssituation zu orientieren und die vielseitigen Einsatzgebiete zu berücksichtigen.

Ausbildungsprofil – wie sieht es aus?

Berufsbezeichnung

Hauswirtschafter/Hauswirtschafterin. Der Ausbildungsberuf ist staatlich anerkannt.
Der Ausbildungsberuf ist dem Berufsfeld Ernährung und Hauswirtschaft, Schwerpunkt Gastgewerbe und Hauswirtschaft (Berufsfeld XII, Schwerpunkt A) zugeordnet.

Ausbildungsdauer

Die Ausbildung dauert in der Regel drei Jahre, sie erfolgt im Ausbildungsbetrieb und in der Berufsschule. Das erste Ausbildungsjahr kann als Berufsschulgrundjahr absolviert werden, es gibt Sonderregelungen.

Ausbildungsstätten

Die Ausbildung findet in anerkannten Ausbildungsbetrieben der Hauswirtschaft statt, in privaten Haushalten, landwirtschaftlichen Haushalten, Haushalten sozialer Einrichtungen oder gewerblicher Dienstleistungsunternehmen.

Struktur

Beruf ohne Spezialisierung mit Differenzierungen entsprechend den Einsatzgebieten.

- hauswirtschaftliche Versorgung und Betreuung spezifischer Personengruppen in Privathaushalten, Haushalten sozialen Einrichtungen und Haushalten landwirtschaftlicher Unternehmen
- erwerbswirtschaftlich orientierte Versorgungs- und Betreuungsleistungen in Haushalten landwirtschaftlicher Unternehmen oder in hauswirtschaftlichen Betrieben

Tätigkeitsbereiche – welche eröffnen sich?

Ausgebildete Hauswirtschafter/Hauswirtschafterinnen können in Privathaushalten, Haushalten landwirtschaftlicher Betriebe, sozialen Einrichtungen und Betrieben mit hauswirtschaftlichem Dienstleistungsangebot selbstständig tätig werden.
Die Arbeitsfelder erstrecken sich auf viele Bereiche: Altenhilfeeinrichtungen, Kinder- und Jugendheime, Einrichtungen für Behinderte, Ganztagsschulen, Internate, Tagungsstätten, Jugendherbergen, Kantinen, Krankenhäuser, Reinigungs- und Wäschepflegebetriebe.
In Haushalten landwirtschaftlichen Unternehmen sind häufig Betriebszweige wie Direktvermarktung landwirtschaftlicher Produkte und Gästebeherbergung angeschlossen.

Ausbildungsberufsbild – was will es vermitteln?

Fertigkeiten und Kenntnisse, die unter Einbeziehung selbständigen Planens, Durchführens und Kontrollierens zu vermitteln sind:

Der Ausbildungsbetrieb, betriebliche Zusammenhänge und Beziehungen

- Aufbau und Organisation des Ausbildungsbetriebes
- Berufsbildung
- Arbeits-, sozial- und tarifrechtliche Bestimmungen
- Sicherheit und Gesundheitsschutz bei der Arbeit
- Umweltschutz
- Hygiene

Arbeitsorganisation, betriebliche Abläufe, wirtschaftliche und soziale Zusammenhänge

- Arbeitsorganisation
- Qualitätssichernde Maßnahmen
- Betriebliche, marktwirtschaftliche und soziale Zusammenhänge und Beziehungen

- Bedarf und Ansprüche von zu versorgenden und betreuenden Personen
- Beschaffen und Bewerten von Informationen
- Betriebliche Geschäftsvorgänge

Betriebsräume und Betriebseinrichtungen
- Einsetzen von Maschinen, Geräten und Gebrauchsgütern
- Beurteilen und Planen von Betriebseinrichtungen

Hauswirtschaftliche Versorgungsleistungen
- Speisenzubereitung und Service
- Reinigen und Pflegen von Räumen
- Gestalten von Räumen und des Wohnumfeldes
- Reinigen und Pflegen von Textilien
- Vorratshaltung und Warenwirtschaft

Hauswirtschaftliche Betreuungsleistungen
- Personenorientierte Gesprächsführung
- Motivation und Beschäftigung
- Hilfe leisten bei Alltagsverrichtungen

Fachaufgaben im Einsatzgebiet
- Betriebsspezifische Produkt- und Dienstleistungsangebote
- Kundenorientierung und Marketing
- Kalkulation und Abrechnung von Leistungen

Rechtsgrundlagen der Berufsbildung

Berufsbildungsgesetz (BBiG) – was regelt dieses Gesetz?
Das BBiG regelt die Berufsbildung auf einer bundeseinheitlichen Grundlage und zwar für die Berufsausbildungsvorbereitung, die Berufsausbildung, die berufliche Fortbildung und die berufliche Umschulung:

Allgemeine Vorschriften	§§ 1– 2
Berufsausbildungsverhältnis	§§ 3–19
Ordnung der Berufsausbildung	§§ 20–52
Ausschüsse der Berufsbildung	§§ 53–59
Besondere Vorschriften für einzelne Wirtschafts- und Berufszweige	§§ 73–97
Berufsbildung in der Landwirtschaft	§§ 79–82
Bußgeldvorschriften	§§ 98–99

Ausbildungsverordnungen – was regeln sie?
Die Ausbildungsverordnungen regeln bundesweit die geordnete und einheitliche Berufsausbildung im einzelnen Ausbildungsberuf:
- Bezeichnung des Ausbildungsberufes
- Ausbildungsdauer
- Ausbildungsberufsbild (Mindestumfang der zu vermitteln Fertigkeiten und Kenntnisse)
- Ausbildungsrahmenplan (sachliche und zeitliche Gliederung der Fertigkeiten und Kenntnisse)
- Prüfungsanforderungen

Bereiche der beruflichen Bildung – welche Unterscheidungen macht das BBiG?
- *Berufsausbildungsvorbereitung* soll an eine Berufsbildung in einem anerkannten Ausbildungsberuf oder eine gleichwertige Berufsausbildung heranführen
- *Berufsausbildung* soll für eine qualifizierte berufliche Tätigkeit fachliche Kenntnisse und Fertigkeiten in einem geordneten Ausbildungsgang vermitteln
- *Berufliche Fortbildung* soll berufliche Kenntnisse und Fertigkeiten erhalten, erweitern und der technischen Entwicklung anpassen und den beruflichen Aufstieg ermöglichen
- *Berufliche Umschulung* soll zu einer anderen beruflichen Tätigkeit befähigen

Formen der Berufsbildung – was versteht man darunter?

- *Schulisches Bildungssystem*
  die Ausbildung findet ausschließlich in der Schule statt, sie wird in der Regel durch Praktika ergänzt
- *Duales Bildungssystem*
  die Ausbildung findet in Betrieb und Schule in gegenseitiger Ergänzung statt. Die betriebliche Ausbildung wird durch die Berufsschule, meist in Teilzeitunterricht, ergänzt

Wer ist Ausbildender bzw. Ausbilder?

Ausbildender ist der Betriebsinhaber, der einen anderen zur Berufsausbildung einstellt. Er muss für die Ausbildung persönlich geeignet sein und ist für die ordnungsgemäße Ausbildung verantwortlich.
Er kann einen *Ausbilder* mit der Ausbildung beauftragen, der zur Durchführung der Ausbildung berechtigt ist und die persönliche und fachliche Eignung besitzt.
Beide Funktionen liegen in Privathaushalten und in landwirtschaftlichen Unternehmerhaushalten meist in einer Hand.

Was versteht man unter persönlicher und fachlicher Eignung zur Ausbildung?

Auszubildende darf nur einstellen,

- *wer persönlich geeignet* ist, d. h. dessen Verhalten nicht befürchten lässt, dass Auszubildende charakterlich, sittlich oder körperlich gefährdet und nicht ordnungsgemäß ausgebildet werden
- *wer fachlich geeignet* ist, d. h. wer die erforderlichen beruflichen Fertigkeiten und Kenntnisse sowie die berufs- und arbeitspädagogischen Kenntnisse besitzt

Wie ist der Nachweis der fachlichen Eignung zu führen?

- Durch die Meisterprüfung in dem Ausbildungsberuf, in dem man ausbilden will
- durch die Abschlussprüfung an einer deutschen Hochschule oder einer anerkannten deutschen Ingenieurschule in der entsprechenden Fachrichtung und mit eine angemessene Zeit praktischer Tätigkeit
- durch die anerkannte Prüfung an einer Ausbildungsstätte oder vor einer Prüfungsbehörde in einer entsprechenden Fachrichtung und mit angemessener praktischer Tätigkeit

Ausbildungsstätte – welche Anforderungen muss sie erfüllen?

- Sie muss nach der Art und der Einrichtung für die Berufsausbildung geeignet sein, d. h. sie muss die erforderlichen Kenntnisse und Fertigkeiten des Ausbildungsberufes vermitteln bzw. durch Ausbildungsmaßnahmen außerhalb der Ausbildungsstätte sicherstellen
- sie muss Gewähr bieten, dass die Vorschriften des Jugendarbeitschutzgesetzes, der Unfallverhütungsvorschriften und sonstiger Vorschriften zum Schutz des Jugendlichen eingehalten werden

Berufsausbildungsvertrag – welche Aufgabe hat er?

Er begründet das Berufsausbildungsverhältnis zwischen dem Ausbildenden und dem Auszubildenden und regelt die gegenseitigen Pflichten. Wer einen anderen zur Berufsausbildung (Ausbildender) einstellt, hat mit dem Auszubildenden einen Berufsausbildungsvertrag zuschließen.

Welchen Inhalt muss der Berufsausbildungsvertrag mindestens regeln?

- Ausbildungsberuf
- sachliche und zeitliche Gliederung und Ziel der Berufsausbildung
- Beginn und Dauer
- Ausbildungsmaßnahmen außerhalb der Ausbildungsstätte
- Dauer der täglichen Arbeitszeit und Urlaub
- Zahlung und Höhe der Vergütung, Sachleistungen
- Dauer der Probezeit
- Voraussetzungen für eine Kündigung
- allgemeine Hinweise auf Tarifrecht, Betriebsvereinbarungen etc., die beim Berufsausbildungsverhältnis anzuwenden sind

Welche Pflichten haben die Partner eines Berufsausbildungsverhältnisses ?

Ausbildender	*Auszubildender*
Ausbildungspflicht	Lernpflicht
Bereitstellung der Ausbildungsmittel	pflegliche Behandlung der Ausbildungsmittel
Anleitung zur Berichtsheftführung	Berichtsheft führen
Weisungs- u. Aufsichtspflicht	Weisungsgebundenheit, Verschwiegenheit
Freistellung für Berufsschule, überbetriebl. Schulungen, Prüfungen	Teilnahme an Berufsschule + Ausbildungsmaßnahmen
Vergütungspflicht	Anspruch auf Vergütung
Zeugnispflicht	Anspruch auf Beurteilung

Was ist der Ausbildungsplan?

Auf der Grundlage des Ausbildungsrahmenplans erstellt der Ausbildende für jeden Auszubildenden vor Beginn der Ausbildung einen betrieblichen und individuellen Ausbildungsplan, damit sichergestellt wird, dass die Ausbildungsinhalte vermittelt und zwischen den Lernorten abgestimmt werden.

Prüfungen – welche sind vorgesehen?

- *Zwischenprüfung* zur Ermittlung des Ausbildungsstandes, sie besteht aus einem praktischen und schriftlichen Teil und soll vor dem Ende des zweiten Ausbildungsjahres stattfinden
- *Abschlussprüfung* als Abschluss der beruflichen Ausbildung, sie besteht aus einem schriftlichen, praktischen und mündlichen Teil und erstreckt sich auf Kenntnisse und Fertigkeiten, die in der betrieblichen Ausbildung und im Berufsschulunterricht erworben wurden
- *Meisterprüfung* als Abschluss der beruflichen Fortbildung, sie erstreckt sich auf Kenntnisse, Fertigkeiten und Erfahrungen, die ein Meister/eine Meisterin als Fach- und Führungskraft besitzt, um Aufgaben in hauswirtschaftlichen Betrieben mit unterschiedlichen Strukturen personenorientiert, wirtschaftlich und nachhaltig wahrzunehmen und um sich auf verändernde Anforderungen und Rahmenbedingungen einzustellen

Wer wird zur Abschlussprüfung zugelassen?

In der Regel

- wer die Ausbildungszeit zurückgelegt hat oder wessen Ausbildungszeit nicht später als zwei Monate nach dem Prüfungstermin endet
- wer an der Zwischenprüfung, den überbetrieblichen Ausbildungsmaßnahmen teilgenommen und das Berichtsheft geführt hat
- wessen Ausbildungsverhältnis in das Verzeichnis der Ausbildungsverhältnisse eingetragen ist

In besonderen Fällen nach § 40.2 BBiG

- wer nachweislich mindestens das Zweifache der vorgeschriebenen Ausbildungszeit in dem betreffenden Beruf tätig gewesen ist

Wie gliedert sich die Abschlussprüfung?

- *schriftlicher Teil*
  - Hauswirtschaftliche Versorgungsleistungen
  - Hauswirtschaftliche Betreuungsleistungen
  - Wirtschafts- und Sozialkunde
- *praktischer Teil*
  mit zwei komplexen Aufgaben aus den Bereichen der hauswirtschaftlichen Versorgungs- und Betreuungsleistungen, wobei sich eine Aufgabe auf das Einsatzgebiet bezieht
- *mündlicher Teil*
  mit je einem Prüfungsgespräch über die praktischen Aufgaben

Für die 2. komplexe Aufgabe aus dem Einsatzgebiet stehen folgende Gebiete an:

- betriebsspezifische Produkt- und Dienstleistungsangebote
- Kundenorientierung und Marketing
- spezifische Betriebsräume und Betriebseinrichtungen

Wer wird zur Meisterprüfung zugelassen?
Wer eine Abschlussprüfung in dem Ausbildungsberuf bestanden hat und danach eine mindestens dreijährige praktische Tätigkeit in dem Beruf nachweist, in dem er die Prüfung ablegen will.

Welches Ziel hat die Meisterprüfung?
Durch die Meisterprüfung ist festzustellen, ob der/die Prüfungsteilnehmer/in die notwendigen Kenntnisse, Fertigkeiten und Erfahrungen hat, um Aufgaben als Fach- und Führungskraft in Haushalten unterschiedlicher Strukturen und in Teilbereichen eines landwirtschaftlichen Betriebes personenorientiert, wirtschaftlich und nachhaltig wahrzunehmen.

Die Meisterprüfung umfasst die Teile

- Haushaltsleistungen
- Haushalts- und Unternehmensführung
- Berufsbildung

Die „neue" Verordnung Meisterprüfung (Entwurf) wird folgende Teile angehen:

- Hauswirtschaftliche Versorgungs- und Betreuungsleistungen
- Betriebs- und Unternehmensführung
- Berufsausbildung und Mitarbeiterführung

Welche Qualifikation vermittelt die Meisterprüfung?
Die fachliche und berufs- und arbeitspädagogische Eignung zum Ausbilden im Ausbildungsberuf.

Welche Aufgaben haben die zuständigen Stellen in der Berufsbildung?

- Die Durchführung der Berufsbildung zu überwachen
- die Eignung der Ausbilder und Ausbildungsstätten zu überprüfen
- die Ausbilder und Auszubildenden durch Beratung zu fördern (Ausbildungsberatung)
- ein Verzeichnis der Ausbildungsverhältnisse einzurichten und zu führen
- Zwischen-, Abschluss- und Meisterprüfungen durchzuführen
- Prüfungsausschüsse einzurichten
- Berufsausbildungsausschuss zu errichten

(Anschriftenverzeichnis im Anhang)

Planung und Durchführung der Ausbildung

Welche Rechtsgrundlagen regeln Aus- und Fortbildung in der Hauswirtschaft?
(Stand 1/2005)

- *Berufsbildungsgesetz* (BBiG) vom 14. 8. 1969
- *Verordnung über die Berufsausbildung zum Hauswirtschafter/zur Hauswirtschafterin* (Ausbildungsverordnung Hauswirtschaft/Hauswirtschafterin) vom 30. Juni 1999
- *Verordnung über die Anforderungen in der Meisterprüfung Hauswirtschaft* (Teilbereich ländliche Hauswirtschaft) vom 27. April 1994
- *Verordnung über die Anforderungen in der Meisterprüfung Hauswirtschaft* (Teilbereich städtische Hauswirtschaft) vom 26. März 1992

Zur Zeit (1/2005) ist eine „Verordnung über die Anforderungen in der Meisterprüfung für den Beruf Hauswirtschafterin/Hauswirtschafter" in Bearbeitung, sie soll die Verordnung für die Teilbereiche ablösen.

- *Verordnung über die Eignung der Ausbildungsstätte in der ländlichen Hauswirtschaft* vom 25. März 1975
- *Ausbilder-Eignungsverordnung* (AEVO) vom 16. 2. 1999 (AEVO). Seit dem 1. 8. 2003 ist für 5 Jahre die Nachweispflicht für die berufs- und arbeitspädagogische Eignung ausgesetzt

Lehren und Lernen in der Ausbildung

Die gesamte Ausbildung muss so gestaltet sein, dass in begrenzter Zeit ein hohes Maß an Wissen und Können vermittelt wird und gleichzeitig die Besonderheiten des Jugendlichen in der Ausbildung berücksichtigt werden. Die Frage nach geeigneten Methoden des Lehrens und Lernens ist daher Grundlage jeglicher Ausbildung.

Grundlagen des Lernens

Was ist Lernen?

Lernen ist Verhaltensänderung, die auf Anregungen der Umwelt beruht und die aktive Beteiligung des Kindes und Jugendlichen voraussetzt.

Was ist Reifen?

Reifen ist Verhaltensänderung, die auf Anlagen beruht und weitgehend unabhängig von der Umwelt erfolgt, ein Kind kann z. B. erst laufen lernen, wenn die dafür notwendige Entwicklung vorausgegangen ist.

Das Zusammenwirken von Anlagen und Umwelt muss als ein gemeinsamer Prozess verstanden werden.

Lerngegenstände – was wird gelernt?

Lerngegenstände können sein: Kenntnisse, Fertigkeiten, Fähigkeiten, Kompetenzen, soziale Verhaltensweisen, innere Einstellungen, Neigungen, Wertschätzungen, Interessen u. a.
Der Mensch ist auf Lernen angewiesen, er verfügt über wenig angeborene Verhaltensweisen. Die Aneignung kann Neuerwerb oder eine Verbesserung von Vorhandenem sein.

Lernarten – wie unterscheiden sie sich?

Reiz – Reaktion – Lernen, d. h. Assoziation zwischen Reiz und Reaktion. Die bedingte Reaktion kommt durch Wiederholung und Übung zustande (Beispiel: rote Ampel – Anhalten!).
Wichtig: Schnelles und sicheres Handeln bei Routinetätigkeiten wird möglich.

Lernen an Erfolg und Misserfolg, d. h. Versuche, die zum Erfolg führen, werden wiederholt. Der Rückbestätigung kommt große Bedeutung zu.
Wichtig: Erfolge, auch Teilerfolge, sind Lernergebnisse und motivieren zum Lernen, Schwierigkeiten führen zum Nachdenken, wie Hindernisse umgangen und das Handeln fortgesetzt werden kann; es werden Erfahrungen gesammelt.

Lernen durch Einsicht, d. h. Erkennen der zur Lösung entscheidenden Faktoren.
Wichtig: Lernen durch „Reiz- Reaktion“ und „Versuch – Irrtum“ sind Vorstufen auf der Vorstellungsebene. Lernen ist ein Aufbau von Netzwerken.
Lernen durch Einsicht meint „problemlösendes Lernen“, das die Übertragung auf andere Situationen ermöglicht. Dabei können langwierige Phasen des Ausprobierens entfallen, das Üben kann eingeschränkt werden, da die Zusammenhänge erkannt sind. Das Gelernte kann leicht auf neue Situationen übertragen werden (Transfer).

Motivation – was versteht man darunter?

Motivation ist das menschliche Streben, seine individuellen Bedürfnisse zu befriedigen. Jedes Bedürfnis im Menschen erzeugt einen bestimmten Spannungszustand, der zur Aktivität antreibt, um die Spannung zu reduzieren und das Bedürfnis zu befriedigen.

Welche Bedeutung hat Lernmotivation?

Ohne Lernmotivation kommt der Lernprozess nicht in Gang oder wird bei den geringsten Schwierigkeiten abgebrochen. Lernmotivation hat erheblichen Einfluss auf den Lernerfolg. Sie ist immer zu fördern und zu unterstützen.

Was versteht man unter primärer Motivation?

Sie führt zum Lernen um der Sache selbst willen (Selbstzweck), u. a. Hunger, Neugierde, Reiz des Neuen, Interessen, Leistungsfreude.

Was versteht man unter sekundärer Motivation?

Sie richtet das Lernen auf Ziele außerhalb der Sache selbst (Mittel zum Zweck), u. a. persönliche Vorteile, Prestige, Druck und Zwang von außen, Streben nach Anerkennung.

Was geschieht beim Lernprozess?

Beim Lernprozess erfolgt die Aufnahme und Einspeicherung von Informationen in das Gedächtnis, damit das Gelernte später beim Handeln zur Verfügung steht.

Welche Arten von Lernprozessen unterscheidet man?

- *geistige Lernprozesse*
  Aneignen von Kenntnissen und Fähigkeiten
- *motorische Lernprozesse*
  Aneignen von Fertigkeiten
- *soziale Lernprozesse*
  Aneignen von sozialen Verhaltensweisen, Normen und Werteinstellungen

Bei vielen Tätigkeiten laufen die Lernprozesse miteinander verknüpft ab.

In welchen Schritten erfolgt der Lernprozess?

1. *Vorbereitung*
   Wahrnehmen der Information (des Reizes)
2. *Aneignen*
   Einfügen des Neuen in bereits bestehende Wissensstrukturen
3. *Behalten*
   Einprägen in das Gedächtnis
4. *Erinnern*
   Abrufen des Gelernten aus dem Gedächtnis

Wie verläuft der Weg des Behaltens und Vergessens?

Die Information kommt über die Sinneswahrnehmungen in das *Ultrakurzzeitgedächtnis*. Wenn nach 10–20 Sekunden keine Reaktion erfolgt, wird die Information vergessen.
Erhält die Information Aufmerksamkeit, so wird sie ins *Kurzzeitgedächtnis* aufgenommen, dort verweilt sie ca. 20 Minuten.
Wird die „kreisende“ Information im Kurzzeitgedächtnis wiederum mit Aufmerksamkeit begleitet und mit bekannten Gedächtnisinhalten verknüpft (Assoziationen), so wird sie in das *Langzeitgedächtnis* übernommen, mit einem Netz von Mustern verbunden und gespeichert.
Assoziationen sind alle gespeicherten Informationen mit Sachbezug und Begleitbezug wie Geruch, Geschmack, Atmosphäre und „Verpackung“ des Neuen, Spaß, Erfolge etc.

Wie kann der Lernprozess möglichst optimal gestaltet werden?

- Möglichst viele Anlässe zum Lernen schaffen
- möglichst viele Sinne bei der Aufnahme der Information beteiligen
- volle Aufmerksamkeit (Motivation) weitgehend herbeiführen
- individuelle Lernsituation und Schwierigkeitsgrad berücksichtigen

- mit dem Neuen aktiv auseinandersetzen und dies kritisch begleiten
- Neuaufgenommenes ordnen und strukturieren
- an Bekanntes anknüpfen und Zusammenhänge herstellen
- Pausen einschieben
- Wiederholungen vorsehen (bald und später!)

Welche Bedeutung haben die Sinneswahrnehmungen beim Lernen?

Man behält

10 %	was man liest
20 %	was man hört
30 %	was man sieht
50 %	was man sieht und hört
70 %	was man selbst sagt
80 %	was man selbst ausführt

Was ist ein Lernziel?

Das Lernziel beschreibt, was ein Auszubildender am Ende des Lernprozesses wissen oder können soll, d. h. welches Endverhalten er nach dem Lernprozess zeigen soll.

„Wer nicht weiß, wohin er will, braucht sich nicht zu wundern, wenn er ganz woanders ankommt.“ (Mager)

Warum werden Lernziele vorgegeben?

Die eindeutige Festlegung des Inhaltes der Ausbildung ist für alle Beteiligten erforderlich. Ausbildungsverordnungen geben Lernziele und Lerninhalte an.

Lernziele sind Planungshilfe für konkrete Unterweisungsziele, ermöglichen bessere Lernkontrolle, geben dem Auszubildenden Orientierung.

Was heißt Lehren in der Ausbildung?

Lehren heißt dafür sorgen, dass Lernprozesse in Gang kommen und optimal verlaufen, d. h. dem Auszubildenden helfen, die Ausbildungsinhalte zu erlernen und die dabei entstehenden Lernschwierigkeiten zu überwinden.

Da Lehren und Lernen ein integrierter Prozess ist, müssen die Bedingungen des Lernens und die Motivation beim Lernenden immer bedacht werden.

! Der gestiegene Anspruch an die Handlungs- und Entscheidungsfähigkeit in der Ausbildung führt zu Überlegungen, welche Lehr- und Lernmethoden den neuen beruflichen Anforderungen gerecht werden.
Je nach Anspruch und Eignung ist die entsprechende Methode auszuwählen und einzusetzen, das Lehrgespräch, die Arbeitsunterweisung und die Leittextmethode.

Lehr- und Lernmethoden

Was heißt Arbeitsunterweisung?

Der Ausbilder vermittelt dem Auszubildenden mit gezielten Methoden in planmäßiger Vorgehensweise neue Kenntnisse und Fertigkeiten, die er für seine Arbeiten benötigt. Die Arbeitsunterweisung ist eine lernintensivste Form, beim Auszubildenden wird vom Neulernen ausgegangen.

Was heißt Arbeitsanweisung?

Der Ausbilder veranlasst den Auszubildenden zum Ausführen einer Arbeit in bestimmter Art und Weise, wobei dieser schon Einzeltätigkeiten beherrscht und sie richtig ausführen kann.

Was heißt Arbeitsauftrag?

Beim Arbeitsauftrag erledigt der Auszubildende selbstständig eine Arbeit, wobei ihm die betrieblichen Verhältnisse bekannt sind.

! Arbeitsunterweisung bedeutet strukturiertes Lehren und Lernen!

Arbeitsunterweisung – welche Vorüberlegungen sind wichtig?

- Wer soll unterwiesen werden?
- Was soll unterwiesen werden?
- Wie soll unterwiesen werden?
- Warum soll unterwiesen werden?

Arbeitsunterweisung – wie plant man in Schritten?

1. Schritt: *Vorbereitung der Arbeitsunterweisung*
   - Lernziel
   - Lernvoraussetzungen des Auszubildenden
   - Arbeitsmittel /Zeitplan
2. Schritt: *Arbeitszergliederung*
   - Aufgabe oder Auftrag
   - benötigte Arbeitsmittel (Auflistung)
   - Lernabschnitte sowie Arbeitsablauf und Begründungen
3. Schritt: *Durchführung der Arbeitsunterweisung*

Lernvoraussetzungen des Auszubildenden – was ist zu überlegen?

- bereits erworbene Kenntnisse und Fertigkeiten (Schule u. berufl. Tätigkeit)
- Leistungsbereitschaft und Interesse
- Leistungsfähigkeit
- Sorgfalt und Urteilsfähigkeit

Arbeitszergliederung – wie sieht sie aus?

Lernabschnitte	Kernpunkte	Begründung
Was?	Wie ?	Warum?

Arbeitsunterweisung – wie wird sie nach der „Vier-Stufen-Methode“ durchgeführt?

1. Stufe: den Auszubildenden vorbereiten
2. Stufe: dem Auszubildenden die Arbeitsaufgabe vormachen
3. Stufe: den Auszubildenden die Arbeitsaufgabe nachmachen lassen
4. Stufe: die Unterweisung abschließen

Arbeitsunterweisung – Schema für die Vorbereitung

Auszubildender	wer?
Lernziel	wofür?
Arbeitsgang	wie?
Arbeitsort	wo?
Arbeitsgerät	womit?
Arbeitsmittel	welche?
Arbeitszeit	wie lange?
Termin	wann?

(weitere Information aid-Heft „Arbeitsunterweisung“)

Leittexte – was steckt dahinter?

Leittexte sind ein Instrument selbständiges Lernen zu fördern und Schlüsselqualifikationen zu vermitteln.

Sie ermöglichen es dem Auszubildenden durch die Vorgabe strukturierter Leitfragen Aufgaben aus verschiedenen Arbeitsbereichen eigenständig, aber unter fachlicher Begleitung des Ausbilders zu bearbeiten, Arbeitsschritte zu üben und dabei Praxiserfahrung zu sammeln.

Modell der vollständigen Handlung – was versteht man darunter?

Modell der vollständigen Handlung

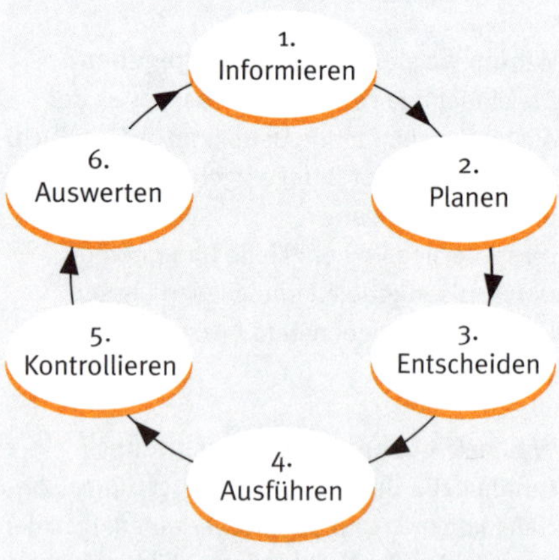

Lernen und Arbeiten an einer Aufgabe wird wie folgt organisiert:		
1. Informieren	Informationen verarbeiten	Leittext formulieren
2. Planen	Arbeitsplan und -ablauf anfertigen	
3. Entscheiden	Ausführung besprechen, ggf. abändern	Azubi u. Ausbilderin
4. Ausführen	selbständiges Ausführen nach Plan	Ausbilderin überwacht
5. Kontrollieren	Kontrolle des Arbeitsergebnisses	selbst u. Ausbilderin
6. Bewerten	Bewerten des Arbeitsergebnisses	Azubi u. Ausbilderin

Die direkte Vermittlung von Fachinhalten (wie in der Vier-Stufen-Methode) verlagert sich hin zur Organisation individueller, selbstbestimmter Lernprozesse.
Diese Methode soll in Verbindung mit der beruflichen Anwendungssituation der Ansatz sein, der Lerninhalte und Lernverfahren zusammenführt und zu einer anforderungsgerechten beruflichen Handlungsfähigkeit führt.

Welche Kompetenzbereiche der beruflichen Handlungsfähigkeit sollen erworben werden?

Fachkompetenz
fachliche Kenntnisse und Fertigkeiten in Theorie und Praxis, Arbeitsaufgaben, gestützt durch betriebliche Erfahrung, in Planung, Durchführung und Auswertung erfolgreich zu erledigen.

Methodenkompetenz
berufsübergreifende Fähigkeit, eine Arbeitsaufgabe als Ganzes zu planen und in einzelnen Schritten gedanklich und praktisch zu vollziehen.

Sozialkompetenz
berufsübergreifende Fähigkeit, mit anderen zielgerichtet und verträglich zusammenzuarbeiten.

Diese Kompetenzen sind miteinander verknüpft zu sehen und bilden sozusagen den Schlüssel, um beruflichen Anforderungen gerecht zu werden. Man spricht von Schlüsselqualifikationen.

Schlüsselqualifikationen – was versteht man darunter?

Sie werden als Fähigkeit verstanden, konkrete Handlungen situationsgerecht jeweils neu zu entwickeln bzw. zu aktualisieren.
Schlüsselqualifikationen sind berufs- und fachübergreifende Fähigkeiten, die die berufsspezifische Qualifikation ergänzen.

Welche Schlüsselqualifikationen sind gemeint?

- Systematisches Vorgehen
- Planungsfähigkeit
- Entscheidungsfähigkeit
- (Selbst-)Kritikfähigkeit
- Kommunikationsfähigkeit
- Umweltbewusstsein
- Wirtschaftliches Denken
- Rationelles Arbeiten
- Teamfähigkeit
- Kommunikationsfähigkeit
- Problemlösefähigkeit
- Fähigkeit zur Informationsbeschaffung und -bearbeitung
- Verantwortungsbewusstsein
- Flexibilität
- Geschicklichkeit/Fingerfertigkeit

Was heißt Lernprozesse mit Aspekten der „beruflicher Handlungsfähigkeit“ zu organisieren?

- Lernprozesse sollen Aktivität und Unabhängigkeit des Auszubildenden sicherstellen
- der Auszubildende soll Informationen selbständig sammeln, verarbeiten und bewerten

- der Auszubildende soll Aufgaben mit Unterstützung des Ausbilders planen, durchführen und bewerten
- die Lerninhalte sollen methodisch so gestaltet werden, dass eigene Erfahrungen mit neuen Ausbildungsinhalten in neuen Situationen anzuwenden sind
- Lernen soll in Zusammenhängen von Theorie und Praxis und mit fachübergreifenden Inhalten erleichtert werden
- Lernprozesse sollen – soweit möglich – entsprechend der beruflichen Praxis organisiert werden

(weitere Information aid-Heft „Einführung in die Arbeit mit Leittexten im Agrarbereich")

Beurteilen und Bewerten

Ausbildungs-/Lernkontrollen – sind sie erforderlich?

- Ausbildungskontrollen sollen feststellen, ob und inwieweit die angestrebten Lernziele tatsächlich erreicht sind. Sie sollen in festgelegten Zeitabständen durchgeführt werden
- Sie erstrecken sich auf die Inhalte der Ausbildung: Kenntnisse, Fähigkeiten und Fertigkeiten, die feststellbar und beobachtbar sind
- Sie haben Rückmeldefunktion für Ausbilder und Auszubildenden, Motivierungs-, Eignungsfeststellungs-, Berechtigungsfunktion
- Ausbildungskontrollen sind aus pädagogischen, betrieblichen und rechtlichen Gründen notwendig; sie sind laufend durchzuführen, die Ergebnisse sind zu bewerten, auch als Eigenbewertung des Auszubildenden, und mit ihm zu besprechen
- Ausbildungskontrollen sollen heute möglichst mit dem ganzheitlichen Ansatz des „Modells der vollständigen Handlung" durchgeführt werden

Beurteilungskriterien – was ist zu beachten?

- Beurteilung muss auf tatsächlich festgestellten, verschiedenartigen und nachweisbaren Leistungen aufbauen
- Sie ist systematisch nach vorgegebenen Beurteilungs-/Bewertungsmerkmalen durchzuführen, bei Erfolgskontrollen und Prüfungen durch abgestimmte Bewertungssysteme
- Sie erfolgt auf der Grundlage der Objektivität des Beurteilers, der Zuverlässigkeit der Maßstäbe, der Gültigkeit der Leistungsanforderungen und der Transparenz
- Beurteilungsfehler sind möglichst zu vermeiden, daher Gefahr bewusst machen, es können unterlaufen: subjektive Sicht, Vorurteile, Überstrahlungsfehler, Mildefehler, Kontrastfehler, Vorsichtsfehler, u. a.

Welche Ansätze sollen in Prüfungen in Bezug auf die „berufliche Handlungsfähigkeit" eingehen?

- *Arbeitsorientierung*
  an der betrieblichen Wirklichkeit, an betrieblichen Abläufen bzw. Situationen in der betrieblichen Praxis orientieren
- *Ganzheitlichkeit*
  Fall einer Ernstsituation zu Grunde legen, fachübergreifende Betrachtungsweise
- *Problemorientierung*
  Aufgaben als zu lösende Probleme sehen, unterschiedliche Lösungen sind möglich
- *Grundlagenorientierung*
  Grundkenntnisse und -fertigkeiten berücksichtigen
- *Kompetenzorientierung*
  Kompetenzbereiche berücksichtigen, die als Schlüsselqualifikationen beschrieben sind

Der Jugendliche in der Ausbildung

! Die Ausbildung fällt weitgehend in das Lebensalter, das als Pubertät bezeichnet wird. Zunächst geht es um die Vermittlung von Fertigkeiten und Kenntnissen, allerdings auch um die Entfaltung und Bildung der Persönlichkeit.

Was ist Entwicklung?

Entwicklung ist ein Prozess fortschreitender Veränderung in körperlichen, geistigen und seelischen Bereichen des Menschen.

Welche Faktoren steuern die Entwicklung des Menschen?

- die *Erbanlagen,* sie bedingen das Reifen des Menschen
- die *Umwelteinflüsse,* sie bedingen Veränderungen durch Einflüsse von Familie, Schule, Betrieb, Gruppe, durch Lernen, durch Erfahrung

Reifen und Lernen müssen zusammenwirken, dies gilt besonders in der Kindheit, so kann der Säugling z. B. erst gezielt greifen, wenn das Gehirn soweit entwickelt ist, dass Augen- und Handbewegung aufeinander abgestimmt werden können.

Welche wesentlichen Entwicklungsphasen unterscheidet man?

Säuglingsalter	0–1 Jahr
Kleinkindalter	1–6 Jahre
Schulkindalter	6–10/12 Jahre
Jugendalter – Vorpubertät – Pubertät – Adoleszenz	 10/12–13/14 Jahre 13/14–17/18 Jahre 17/18–20/21 Jahre

Die Altersangaben sind lediglich Anhaltspunkte, sie können sich nach oben und unten verschieben.

Welche Entwicklungserscheinungen und Verhaltensweisen sind im Jugendalter typisch?

- *Vorpubertät*
  Wachstumsschub, Veränderung der Körperproportionen, Beginn der Sexualreife, Unruhe, Stimmungsschwankungen, Gereiztheit, Jähzorn, Niedergeschlagenheit, wenig Konzentration, wenig Aufmerksamkeit
- *Pubertät*
  Erlangen der Geschlechtsreife, allmähliche Harmonisierung der Körpergestalt, Hinwendung auf sich selbst, Kontakte zu Gleichaltrigen, Ablösung von der Familie, Autoritätskrise, kritische Auseinandersetzung mit den Erwachsenen, auch mit Lehrern und Ausbildern, Arbeitsunlust, Hinwendung zum anderen Geschlecht
- *Adoleszenz*
  allmähliche Stabilisierung der Körperfunktionen, des Gefühlslebens, des Denkens und Handelns, sachlich neutrale Haltung, Konzentration und Aufmerksamkeit, Leistungssteigerung

! Den jungen Menschen ernst nehmen, in partnerschaftlicher Beziehung ihn bei Planungen und Entscheidungen integrieren und durch Verantwortung das Selbstbewusstsein stärken.

Individuelle Persönlichkeitsmerkmale – welchen Einfluss haben sie beim Lernen?

Das Lernvermögen wird beeinflusst durch

Begabung	Gesamtheit der angeborenen und erworbenen Fähigkeiten
Intelligenz	Fähigkeit, Probleme unmittelbar durch Einsicht zu lösen

13

Kreativität	Fähigkeit zu schöpferischem Denken und Handeln, führt zu Originalität und Neuartigkeit
Aufmerksamkeit	Fähigkeit, Vorgänge schnell wahrzunehmen und Aufgaben intensiv und mit Konzentration diszipliniert zu lösen
Energiepotenzial	Fähigkeit zu Leistung und Durchhaltevermögen, äußert sich in Belastbarkeit
Kooperationsbereitschaft	Fähigkeit und Bereitschaft zur Zusammenarbeit, Teamfähigkeit

Welche Rolle spielt die Gruppe beim Jugendlichen?

Die Gruppe ist Erfahrungsfeld, in dem Verhaltensformen eingeübt werden, u. a. Kontakt- und Kooperationsfähigkeit, soziale Regeln, Kontrolle von Aggressionen, Sympathie und Antipathie, Toleranz.

Eine Gruppe ist eine Anzahl von Personen, die gemeinsame Ziele verfolgt. Die einzelnen Gruppenmitglieder stehen in Beziehungen zueinander und beeinflussen sich gegenseitig.

Führungsstile – wie beeinflussen sie das Lernen?

Autoritärer Führungsstil

- Arbeitsaufgabe und Lernziel werden vom Ausbilder dem Auszubildenden vorgegeben, die Durchführung der Vorgabe streng überwacht
- positiv: gute Sachinformation, Lernkontrolle
- negativ: keine Mitgestaltung, geringe Motivation

Gleichgültiger Führungsstil

- Arbeitsaufgabe und Lernziel werden vom Ausbilder dem Auszubildenen nur vage beschrieben, der Lernerfolg ist zu wenig abgesichert
- positiv: Selbstständigkeit, Vertrauen in eigene Leistung, Experimentieren möglich
- negativ: zu wenig Sachinformation, Überforderung, Gefahr des Misserfolgs

Partnerschaftlicher Führungsstil

- Arbeitsaufgabe und Lernziel werden zwischen Ausbilder und Auszubildenden besprochen und vom Auszubildenden weitgehend selbstständig und kreativ unter Beobachtung durchgeführt, Lernkontrolle wird mit Eigenbewertung des Auszubildenden vorgenommen
- positiv: gründliche Sachinformation, gute Motivation, Kreativität und Gestaltungsmöglichkeit, Selbständigkeit
- neutral: mehr Zeitaufwand!

14 Kommunikation und Öffentlichkeitsarbeit

Mit dem Einstieg in die Direktvermarktung und in Dienstleistungsbereiche übernehmen Unternehmer und Unternehmerinnen nicht allein die Erzeugung ihrer Produkte, sondern auch ihre Verarbeitung und den Verkauf.

Dabei ist klarzustellen:
Verkauf ist nicht gleich Marketing! Verkaufen ist ein Teil des Marketings, der sich damit befasst, wie man den Kunden veranlasst, ein Produkt oder eine Dienstleistung des Unternehmens zu kaufen. Der Verkauf ist der letzte Schritt im Vermarktungsprozess.

Was heißt Marketing?

Marketing heißt Unternehmensführung vom Markt her und meint die Ermittlung und die gewinnbringende Befriedigung der Kundenbedürfnisse.

Gut zu wissen
Im Marketing sind viele Entscheidungen zu treffen, die eng miteinander verbunden sind. Es geht u. a. um folgende Fragen:

- Was sind die Ziele des Unternehmens?
- Wie können Stärken des Unternehmens auf die Chancen am Markt abgestimmt werden?
- Wie ist der Markt beschaffen, welches Marktsegment geht am besten auf die Bedürfnisse der Käufer ein?
- Wie kann die für das Unternehmen geeignete Zielgruppe ermittelt werden?

„Warte nicht auf den Erfolg, verursache ihn“!

Welche Bedeutung haben Kundenbedürfnisse im Marketing?
Marketing setzt voraus, dass das Verhalten der Kunden bekannt ist, insbesondere einzelne Gründe ihrer Kaufentscheidung.
Denn nur dann ist abschätzbar, wie sich Kunden in der Entscheidung für ein bestimmtes Produkt verhalten und wie Marketingaktivitäten darauf Einfluss nehmen können.
In der Regel sind Bedürfnisse des Kunden Voraussetzung für den Kauf von Produkten.
Dabei spielen ganz konkrete Fakten wie verfügbares Einkommen, Preise, Haushaltsgröße, Lebensstil u. a. eine Rolle. Welches Produkt er dann in der jeweiligen Situation tatsächlich kauft, hängt auch von der subjektiven Wahrnehmung und Beurteilung des Produkts ab.
Die subjektive Sicht ist dabei die vom Käufer erlebte reale Wirklichkeit.

! Die Frage nach dem „Warum“ des Kaufverhaltens ist daher von zentraler Bedeutung.

Wichtig zu wissen
jede Information des Kunden über ein Produkt geht in den Entscheidungsprozess ein.

Bei der Kaufentscheidung geht es um

- die Ganzheit der Kenntnisse, Erfahrungen, Bedürfnisse der potenziellen Käufer und
- Motive, Einstellungen, Normen, Erwartungen und anderes mehr

Welche Rolle spielen Motive bei der Kaufentscheidung?

! Jeder Kauf ist von persönlichen Motiven bestimmt! Motive führen aus dem Bedarf heraus erst zur Handlung!

Man unterscheidet dabei *Motive verschiedener Art.* Maslow definiert fünf breit gefächerte Motivebenen, wobei der Mensch versucht, zunächst die dringlichsten Bedürfnisse zu befriedigen.
Ist ein Bedürfnis gestillt, verliert es seinen Reiz, der Mensch strebt nach Befriedigung des nächstdringlichen Bedürfnisses.

Bedürfnispyramide nach Maslow

Selbstverwirklichung	Entfaltung der Persönlichkeit
Ansehen	Geltung, Zustimmung, Status
Soziale Bedürfnisse	Zugehörigkeit, Zuwendung, Liebe
Sicherheitsbedürfnisse	Geborgenheit, Schutz vor Gefahren, Kontakt
Körperliche Bedürfnisse	Hunger, Schlaf, Sexualität

Wichtig ist die Frage

- Entsprechen meine/bestimmte Produkte den Motiven potenzieller Kunden?

Bei Menschen mit gutem Einkommen spielen z.B. die Bedürfnisse der „unteren" Motivebene kaum eine Rolle, vielmehr jedoch, ob Produkte auch dem Bedürfnis nach Ansehen entsprechen. Dabei ist klar, dass Motive sich jederzeit ändern können. Auch Motivkonflikte können eintreten („Qual der Wahl!"), u. a. wenn die Kaufkraft Grenzen setzt.

! Dennoch: Einblick in die Motive der Käufer verhilft dazu Marktsegmente ausfindig zu machen und Begründungen für Kaufentscheidungen zu liefern. „Wir haben das Ohr beim Kunden!"

Wie wirken sich Erfahrungen auf die Kaufentscheidung aus?

> Positive Erfahrungen beim Kauf verstärken die Möglichkeit von Wiederholungskäufen, negative Erfahrungen wirken in umgekehrter Weise.

Verantwortlich dafür sind die im Gedächtnis gespeicherten Vorgänge, die als Erfolgs-/Misserfolgs-Erinnerung entsprechende Verhaltensmuster hervorrufen.
Erinnert sich der Käufer an ein Erfolgserlebnis beim Kauf, so wird er bei nächster Gelegenheit gerne wieder zu diesem Produkt greifen. Dieses Erinnern bezieht sich auf das Produkt selbst sowie auf die überzeugende Kommunikation beim Kauf und auch auf die Häufigkeit dieses Ereignisses. Einmal oder mehrmals erfahrenes Risiko wird seitens des Gedächtnisses ebenso „erinnert" und wird zum Hindernis für die „neue" Kaufentscheidung.

> Kommunikation mit dem Kunden soll die positiven Erfahrungen des Kaufs verstärken und langfristig das Käuferverhalten bestimmen.

Wie wirken sich soziale Einflüsse auf die Kaufentscheidung aus?

Wenn jemand eine Kaufentscheidung trifft, wird er dabei von Ansichten und Meinungen Dritter beeinflusst. Diese können Mitglieder der Familie, Kollegen, Freunde, aber auch „Prominente" und Meinungsführer sein.

> Normen und Werte der Umwelt führen häufig zu Verhaltenserwartungen, denen sich der Käufer kaum entziehen kann.

Das Konsumverhalten der Familie wird heute im Grunde von den Familienmitgliedern gemeinsam bestimmt. Dennoch spielen Verhaltensvorgaben und Fremdeinfluss meist eine Rolle bei gruppenspezifischen Gewohnheiten (u. a. Sitten, Gebräuchen), und wenn die Kaufentscheidung von der Umwelt wahrgenommen und durch ein Zugewinn an Image aufgewertet wird.

! Über Meinungsführer und Bezugsgruppen lässt sich die Akzeptanz von Produkten beeinflussen.

Wie stellt sich der Produktnutzen letztlich in der Kaufentscheidung dar?

Die Kunden haben eine „Bedürfnisrangliste", die von „hochwichtig" bis „nebensächlich" reicht, dabei ist das Image eines Produktes manchmal wichtiger als die eigentliche Leistung.

Die Gründe, warum ein Kunde ein bestimmtes Produkt höher einschätzt als ein anderes, sind verschieden.

Um mögliche Kundenbedürfnisse befriedigen zu können, muss man alle tatsächlichen und vermeintlichen Nutzen eines Produkts in Betracht ziehen.

Greifbarer Nutzen sind Dinge, die unmittelbar sinnlich wahrgenommen werden können und die man „logisch" darstellen kann, wie Frische, Qualität, Preis, Geschmack, Ambiente, Design. *Nicht-greifbarer Nutzen* sind die Gefühle, mit denen Produkte verbundenen sind, die zunächst nicht klar erkennbar sind, jedoch bisweilen wichtiger als greifbarer Nutzen sind, wie „Bio-Image", Neuheit, Exklusivität, internationale Küche, Medienkonformität.

Wir wissen, dass eine Strategie der Emotionen („über den Bauch") erfolgversprechender sein kann als des Verstandes („über den Kopf"). Dennoch wird der Kunde rein emotionale Entscheidungen meist nicht zugeben, diese reichen realistisch gesehen zur Begründung nicht aus und müssen daher mit rationalen Argumenten unterfüttert werden. Beim Verkauf soll man nicht auf rationale Argumente verzichten.

! Ein „guter" Kauf stellt sich als die Summe der Bewertungen dar, hinter der Entscheidung steht die Befriedigung rationaler und emotionaler Bedürfnisse.

Was versteht man unter Kommunikation?

Unter Kommunikation versteht man die Übermittlung von Nachrichten und Informationen zwischen zwei oder mehreren Personen und die wechselseitige Reaktion der Beteiligten.

Der *Sender* ist derjenige, der eine Botschaft an den Empfänger sendet.
Der *Empfänger* ist derjenige, für den die Kommunikation bestimmt ist.
Die *Botschaft* ist das, was man mitteilen möchte, eine Nachricht, eine Idee, einen Gedanken oder ein Gefühl.

Kommunikation

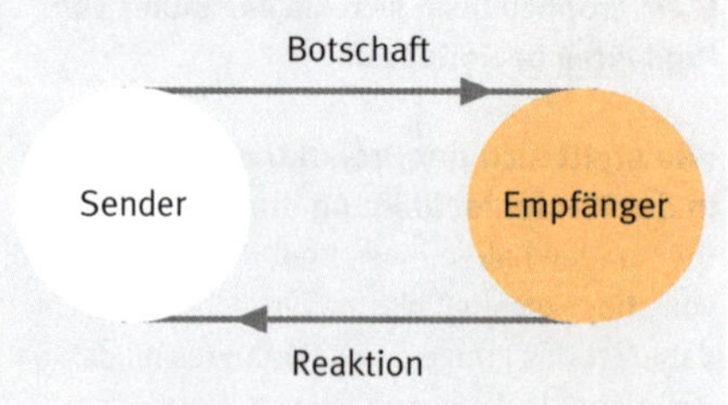

Die *Reaktion* ist die Rückkoppelung des Empfängers auf die Botschaft an den Sender.

Wechselseitige (direkte) Kommunikation
Die beteiligten Personen stehen in einer unmittelbaren Beziehung zueinander. Der Sender schickt eine Botschaft durch Signale an den Empfänger, der Empfänger reagiert auf das Signal des Senders.

Einseitige (indirekte) Kommunikation
Der Sender schickt eine Botschaft, eine Reaktion des Empfängers gelangt jedoch nicht direkt an den Sender zurück, die Nachrichtenübermittlung erfolgt durch Einsatz eines technischen Mediums (u. a. Telefon, Fax, Radio) oder mittels Datenträger (u. a. Schriftstücke, Briefe, Fotos, Zeitung) oder unterbleibt gänzlich.

Kommunikation ist eng mit den Sinneswahrnehmungen verbunden:
mit Sehen, Hören, Fühlen, Riechen, Schmecken.

Häufigste Form zur Vermittlung von Gedanken, Meinungen, Absichten, Vorstellungen und Gefühlen ist die Sprache = *sprachliche (verbale) Kommunikation.*
Weitere Ausdrucksformen zur Vermittlung sind: Symbole (Schrift), Bilder, Bewegung, Gesichtsausdruck (Mimik), Körperhaltung (Gestik) = *nichtsprachliche (nonverbale) Kommunikation.*

In der Kommunikation werden die sprachlichen Signale fast ständig durch nichtsprachliche Signale begleitet und die kommunizierenden Personen empfangen diese – bewusst oder unbewusst – nebeneinander.
Zu der Sach- bzw. Verstandesebene der Kommunikation kommt die Beziehungs- bzw. Gefühlsebene.

! Kommunikation im Marketing ist Kommunikation zwischen Anbieter und Käufer, wobei es im Wesentlichen um Informationen über Produkte und die Verhaltensweise der Käufer geht.
Dabei kommt das ganze Spektrum des Kommunikationsprozesses zur Geltung.

Wie sieht das Kommunikationsmodell aus?

In jeder Kommunikation findet man zumindest drei Elemente
„Sender – Botschaft – Empfänger"

Dazu kommt zusätzlich der Kommunikationskanal, also der Weg, auf dem die Botschaft vom Empfänger zum Sender gelangt.
Beim Empfänger kann es sich um eine Person oder um mehrere Personen handeln.
Die Zielperson/en soll/en durch Kommunikation kontaktiert werden.

1. Schritt – Formulierung der Botschaft
Sie möchten jemandem etwas mitteilen, das ist Ihre Botschaft.
Sie möchten einen Kunden davon überzeugen, dass ein bestimmtes Produkt einen vorzüglichen Nutzen für ihn hat.

2. Schritt – Verschlüsselung der Botschaft
Sie müssen nun die Botschaft verpacken und wählen die beste Codierung (Verschlüsselung) aus, nämlich Wort, Bild, Text, Grafik, Farbe, Musik.
Nachdem Sie entschieden haben, wie Sie kommunizieren wollen, müssen Sie noch überlegen, welche Worte, Gesten, Bilder, Sprache Sie in dem konkreten Fall benutzen.

3. Schritt – Übermittlung der Botschaft
Die Botschaft kann auf verschiedenen Wegen (Kanälen) zum Empfänger gelangen (z. B. Telefon, Zeitung, Hörfunk, Fernsehen). Wenn Sie sich für Worte entschieden haben, können Sie sich nun für das Gespräch, eine Notiz, ein Telefongespräch oder ein Fax entscheiden.

4. Schritt – Empfang der Botschaft
Die Botschaft muss den Empfänger erreichen und von ihm empfangen werden. Empfangsgeräte sind alle fünf Sinne des Menschen.
Nun geht die Steuerung der Kommunikation an den Empfänger über.

5. Schritt – Deutung der Botschaft
Der Empfänger muss die Botschaft richtig deuten. Sender und Empfänger müssen daher über ein gemeinsames Codierungssystem verfügen.
Die Entschlüsselung der Botschaft führt zu der Deutung und Interpretation:
falls Sie eine Notiz geschrieben haben, muss der Empfänger diese Zeilen lesen können,
falls Sie persönlich mit dem Empfänger gesprochen haben, muss er die verbale Mitteilung verstehen,
falls Sie sich für Gesten entschieden haben, muss er Ihre Bewegungen richtig deuten.

6. Schritt – Reaktion auf die Botschaft
Der Empfänger entscheidet jetzt, ob er auf die Botschaft reagiert und die Kommunikation fortführt.
Wird er auf das Gespräch oder das Ereignis zurückkommen? Er kann die Botschaft auch irgendwo ablegen, sie ganz unten in seinem Postkorb vergraben oder sie gleich dem Papierkorb übergeben.
Sie müssen abwarten, ob der Empfänger das tun wird, was Sie wollen.

7. Schritt – Feedback
Sie bekommen Rückmeldung auf Ihre Botschaft, das ist sehr wichtig, weil Sie dadurch erfahren, wie Ihre Botschaft empfangen und gedeutet wurde.

Der Kommunikationsprozess beginnt von vorn: Der bisherige Empfänger wird jetzt Sender; er hat eine Botschaft, die er Ihnen senden möchte und auf die Sie reagieren können oder auch nicht.

Welche Kommunikationsstörungen können auftreten?

Kommunikation verläuft nicht immer nach Wunsch. Falls die Bemühungen nicht erfolgreich waren, ist zu überlegen, woran das lag!
Bei jedem Schritt kann es zu Störungen im Kommunikationsprozess kommen:

Unzureichende Botschaft
Die Botschaft ist unvollständig und nicht aussagekräftig. Wenn der Sender nicht gründlich genug über die Ideen nachdenkt, die er anderen mitteilen will, kommt eine erfolgreiche Kommunikation nicht zustande.
Die Formulierung der Nachricht ist daher die zentrale Aufgabe. Es lohnt sich etwas mehr Zeit anzusetzen.

Wahl ungeeigneter Mittel
Kommunikation wird erschwert, wenn nicht die richtigen Mittel des Ausdrucks gewählt werden. Dies ist z. B. der Fall, wenn der Sender versucht, ein Gebäude mit Worten zu beschreiben, obwohl ein Bild viel nützlicher wäre. Er kann sich auch dafür entscheiden, den Geschmack eines Apfels zu erklären, obwohl die entsprechende Verkostung viel treffender wäre.
Es kommt natürlich auch vor, dass der Sender bei der Auswahl sich richtig für Worte, Gesten, Bildern entscheidet, dann jedoch die falschen Worte, Gesten, Bilder gebraucht.

Störungen bei der Übermittlung der Botschaft
Bei der Übermittlung der Botschaft können Probleme auftreten:
- Der Text ist unleserlich
- im Faxgerät ist nicht genug Papier
- ein Brief wird in den falschen Briefkasten geworfen
- das Computersystem ist zusammengebrochen
- der Anrufbeantworter ist voll oder abgestellt

Der Sender muss sicherstellen, dass die Nachricht tatsächlich ankommt!

Ungeeigneter Kommunikationskanal
Die Übermittlung der Nachricht funktioniert häufig nicht. Der Sender entscheidet sich für eine ungeeignete Übermittlungsmethode. Vielleicht schickt er einen Brief, ein Fax wäre klüger. Manchmal kann man durch ein Schreiben vielmehr erreichen als mit einem persönlichen Gespräch.

Störungen beim Empfang der Botschaft
Manchmal kommen Botschaften beim Empfänger einfach nicht an:
- er hat die Nachricht nur überflogen, wobei ihm der wesentliche Teil entging
- möglicherweise hat er die Worte einfach nicht gehört und daher die Botschaft nicht aufgenommen
- vielleicht war er mit anderen Dingen beschäftigt und zu unkonzentriert, um denn Sinn zu verstehen

Falsche Deutung der Botschaft
Sender und Empfänger müssen die „gleiche" Sprache sprechen:
Sie können beispielsweise keine „ausgewählte" Fachsprache gegenüber den Kunden benutzen, die diesen nicht geläufig ist und die sie nicht verstehen. Es ist wichtig, dass in einem Kommunikationsprozess Sender und Empfänger über ein gemeinsames Codierungssystem verfügen.

Zwischenmenschliches
Vielleicht hat der Empfänger deshalb den Sinn der Präsentation nicht verstanden, weil er eine persönliche Abneigung gegen den Sender hat. Die Kommunikation kann auch durch begrenztes Wissen oder durch Vergessen blockiert werden.

Welche Arten der Kommunikation mit Kunden gibt es?

Öffentlichkeitsarbeit ist Kommunikation mit der Umwelt, sie ist das bewusste und planmäßige Bemühen um Verständnis sowie der Aufbau und die Pflege von Vertrauen in der Öffentlichkeit.

Öffentlichkeitsarbeit heißt Kontakte pflegen zu Presse, Behörden, Kunden, Interessenverbänden, Meinungsbildnern, damit man gehört wird.

„Tue Gutes und rede darüber!"

Oft wird heute dafür der Begriff „Public Relations" – kurz PR – verwendet.
Auch das einzelne Unternehmen kann nicht auf PR-Maßnahmen verzichten. Die positive Einstellung und das Vertrauen bei Kunden in der Öffentlichkeit zu gewinnen, ist nahezu lebensnotwendig.
Öffentlichkeitsarbeit heißt auch Kunden an Produkte und Dienstleistungen heranführen!
Öffentlichkeitsarbeit ist zunächst auf einseitige Kommunikation angelegt.

Kommunikation in der *Verkaufsförderung* richtet sich direkt an die Kunden, sie vermittelt Informationen über die Produkte, sie teilt etwas „Neues" mit, um das Verhalten der Kunden in konkreten Einkaufssituationen zu lenken und Käufe zu initiieren.

Sie ist auf wechselseitige Kommunikation angelegt.

„Man kann nicht Nichtkommunizieren!" (Watzlawick)

So gibt es nicht die Wahl zwischen Kommunikation und Nichtkommunikation, denn auch die Nichtkommunikation ist Kommunikation.

Welche Maßnahmen der Kommunikation mit Kunden kommen infrage?

Bei Direktvermarktung und Dienstleistung ist Kommunikation mit Kunden meist auf Gespräche angelegt; wenn mehrere Sinneskanäle angesprochenen werden können, ist die Wahrnehmung meist besser:

- das *Kundengespräch* beim Verkauf oder bei der Dienstleistung als die unmittelbare und direkte Kommunikation mit Adressaten und mit unmittelbarer Rückkoppelung auf die Botschaft (im Hofladen, auf dem Wochenmarkt, am Fahrzeug, an der Haustür, bei der Dienstleistung)
- das *Direkt-Mailing* auf dem Postweg an bestimmte Adressaten (ausgewählte Zielgruppe), zu denen bereits Kontakte bestehen oder aufgebaut werden sollen, mit bestimmtem Ziel oder die Verteilung von nicht adressierten Sendungen durch Abgabe in Briefkästen am Haus oder an Passanten auf der Straße, meist zum Zwecke der Neukundenakquisition. Inhalte sind meist Werbedrucksachen, Warenproben, Werbegeschenke

- der *Katalog* als schriftliches Verkaufsgespräch, meist noch über ein Printmedium. Aufgaben des Katalogs liegen vor allem in der Markterschließung, der Gewinnung von Neukunden, der Kundenpflege und -aktivierung
- das *Werbeprospekt* als Medium der mittelbaren und indirekten Information, um den Kunden aufmerksam zu machen und sein Interesse für ein Produkt zu wecken und eine Kaufanregung zu geben
- die *Produktbroschüren, Informationsschriften, Plakate* als informative Ergänzung der Botschaften auf der Sachebene, zur inhaltlichen Auseinandersetzung mit dem Angebot, zur Erhöhung der Aufmerksamkeit
- die *Präsentation* von Produkten und Dienstleistungen als umfassende Information an potentielle Kunden mit bestimmtem Ziel, mit hoher Anbieter- Identität, soll den Nutzen möglichst erlebbar machen, häufig kontinuierliche Aktivität mit Kontaktpflege
  Abschnitte: Informieren, Überzeugen, Motivieren, Verkaufen
  Z. B. Produktinformation Kartoffel: Sorten und Qualitäten mit Probeessen, ernährungsphysiologische Bewertung, Rezepte, Diäten, Erntezeit, Traditionen-Kartoffelfeuer
- das *Telefonmarketing* als ein direktes Ansprechen von Kunden, meist in Verbindung mit anderen Formen, eine Lösung zwischen Verkaufsgespräch und Direkt-Mailing (unbedingt rechtliche Vorschriften beachten!)
- *Event-Marketing* als eine kommunikative Verbraucheransprache mittels einer zielorientierten Veranstaltung, mit einem ausgewogenen Mix von kreativen Ideen, klaren Informationen und guter Organisation, auch mit den Besonderheiten der Präsentation
  Z. B. Informationsbörse für verschiedene Produkte, u. a. mit Preisausschreiben für Kunden, Gutscheine zur Einlösung
- *Pressearbeit:* im Medium Zeitung z. B. durch Anzeigen an eine unspezifische, jedoch große Zielgruppe oder durch Berichte von Journalisten als Vermittler neutraler Botschaften an die gleiche Zielgruppe

Telefongespräch mit Kunden – was überlegen Sie dazu?

Sie werden angerufen, am Hörer ist ein potenzieller Kunde! Was tun Sie?

- Einmal tief durchatmen, sich auf das Gespräch konzentrieren!
- Notizblock, Terminkalender, Bestandslisten, Gästekartei/-datei, Belegpläne griffbereit legen
- eine positive Grundhaltung einnehmen („Smily“ in Sichtweite!)
- Umgebungs- und Essgeräusche möglichst abstellen.

Gesprächsführung

- Nennen Sie bei der Begrüßung deutlich Ihren Namen
- achten Sie auf eine ruhige und deutliche Sprache, in der auch „Zeithaben“ zum Ausdruck kommt
- notieren Sie sich den Namen des Anrufers (Namen kennen wirkt immer aufmerksam!)
- signalisieren Sie Gesprächsbereitschaft
- gehen Sie auf Fragen/Äußerungen des Anrufers ein
- erfragen Sie (wenn keine Bedenken bestehen) Anschrift und Telefon
- sollten Sie kurze Zeit für das Holen von Unterlagen benötigen, sagen Sie dies dem Anrufer
- müssen Sie Erkundungen einholen, so erklären Sie dies kurz und sagen, dass Sie zurückrufen
- wiederholen Sie am Ende des Gespräches die Vereinbarungen
- beenden Sie das Gespräch mit einer „freundlichen Botschaft“
- bedanken Sie sich für den Anruf

- übrigens das Angebot „Ich rufe gerne zurück" wirkt kundenfreundlich
- legen Sie den Hörer erst auf, wenn der Anrufer aufgelegt hat

Nachbereitung
- Notieren Sie die getroffene Vereinbarung und Besonderheiten
- notieren Sie sich ein „Stichwort", das Sie an den Anrufer erinnert
- erledigen Sie die Absprachen möglichst umgehend und zügig
- rufen Sie entsprechend der Vereinbarung (Tag/Zeit) zurück

Überlegen Sie folgendes für den Rückruf (dies gilt auch für ein neues Gespräch):
- Was ist der Anlass des Anrufs
- was will ich mitteilen (Nachricht = Botschaft)?
- wie kann ich mögliche Einwände entkräften?
- wie kann ich Alternativen anbieten?
- wie kann ich das Gespräch kundenfreundlich abschließen?

Alle Familienmitglieder, die das Telefon bedienen, sollen sich auf Anrufer einstellen. Wenn sie nicht fachkompetent antworten können, dann Telefonnummer für Rückruf notieren.

Sofern Sie einen Anrufbeantworter zeitweise einschalten, soll ein kurzer Ansagetext auf den Anrufer „Kunde" eingehen
- lange Ansagetexte kosten den Anrufer Geld und bringen kaum mehr Information
- der Anrufbeantworter kann nicht einen persönlichen Kontakt aufbauen

Begrüßung und Empfang von Urlaubsgästen – wie stellen Sie ihr Angebot dar?

Die Gäste haben ihr Kommen für den Nachmittag angesagt. Was tun Sie?
- Treffen Sie alle Vorbereitungen für die Ankunft frühzeitig, es kann immer etwas dazwischen kommen
- seien Sie Gast-orientiert im Gespräch und im Verhalten
- der erste Eindruck ist entscheidend und bestimmt die Atmosphäre!
- zum vereinbarten Zeitpunkt sind Sie auf den Empfang eingestellt, nehmen Sie sich Zeit für den Empfang
- als Gastgeberin legen Sie Wert auf ein sauberes, gepflegtes Äußeres
- vermitteln Sie den Gästen, dass Sie willkommen sind
- erkundigen Sie sich nach der Anfahrt und dem Befinden
- bieten Sie den Gästen eine Erfrischung an
- zeigen Sie den Gästen das/die Zimmer oder die Ferienwohnung, erläutern Sie die Einrichtung
- geben Sie Hinweise zu Freizeitangeboten und allgemeine Informationen, die Informationsmappe kann Näheres erläutern
- erkundigen Sie sich nach den Wünschen Ihrer Gäste
- gehen Sie auf die Eigenheiten der Gäste ein
- überschütten Sie die Gäste nicht mit Ihren Angeboten, vielleicht wollen sie zunächst etwas Ruhe haben oder sie sind voller Tatendrang für den ersten Spaziergang
- spezifische Zielgruppen haben spezifische Wünsche, wie Kinder, Wanderer, Radfahrer, Weinliebhaber, Kneipp-/Kur-Begeisterte, fragen Sie einfach danach
- geben Sie ihnen Zeit für die Auswahl der Angebote
- behandeln Sie Gäste immer als individuelle Persönlichkeiten
- erkundigen Sie sich nach ihren Unternehmungen
- führen Sie unauffällige, taktvolle Gespräche mit allen Gästen

- schaffen Sie unverbindliche Kontaktmöglichkeiten für die Gäste untereinander
- kleine Aufmerksamkeiten erfreuen die Gäste!

! Verbessern Sie Ihre Kommunikationsfähigkeit durch eigene Beobachtung und die Reaktion Ihrer Gäste!

Hausprospekt – wie sage ich's dem Urlaubsgast?

Was will ein Hausprospekt erreichen?

- Die Kommunikation mit dem Kunden eröffnen
- das Interesse für die Urlaubserlebnisse wecken
- das Besondere des Angebots herausstellen
- den vielseitigen Nutzen des Urlaubs vermitteln
- die Entscheidung des Gastes beeinflussen

Inhalte:

- Hofansicht mit Bezeichnung des Hofes
- Logo- Erkennungszeichen
- Ambiente des Hofes
- Natur, Landschaft und Sehenswürdigkeiten
- Zielgruppe
- Tourist- Angebote Zi/ÜF/HP/VP/FeWo
- Dienstleistungs-/Freizeit-Angebote
- persönliche Note
- Preise (Vor-, Haupt- und Nebensaison)
- Adresse, Telefon, Fax
- An- und Abreisemöglichkeiten

Gestaltungselemente:

- Fotos, Grafiken
- kurze, ansprechende Texte
- klares Schriftbild, nicht zu kleine Schrift
- gute Papierqualität
- Format handlich, zum Einstecken
- möglichst Vierfarbendruck

Verkaufsgespräch mit Kunden – wie führen Sie es erfolgreich?

In Direktvermarktung und Dienstleistung ist das direkte Gespräch mit dem Kunden ganz entscheidend, warum?

- Sie geben dem Kunden Informationen über ihre Produkte
- Sie erkunden Kundenbedürfnisse und -wünsche
- Sie erhalten eine direkte Reaktion des Kunden
- Sie gehen auf die spezifischen Wünsche des Kunden ein
- Sie erhalten Informationen für das Marketing Ihres Unternehmens

Wie führen Sie ein Verkaufsgespräch?

Sie sind auf Kunden eingestellt

- Ihre Kleidung und das Äußere signalisiert dem Kunden gegenüber Aufmerksamkeit
- der Verkaufsraum präsentiert sich sauber, übersichtlich und reichhaltig
- die Dekoration des Verkaufsraumes und die Verpackung der Produkte sind ansprechend
- die Stärken Ihres Sortiments kommen gebührend zur Geltung
- die Preise an den Produkten geben eine wichtige Information
- das Bauernhof-/Winzerhof-Ambiente ist eindeutig
- die gesamte Atmosphäre des Hofes und der Menschen ist freundlich und herzlich

Die Gesprächseröffnung dient der Kontaktaufnahme

- Beenden Sie jede andere Tätigkeit, sobald ein Kunde den Laden betritt
- Ihre erste „Botschaft“ an den Kunden ist die Begrüßung

- sprechen Sie ihn (möglichst) mit Namen an
- begegnen Sie dem Kunden mit Blickkontakt, freundlicher und ruhiger Stimme, Offenheit
- gehen Sie auf den Kunden persönlich ein (ohne Übertreibung!)

Die Bedarfsermittlung klärt die Kaufwünsche

- Fragen Sie ihn nach seinen Wünschen, am besten mit einer individuellen Frage
- stellen Sie offene Fragen, keine Ja/Nein-Fragen! Sie helfen dadurch dem Kunden seine Vorstellungen zu äußern
- hören Sie dem Kunden konzentriert zu
- versuchen Sie Wünsche und Motive zu erfahren
- reagieren Sie angemessen bei sehr eiligen Kunden

Die W-Fragen sind:
Wofür? Wieviel? Warum? Welche? Was?

Die Kundenberatung informiert über die Produkte

- Informieren Sie den Kunden über das Besondere Ihrer Produkte, berichten Sie von Erzeugung und Verarbeitung
- Wandtafeln im Verkaufsraum können spezifische Fachinformationen geben
- von Fall zu Fall ist eine Kostprobe überzeugender als gute Argumentation
- gehen Sie auf die angedeuteten bzw. konkret geäußerten Wünsche des Kunden ein
- zeigen Sie dem Kunden den Nutzen des Produkts auf, zeigen Sie das „Neue“ auf
- argumentieren Sie überzeugend bei Würdigung der Sicht des Kunden
- vermeiden Sie eine spezifische Fachsprache
- reagieren Sie gelassen auf Einwände und Kritik, meist empfiehlt es sich, dem Kunden recht zugeben
- zeigen Sie ggf. Verständnis für ein Problem
- respektieren Sie Einstellungen des Kunden

Der Gesprächsabschluss ist Verkaufsabschluss

- Fragen Sie, ob der Kunde vielleicht noch etwas braucht? Zusatzkäufe sind nicht selten
- sprechen Sie den Kunden im Gespräch noch einmal mit Namen an
- geben Sie einen Anreiz für die zukünftige Fortsetzung der Kommunikation
- die Verabschiedung ist ebenso wichtig wie die Begrüßung
- bedanken Sie sich für den Besuch

Tag der offenen Tür – wie planen Sie Ihre Veranstaltung?

- Als erstes haben Sie Zielgruppe und Ziel festgelegt:
  z. B. Hoffest für Kunden/Verbraucher mit dem Ziel
  - Produktinformation über eingeführte und neue Produkte
  - Betreuung und Kontaktpflege potenzieller Kunden
  - Öffentlichkeitsarbeit

Planen Sie frühzeitig!

1. Grobplanung

- Was will ich erreichen?
  Ziel genau bestimmen
- Wie kann ich mit der Zielgruppe das Ziel am besten erreichen?
  Inhalt bestimmen
- Wo findet Veranstaltung statt?
  Veranstaltungsort bestimmen
- Wann findet die Veranstaltung statt?
  besten Zeitpunkt bestimmen
- Welche Veranstaltungsart kommt infrage?
  Programmrahmen und Zeitpunkt festlegen
- Wieviel Besucher können erwartet werden?
  schätzen

- Wer plant und führt die Veranstaltung durch? Team bilden – Verantwortliche und Mitarbeiter
- Was darf die Veranstaltung kosten? Summe abklären

2. Feinplanung
- Ereignis/Event: wie Ernte, Bauernmarkt, Eröffnung eines Hofladens, Eröffnung der neuen Tourismus- Saison, Tierschau, Alm-Abtrieb, Weinlese, u. a.
- Besucher: Erwachsene und Kinder, Hof-Kunden, Bio-Kunden, Tierliebhaber, Traktoren-Fans, u. a.
- Mitwirkung Dritter: evtl. mitwirkende Fach-Institutionen, Verbände u. a., wie Molkereien, Landhandel; konkrete Vereinbarungen treffen, in der Regel „landwirtschaftsfremden" Firmen das Mitmachen nicht erlauben (kein Rummelplatz-Charakter)
- Programm einschließlich Rahmenprogramm: Stationen mit Themen, Präsentation von Produkten, Essen und Trinken, Musikgruppe, Spiel und Spaß, Vermittlung von Landleben, Gelegenheiten zur Kommunikation planen
- Ausstattung/Einrichtung: Leihen von Tischen und Bänken, Theken, Kühleinrichtungen, Grill, ggf. Zelt
- Versicherungen: Haftpflichtversicherung, Mitveranstalter darauf hinweisen
- Genehmigungen: Sicherheitsmaßnahmen (Polizei), Absperrungen
- Informationsmaterial: Broschüren, geeignete PR-Publikationen, Handzettel, Info-Ständer, Lageplan des Hofes, An- und Abfahrt, Parkplätze, Zufahrten
- Bekanntmachung und Werbung: Einladungsbriefe, Plakate, Wurfsendung
- Technik: Wasser- und Stromanschlüsse, Abgrenzungsgatter und -seile, Zufahrten, Parkplätze, Lautsprecheranlage u. a.
- Produkte: Bedarfslisten für Präsentation, Speisen und Getränke, Geschirr, Bestecke, Servietten, Grillkohle, u. a.
- Organisationsplan: mit Einzelheiten Wann/Was/Wo/Wie/Wer/Mit wem/Bemerkungen; Zeitpunkt für Zwischenkontrollen und Fertigstellung festlegen

3. Durchführung erster Teil
- alle Vorhaben einleiten
- Aufträge mit Terminen vergeben
- Vorhaben auf dem Betrieb (z. B. Fertigstellen des Hofladens, Hofbefestigung, Absperrungen u. a.) einleiten
- Sachstand zu festgelegten Zeitpunkten überprüfen
- Haben wir Termin-Engpässe? Haben wir Mitarbeiter-Engpässe? Haben wir Kosten-Engpässe?

4. Durchführung zweiter Teil
ca. 4 Wochen vor der Veranstaltung
- schriftliche Einladungen verschicken an Zielgruppe/n, prominente Gäste, Personen des öffentlichen Lebens, Journalisten u. a.
- Presse um Hinweise in der Zeitung bitten
- Plakate (ggf. genehmigungspflichtig) aufstellen/aufhängen
- Handzettelaktion mit Hofplan starten
- Pressemappen für Journalisten vorbereiten
- Namensschilder für Akteure vorbereiten
- Dekorationen richten, z. B. Strohballen, Äste, Blumengebinde u. a.
- Betreuung der Gäste, Journalisten, VIP-Personen vorbereiten
- Begrüßung vorbereiten

5. Durchführung dritter Teil
letzte Woche vor der Veranstaltung, Endvorbereitung
- weitere Information der Lokalpresse
- mit Aufbauarbeiten beginnen
- Technik aufbauen
- Sicherheitsmaßnahmen vorbereiten
- Hinweisschilder, Info-Stände etc. aufstellen
- Dekorationen aufstellen
- Betreuer einweisen

6. Durchführung vierter Teil
Veranstaltungstag erfolgreich bewältigen
Dank an alle „Mitmacher" motiviert für zukünftige Aktivitäten!

Pressegespräch – wie packen Sie es an?

Sie wollen eine erfolgreiche Kommunikation vorbereiten, wie machen Sie dies?

- In Verbindung mit einer Aktivität auf dem Hof soll ein Gespräch mit der lokalen Presse stattfinden
- Was wollen Sie überbringen? Welches Ziel haben Sie?
- Wichtig: Journalisten vertreten die Vorstellungen ihrer Leser!

Vorüberlegungen

- Können Sie ein aktuelles, neues Thema aufgreifen, das für Journalisten interessant ist? U.a. Verbraucherfragen, Lebensmittelproduktion, Direktvermarktung, neue Dienstleistungen, regionale und dörfliche Entwicklung, Umwelt
- Ist die Erörterung für eine größere Gruppe der Leser in der Region von allgemeinem Interesse?
- Geben Sie die Informationen für sich selbst oder für eine Gruppe oder Kooperation?
- Können Sie das Pressegespräch mit einem Ereignis/Event, einem Begleitprogramm verbinden?
- Können Sie Schlüsselpersonen des öffentlichen Lebens, bekannte Persönlichkeiten, Verbände gewinnen/mitbeteiligen?
- Kennen Sie bereits Journalisten von anderen Veranstaltungen, Presseempfängen?
- Können Sie mit dem Pressegespräch einen Imbiss verbinden, vielleicht Kostproben von neuen Produkten oder Dienstleistungen zur Beurteilung vorstellen?

Planung und Durchführung

- Zeitpunkt: Erkundigen Sie sich bei der regionalen Pressevertretern: welche Tage der Woche grundsätzlich in Frage kommen? welche Tageszeit bevorzugt wird? der Termin muss manchmal auch am Thema orientiert werden
- Einladung: sprechen Sie die Einladung schriftlich aus und gehen Sie auf Thema und Programm ein, vielleicht telefonieren Sie Ihrer Einladung nach einigen Tagen „hinterher“
- Veranstaltungsort: soll gut und schnell erreichbar sein
- Programm: soll Begrüßung, kurze Darstellung des Themas, Zeit für Fragen, ggf. mit einer Besichtigung/Pressefahrt umfassen
- Leisten Sie Überzeugungsarbeit durch sachliche Argumentation
- Stellen Sie den Veranstalter/die Veranstalter vor, ggf. sehen Sie eine Arbeitsteilung vor
- Pressenotiz: mit einer kurzen präzisen Beschreibung des Themas vorbereiten und für alle Journalisten vorhalten, wichtige Informationen müssen am Anfang stehen – wer, was. wo, wie? je länger der Text, umso geringer sind die Chancen der Veröffentlichung
- Informationsmaterial: zum Thema – soweit vorhanden – anbieten, konkret, nicht zuviel
- Pressemappe: richten Sie eine Pressemappe mit allen Informationsmaterialien
- Verköstigung: Überlegen Sie, wie Sie Speisen und Getränke am besten anbieten, Umtrunk, Buffet, vor oder nach dem eigentlichen Gespräch, während des Gesprächs

! Der Veranstalter soll jeden Zeitdruck vermeiden, Journalisten haben nie Zeit! Sammeln Sie das Presseecho in den Medien und analysieren Sie das Ergebnis!

Kommunikation in Gruppen – welche Bedeutung hat sie für Unternehmen?

Die Zusammenarbeit von Unternehmern und Unternehmerinnen ist heute in etlichen Bereichen der Produktion, Verarbeitung und Dienstleistung nicht mehr wegzudenken.

„Gemeinsam sind wir stark!"

! Eingeweihte wissen, dass kooperatives Entscheiden und Handeln eine intensive Zusammenarbeit der Partner voraussetzt und dass letzlich durch Kommunikation in Gruppenprozessen die Grundlagen dafür gelegt werden.

Welche Voraussetzungen sind wesentlich für eine effektive Gruppenarbeit?

- Die Teilnehmer der Gruppe verfolgen gemeinsame, nicht unterschiedliche Ziele
- die Gruppe darf nicht zu groß sein, jeder Teilnehmer muss sich einbringen können
- ein Mindestmaß an gegenseitiger Offenheit, Vertrauen, Integrationswillen, Bereitschaft zum Erfahrungsaustausch und zur Partnerschaft muss gewährleistet sein
- wechselseitige Anerkennung mit Kompetenzen ist wichtig, Fehler werden toleriert
- Kreativität ist hilfreich, völlig neue Ideen, die von den übrigen Vorstellungen einmal abweichen, werden akzeptiert
- ein Moderator muss die Leitung der Gruppenarbeit übernehmen, die Person wird grundsätzlich oder von Fall zu Fall festgelegt

Gruppenarbeit braucht zielgerichtete Kommunikation – wieso?

Gruppenarbeit verfolgt durch Kommunikation die Erarbeitung von Zielen für gemeinsame Aktivitäten.

Fragestellung: Was, Wie, Wann, Warum?
Absichten werden erst zu Zielen, wenn sie konkret und eindeutig bestimmt werden

Kommunikation findet dabei zwischen allen Gruppenmitgliedern statt.
Person A richtet eine Nachricht an Person B, sie gibt eine Reaktion zurück an Person B.

Kommunikation hat zwei Ebenen
Wir wechseln immer zwischen beiden hin und her, wenn wir miteinander sprechen.
Kommunikation in der Gruppe hat die Aufgabe, Ziele zu formulieren und Einvernehmen dazu herzustellen.

Kommunikationsprozesse in Gruppen sind sensibel zu begleiten und müssen immer wieder an gemeinsamen Zielen orientiert werden.

Welche Regeln gelten daher für die Gruppenarbeit?

- Jeder ist für das Erreichen des Zieles verantwortlich
- Wortbeiträge knapp formulieren, keine Monologe
- Beiträge, die nicht unmittelbar Thema gehören, zurückstellen
- inhaltliche und methodische Fragen trennen
- mit offenen Fragen arbeiten, keine Ja/Nein-Fragen
- jeder kann sich und seine Vorstellungen einbringen

Zwei Ebenen der Kommunikation

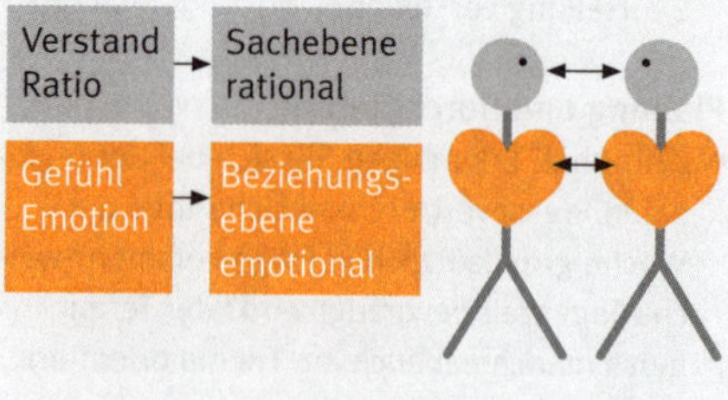

- es gilt Respekt und Toleranz gegenüber anderen
- persönliche Angriffe unterbleiben
- Störungen werden sogleich erledigt
- schrittweise und nachvollziehbar vorgehen
- Arbeitsergebnisse laufend festhalten, visualisieren
- jeder spricht direkt mit dem andern und nicht über Dritte
- unterschiedliche und gegensätzliche Positionen werden nicht überdeckt, sondern als eine Chance für ein gutes Arbeitsergebnis gewertet und bearbeitet
- Kompromisse werden erarbeitet
- unterschiedliche Techniken der Kommunikation lockern auf
- jeder ist für eine erfolgreiche Kommunikation verantwortlich.

Zusammenarbeit

Welche Aufgabe hat die Moderation im Kommunikationsprozess?

Effektive Kommunikation in der Gruppe braucht die Moderation, sie entscheidet häufig über Erfolg oder Misserfolg.

Moderieren heißt, den Teilnehmern einer Gruppe durch Fragen helfen ein Ziel zu erreichen.

Der gute Moderator kennt den Satz: Wer fragt, der führt!

Der Moderator kann Fachmann sein, er muss es jedoch nicht sein!

Wie verläuft eine Moderation?

Einstieg

= Einstimmen der Teilnehmer auf die Arbeit:

- gegenseitige Vorstellung der Teilnehmer
- Erwartungen der Teilnehmer und der Moderation abklären
- Methodik der Moderation vorstellen, Protokollfrage klären
- Vorbehalte besprechen
- Regeln für die Zusammenarbeit vereinbaren
- Fahrplan abstimmen
- zum Thema hinführen

Themen sammeln

= Erkunden von Fragen, welche die Gruppe bearbeiten will:

- präzise, zielgerichteten Fragen erarbeiten und auf der Pinwand visualisieren (mit Moderationskarten)
- Ideen/Einfälle zum Thema sammeln
- Ergebnisse ordnen und strukturieren
- inhaltlichen Schwerpunkte finden

Moderation

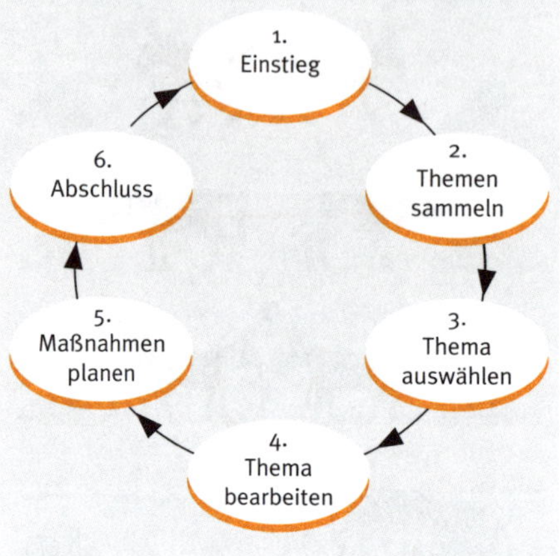

Themen auswählen
= Festlegen der konkreten Themen/Fragen, welche die Gruppe bearbeiten will:

- gesammelte Themen mit Oberbegriffen versehen
- Fragen herausarbeiten und auf der Pinwand visualisieren
- wichtige Punkte durch Gewichtung finden (Klebepunkte)
- Teilnehmer geben ihr Votum ab

Themen bearbeiten
= Bearbeiten der Themen entsprechend der Rangordnung:

- Lösungsvorschläge erarbeiten
- Thema erweitern und vertiefen
- geeigneten Methoden einsetzen, um effiziente Arbeit zu leisten
- präzise Fragen formulieren und auf der Pinwand visualisieren

Maßnahmen planen
= Festlegen der Maßnahmen, die aufgrund der Ergebnisse der Bearbeitung durchgeführt werden sollen, hierzu ist Gruppenkonsens erforderlich:

- Maßnahmenplan an der Pinwand visualisieren, strukturieren
- die für die Realisierung notwendig erachteten Aktivitäten eintragen
- für jede Maßnahme Verantwortliche und Terminplan festlegen
- Teilnehmer zu konkreten Aktivitäten verpflichten und eindeutige Termine fixieren, um die Realisierung der Maßnahmen zu gewährleisten

Abschluss
= Reflektieren des Kommunikationsprozesses:

- Wurden meine persönlichen Erwartungen erfüllt?
- Habe ich die Arbeit als effektiv empfunden?
- Bin ich mit dem Ergebnis zufrieden?
- Habe ich mich in der Gruppe wohl gefühlt?
- Dank des Moderators an die Teilnehmer

Warum Visualisierung?
Visualisierung unterstützt die Kommunikation

„Ein Bild sagt mehr als tausend Worte!“

Visualisierung hilft

- die Aufmerksamkeit der Teilnehmer zu konzentrieren
- das Gesagte verfügbar zu halten
- Wesentliches zu verdeutlichen
- Informationen leichter erfassbar zu machen
- Gesagtes zu ergänzen/zu erweitern
- das Behalten zu unterstützen
- Stellungnahmen zu erleichtern
- Arbeitsergebnisse besser zu finden und zu dokumentieren

! Visualisierung zwingt zur Präzisierung und hält das Gesagte verfügbar!

Gestaltungselemente sind:

- Texte, freie Grafiken und Symbole, Tabellen etc.
- Farben und Formen
- auf Blattaufteilung, Anordnung, Farben und Formen achten!

Pinwand-Methode

- *Was?*
  Arbeitsmethode mit Visualisierung vielseitig einzusetzen
- *Wer?*
  Teilnehmer: Moderator und Gruppe
- *Wie?*
  Material
  - eine oder mehrere Pinwände
  - Packpapierbogen
  - Klebestifte
  - Moderationskarten (Rechtecke, Ovale, Kreise, „Wolken“, Pfeile)
  - Nadeln
  - Klebeband
  - Schere
  - verschiedenfarbige, dicke Filzstifte
  - verschiedenfarbige Klebepunkte
- *Wie?*
  Ablauf
  - Thema erörtern
  - Beiträge auf Karten (oder Packpapier) schreiben
  - Karten an die Pinwand heften
  - Beiträge erörtern
  - Karten ordnen
  - Arbeitsergebnis formulieren

Brainstorming

- *Was?*
  Ideen finden
- *Wer?*
  Teilnehmer: Moderator und Gruppe
- *Wie?*
  Material
  - Pinwand, Bogen Papier, Karten und Moderationskoffer
- *Wie?*
  Methode: per Zuruf oder Kartenabfrage (Karten können später geordnet werden)
- *Wie?*
  Ablauf
  - Einführung zum Thema
  - Ideen produzieren (aufschreiben)
  - Ideen ordnen
  - Ideen auswerten

Brainstorming

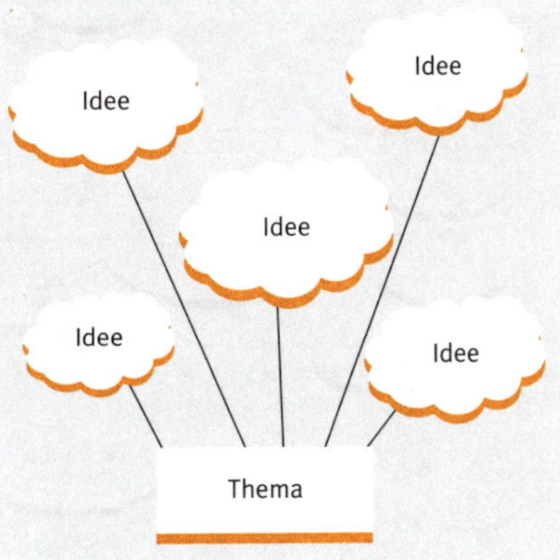

Hinweise

- Thema genau formulieren
- jeder nimmt Stellung
- Stichworte, keine langen Ausführungen
- hohes Tempo
- Phantasie und Humor sind erlaubt
- keine Kommentare (wer bewertet, bekommt eine rote Karte!)
- Kettenreaktion erwünscht
- Ideen ordnen
- Sammeln und Beurteilen werden streng voneinander getrennt
- Vor der Beurteilung am besten eine Pause einlegen
- Ergebnis formulieren und festhalten

Mind-Mapping

- *Was?*
  eine Methode zur Erarbeitung eines Themas
  Ideen finden – Gliedern – Zusammenfassen
- *Wer?*
  Teilnehmer: Moderator und Gruppe
- *Wie?*
  Material
  - Papier für Notizen, wie Pinwand-Methode
- *Wie?*
  Ablauf
  - Einführung zum Thema

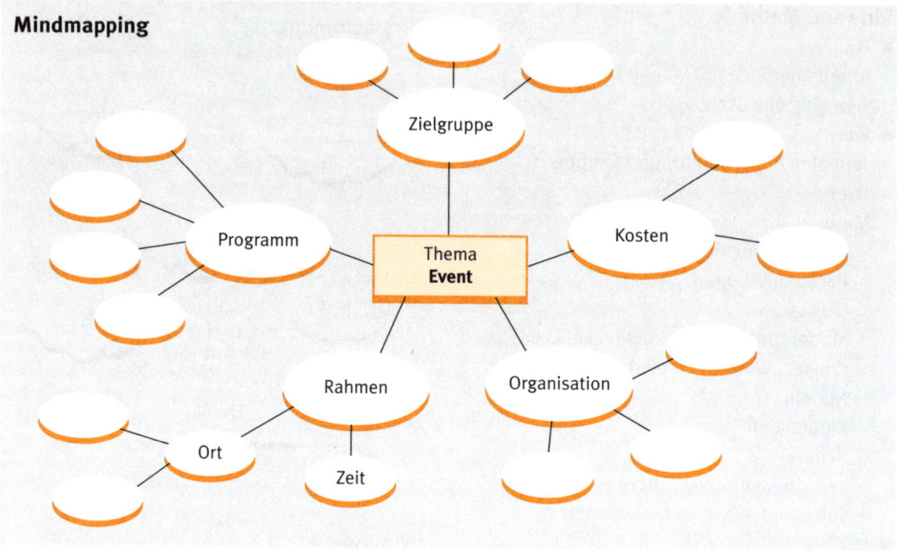

- Ideen produzieren und strukturieren („Hauptäste“)
- Themen in Teilbereichen bearbeiten
- Teil-Ergebnisse zusammentragen und erörtern
- Gesamtergebnis darstellen

Hinweise

- Ideen finden und Thema präzisieren
- „Hauptäste“ erarbeiten und festhalten
- vom allgemeinen zum speziellen
- i. d. Regel selbständige Erarbeitung in Gruppen
- Präsentation der Gruppenarbeit
- Besprechung der Ergebnisse
- Beschluss zu den Ergebnissen
- Moderator organisiert den Anfang
- gibt Impulse in der Anfangsphase
- bespricht die Ergebnisse

A–Z der kommunikativen Gruppenarbeit – was fällt Ihnen dazu ein?

- Aktivität ist für die Gruppenarbeit unerlässlich
- Akzeptanz gegenüber jedem Gruppenmitglied ist Voraussetzung für Zusammenarbeit
- Atmosphäre muss locker und entspannt sein
- Beurteilung von Beiträgen erfolgt durch die Gruppe
- Blickkontakt der Teilnehmern zueinander ist stets wichtig
- Brainstorming – eine Methode der spontanen Ideenfindung
- Diskussion ist in der Gruppenarbeit wichtig
- Erfahrung und Wissen ist die Grundlage für Kompetenz und Kreativität
- Flipchart/Pinwand ist eine gute methodische Hilfe zum Visualisieren
- Geduld der Mitglieder gehört zu den zentralen Voraussetzungen der Gruppenarbeit
- Gruppen sind maximal 15–20 Personen, mit gleichen Interessen oder Problemen und gemeinsamen Zielen
- Gruppenarbeit meint, dass alle Teilnehmer ihr Wissen und ihre Erfahrungen einbringen, um gemeinsam ein Ergebnis zu erarbeiten
- Ideen entstehen am besten in einer entspannten Atmosphäre
- Ideenspeicher halten schriftlich alle Ideen fest, die vielleicht später noch gebraucht werden
- Kartenabfrage ist eine Methode zum Sammeln von Ideen und Erfahrungen

- Killerphrasen sind nicht erlaubt, am besten sie werden als solche identifiziert
- Kommunikation ist Voraussetzung jeder Kooperation
- Kompetenz erleichtert die Akzeptanz
- Konflikte gibt es auch bei Gruppenarbeit, sie sind partnerschaftlich anzugehen
- Körpersprache sagt etwas über die innere Einstellung der Teilnehmer
- Kreativität ist immer gefragt, davon lebt die Gruppenarbeit
- Kritik, die Teilnehmer äußern, ist wichtig und muss besprochen werden
- Lachen darf in einer Gruppenarbeit nicht fehlen
- Mind-Mapping – eine Methode der Ideenfindung in Gruppen
- Moderator ist der Leiter einer Gruppe, der die Arbeit methodisch gestaltet und führt
- Monologe erkennt man daran, wenn eine/r lange spricht und andere nicht zuhören
- Pausen sind Tankstellen auf der Fahrt zum Ziel
- Pinwände sind bei der Gruppenarbeit äußerst hilfreich, sie ermöglichen häufig erst Arbeitsprozesse
- Punktabfrage ist eine Methode, wenn schnell von allen Gruppenmitgliedern eine Sache bewertet werden soll
- Spielregeln sind zu Beginn zu vereinbaren
- Strukturieren ordnet Sachfragen und hilft systematisch zu arbeiten
- Toleranz gehört zur partnerschaftlichen Zusammenarbeit
- Umgang mit Störungen muss gelernt werden
- Verhaltensregeln müssen eingehalten werden
- Visualisieren erleichtert die Gruppenarbeit
- Ziele ergeben sich aus den Fragen/Problemen
- Zuhören bedeutet Partnerschaft
- Zusammenfassungen sind immer angebracht

Ich brauche einen neuen Brauch,
den wir sofort einführen müssen:
nämlich den Brauch, in jeder neuen Lage
neu nachzudenken!
(Bert Brecht)

Die Fähigkeit
heute anders zu denken
als gestern
unterscheidet die Klugen
von den Starrköpfigen!
(John Steinbeck)

15 Anhang

- Die Verzeichnisse im Anhang geben Hinweise zum Fachbuch.
- Wichtige Begriffe, die in den Texten behandelt werden, sind im Stichwortverzeichnis mit den entsprechenden Seitenzahlen aufgeführt.
- Die Anschriften nebst Internetadressen können dazu dienen, weitere Informationen einzuholen.
- Die ausgewählte Literatur gibt Gelegenheit, den jeweiligen Inhalt weiter zu erkunden, dazu bietet sich auch – insbesondere bei Aktualisierung – das Internet an.

Anschriftenverzeichnis

Agra Net
Koblenzer Straße 148
53177 Bonn
Tel. 02 28 / 847-0
www.agranet.de

aid infodienst Verbraucherschutz, Ernährung, Landwirtschaft
Friedrich-Ebert-Straße 3
53177 Bonn
Tel. 02 28 / 84 99-0, Fax 02 28 / 84 99-177
www.aid.de

Bundesamt für Verbraucherschutz und Lebensmittelsicherheit
Rochusstr. 65
53123 Bonn
Tel. 02 28 / 6 19 81 20
www.bba.de

Bundesarbeitsgemeinschaft für Urlaub auf dem Bauernhof/ Landtourismus e.V.
Godesberger Allee 142–148
53175 Bonn
Tel. 02 28 / 81 98-220
www.bauernhof-deutschland.de

Bundesinstitut für Berufsbildung
Robert-Schuman-Platz 3
53175 Bonn
Tel. 02 28 / 107-0
www.bibb.de

Bundesministerium für Wirtschaft und Arbeit (BMWA)
Scharnhorststr. 34–37
10115 Berlin
Tel. 0 18 88 / 615-7486
(Textil und Bekleidung)
www.bmwa.bund.de

Bundesministerium für Verbraucherschutz, Ernährung und Landwirtschaft
Wilhelmstr. 54
10117 Berlin
Tel. 030 / 20 06-0

Rochusstr. 1
55123 Bonn
Tel. 02 28 / 529-0
www.bundesregierung.de

Bundeszentrale für gesundheitliche Aufklärung (bzga)
Ostheimer Str. 200
51109 Köln
Tel. 02 21 / 89 92-0
www.bzga.de

Centrale Marketing Gesellschaft der Deutschen Agrarwirtschaft (CMA)
Koblenzer Str. 148
53117 Bonn Bad Godesberg
Tel. 02 28 / 847-0
www.cma.de

Deutscher Bauernverband e.V. (DBV)
Godesberger Allee 142–148
53175 Bonn
Tel. 02 28 / 9 82 38
www.bauernverband.de

Deutsche Gesellschaft für Ernährung e.V. (DGE)
Godesberger Allee 18
53175 Bonn
Tel. 02 28 / 3 77 66 00

DGE Medien Service
Tel. 02 28 / 9 09 26 26
www.dge-medienservice.de

Deutsche Gesellschaft für Hauswirtschaft e.V. (dgh)
Postfach 2151
49132 Wallenhorst
Tel. 05407/816476
www.dgev.de

Deutsches Institut für Wirtschaftsforschung (DIW)
Königin Luise Str. 5
14195 Berlin
Tel. 030/89789-0
www.diw.de

Deutscher Landfrauenverband e.V. (DLV)
Reinhardtstraße 18
10117 Berlin
Tel. 030/31802029
www.Landfrauen.info

Deutsche Landwirtschafts-Gesellschaft e.V.
Eschborner Landstraße 122
60489 Frankfurt am Main
Tel. 069/24788-0, Fax 069/24788-110
www.dlg.org;
www.shop.dlg-verlag.de

Deutsches Textilforschungszentrum Nord-West e.V. (DTNW)
Adlerstraße 1
47798 Krefeld
Tel. 02151/843-0
www.dtnw.de

Deutsches Kuratorium für Sicherheit in Heim und Freizeit e.V.
Holsteiner Kamp 62
22081 Hamburg
Tel. 040/298104-61
www.das-sichere-haus.de

Deutsche Zertifizierungsstelle Öko-Tex
Frankfurter Str. 10–14
65760 Eschborn
Tel. 06196/966-230
www.oeko.tex.com

Gesamtverband Textil und Mode
Frankfurter Str. 10–14
65760 Eschborn
Tel. 06196/966-0
www.textil-online.de

Kuratorium für Technik und Bauwesen in der Landwirtschaft (KTBL)
Bartningstraße 49
64289 Darmstadt
Tel. 06151/7001-0
www.ktbl.de

Stiftung Warentest
Lützowplatz 11–13
10785 Berlin
Tel. 030/2631-0
www.stiftung-warentest.de

Umweltbundesamt
Postfach 330022
14191 Berlin
Tel. 030/8903-0
www.umweltbundesamt.de

VDE-Prüf- und Zertifizierungsinstitut (VDE)
Merianstraße 28
63069 Offenbach
Tel. 069/8306-0
www.vde.com

Verband der Landwirtschaftskammern e.V.
Godesberger Allee 142–148
53175 Bonn
Tel. 0228/3080-10
www.landwirtschaftskammern.de

Verband Deutscher Landwirtschaftlicher Untersuchungs- und Forschungsanstalten (VDLUFA)
Obere Langgasse 40
67346 Speyer
Tel. 06232-136-0
www.vdlufa.de

Verbraucherzentralen Bundesverband e.V. (vzbv)
Markgrafenstraße 66
10969 Berlin
Tel. 030 / 2258 00-0
www.verbraucherzentralen.com

Zuständige Stellen Berufsbildung Hauswirtschaft
(Arbeitskreis der zust. Stellen)

Baden-Württemberg
Ministerium für Ernährung und ländlichen Raum
Kernerplatz 10, 70182 Stuttgart
Tel. 0711 / 126-0, Fax 0711 / 126-2922
www.infodienst.bwl.de

Regierungspräsidium Tübingen
Konrad-Adenauer-Straße 20, 72072 Tübingen
Tel. 07071 / 757-0, Fax 07071 / 757-3190
www.rp.baden-wuerttemberg.de/tuebingen

Bayern
Bayerisches Staatsministerium für Landwirtschaft und Forsten
Ludwigstr. 2, 80539 München
Tel. 089 / 2182-2329, Fax 089 / 2182-2732
www.stmlf.bayern.de

Regierung von Mittelfranken
Promenade 27, 91522 Ansbach
Tel. 0981 / 531518, Fax 0981 / 531774
www.regmfr.bayern.de

Berlin
Senatsverwaltung für Wirtschaft, Arbeit und Frauen
Storower Str. 134, 10407 Berlin
Tel. 030 / 90277-2045, Fax 030 / 90277-238
www.berlin.de

Brandenburg
Landesamt für Verbraucherschutz und Landwirtschaft und Flurneuordnung
Dorfstr. 1, 14513 Teltow / OT Ruhlsdorf
Tel. 03328 / 4362-00, Fax 03328 / 4362-04
www.brandenburg.de

Bremen
Senator für Finanzen, Ref. 33
Doventorscontrescarpe 172, 28195 Bremen
Tel. 0421 / 361-59173, Fax 0421 / 361-10163

Hamburg
Landwirtschaftskammer Hamburg
Brennerhof 121, 22113 Hamburg
Tel. 040 / 78129-121, Fax 040 / 787693

Freie Hansestadt Hamburg
Behörde für Soziales und Familie
Hamburger Straße 37, 22083 Hamburg
Tel. 040 / 42863-2748, Fax 040 / 42863-3891
www.hamburg.de/fhh/behoerden

Hessen
Hess. Dienstleistungszentrum für Landwirtschaft, Gartenbau und Naturschutz
Kölnische Str. 48–50, 34117 Kassel
Tel. 0561 / 7299-305, Fax 0561 / 7299-304
www.hdlgn-hessen.de

Mecklenburg-Vorpommern
Ministerium für Ernährung, Landwirtschaft, Forsten, Fischerei Mecklenburg-Vorpommern
Paulshöher Weg 1, 19061 Schwerin
Tel. 0385 / 588-6445, Fax 0385 / 588-6024
www.mv-regierung.de

Niedersachsen
Landwirtschaftskammer Hannover
Johannssenstraße 10, 30159 Hannover
Tel. 0511 / 3665-1469, Fax 0511 / 3665-1566
www.lwk-hannover.de

Landwirtschaftskammer Weser-Ems
Mars-la-Tour- Straße 1–13, 26121 Oldenburg
Tel. 0441/801-815, Fax 0441/801-804
www.lwk-we.de

Nordrhein-Westfalen
Ministerium für Umwelt, Naturschutz, Landwirtschaft und Verbraucherschutz
Schwannstr. 3, 40190 Düsseldorf
Tel. 0211/4566-233, Fax 0211/4566-456

Landwirtschaftskammer Nordrhein-Westfalen
Schorlemer Str. 26, 48143 Münster
Tel. 0251/599-295, Fax 0251/599-419
www.landwirtschaftskammer.de

Rheinland- Pfalz
Landwirtschaftskammer Rheinland-Pfalz
Burgenlandstraße 2, 55543 Bad Kreuznach
Tel. 0671/793-151, Fax 0671/793-199
www.lwk-rlp.de

Aufsichts- und Dienstleistungsdirektion
Friedrich-Ebert-Str. 14,
67433 Neustadt/Weinstraße
Tel. 06321/99-2474, Fax 06321/99-2434
www.add.rlp.de

Aufsichts- und Dienstleistungsdirektion Trier
Willy-Brandt-Platz 3, 54290 Trier
Tel. 0651/9494-0, Fax 0651/9494-170
www.add.rlp.de

Saarland
Landwirtschaftskammer Saarland
Dillinger Str. 67, 66822 Lebach
Tel. 06881/928-270, Fax 06881/928-260
www.lwk-saar.saarland.de

Ministerium für Bildung, Kultur und Wissenschaft
Hohenzollernstr. 60, 66117 Saarbrücken
Tel. 0681/501-7290, Fax 0681/501-7544
www.bildung.saarland.de

Sachsen
Landesanstalt für Landwirtschaft und Gartenbau
Strenzfelder Allee 22, 06406 Bernburg
Te. 03471/334-110, Fax 03471/334-106

Sachsen-Anhalt
Regierungspräsidium Chemnitz
Altchemnitzer Str. 41, 09105 Chemnitz
Tel. 0371/532-1830; Fax 0371/532-1803
www.regierungspräsidium.chemnitz.de

Schleswig-Holstein
Landwirtschaftskammer Schleswig-Holstein
Holstenstraße 106–108, 24103 Kiel
Tel. 0431/9797-368, Fax 0431/9797-225-140
www.lwk-sh.de

Industrie- und Handelskammer zu Kiel
Bergstr. 2, 24103 Kiel
Tel. 0431/51940, Fax 0431/5194-556
www.ihk-kiel.de

Industrie- und Handelskammer zu Lübeck
Fakenburger Allee 2, 23554 Lübeck
Tel. 0451/6006-207, Fax 0451/6006-4207
www.ihk-luebeck.de

Industrie- und Handelskammer Flensburg
Schloßstr. 7, 25813 Husum
Tel. 04841/801012, Fax 04841/801019
www.flensburg-ihk.de

Thüringen
Thüringer Landesverwaltungsamt
Weimarplatz 4, 99423 Weimar
Tel. 0361/37738-122, Fax 0361/37738-113
www.thueringen.de

Literaturverzeichnis

aid- Broschüren/Medien

Aktuell 2004/Harenberg, Harenberg Lexikon Verlag

Aktuell 2005, Harenberg, Meyers Lexikonverlag

Berufsbildungsgesetz

Bundeslebensmittelschlüssel II.2, 1994

Chemie in Haus und Garten, Günter Vollmer, Manfred Franz, 1994, Deutscher Taschenbuch Verlag

Denken, Lernen, Vergessen, Frederic Vester, 1997, Deutscher Taschenbuch Verlag

Der Fischer Weltalmanach 2005, Fischer Taschenbuch Verlag

DGE- Presseinformation „Schimmelpilzbefall auf Lebensmitteln", 7/1997

Haushaltsführung, Hrsg. Verband landw. Berater Bayern, Stam Verlag

Dreissig (30) Minuten für erfolgreiche Kommunikation, Elizabeth Tierney, 1998,GABAL

Erfolgsbuch Hygiene – Gesundheitsvorsorge im Haushalt, Andrea Kneip-Bauckholt, 1990, Holzmann Buchverlag

Empfehlungen für die Nährstoffzufuhr, DGE (Hrsg.)

Ernährungsbericht 2004, DGE

Forschungsergebnisse der Landesanstalt, Abt. Ernährung und Hauswirtschaft, München

Globale Trends 1998; 2004/2005, Stiftung Entwicklung und Frieden, Fischer Taschenbuch Verlag

Haushaltsführung, Prof. Rosemarie von Schweitzer, Eugen Ulmer Verlag, Stuttgart

Haushaltsführung- Haushaltspflege, Simpfendörfer Klug, 2001, Dr Felix Büchner Handwerk und Technik

Hygiene-Leitlinie für Direktvermarkter, Deutscher Agrar-Verlag GmbH Bonn

Informationsschriften der Abt. Haushaltstechnik der Landw. Lehranstalten, Landsberg/Lech

Lebensmittelhygiene-Verordnung und ihre Umsetzung, DGE

Lernfeld Hauswirtschaft, 2004, Dr. Felix Büchner Handwerk und Technik

Planen, Bauen, Wohnen, Verband landw. Berater Bayern, Stam-Verlag

Tafeln für den Energieumsatz bei körperlicher Arbeit, 1982, nach Hettinger, Kaminsky, Spitzer

Umwelt und Gesundheit in Deutschland, Umweltbundesamt 2004

Unser Hausgarten, Eva Maria Lejeune, 1995, DLG-Verlag

Stichwortverzeichnis